U0355955

园艺园林专业系列教材

园林工程

钱剑林 主 编

苏州大学出版社

图书在版编目(CIP)数据

园林工程 / 钱剑林主编. —苏州:苏州大学出版社，2009.7(2015.8重印)
(园艺园林技术系列教材)
ISBN 978-7-81137-235-9

Ⅰ.园… Ⅱ.钱… Ⅲ.园林—工程施工—高等学校—教材 Ⅳ.TU986.3

中国版本图书馆CIP数据核字(2009)第131103号

园 林 工 程
钱剑林 主编
责任编辑 倪 青

苏州大学出版社出版发行
(地址:苏州市十梓街1号 邮编:215006)
丹阳市兴华印刷厂印装
(地址:丹阳市胡桥镇 邮编:212313)

开本787mm×1 092mm 1/16 印张22.5 字数530千
2009年7月第1版 2015年8月第3次印刷
ISBN 978-7-81137-235-9 定价:39.00元

园艺园林专业系列教材
编委会

前言

近年来,随着我国经济社会的发展和人们生活水平的不断提高,园艺园林产业发展和教学科研水平获得了长足的进步,编写贴近园艺园林科研和生产实际需求、凸显时代性和应用性的职业教育与培训教材便成为摆在园艺园林专业教学和科研工作者面前的重要任务。

苏州农业职业技术学院的前身是创建于1907年的苏州府农业学堂,是我国"近现代园艺与园林职业教育的发祥地"。园艺技术专业是学院的传统重点专业,是"江苏省高校品牌专业",在此基础上拓展而来的园林技术专业是"江苏省特色专业建设点"。该专业自1912年开始设置以来,秉承"励志耕耘、树木树人"的校训,培养了以我国花卉学先驱章守玉先生为代表的大批园艺园林专业人才,为江苏省乃至全国的园艺事业发展作出了重要贡献。

近几年来,结合江苏省品牌、特色专业建设,学院园艺专业推行了以"产教结合、工学结合,专业教育与职业资格证书相融合、职业教育与创业教育相融合"的"两结合两融合"人才培养改革,并以此为切入点推动课程体系与教学内容改革,以适应新时期高素质技能型人才培养的要求。本套教材正是这一轮改革的成果之一。教材的主编和副主编大多为学院具有多年教学和实践经验的高级职称的教师,并聘请具有丰富生产、经营经验的企业人员参与编写。编写人员围绕园艺园林专业的培养目标,按照理论知识"必须、够用"、实践技能"先进、实用"的"能力本位"的原则确定教学内容,并借鉴课程结构模块化的思路和方法进行教材编写,力求及时反映科技和生产发展实际,力求体现自身特色和高职教育特点。本套教材不仅可以满足职业院校相关专业的教学之需,也可以作为园艺园林从业人员技能培训教材或提升专业技能的自学参考书。

由于时间仓促和作者水平有限,书中错误之处在所难免,敬请同行专家、读者提出意见,以便再版时修改!

园艺园林专业系列教材编写委员会

2009.1

编写说明

随着经济的发展，工业化进程的加速，城市环境建设日新月异。高质量的环境建设，面向城建部门、城乡园林绿化部门、园林古建和绿化工程施工企业、花卉苗木生产企业、城市公园和森林公园等企事业单位以及各工矿企业、房地产公司及小区物业管理部门等生产、建设、管理、服务第一线，培养掌握园林工程施工组织与管理、园林设计、园林企业经营与管理能力的技术技能型和具有创新能力的知识技能型高素质、高技能应用型人才，成为迫切需求。

《园林工程》是园林工程技术专业的核心专业课程教材，专业性、实用性、综合性极强。全书系统介绍了园林土方工程、园林给排水工程、园林水景工程、园路和铺地工程、花坛砌体与挡土墙工程、园林假山与石景工程、园林绿化工程以及亭廊、花架、墙垣、栏杆工程和园林照明工程。选择编写人员时，注重行业经验。编写人员大都是双师型，具有丰富的生产实践和教学实践经验，且都有编写教材的经历，使教材内容与生产实际紧密联系。

本教材具有如下特点：

1. 实用性。教材中大量的案例图片强调施工实际操作过程的动态连续性，深入浅出地讲解和展示园林工程中各单位（项）工程的相关理论及操作过程，直观、全面，便于加强学生的感性认识，提高学生的学习兴趣和注意力，注重培养学生的实践技能和利用知识来解决问题的能力。

2. 针对性。本课程的针对性强，与生产实际和工程项目密切相关。课程的核心内容是园林工程的各项施工技术。通过学习，使学生掌握园林工程中各单位（项）工程的施工理论与操作技能并具备一定的指导和组织园林工程项目施工能力，是本课程的重点。

3. 艺术性。园林工程项目建设是要化平面为立体，变理想为现实，既要掌握工程原理，又必须掌握工程施工操作规程和指导场地施工等方面的技能。要把科学性、技术性和艺术性很好地结合起来，才能创造出技艺合一，既经济、实用而又美观的好作品。

4. 综合性。园林工程是一门综合性很强的课程，涉及建筑学、材料学、力学、土壤学、气象学、植物学、美术、绘画、艺术、机械等众多的学科。既是诸学科的应用，也是综合性的创造。既要考虑功能的科学性，又要讲究艺术效果。同时还要符合人们的行为习惯，并尽可能地降低成本造价等。

本教材由苏州农业职业技术学院钱剑林任主编，周军、雍振华任副主编。参加编写工作的有：钱剑林（编写第2章）、周军（编写第1、7章）、钱达（编写第4、5章）、葛大伟（编写第3章）、余俊（编写第6章）、雍振华（编写第8章）。

本教材由苏州农业职业技术学院蔡曾煜研究员审定，在此谨向有关专家致以诚挚的谢意！本教材还参考了部分同行的相关文献，在此一并表示衷心的感谢！

本书可作为高等职业技术教育层次的园林技术类、园林工程技术类专业的教材，也可作为园林部门相关行业及企事业单位的培训教材。

由于编者水平所限，教材中难免存在不当之处，恳请广大读者给予指正并提出宝贵意见，以便重印时修订。

编　者

2009年7月

目录 Contents

第1章 园林土方工程

本章导读

本章主要介绍了地形在园林工程建设中的功能和作用，以及土壤的类型和园林地形的处理方法、竖向设计的方法与步骤等知识。要求学生能够识读地形设计图和土方施工图；能够运用体积公式法、垂直断面法、等高面法及方格网法进行土方工程量的估算和计算，尤其是要掌握土方平衡与调配的原则及步骤。

园林建设中，最先涉及的工程就是土方工程，如挖池堆山、改造地形、平整场地和园路、铺装广场、挖沟埋管等，均需动用土方。很多大型综合性园林工程施工项目招投标时，还将土方工程量及报价单独列出。因此，投标及施工前应对土方工程进行周密合理的设计和计算。

地形设计也称竖向设计，是指在一块场地上进行垂直于水平面方向的布置和处理。园林地形设计是园林总体设计的主要内容，两者相互影响，有时要同时进行。在建园过程中，原地形往往不能完全符合建园的要求，所以在充分利用原有地形的情况下必须进行适当的改造。地形设计的任务就是从最大程度地发挥园林的综合功能出发，统筹安排园内各景点、设施和地貌景观之间的关系，使得园林中各个景点、各种设施及地貌等创造出高低变化和协调统一的景观效果。

1.1　地形的改造与设计

地形是指地球表面在三维方向上的形状变化。地形既是园林造景的基本载体，又是园林各项功能得以实现的主要场所。地形的改造利用和工程设计与许多因素相关，如造景作用、地形要素、现状地形地物等。

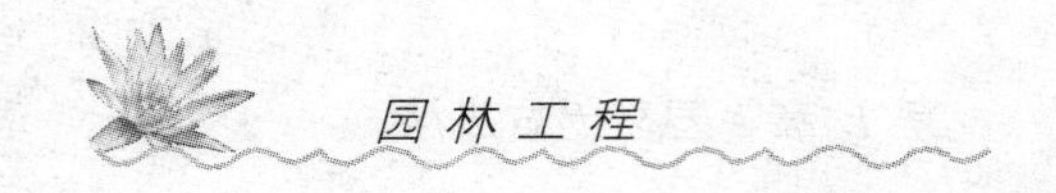

1.1.1 园林地形的功能作用和园林地形的处理

在城市园林绿地规划与建设中,地形是构成整个园林景观的骨架。地形以其极富变化的表现力,赋予园林景观以生机和多样性,使之产生丰富多彩的景观效应。

(1) 园林地形的作用

园林地形的作用是多方面的。在造园过程中,主要体现在骨架作用、空间作用、造景作用、背景作用、观景作用和工程作用等六个主要方面。

① 骨架作用

园林地形是园林中所有景观与设施的基本结构骨架,是其他设计要素和使用功能布局的基础。作为园林景观的结构骨架,地形是园林基本景观的决定因素。地形平坦的园林用地,有条件开辟最大面积的水体,因此其基本景观往往是以水面形象为主的景观;地形起伏度大的山地园林用地,由于地形所限,其基本景观就不会是广阔的水景景观,而是奇突的峰石和莽莽的山林。

由于园林景观的形成在不同程度上都与地面相接触,因而地形便成了环境景观不可缺少的基础成分和依赖成分。地形是连接景观中所有因素和空间的主线,它的结构作用可以一直延续到地平线的尽头或水体的边缘。可见,地形对景观的决定作用和骨架作用是不言而喻的。

② 空间作用

园林空间的形成往往是受地形因素直接制约的。不同的地形具有构成不同形状、不同特点园林空间的作用。例如,在狭长地块上形成的空间必定是狭长空间,在平坦宽阔的地形上形成的空间一般是开敞空间,而山谷地形中的空间则必定是闭合空间……这些情况都说明:地形对园林空间的形状具有决定作用。

地形能影响人们对户外空间范围和气氛的感受。要形成好的园林景观,就必须处理好由地形要素组成的园林空间的几种界面,即水平界面、垂直界面和依坡就势的斜界面。水平界面就是园林的地面和水面,是限定园林空间的主要界面。对这种水平界面给予必要的处理,能增加空间变化,塑造空间形象。垂直界面主要由地形中的凸起部分和地面上的诸多地物如树木、建筑等构成,它能分隔园林空间,对空间的立面形状加以限定。尤其是随着地形起伏变化的园林景观,往往可以构成一些复合型的空间,如园林中的树林和树林下的空间、湖池中的岛屿和岛屿内的水池空间、假山山谷空间和山洞内空间等。斜界面是处于水平界面与垂直界面之间的过渡性界面,如斜坡地、阶梯路段等,有着承上启下、步步高升的空间效果。

③ 造景作用

山地、坡地、平地与水面等地形类别,都有着自身独特的易于识别的特征。在地形处理中,可以尽情地利用具有不同美学表现的地形地貌,形成有分有合、有起有伏、千姿百态、不同格调的地形景观。这些地形各有各的景观特色。山地峰峦具有浑厚雄伟的壮丽景象,湖池水体具有淡泊清远的平和景观,而溪涧则显得生动活泼、灵巧多趣。

地形改造在很大程度上决定着园林的风景面貌。改造和设计所依据的模式是自然界的山

水风光，所遵循的是自然山水地形、地貌形成的规律。但是，不能机械地模仿照搬，而应最大限度地利用自然特点，最少量地动用土石方，在有限的园林用地内获得最好的地形景观效果。

④ 背景作用

景物具有前景、中景和背景的特征。红花也需绿叶来陪衬，一般着力表现的主景皆需良好的背景来衬托。各种地形要素能成为背景的良好选择。例如：园林中的山体，就可以作为湖面、草坪、风景林、风景建筑以及雕塑、花园广场等的共同背景；而湖面，也可以作为湖边或岛上建筑、孤植风景树的背景；覆盖着草坪的地面、风景树丛，能够为草坪上的雕塑提供背景。如此种种，都说明园林地形的背景作用是多方面的。作为背景的各种地形要素，能够截留视线，衬托并凸显前景和主景，使前景或主景得到最突出的表现，使景观效果更加生动而鲜明。

⑤ 观景作用

园林地形还可为人们提供观景的位置和条件。坡地、山顶能让人登高望远，观赏辽阔无边的原野景致；草地、广场、湖池等平坦地形，可以使园林内部的立面景观集中地显露出来，让人们直接观赏到园林整体的艺术形象；在湖边的凸形岸段，能够观赏到湖周的大部分景观，观景条件良好；而狭长的谷地地形，则能引导视线集中投向谷地的端头，使端头处的景物显得最突出、最醒目。总之，园林地形在游览观景中的重要性是很明显的。

⑥ 工程作用

地形因素在园林的给排水工程、绿化工程、环境生态工程和建筑工程中都起着重要的作用。地表的径流量、径流方向和径流速度都与地形有关。地形过于平坦，不利于排水，容易积涝；而如果地形坡度太陡，径流量就比较大，径流速度也太快，易引起地面冲刷和水土流失。因此，创造一定的地形起伏，合理安排地形的分水和汇水线，使地形具有较好的自然排水条件，是充分发挥地形排水工程作用的有效措施。

地形条件对园林绿化工程的影响作用，在山地造林、湿地植树、坡面种草和一般植物的生长等方面有明显的表现。同时，地形因素对园林管线工程的布置、施工和对建筑、道路的基础施工都存在着有利和不利的影响作用。

地形还可影响光照、风向以及降雨量等，也就是说，地形能改善局部地区的小气候条件。如某区域受到冬季阳光的直接照射，就要使用朝南的坡向；而如需阻挡冬季寒风，则可利用凸面地形、脊地或土丘等。反过来，在夏季炎热的地方也可以利用地形来汇集和引导夏季凉风（图 1-1），改善通风条件，降低炎热程度。

冬季寒风受阻绕行

夏季凉风

图 1-1　地形与风的流向

地形因素在造园中的作用和意义还有很多，这里不一一赘述。

（2）园林地形的处理

园林中所有的景物、景点及大多数的功能设施都对地形有着多方面的要求。由于功能、性质的不同，对地形条件的要求也多有不同。园林绿地要结合地形造景或修建必要的实用性建筑。如果原有地形条件与设计意图和使用功能不符,就需加以处理和改造,使之符合造园的需要。园林建设中,需要对地形进行处理的情况一般有如下几种。

① 弥补自然地形现状缺陷的需要

由于我国现有耕地不足,城市用地紧张,加之城市环境污染严重,土质受到不同程度的污染,因此主要利用荒地、低洼地和不宜进行修建的破碎地形来布置园林绿地。土地的现状不一定能满足设计的需要,必须在改造处理之后,才能为园林建设所用。例如:设置园林建筑的地方在低洼处时,就必须通过土方工程填高地坪后才能修建;在缺少平地的荒坡地形上要开辟水体时,也必须通过土方工程造出平地才可能修筑水池。一些大城市纷纷建起了高层建筑,其周围的地上、地下管线星罗棋布,挤占或破坏了绿化用地,如果不进行改土换土,就不能栽种植物,因此也需要根据地形状况进行必要的处理。

② 城市环境的要求

城市形象塑造对园林的绿化面貌、艺术风格、立面景观等都有比较高的要求,因此对园林内部地形的处理就有了一些限制。园林景观是城市面貌的组成部分,城市格局当然就会对园林地形的处理产生影响。如风景区或公园出入口的设计,就取决于周围地形环境因素和公园内外联系的需要。因为周围环境是一个定值,所以园林出入口的位置、集散广场、停车场的布置要根据环境的变化进行处理。

③ 园林的功能要求

园林中不同功能分区及景点设施对于地形的要求有所不同。如文化娱乐、体育活动、儿童游戏区要求场地平坦,而游览观赏区最好要有起伏的地形及空间的分隔,水上娱乐区应有满足不同需要的水面,管理服务区则要求地形能够满足兴造建筑的需要。因此,园林中的各项功能要求,决定了地形处理的必要性。

④ 园林造景的需要

园林造景要根据园林用地的具体条件及中国传统的造园手法,通过地形改造构成不同的空间。如要突出立面景观,就得使地形的起伏度、坡度较大;若要创设开朗风景,则可利用开阔的地段形成开敞的空间,地形的坡度要小。幽静的、富于层次的山地可形成峰回路转、山重水复的山林空间;而由低平地段到高耸的山巅则可形成一个流动的空间,同时在高处形成主景。

⑤ 园林工程技术的要求

在园林工程措施中,要考虑地形与园内排水的关系。地形要有利于排水,不能造成积水和涝害。同时,也要考虑排水对地形坡面稳定性的影响,进行有目的的护坡、护岸处理。在坡地设置建筑,需要对地形进行整平改造;在洼地开辟水体,也要改变原地形,挖湖堆山,降低和抬高一部分地面的高程。即便是一般的建筑修建,也要破土挖槽,首先做好基础工程。因此,地形处理也是园林工程技术的要求。

⑥ 植物种植方面的要求

植物有喜阳、耐阴、耐热、抗寒、耐涝、耐湿、耐旱等不同的生态习性,要想形成生物多样、生态稳定的植物群落景观,就必须对地形进行改造和处理,从而为各种植物创造出适宜的种植环境。这样既可丰富植物景观,又可保证植物有较好的生态条件。土质不适宜栽种时,还需通过局部换土来改变种植条件。

上述各方面的地形作用和对地形条件的实际需要,都是在不同地形要素所构成不同地形类别的具体条件下才能够体现出来的。因此,我们还应对地形的要素和类别有所了解。

1.1.2 地形类型与造景特征

根据地形的功用不同和地形竖向变化,园林地形分陆地和水体两类,陆地又可分为平地、坡地和山地三类。下面分述各类地形的特征和造景设计特点。

(1) 平地与造景

所谓平地,一般是指园林地形中坡度小于 3% 的比较平坦的用地。现代公共园林中必须设置一定比例的平地,以满足群众性的活动及风景游览的需要。园林中,需要平地条件的主要有建筑用地、草坪与草地、花坛群用地、园景广场、集散广场、停车场、回车场、游乐场、旱冰场、露天舞场、露天剧场、露天茶室、苗圃用地等。

在有山有水的公园中,平地可看成是山地和水体的过渡地带。为了缓和地过渡,平地的坡度可按渐变的坡率布置,由坡地 20%、10%、5% 的坡度,至平地 3% 的坡度直到临水体边 0.3% 的缓坡,然后徐徐伸入水中。这种坡面渐变的处理没有生硬的转折,能够平顺舒展地从坡地过渡到平地和水面。这样的缓坡和平地可供许多人集体活动,同时也是观景的好地方。

按照地形设计、利用平地地形挖湖堆山,是营造园林水景和山景的常见处理方式。平地的造景作用还体现在可用其来修建图案优美、色彩丰富的花坛群和大草坪来美化和装饰地面,从而构成园林中美丽多姿、如诗如画的地面景观。

大多数园林树木与草本地被植物在平地上可获得最佳的生态环境,平地又有利于植物的栽种,能够营造四季不同的季相景观。一般的平地植物空间可分为林下空间、草坪空间、灌草丛空间以及疏林草地空间等,这些空间形态都能够在平地条件下获得良好的景观表现。如对地面的形状、起伏、变化等进行一系列的微处理,还能获得变化多端、扑朔迷离的植物景观效应。

从地表径流的情况来看,平地的径流速度最慢,有利于保护地形环境,减少水土流失,维持地表的生态平衡。但是,在平地上要特别强调排水通畅,避免积水。为了排除地面水,要求平地也具有一定的坡度。坡度大小可根据地被植物覆盖和排水坡度而定,如草坪坡度为 1% ~3% 比较理想,花坛、树木种植带的坡度宜为 0.5% ~2%,铺装硬地坡度宜为 0.3% ~1%。另一方面,要注意避免单向坡面过长,否则就会加快地表径流速度,造成严重的水土流失。因此,把地面设计成多面坡的平地地形,才是比较合理的地形。

总之,平坦的地形具有多方向发展的扩张性和统一性,是每一处园林绿地都不可缺少的。为了满足游人活动、游览的需要,每一处园林中都应有面积足够的平地地形。当然,园林在平地上也应力求变化,通过适度的填挖形成微地形起伏,使空间富于立体化而产生趣味,从而达到引起欣赏者注意的目的。阶梯、台地也能起到同样的作用,它们在较大的室内空间应用得也很广泛。

(2) 坡地与造景

坡地就是指倾斜的地面。起伏变化的地形打破了平地地形的单调感,使地形具有明显的方向性和倾向性,增加了地形的生动性和方向感。坡地因地面倾斜程度的不同又分为缓坡、中坡和陡坡三种地形。

① 缓坡地

缓坡地的坡度为3% ~10%,一般的布置道路和建筑均不受这种地形的影响。缓坡地也可作为活动场地、游息草坪、疏林草地等的用地。缓坡地上通常栽植一些色木树种,以营造风景林,增加群落的季相变化。

② 中坡地

中坡地的坡度为10% ~25%,高度差异为2 ~3 m。在这种坡地上布置园路,都要做成梯道,布置建筑区时也须设梯级道路。这种坡度的地形条件对修建建筑限制较大,建筑一般要顺着等高线布置;即使这样,也还要进行一些地形改造才能修建房屋。但这种地形上不适宜布置占地面积较大的建筑群;除溪流之外,也不适宜开辟湖池等较宽的水体。

植物景观设计在中坡地也不太难,既可以像缓坡地一样用植物造景,也可以营造绿化风景林,来覆盖整个坡地。

中坡地比较宜于利用地形条件来创造空间和组织空间序列,使风景顺序地、一步步地展现出来,这就是我们通常所称的“步移景异”、“渐入佳景”或“引人入胜”的序列景观效果。

总之,中坡地普遍适用于许多造园情况。可以把它用做土山的余脉、主峰的配景或平地的外缘,也可以用做背景、障景或隔景。在进行造园构图时,不仅要注意地形的方圆偏正,还要注意地形的走向去势。根据具体地形条件,作出削高填低、尽量少动土方的设计,将坡地改造成有起伏变化的地形。

③ 陡坡地

陡坡地的坡度在25%以上。陡坡地一般难于用做活动场地或水体造景用地。如要开辟活动场地,也只能是小面积的,而且土方工程量还比较大;如要布置建筑,则土方工程量更大,建筑群的布置受到较大限制;如要布置游览道路,则一般做成较陡的梯步道路;如要安排通车道路,则需根据地形曲折盘旋而上,做成盘山道。

陡坡地的地形稳定性不太好,易滑坡甚至塌方。因此,在陡坡地段的地形设计中要考虑护坡、固土等工程措施。

陡坡地的陡坡处水土流失严重,坡面土层很薄,许多地段还是岩石露头地,栽种树木较为困难也较难成活。如要在陡坡地进行绿化植树,则应把种植处的坡面改造为小块的平整台地,或者利用岩石之间的空隙地,而且树木宜以耐旱的灌木类为主。

在陡坡地的上部,适宜点缀少量占地宽度不大的亭、廊、轩等风景建筑,这样视野开阔,观景条件好,造景效果也很好。在少量的土方工程后,就可以把以小型建筑为主的坡地景点建好。

地形景观规划时应对原地形进行充分利用和改造,合理安排各种地面的坡度和高程,使所在的山、水、植物、建筑、园景工程等满足造景的需要,满足游人进行各种活动的要求。同时还要使坡地有良好的排水工程坡面,有效地防止滑坡和塌方;要改造和利用局部地段的地形条件,改善环境小气候,创造良好的、和谐的、平衡的园林生态环境。

变化的地形可以从缓坡逐渐过渡到陡坡与山体联结,在临水的一面以缓坡逐渐伸入水中(图1-2)。在这些地形环境中,除作为活动的场所外,也是欣赏景色、游览休息的好地方。要在坡地上获得平地,可以选择较平缓的坡地,修筑挡土墙,削高填低,或将缓坡地改造成有起伏变化的地形(图 1-3),挡土墙亦可处理成自然式。

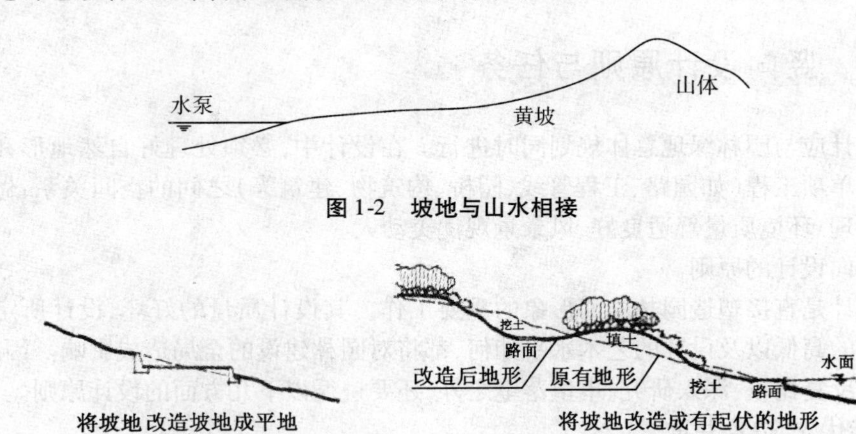

图 1-2 坡地与山水相接

图 1-3 坡地改造

(3) 山地与造景

《园冶》中曾论及园地"唯山林最胜,有高有凹,有曲有深,有峻而悬,有平而坦,自成天然之趣,不烦人事之工"。园林中的山地一般是利用原有地形适当改造而成的,只有在需要建造大面积人工湖泊的时候,才通过挖湖堆山的方式营造人工土山;或者在面积不大的庭园中,利用自然山石堆叠来构造人工假山。

山地的地面坡度一般很大。根据坡度大小,山地又可分为急坡地和悬坡地两类。急坡地的地面坡度为 50% ~100%,悬坡地则指地面坡度在 100% 以上的坡地。

山水是中国风景园林的骨干结构,中国园林从来就有"无园不山,无园不水"之说。山地能丰富园林建筑的环境类型和建造条件。悬崖边、山洞口、山顶、山腰、山脚、山谷、山坡等山地环境,都可由于点缀风景建筑而形成如画的风景和园林化的环境。还可利用山体和坡地的高差变化来调节游人的视点,为游人提供多角度、多视野的平视、仰视、俯视、鸟瞰、眺望等多种观景条件,组织观景空间。

(4) 水体与造景

水体是园林的重要地形要素和造景要素。园林水体所占地面面积常常很大,有的甚至占全园面积的 2/3 以上。水景是园林环境空间中最重要的一类风景。园林中常以水为题,因水得景,充分利用水的流动、多变、透明、轻灵等特性,艺术地再现自然景色。用水造景,动静相补,声色相衬,虚实相映,层次丰富;有水则景活,有水则有生气。故历来就有"园无水不活"的说法。

园林理水要"有自然之理,得自然之趣",按自然景观形成、变化和发展的规律来营造水景,才能创造出生动自然的水景效果来。

按照景观的动静状态,园林水体可分为动态的水景(河流、瀑布、喷泉等)和静态的水景(湖池、水生植物塘等)两类;而按照设计形式,园林水体则又可分为自然式水景和规则式水景两类。不同类别的园林水体,可分别适用于不同的园林环境。例如,园景广场上,可布置动态的水景如喷泉、涌泉等;庭院环境中,可设观鱼池、壁泉等;石假山的悬崖处,可布置瀑布、滴泉等;幽静的林地、假山山谷地带,可设小溪和山涧等。有条件的园林中,还可以布置

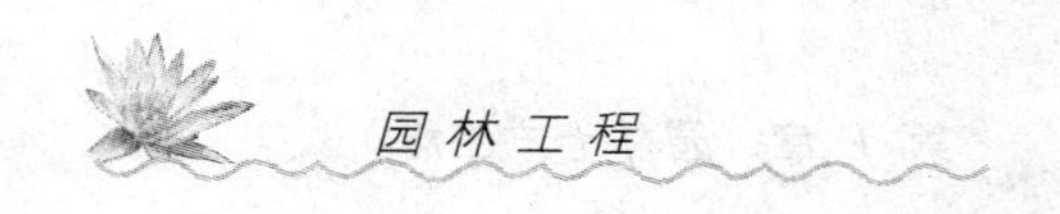

面积较大的湖池，作为园林的中心景区或主景区，成为统帅全园风景的平面构图中心。

1.1.3 竖向设计原则与任务

竖向设计应与园林绿地总体规划同时进行。在设计中，必须处理好自然地形和园林建设工程中各单项工程（如园路、工程管线、园桥、构筑物、建筑等）之间的空间关系，做到园林工程经济合理、环境质量舒适良好、风景景观优美动人。

（1）竖向设计的原则

竖向设计是直接塑造园林立面形象的重要工作。其设计质量的好坏、设计所定各项技术经济指标的高低以及设计的艺术水平如何，都将对园林建设的全局造成影响。因此，在设计中除了要反复比较、深入研究、审慎落笔之外，还要遵循以下几方面的设计原则。

① 功能优先，造景并重

进行竖向设计时，首先要考虑使园林地形的起伏高低变化适应各种功能设施的需要。对建筑、场地等的用地，要设计为平坦地形；对水体用地，要调整好水底标高、水面标高和岸边标高；对园路用地，则依山随势，灵活掌握，只控制好最大纵坡、最小排水坡度等关键的地形要素。在此基础上，注重地形的造景作用，尽量使地形变化适合造景需要。

② 利用为主，改造为辅

对原有的自然地形、地势、地貌要深入分析，能够利用的就尽量利用；做到尽量不动或少动原有地形与植被，以便更好地体现原有乡土风貌和地方环境特色。在结合园林各种设施的功能需要、工程投资和景观要求等方面综合因素的基础上，采取必要的措施，进行局部的、小范围的地形改造。

③ 因地制宜，顺应自然

造园应因地制宜，宜平地处不要设计为坡地，不宜种植处也不要设计为林地。地形设计要顺应自然，自成天趣。景物的安排、空间的处理、意境的表达都力求依山就势，高低起伏，前后错落，疏密有致，灵活自由。低处挖池，高处堆山，使园林地形合乎自然山水规律，达到“虽由人作，宛自天开”的境界。同时，也要使园林建筑与自然地形紧密结合，浑然一体，仿佛天然生就，难寻人为痕迹。

④ 就地取材，就近施工

园林地形改造工程费用往往较大，就地取材无疑是最为经济的做法。自然植被的直接利用，废弃的碎砖块石可用做一般园路的基础等，都能节省大量的经费开支。因此，地形设计中，要优先考虑使用自有的天然材料和本地生产的材料。

⑤ 填挖结合，土方平衡

地形竖向设计必须与园林总体规划及主要建设项目的设计同步进行。不论在规划中还是在竖向设计中，都要考虑使地形改造中的挖方工程量和填方工程量基本相等，即土方平衡。当挖方量大于填方量较多时，也要坚持就地平衡，在园林内部堆填处理；当挖方量小于应有的填方量时，还要坚持就近取土，就近填方。

（2）竖向设计的任务

竖向设计的目的是改造和利用地形，使确定的设计标高和设计地面满足园林道路、场地、建筑及其他建设工程对地形的合理要求，保证地面水有组织地排除，并力争土石方量最小。园林竖向设计的基本任务主要有下列几个方面：

① 根据有关规范要求，确定园林中道路、场地的标高和坡度。

② 确定原有地形的各处坡地、平地标高和坡度是否继续适用，如不能满足规划的功能要求，则确定相应的地面设计标高和场地的平整标高。

③ 应用设计等高线法、纵横断面设计法等，对园林内的湖区、土山区、草坪区等进行地形改造的竖向设计，使这些区域的地形适应各自造景和功能的需要。

④ 拟定园林各处场地的排水组织方式，确立全园的排水系统，保证排水通畅，地面不积水。

⑤ 计算土石方工程量，并进行设计标高的调整，使挖方量和填方量接近平衡；并做好挖、填土方量的调配安排，尽量使土石方工程总量达到最小。

⑥ 根据排水和护坡的实际需要，合理配置必要的排水构筑物如截水沟、排洪沟、排水渠和工程构筑物如挡土墙、护坡等，建立完整的排水管渠系统和土地保护系统。

园林中不同功能的设施用地，在进行竖向布置时的侧重点是有所不同的，要区别对待。如游乐场用地主要应满足多种游乐机械顺利安装和安全运转的需要，园景广场的竖向设计则主要应考虑场地整平和通畅排水的需要等。

1.1.4　竖向设计方法与步骤

(1) 园林竖向设计的方法

地形的表达方法有多种，以下介绍几种常用的地形表达方法。

① 等高线法

等高线是最常用的地形平面图表示方法。所谓等高线，就是绘制在平面图上的线条，将所有高于或低于水平面、具有相等垂直距离的各点连接成线。等高线也可以理解为一组垂直间距相等、平行于水平面的假想面与自然地形相交切所得到的交线在平面上的投影。等高线表现了地形的轮廓，它仅是一种象征地形的假想线，在实际中并不存在(图 1-4)。等高线法中还有一个需要了解的相关术语，就是等高距。等高距是指在一个已知平面上任何两条相邻等高线之间的垂直距离。它是一个常数。

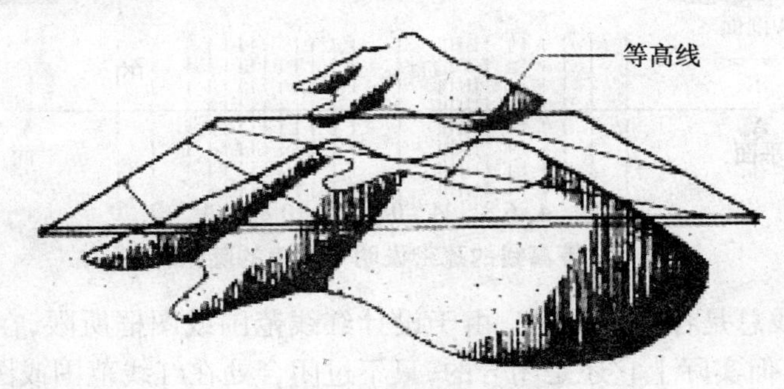

图 1-4　等高线示意图

在地形设计时，用设计等高线和原地形等高线可以在图上表示出地形被改动的情况。

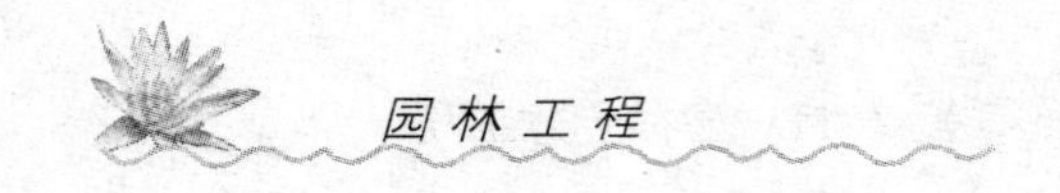

绘图时,设计等高线用细实线绘制,原地形等高线则用细虚线绘制。

当设计等高线低于原地形等高线时,则需要在原地形上进行开挖,我们称之为“挖方”;反之,当设计等高线高于原地形等高线时,则需要在原地形上增加一部分土壤,我们称之为“填方”(图1-5)。

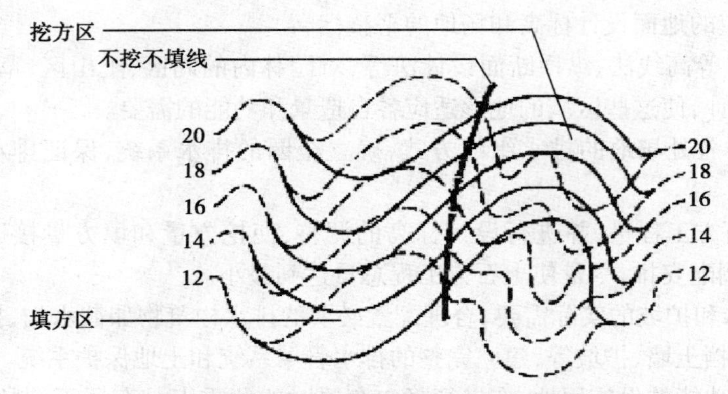

图1-5　用等高线和设计等高线表示挖方和填方

在地形变化不很复杂的地区进行园林竖向设计,大多采用设计等高线法。这种方法能够比较完整地将任何一个设计用地或一条道路与原来的自然地貌作比较,随时一目了然地判别出设计地面或路面的挖填方情况。

等高线有如下几个特点:

Ⅰ. 在同一条等高线上的所有的点,其高程都相等。

Ⅱ. 由于等高线之间的垂直距离即等高距是个常数,因此,等高线水平间距的大小就可以表示出地形的倾斜度大小。等高线越密,则地形倾斜度越大;反之,等高线越疏,则地形倾斜度越小。当等高线水平距离相等时,则表示该地形坡面倾斜角度相同(图1-6)。

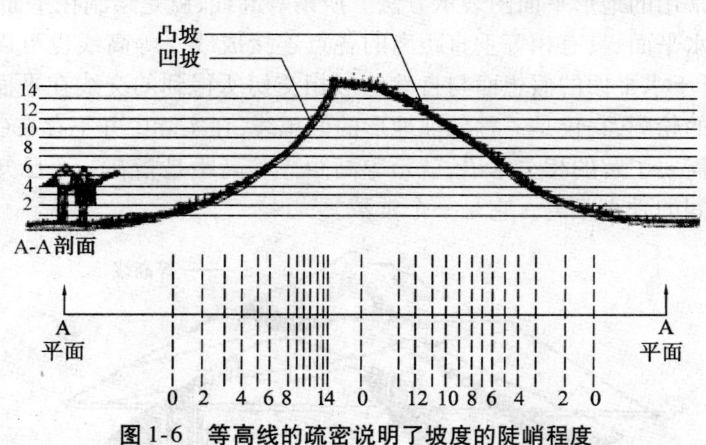

图1-6　等高线的疏密说明了坡度的陡峭程度

Ⅲ. 所有等高线总是各自闭合的。由于设计红线范围或图框所限,在图纸上不一定每根等高线都能闭合,但实际上它还是闭合的,只不过闭合处在红线范围或图框之外。

Ⅳ. 等高线一般不相交或重叠。只有在表示某一悬挑物或一座固有桥梁时才可能出现相交的情况。在某些垂直于水平面的峭壁、挡墙处,等高线才会重合在一起(图1-7)。

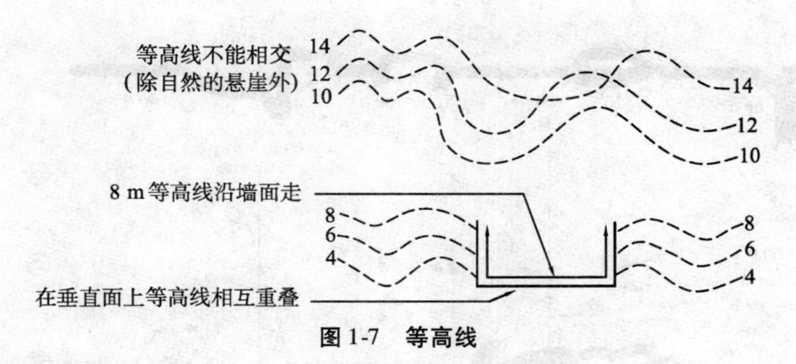

图 1-7 等高线

② 重点高程坡向标注法

在平面地形图上，往往将图中某些特殊点(园路交叉点、建筑物的转角基底地坪、园桥顶点、涵闸出口处等)用十字或圆点或水平三角标记符号来标明高程(图 1-8、图 1-9)，用细线小箭头来表示地形从高至低的排水方向。这种方法的特点是：对地面坡向变化情况的表达比较直观，容易理解；设计工作量小，图纸易于修改和变动，绘制图纸的过程比较快。其缺点则是：对地形竖向变化的表达比较粗略，在确定标高的时候要有综合处理竖向关系的工作经验。因此，重点高程坡向标注法比较适合于在园林地形设计的初步方案阶段使用，也可在地貌变化复杂时作为一种指导性的地形设计方法(图 1-10)。

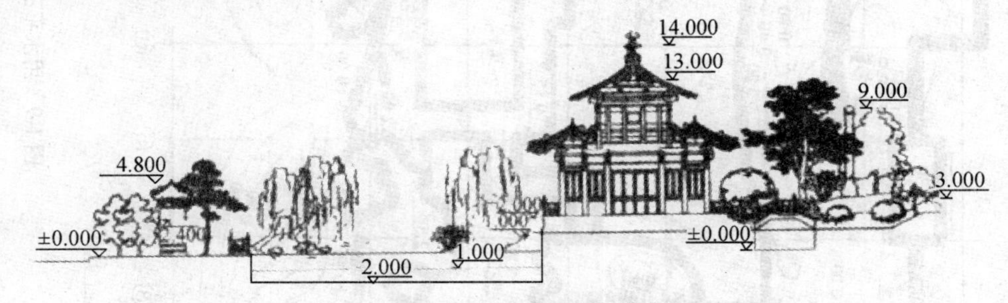

图 1-8 北京万春园剖面高程

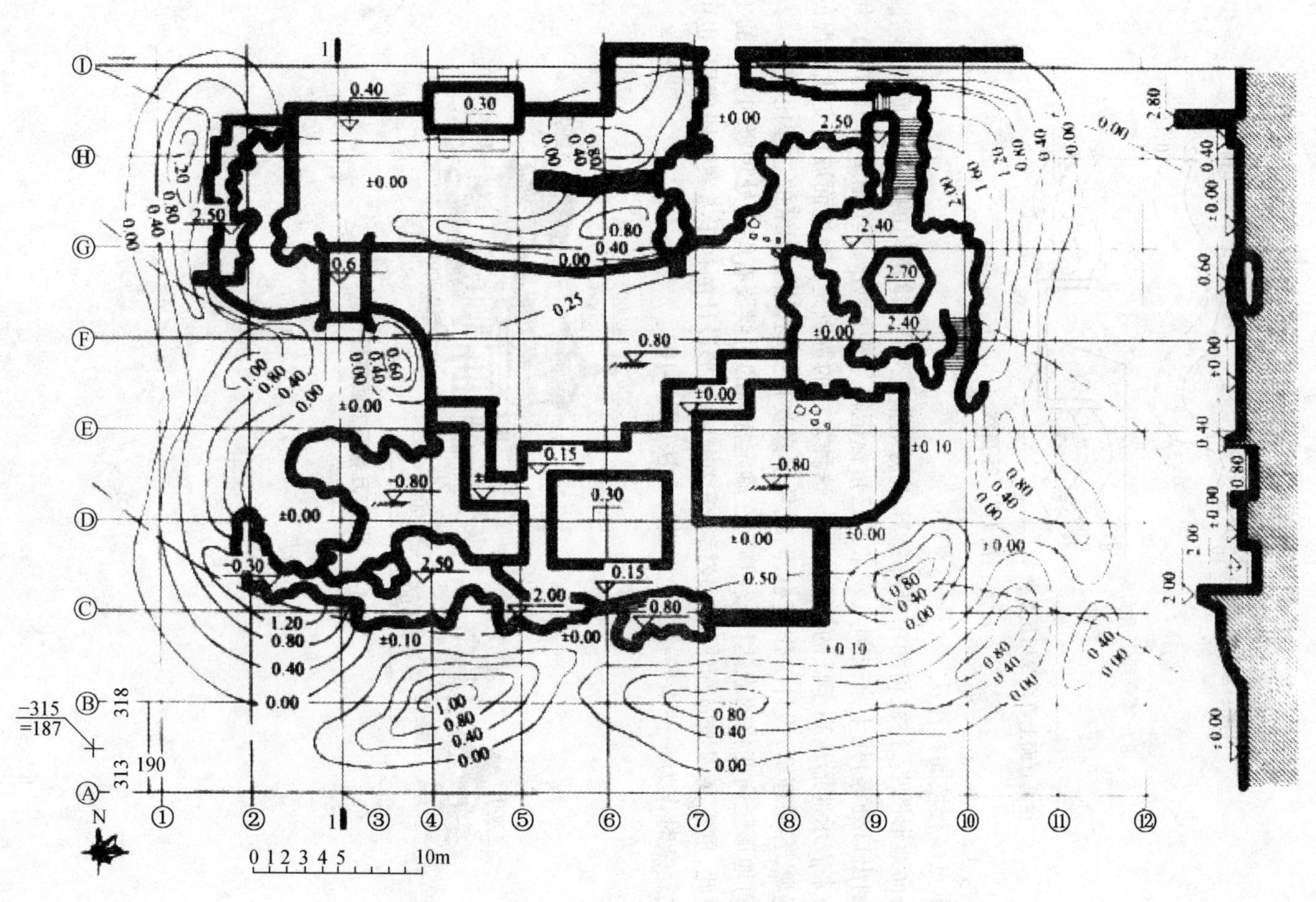

图1-9　用水平三角标记符号来标明高程

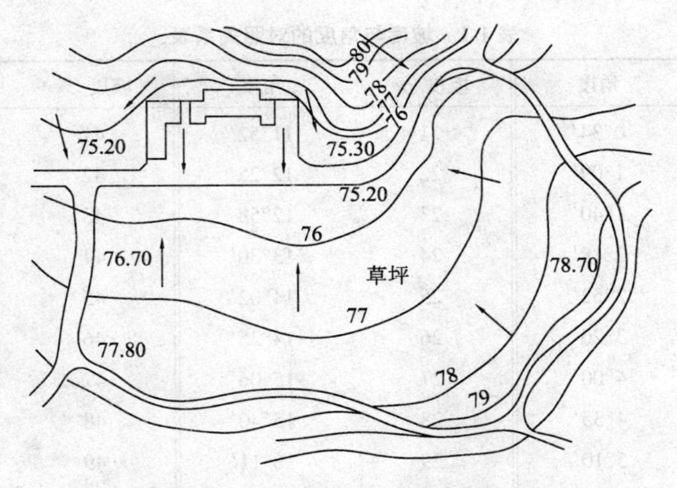

图 1-10　重点高程坡向标注法示意图

③ 坡度标注法

对地形的描述还可以采用坡度标注法。坡度即地形的倾斜度，通过坡度的垂直距离与水平距离的比率说明坡度大小，采用指向下坡方向的箭头表示坡向，将坡度百分数标注在箭头的短线上（图 1-11）。

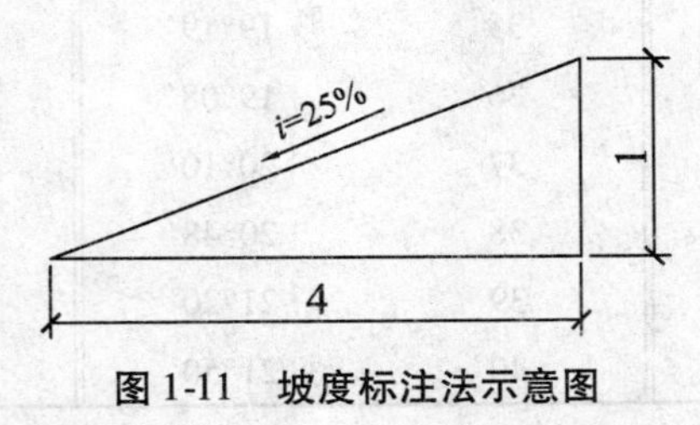

图 1-11　坡度标注法示意图

坡度的计算可用下式来表示：

$$i = \frac{H}{L} \times 100\%$$

式中：i——坡度；H——垂直高差；L——水平距离。

在此要注意的是，坡度不能与角度的概念相混淆。这里的角度即指坡面与水平面的夹角。表 1-1 列出了坡度与角度的对照关系。

表 1-1　坡度与角度的对照关系表

坡度/%	角度	坡度/%	角度	坡度/%	角度
1	0°34′	21	11°52′	41	22°18′
2	1°09′	22	12°25′	42	22°45′
3	1°40′	23	12°58′	43	23°18′
4	2°18′	24	13°30′	44	23°45′
5	2°52′	25	14°02′	45	24°16′
6	3°26′	26	14°35′	46	24°44′
7	4°00′	27	15°06′	47	25°10′
8	4°35′	28	15°40′	48	25°40′
9	5°10′	29	16°11′	49	26°08′
10	5°45′	30	16°42′	50	26°37′
11	6°17′	31	17°14′	51	27°02′
12	6°50′	35	17°45′	52	27°30′
13	7°25′	33	18°17′	53	27°55′
14	7°59′	34	18°47′	54	28°12′
15	8°32′	35	19°19′	55	28°50′
16	9°06′	36	19°08′	56	29°17′
17	9°40′	37	20°10′	57	29°40′
18	10°13′	38	20°48′	58	30°08′
19	10°47′	39	21°20′	59	30°35′
20	11°19′	40	21°50′	60	30°58′

④ 计算机绘图法

通过现有的一系列计算机绘图软件,既可以建立与原地形地表形状相一致的电子模型,也可以建立地形改造后的设计地形电子模型。对于设计师来说,可以在屏幕上从任意视角来观察和体验地形的三维形态,甚至可以制成多媒体动画,从而连续、实时地得到地形变化的印象,并据此对设计地形作进一步调整。另外,某些软件还可以通过土方原地形和设计地形的对比,自动地计算出土方工程量,使工程技术人员从繁杂的手工土方工程量计算中解脱出来,大大地提高了工作效率。因此,对于设计师和工程师来说,该方法的潜在用途几乎是无限制的。

除以上举例介绍的地形表示法外,还有坡级图表示法、明暗与色彩表示法、模型法等,这里不一一赘述。

(2)竖向设计的步骤

园林竖向设计是一项细致而繁琐的工作,设计和调整、修改的工作量都很大。但不管是用设计等高线法还是用纵横断面法等进行设计,一般都要经过以下设计步骤。

① 资料的收集

设计之前,要详细地收集各种设计技术资料,进行分析、比较和研究,对全园地形现状及

环境条件的特点要做到心中有数。需要收集的主要资料如下：

Ⅰ．园林用地及附近地区的地形图（比例 1∶500 或 1∶1 000），这是竖向设计中最基本的设计资料，必须收集到，不能缺少。

Ⅱ．当地水文地质、气象、土壤、植物等的现状和历史资料。

Ⅲ．城市规划对该园林用地及附近地区的规划资料，市政建设及其地下管线资料。

Ⅳ．园林总体规划初步方案及规划所依据的基础资料。

Ⅴ．所在地区的园林施工队伍状况和施工技术水平、劳动力素质与施工机械化程度等方面的参考材料。

资料收集的原则是：关键资料必须齐备，技术支持资料要尽量齐备，相关的参考资料越多越好。

② 现场踏勘与调研

在掌握上述资料的基础上，应亲临园林建设现场，进行认真的踏勘、调查，并对地形图等关键资料进行核实。如发现地形、地物现状与地形图上有不吻合处或变动处，要搞清变动原因，进行补测或现场记录，以修正和补充地形图的不足之处。对保留利用的地形、水体、建筑、文物古迹等要特别注意，并记载下来。对现有的大树或古树名木的具体位置，必须重点标明。还要查明地形现状中地面水的汇集规律和集中排放方向及位置、城市给水干管接入园林的接口位置等情况。

③ 设计图纸的表达

竖向设计是总体规划的组成部分，要与总体规划同时进行。在中小型园林工程中，竖向设计一般可以结合在总平面图中表达。但是，如果园林地形比较复杂或者园林工程规模比较大，在总平面图上就不易把总体规划内容和竖向设计内容都表达得很清楚，必须单独绘制园林竖向设计图。

根据竖向设计方法的不同，竖向设计图的表达也有高程箭头法、纵横断面法和设计等高线法三种方法。前面已经讲过纵横断面设计法的图纸表达方法，下面就按高程箭头法和设计等高线法相结合进行竖向设计的情况来介绍图纸的表达方法和步骤。

Ⅰ．在设计总平面底图上，用红线绘出自然地形。

Ⅱ．在进行地形改造的地方，用设计等高线对地形作重新设计。设计等高线可暂以绿色线条绘出。

Ⅲ．标注园林内各处场地的控制性标高和主要园林建筑的坐标、室内地坪标高以及室外整平标高。

Ⅳ．注明园路的纵坡度、变坡点距离和园路交叉口中心的坐标及标高。

Ⅴ．注明排水明渠的沟底面起点和转折点的标高、坡度和明渠的高宽比。

Ⅵ．进行土方工程量计算，根据算出的挖方量和填方量进行平衡。如不能平衡，则调整部分地方的标高，使土方总量基本达到平衡。根据设计要求，如果确实需要，也可从外运进或运出土方。

Ⅶ．用排水箭头标出地面排水方向。

Ⅷ．将以上设计结果汇总，绘出竖向设计图。绘制竖向设计图的要求如下：

ⅰ．图纸平面比例为 1∶200～1∶1 000，通常用 1∶500。

ⅱ. 设计等高线的等高距应与地形图相同。如果图纸经过放大,则应按放大后的图纸比例,选用合适的等高距。一般可用的等高距为 0.25 ~ 1.0 m。

ⅲ. 图纸上用国家颁发的《总图制图标准》(GBJ103—87)所规定的图例,标明园林各项工程平面位置的详细标高,如建筑物、绿化、园路、广场、沟渠的控制标高等;并标出坡面排水走向。土方施工用的图纸,则要注明各土方施工点的原地形标高与设计标高,标明填方区和挖方区,编制出土方调配表。

Ⅸ. 在有明显特征的地方,如园路、广场、堆山、挖湖等土方施工项目所在地,绘出设计剖面图或施工断面图,直接反映标高变化和设计意图,以方便施工。

Ⅹ. 编制出正式的土方量估算表和土方工程预算表。

将图、表不能表达出的设计要求、设计目的及施工注意事项等需要说明的内容,编写成竖向设计说明书,以供施工者参考。

在园林地形的竖向设计中,如何减少土方的工程量,节约投资和缩短工期,这对整个园林工程具有很重要的意义。因此,对土方施工工程量应进行必要的计算,同时还须提高工作效率,保证工程质量。

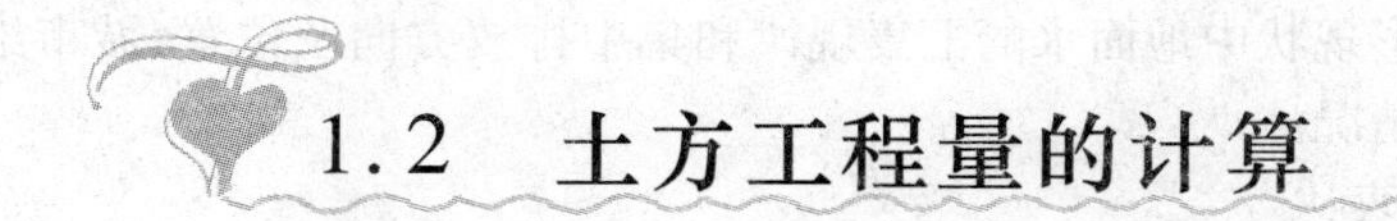

1.2 土方工程量的计算

土方工程是造园工程中的主要工程项目,特别是大型的挖湖堆山、整理地形的工程,这些项目工期长,工程量大,投资大,艺术要求高,其施工质量的好坏直接影响景观质量和以后的日常维护。通过土方工程的计算,可以明确了解园内各部分的填挖情况、动土量的大小。对设计者来说,可以修订设计图中不合理的地方;对投资方来说,可以根据计算的土方量进行预算,从而确定投资额;对施工方来说,计算所得的资料可以为施工组织设计提供依据,合理安排人、财、物,做到土方的有序流动,提高工作效率,从而缩短工期,节约投资。所以土方量的计算在园林设计工作中是必不可少的。

1.2.1 土方工程量的计算方法

土方量的计算一般是根据附有原地形等高线的设计地形来进行的。就其精确程度可分为估算和计算。估算一般用于规划方案阶段,而在设计施工图阶段,需要对土方工程量进行较为精细的计算。以下就介绍一些常用的土方工程量计算方法。

(1) 体积公式估算法

体积公式估算法就是把所设计的地形近似地假定为锥体、棱台等几何形体,然后用相应的体积公式计算土方量(表 1-2)。该方法简便、快捷,但精度不够,一般多用于规划方案阶段的土方量估算。

表 1-2　体积公式估算土方工程量

序　　号	几何体名称	几何体形状	体　　积
1	圆锥	h, S, r	$V=\frac{1}{3}\pi r^2 h$
2	圆台	S_1, r_1, h, S_2, r_2	$V=\frac{1}{3}\pi h(r_1^2+r_2^2+r_1 r_2)$
3	棱锥	h, S	$V=\frac{1}{3}S\cdot h$
4	棱台	S_1, h, S_2	$V=\frac{1}{3}h(S_1+S_2+\sqrt{S_1 S_2})$
5	球锥	h, r	$V=\frac{\pi h}{6}(h^2+3r^2)$

V——体积　　r——半径　　S——底面积　　h——高
r_1, r_2——上、下底半径　　S_1, S_2——上、下底面积

（2）垂直断面法

垂直断面法多用于园林地形纵横坡度有规律变化地段的土方工程量计算，如带状的山体、水体、沟渠、堤、路堑、路槽等。此方法是以一组相互平行的垂直截断面将要计算的地形分截成多“段”（图 1-12），相邻两断面之间的距离要求小于 50 m，然后分别计算每一单个

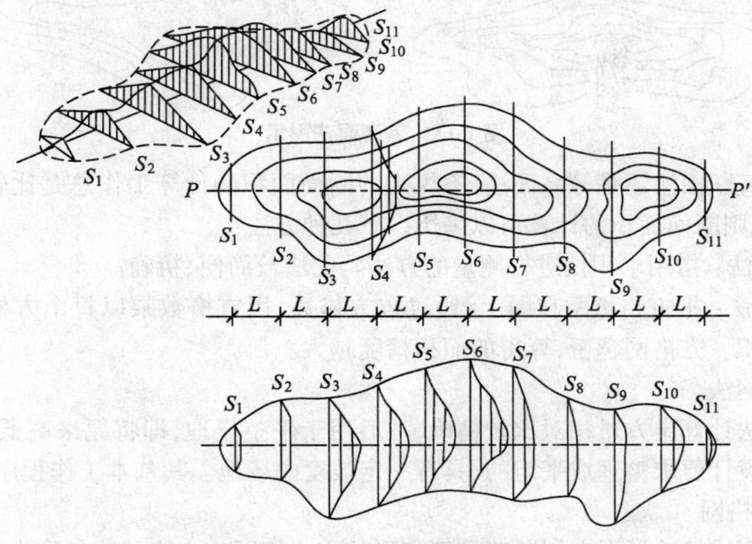

图 1-12　带状土山垂直断面取法

"段"的体积,把各"段"的体积相加,即得总土方量。计算公式如下:

$$V=\frac{1}{2}(S_1+S_2)\cdot L$$

式中:V——相邻两断面的挖、填方量(m^3);S_1——截面1的挖、填方量面积(m^2);S_2——截面2的挖、填方量面积(m^2);L——相邻两截面间的距离(m)。

截断面可以设在地形变化较大的位置,这种方法的精确度取决于截断面的数量。如果地形复杂、计算精度要求较高,就应多设截断面;如果地形变化小且变化均匀、要求仅作初步估算,截断面可以少一些。

(3) 等高面法

等高面法是指在等高线处沿水平方向截取断面的方法(图1-13),断面面积即为等高线所围成的面积,相邻断面之间的高度差即为等高距。等高面计算法与垂直断面法基本相似,其体积计算公式如下:

$$V=\frac{S_1+S_2}{2}\cdot h+\frac{S_2+S_3}{2}\cdot h+\frac{S_3+S_4}{2}\cdot h+\cdots+\frac{S_{n-1}+S_n}{2}\cdot h+\frac{S_n}{3}\cdot h$$
$$=\left(\frac{S_1+S_n}{2}+S_2+S_3+S_4+\cdots+S_{n-1}+\frac{S_n}{3}\right)\cdot h$$

式中:V——土方体积(m^3);S——各层断面面积(m^2);h——等高距(m)。

此法最适于大面积自然山水地形的土方计算。

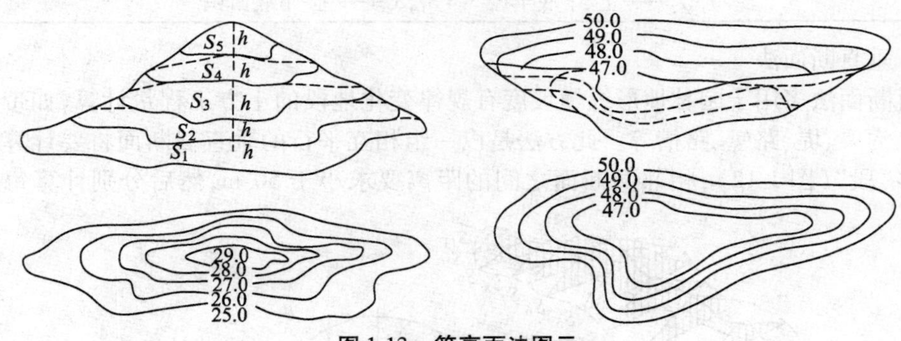

图1-13 等高面法图示

无论是垂直断面法还是等高面法,不规则的断面面积的计算工作总是比较繁琐的。一般来说,对不规则断面面积的计算可以采用以下几种方法:

① 求积仪法:指用求积仪进行测量的方法。此法较简便、精确。

② 方格纸法:把方格纸蒙在图上,通过数方格数,用方格数乘以每个方格的面积即得整个断面的面积。方格网越密,算得的面积精度越大。

(4) 方格网法

用方格网法计算土方量相对比较精确,一般用于平整场地,即将原来高低不平的、比较破碎的地形按设计要求整理成平坦的、具有一定坡度的场地。其基本工作程序如下:

① 划分方格网

在附有等高线的地形图上划分若干正方形的小方格网。方格的边长取决于地形状况和计算精度要求。在地形相对平坦的地段,方格边长一般可取20~40 m;而在地形起伏较大

的地段,可取 10 ~ 20 m。

② 填入原地形标高

在地形图上用插入法计算出各角点的原地形标高,或把方格网各角点测设到地面上,同时测出各角点的标高,然后将原地形标高数字填入方格网点的右下角(图 1-14)。

施工标高	设计标高
+1.00	36.00
+⑨	35.00
角点编号	原地形标高

图 1-14　方格网点标高的注写

如果方格交叉点不在等高线上,就要采用插入法计算出原地形标高。其计算公式如下:

$$H_x = H_a \pm \frac{xh}{L}$$

式中:H_x——角点原地形标高(m);H_a——位于低边的等高线高程(m);x——角点至低边等高线的距离(m);h——等高距(m);L——相邻两等高线间的最短距离(m)。

插入法求高程通常会遇到以下三种情况:

Ⅰ. 待求点标高 H_x 在二等高线之间(图 1-15①)时:

$$h_x : h = x : L \qquad h_x = \frac{xh}{L}$$

$$H_x = H_a + \frac{xh}{L}$$

Ⅱ. 待求点标高 H_x 在低边等高线 H_a 的下方(图 1-15②)时:

$$h_x : h = x : L \qquad h_x = \frac{xh}{L}$$

$$H_x = H_a - \frac{xh}{L}$$

Ⅲ. 待求点标高 H_x 在高边等高线 H_b 的上方(图 1-15③)时:

$$h_x : h = x : L \qquad h_x = \frac{xh}{L}$$

$$H_x = H_a + \frac{xh}{L}$$

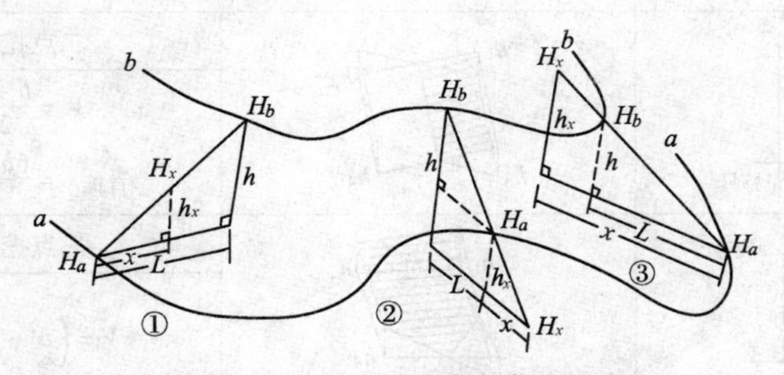

图 1-15　插入法求任意点高程图示

③ 填入设计标高

根据设计平面图上相应位置的标高情况,在方格网点的右上角填入设计标高(图 1-14)。

④ 填入施工标高

施工标高 = 原地形标高 - 设计标高

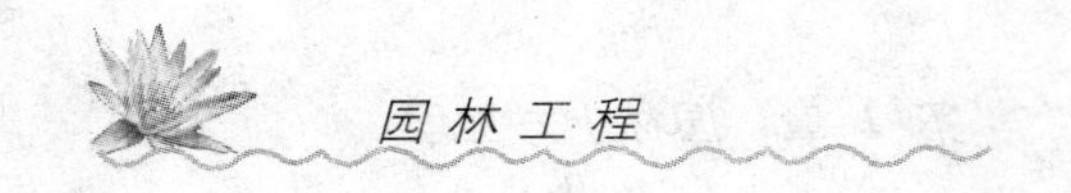

得数为正数时表示挖方，得数为负数时表示填方。将施工标高数值填入方格网点的左上角(图1-14)。

⑤ 求填点线挖零

求出施工标高以后，如果在同一方格中既有填土又有挖土，就必须求出零点线。所谓零点就是既不挖土也不填土的点，将零点互相连接起来的线就是零点线。零点线是挖方和填方区的分界线，它是土方计算的重要依据。

可以用以下公式求出零点：

$$X=\frac{h_1}{h_1+h_3}\cdot a$$

式中：X——零点距；h_1——一端的水平距离(m)；h_1，h_3——方格相邻二角点的施工标高绝对值(m)；a——方格边长(m)。

⑥ 土方量计算

根据方格网中各个方格的填挖情况，分别计算出每一方格的土方量。由于每一方格内的填挖情况不同，计算所依据的图式也不同。计算中，应按方格内的填挖具体情况，选用相应的图式，并分别将标高数值代入相应的公式中进行计算。几种常见的计算图式及其相应计算公式参见表1-3。

表1-3　土石方量的方格网计算图式及计算公式

平面图式	立体图式	计算公式
$+h_1$ $+h_2$ b_1 0 0 c_1 $-h_3$ b_2 $-h_4$ c_2		零点线计算 $b_1=a\cdot\frac{h_1}{h_1+h_3}$　$b_2=a\cdot\frac{h_3}{h_3+h_1}$ $c_1=a\cdot\frac{h_2}{h_2+h_4}$　$c_2=a\cdot\frac{h_4}{h_4+h_2}$
h_1 h_2 h_3 h_4	h_1 h_2 h_3 h_4	圆点挖方或填方 $V=\frac{a^2}{4}(h_1+h_2+h_3+h_4)$
h_1 c h_2 h_3 b h_4	h_1 h_2 h_3 h_4	二点挖方或填方 $V=\frac{b+c}{2}\cdot a\cdot\frac{\sum h}{4}$ $=\frac{(b+c)\cdot a\cdot\sum h}{8}$
h_1 h_2 c h_3 b h_4	h_1 h_2 h_4 h_3	三点挖方或填方 $V=\left(a^2-\frac{b\cdot c}{2}\right)\cdot\frac{\sum h}{5}$
h_1 h_2 c h_3 h_4 b		一点挖方或填方 $V=\frac{1}{2}b\cdot c\cdot\frac{\sum h}{3}$ $=\frac{b\cdot c\cdot\sum h}{6}$

算出每个方格的土方工程量后，即对每个网格的挖方、填方量进行合计，算出填、挖方总量。

1.2.2　土方的平衡和调配

计算挖填土方量后（要考虑挖方时因土壤松散而引起填方中填土体积的增加、地下构筑物施工余土和各种填方工程的需土），如果发现挖、填方数量相差较大，则需研究余土或缺土的处理方法，甚至可能修改设计标高。

土方平衡调配工作是土方规划设计的一项重要内容，其目的在于使土方运输量或土方运输成本最低的条件下，确定填、挖区土方的调配方向和数量，从而达到缩短工期和提高经济效益的目的。进行土方平衡与调配，必须综合考虑工程和现场情况、进度要求和土方施工方法以及分期分批施工工程的土方堆放和调运问题。经过全面研究，在确定平衡调配的原则之后，才可着手进行土方平衡与调配工作，如划分土方调配区，计算土方的平均运距、单位土方的运价，确定土方的最优调配方案。

（1）土方的平衡与调配原则

① 充分考虑壤土的适用性，如种植区、道路广场区。

② 充分尊重设计，不可在施工范围内随意借土或弃土。

③ 挖方与填方基本达到平衡，减少重复倒运。

④ 分区调配应与全场调配相协调，避免只顾局部平衡，任意挖填而破坏全局平衡。

⑤ 调配应与地下构筑物的施工相结合，地下设施的填土，应留土后填。

⑥ 选择恰当的调配方向、运输路线、施工顺序，避免土方运输出现对流和乱流现象，同时便于机具调配、机械化施工。

（2）土方的平衡与调配步骤

① 划分土方调配区。在平面图上先划出挖、填方区的分界线，并在挖、填区分别划出若干个调配区，确定调配区的大小和位置。在划分调配区时应注意以下几点：一是调配区应考虑填方区拟建设施的种类和位置，以及开工顺序和分期施工顺序；二是调配区的大小应满足土方施工主导机械（如铲运机、挖土机等）的技术要求（如行驶、操作尺寸等），调配区的面积最好与施工段的大小相适应，调配区的范围要与土方工程量计算用的方格网协调，通常可由若干个方格组成一个调配区；三是当土方运距较远或场地范围内土方调配不能达到平衡时，可根据附近地区的地形情况，考虑就近借土或弃土，此时任意一个借土区或弃土区都可作为一个独立的调配区。

② 计算各调配区的土方量并标于图上。

③ 计算各挖方调配区和各填方调配区之间的平均运距，亦即各挖方调配区中心至填方调配区中心之间的距离。一般当填、挖方调配区之间的距离较远或运土工具沿工地道路或规定线路运土时，其运距按实际计算。

④ 确定土方最优调配方案。

⑤ 绘出土方调配图。根据上述计算结果，标出调配方向、土方量及运距。

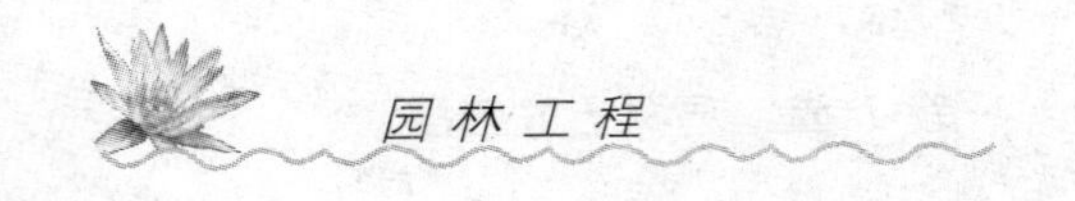

1.3 土方施工技术

任何建筑物、构筑物、道路及广场等工程的修建,都要在地面做一定的基础,如挖掘基坑、路槽等,这些工程都是从土方施工开始的。园林地形的利用、改造或创造,如挖湖堆山、平整场地都要动用大量土方。土方施工的速度和质量都会直接影响后续工程,所以它和整个建设工程的关系密切。土方工程的投资和工程量一般都很大,工期较长。为了多快好省地完成工程,必须做好土方工程的设计和施工的组织安排。

土方工程根据其使用期限和施工要求,可分为永久性和临时性两种。不论是永久性还是临时性的土方工程,都要求具有足够的稳定性和密实度,工程质量和艺术造型都符合原设计的要求。同时在施工中还要遵守有关的技术规范和原设计的各项要求,以保证工程的稳定和持久。

1.3.1 土壤的工程性质

土壤的工程性质与土方工程的稳定性、施工方法、工程量及工程投资等都有很大关系,也涉及工程设计、施工技术和施工组织的安排。因此,必须研究和掌握土壤的几种主要工程性质。

(1) 土壤容重

土壤容重是指单位体积内天然状况下的土壤质量。土壤容重的大小直接影响着施工的难易程度。容重越大,挖掘难度越大。在土方施工中把土壤分为松土、半坚土、坚土等类,所以施工中施工技术和定额应根据具体的土壤类别来制定。

(2) 土壤的自然倾斜角(安息角)

土壤自然堆积,经沉落稳定后,会形成一个稳定的、坡度一致的土体表面,此表面即称为土壤的自然倾斜面。自然倾斜面与水平面的夹角,就是土壤的自然倾斜角,即安息角(图 1-16)。土壤含水量的大小会影响土壤的安息角。在工程设计时,为了使工程稳定,其边坡坡度值应参考相应土壤的安息角。

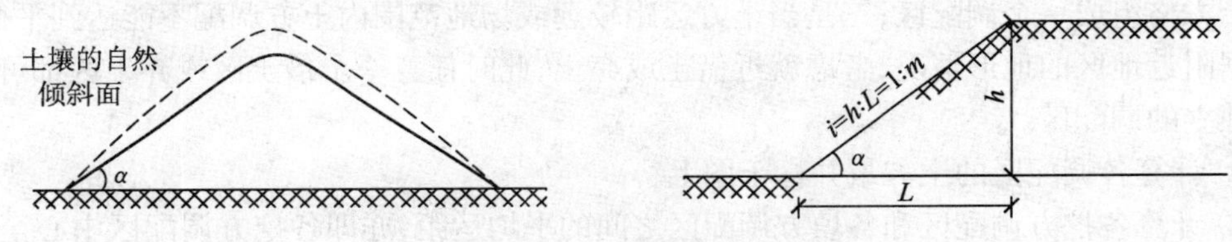

图 1-16 土壤的安息角

不论是挖方还是填方都要求有稳定的边坡。进行土方工程的设计或施工时,应结合工程本身的要求(如:填方或挖方,永久性或临时性)以及当地的具体条件(如:土壤的种类及分层情况、压力情况等),使挖方或填方的坡度合乎技术规范的要求。如情况在规范之外,则须通过实地测试来决定。挖方或填方的坡度是否合理,会直接影响土方工程的质量与数

量，从而也影响到工程投资。

(3) 土壤含水量

土壤含水量是指土壤孔隙中的水重和土壤颗粒重的比值。土壤含水量在5%以内称为干土，在30%以内称为潮土，大于30%称为湿土。土壤含水量的多少，对土方施工的难易也有直接的影响。土壤含水量过小，土质过于坚实，不易挖掘；土壤含水量过大，易出现泥泞，也不利于施工。

(4) 土壤的相对密实度

在填方工程中，土壤的相对密实度是检查土壤施工中密实程度的标准。为了使土壤达到设计要求的密实度，可以采用人力夯实或机械夯实。一般采用机械压实，其密实度可达95%，人力夯实在87%左右。大面积填方如堆山等，通常不加夯压，而是借土壤的自重慢慢沉落，久而久之也可达到一定的密实度。

(5) 土壤的可松性

土壤的可松性是指土壤经挖掘后，其原有紧密结构遭到破坏，土体松散而使体积增加的性质。这一性质与土方工程的挖土量和填土量的计算以及运输等都有很大关系。

1.3.2 土方施工准备工作

(1) 研究和审查图纸

① 检查图纸和资料是否齐全，核对平面尺寸和标高，核查图纸相互间有无错误和矛盾。

② 掌握设计内容及各项技术要求，了解工程规模、特点、工程量和质量要求。

③ 熟悉土层地质、水文勘察资料。

④ 审查图纸，搞清构筑物与周围地下设施管线的关系及图纸相互间有无错误和冲突。

⑤ 研究好开挖程序，明确各专业工序间的配合关系、施工工期要求。

⑥ 逐层向参加施工的人员进行技术交底。

(2) 勘察施工现场

摸清工程场地情况，收集施工所需各项资料，包括施工场地地形、地貌、地质水文、河流、气象、运输道路、植被、邻近建筑物、地下基础、管线、电缆坑基、防空洞、地面施工范围内的障碍物和堆积物状况及供水、供电、通信情况和防洪排水系统等，以便为施工规划和准备提供可靠的资料和数据。

(3) 编制施工方案

研究制定现场场地整平、土方开挖施工方案；绘制施工总平面布置图和土方开挖图，确定开挖路线、顺序、范围、底板标高、边坡坡度、排水沟水平位置以及挖去土方的堆放地点；提出需用施工机具、劳力、推广新技术计划，深开挖时还应提出支护、边坡保护和降水方案。

(4) 平整施工场地

按设计或施工要求范围和标高平整场地，将土方弃至规定弃土区；对在施工区域内影响工程质量的软弱土层、淤泥、腐殖土、大卵石、孤石、垃圾、树根、草皮以及不宜作为填土和回填土料的稻田湿土，应分别采取全部挖除或设排水沟疏干、抛填块石或砂砾等方法进行妥善处理。

(5) 清除现场障碍物

对施工区域内的所有障碍物,如高压电线、电杆、塔架、地上和地下管道、电缆、坟墓、树木、沟渠以及旧房屋、基础等进行拆除或搬迁、改建、改线;对附近原有建筑物、电杆、塔架等采取有效的防护加固措施,可利用的建筑物应充分利用。

(6) 进行地下墓探

在黄土地区或有古墓的地区,应在工程基础部位,按设计位置,用洛阳铲进行铲探。如发现墓穴、土洞、地道(地窖)、废井等,应对地基作局部加固处理。

(7) 做好排水设施

在施工区域内设置临时性或永久性排水沟,将地面水排走或排到低洼处,再设水泵排走;或疏通原有排水泄洪系统。排水沟纵向坡度一般不小于2%,使场地不积水。山坡地区,在离边坡上沿5~6 m处,设置截水沟、排洪沟,以阻止坡顶雨水流入开挖基坑区域,或通过修筑挡水堤坝来阻水。

(8) 设置测量控制网

根据给定的国家永久性控制坐标和水准点,按施工总平面要求,引测至现场。在工程施工区域设置测量控制网,包括控制基线、轴线和水平基准点;做好轴线控制的测量和校核。控制网要避开建筑物、构筑物、土方机械操作及运输线路,并有保护性标志;场地整平应设10 m×10 m或20 m×20 m方格网,在各方格点上做控制桩,并测出各标桩的自然地形标高,作为计算挖(填)土方量和施工控制的依据。对建筑物应做定位轴线的控制测量和校核。对灰线、标高、轴线复核无误后,方可进行场地整平和开挖。

① 平整场地的放线

用经纬仪将图纸上的方格测设到地面,并在每个交点处立桩木,边界上的桩木依图纸要求设置。桩木的规格及标记方法如图1-17所示。桩木的侧面须平滑,下端削尖,以便打入土中,桩上应标明桩号(施工图上方格网的编号)和施工标高。

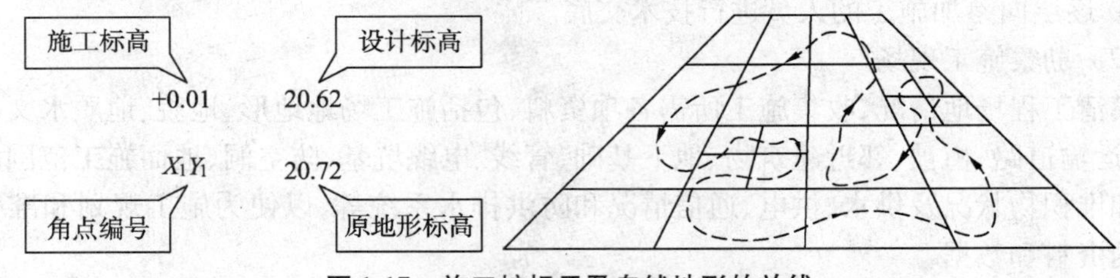

图1-17　施工桩标示及自然地形的放线

② 自然地形的放线

在挖湖、堆山时,首先将施工图纸上的方格网测设至地面,然后将堆山或挖湖的边界线以及各条设计等高线与方格网的交点一一标在地面上并打桩(对于等高线的某些弯曲段或设计地形要求较复杂的局部地段,应附加标高桩或者缩小方格网边长并另设方格控制网),以保证施工质量。木桩上也要标明桩号及施工标高。

堆山时由于土层不断升高,木桩可能被淹没,所以木桩的长度应保证每填一层土后仍露出土面。土山不高于5 m的,也可用长竹竿做标高桩。在桩上把每层的标高均标出,不同层用不同颜色标志,以便于识别。对于较高的山体,标高桩只能分层设置。挖湖工程的放线工

作与堆山的基本相同。但由于水体的挖深一般一致，而且池底常年隐没在水下，放线可以粗放些。岸线和岸坡的定点放线要求较准确，这不仅因为它是水上造景部分，而且和水体岸坡的工程稳定有很大关系。为了精确施工，可以用边坡板控制边坡坡度(图 1-18)。

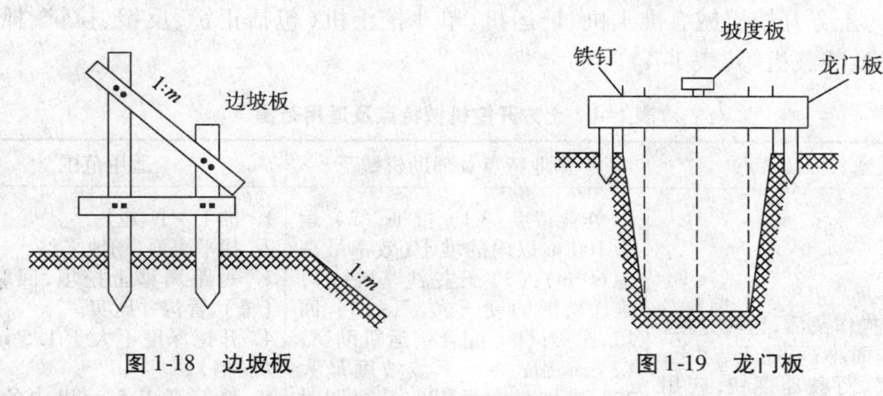

图 1-18　边坡板　　　图 1-19　龙门板

开挖沟槽时，如采用打桩放线的方法，在施工中木桩易被移动而影响校核工作，所以应使用龙门板(图1-19)。每隔 30 ~ 100 m 设龙门板一块，其间距视沟渠纵坡的变化情况而定。板上应标明沟渠中心线位置、沟上口和沟底的宽度等。龙门板上要设坡度板，用坡度板来控制沟渠纵向坡度。

上述各项准备工作及土方施工一般按先后顺序进行，但有时也要穿插进行，这不仅是为了缩短工期，也是工作协调配合的需要。例如，在土方施工过程中，可能会发现新的异常物体需要处理，会碰上新的降水，桩线可能被破坏或移位等。因此，上述准备工作可以说贯穿土方施工的整个过程，以确保工程施工按质、按量、按期顺利完成。

(9) 修建临时设施及道路

根据土方和基础工程规模、工期长短、施工力量安排等修建简易的临时性生产和生活设施(如工具库、材料库、油库、机具库、修理棚、休息棚、茶炉棚等)，同时附设现场供水、供电、供压缩空气(用于爆破石方)管线路，并进行试水、试电、试气。修筑施工场地内机械运行的道路、主要临时运输道路宜结合永久性道路的布置修筑。道路的坡度、转弯半径应符合安全要求，两侧做好排水沟。

(10) 准备机具、物资及人员

做好设备调配，对进场挖土和运输的车辆及各种辅助设备进行维修检查、试运转，并运至使用地点就位；准备好施工用料及工程用料，按施工平面图要求堆放。组织并配备土方工程施工所需专业技术人员、管理人员和技术工人；组织安排好作业班次；制定较完善的技术岗位责任制和技术、质量、安全、管理网络；建立技术责任制和质量保证体系；对拟采用的土方工程新机具、新工艺、新技术，组织力量进行研制和试验。

1.3.3　土方施工机械

土方工程施工包括挖、运、填、压四个方面的内容。可采用人力施工，也可用机械化或半机械化施工，这要根据场地条件、工程量和当地施工条件决定。在规模较大、土方较集中的

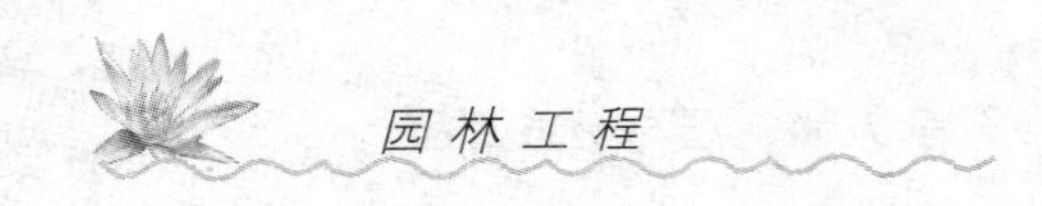

工程中,采用机械化施工较经济;但对工程量不大,施工点较分散的工程或因场地限制而不便采用机械施工的地段,应采取人力或半机械化施工方式。

(1) 土方开挖机械

常用的土方开挖机械有推土机、铲运机、单斗挖土机(包括正铲、反铲、拉铲、抓铲等)、多斗挖掘机、装载机等(表1-4)。

表1-4　土方开挖机械特点及适用范围

机械名称及特点	作业特点及辅助机械	适用范围
推土机:操作灵活,运转方便,所需工作面小;可挖土、运土,易于转移,行驶速度快,应用广泛。	1. 作业特点:(1) 推平;(2) 运距100 m以内的堆土(效率最高为60 m);(3) 开挖浅基坑;(4) 堆送松散的硬土、岩石;(5) 回填、压实;(6) 配合铲运机助铲;(7) 牵引;(8) 下坡坡度最大35°,横坡最大为10°,几台同时作业,前后距离应大于8 m。 2. 辅用机械:土方挖后运出需配备装土、运土设备,推挖Ⅲ~Ⅳ类土,应用松土机预先翻松。	1. 推Ⅰ~Ⅳ类土。 2. 找平表面,场地平整。 3. 短距离移土挖填,回填基坑(槽)、管沟并压实。 4. 开挖深度不大于1.5 m的基坑(槽)。 5. 堆筑高1.5 m以内的路基、堤坝。 6. 拖羊足碾。 7. 配合挖土机进行集中土方、清理场地、修路开道等。
铲运机:操作简单灵活,不受地形限制,不需特设道路;准备工作简单,能独立工作,不需其他机械配合,能完成铲土、运土、卸土、填筑、压实等工序,行驶速度快,易于转移,需用劳动力少,生产效率高。	1. 作业特点:(1) 大面积整平;(2) 开挖大型基坑、沟渠;(3) 运距800~1 500 m以内的挖运土(效率最高为200~300 m);(4) 坡度控制在20°以内。 2. 辅助机械:开挖坚土时需用推土机助铲,开挖Ⅲ~Ⅳ类土宜先用推土机械预先翻松20~40 cm;自行式铲运机用轮胎行驶,适合长距离,但开挖亦需用助铲。	1. 开挖含水率27%以下的Ⅰ~Ⅳ类土。 2. 大面积场地平整、压实。 3. 运距800 m以内的挖运土方。 4. 开挖大型基坑(槽)、管沟,填筑路基等;但不适于砾石层、冻土地带及沼泽地区使用。
正铲挖掘机:装车轻便灵活,回转速度快,移位方便;能挖掘坚硬土层,易控制开挖尺寸,工作效率最高。	1. 作业特点:(1) 开挖停机面以上土方;(2) 工作面应在1.5 m以上;(3) 开挖高度超过挖土机挖掘高度,可采取分层开挖;(4) 装车外运。 2. 辅助机械:土方外运应配自卸汽车,工作面应由推土机配合平土、集中土方进行联合作业。	1. 开挖含水量不大于27%的Ⅰ~Ⅳ类土和经爆破后的岩石与冻土碎块。 2. 大型场地平整土方。 3. 工作面狭小且较深的大型管沟和基槽路堑。 4. 独立基坑。 5. 边坡开挖。
反铲挖掘机:操作灵活,挖土卸土多在地面作业,不用开运输道。	1. 作业特点:(1) 开挖地面以下深度并不大的土方;(2) 最大挖土深度4~6 m,经济合理深度3~5 m;(3) 可装车和两边甩土、堆放;(4) 较大、较深基坑可做多层接力挖土。 2. 辅助机械:土方外运应配备自卸汽车,工作应有推土机配合推到附近堆放。	1. 开挖含水量大的Ⅰ~Ⅲ类砂土和黏土。 2. 管沟和基槽。 3. 独立基坑。 4. 边坡开挖。

续表

机械名称及特点	作业特点及辅助机械	适用范围
拉铲挖掘机：可挖深坑，挖掘半径及卸载半径大，操作灵活性较差。	1. 作业特点：(1) 开挖停机面以下土方；(2) 可装车和甩土；(3) 开挖截面误差较大；(4) 可将土甩在两边较远处堆放。 2. 辅助机械：土方外运需配备自卸汽车、推土机等创造施工条件。	1. 挖掘Ⅰ～Ⅳ类土，开挖较深、较大的基坑(槽)、管沟。 2. 大量外运土方。 3. 填筑路基、堤坝。 4. 挖掘河床。 5. 不排水挖取水中泥土。
抓铲挖掘机：钢绳牵拉灵活性较差，工效不高，不能挖掘坚硬土；可以装在简易机械上工作，使用方便。	1. 作业特点：(1) 开挖直井或沉井土方；(2) 可装车或甩土；(3) 排水不良也能开挖；(4) 吊杆倾斜角度应在 45°以上，距边坡应不小于 2 m。 2. 辅助机械：土方外运时，按运距配备自卸汽车。	1. 土质比较松软，施工面较狭窄的深基坑、基槽。 2. 水中挖取土，清理河床。 3. 桥基、桩孔挖土。 4. 装卸散装材料。
装载机：操作灵活，回转移位方便、快速；可装卸土方和散料，行驶速度快。	1. 作业特点：(1) 开挖停机面以上土方；(2) 轮胎式只能装松土散土方；(3) 松散材料装车；(4) 吊运重物，用于铺设管道。 2. 辅助机械：土方外运需配备自卸汽车，作业面需经常用推土机平整并推松土方。	1. 运多余土方。 2. 履带式改换挖斗时可用于开挖。 3. 装卸土方和散料。 4. 松散土的表面剥离。 5. 地面平整和场地清理等工作。 6. 回填土。 7. 拔除树根。

推土机是土石方工程施工中的主要机械之一。它由拖拉机与推土工作装置两部分组成。其行走方式有履带式和轮胎式两种，传动系统主要采用机械传动和液力机械传动，工作装置的操纵方法分液压操纵与机械传动。

铲运机在土方工程中主要用于铲土、运土、铺土、平整和卸土等工作。铲运机对运行的道路要求较低，适应性强，投入使用前准备工作简单，具有操纵灵活、转移方便与行驶速度较快等优点，因此使用范围较广，如筑路、挖湖、堆山、平整场地等均可使用。铲运机按其行走方式区分，有拖式铲运机和自行式铲运机两种；按铲斗的操纵方式区分，有机械操纵(钢丝绳操纵)和液压操纵两种。

挖掘机按行走方式分履带式和轮胎式两种；按传动方式分机械传动和液压传动两种。斗容量为 0.1、0.2、0.3、0.4、0.5、0.6、0.8、1.0、1.6、2.0 m^3等。根据工作装置不同，有正铲、反铲，机械传动挖掘机还有拉铲和抓铲。使用较多的为正铲，其次为反铲，拉铲和抓铲仅在特殊情况下使用。

装载机按其行走方式分履带式和轮胎式两种；按工作方式分周期工作的单斗式装载机和连续工作的链式与轮斗式装载机。有的单斗装载机背端还带有反铲。土方工程主要使用单斗铰接式轮胎装载机，它具有操作轻便、灵活，转运方便、快速，维修较易等特点。

(2) 压实机具

① 平碾压路机

平碾压路机又称光碾压路机。按重量等级分轻型(3～5 t)、中型(6～10 t)和重型(大于10 t)三种;按装置形式的不同又分单轮压路机、双轮压路机、三轮压路机等;按作用于土层荷载的不同,分静作用压路机和振动压路机两种。

平碾压路机具有操作方便、转移灵活、碾压速度较快等优点,但碾轮与土的接触面积大,单位压力较小,碾压上层密实度大于下层。

静作用压路机适用于薄层填土或表面压实、平整场地、修筑堤坝及道路工程;振动平碾适用于填料为爆破石渣、碎石类土、杂填土或粉土的大型填方工程。

② 压路碾

按重量等级分轻型(小于5 t)、中型(5~10 t)和重型(大于10 t)三种;按形状不同分平碾、带槽碾(滚筒上有凸肋)、轮胎压路碾和羊足碾四种。大面积机械化回填压实使用较广泛的为羊足压路碾。羊足压路碾在滚轮表面装有许多羊足形滚压件,有单筒式和双筒式之分。筒内根据要求不同可为空筒、装水或装砂,以提高单位面积的压力,增加压实效果。压路碾具有压实质量好、操作工作面小、调动机动灵活等优点,但需用拖拉机牵引作业。一般羊足碾适用于压实中等深度的粉质黏土、粉土、黄土等。因羊足会使表面土壤翻松,对干砂、干硬土块及石碴等压实效果不佳,不宜使用。平碾适于黏性土和非黏性土的大面积场地平整及路基、堤坝的压实。

③ 小型打夯机

小型打夯机有冲击式和振动式之分。小型打夯机由于体积小,重量轻,构造简单,机动灵活,实用,操纵、维修方便,夯击能量大,夯实工效较高,在建筑工程上使用很广。但使用者的劳动强度较大,常用的有蛙式打夯机、内燃打夯机、电动立夯机等,适用于黏性较低的土(砂土、粉土、粉质黏土)基坑(槽)、管沟及各种零星分散、边角部位填方的夯实,以及配合压路机对边缘或边角碾压不到之处的夯实。

④ 平板式振动器

平板式振动器为现场常备机具,具有体形小、轻便、适用、操作简单等优点,但其振实深度有限,适于小面积黏性土薄层回填土振实、较大面积砂土的回填振实以及薄层砂卵石、碎石垫层的振实。

⑤ 其他机具

对密实度要求不高的大面积填方,在缺乏碾压机械时,可采用推土机、拖拉机或铲运机结合行驶、推(运)土、平土来压实。对已回填松散的特厚土层,可根据回填厚度和设计对密实度的要求采用重锤或强夯等机具来夯实。

1.3.4 土方施工

(1) 土方开挖的一般要求

① 场地开挖

挖方边坡坡度应根据使用时间(临时或永久性)、土的种类、物理力学性质(内摩擦角、黏聚力、密度、湿度)、水文情况等确定。对于永久性场地,挖方边坡坡度应按设计要求放坡。如设计无规定,应根据工程地质和边坡高度,结合当地实践经验确定。

对软土土坡或极易风化的软质岩石边坡,应对坡脚、坡面采取喷浆、抹面、嵌补、砌石等

保护措施，并做好坡顶、坡脚排水，避免在影响边坡稳定的范围内积水。

挖方上缘至土堆坡脚的距离，应根据挖方深度、边坡高度和土的类别确定。当土质干燥密实时，不得小于 3 m；当土质松软时，不得小于 5 m。在挖方下侧弃土时，应将弃土堆表面整平并低于挖方场地标高且向外倾斜，或在弃土堆与挖方场地之间设置排水沟，防止雨水排入挖方场地。

② 边坡开挖

场地边坡开挖应采取沿等高线自上而下，分层、分段依次进行。在边坡上采取多台阶同时开挖时，上台阶比下台阶开挖进深应不少于 30 m，以防塌方。

边坡台阶开挖，应做成一定坡势，以利于泄水。边坡下部没有护脚及排水沟时，在边坡修完后，应立即处理台阶的反向排水坡，进行护脚矮墙和排水沟的砌筑和疏通，以保证坡面不被冲刷和在影响边坡稳定的范围内不积水，否则应采取临时性排水措施。

（2）挖方方法

① 基坑（槽）、管沟和场地开挖应有排水措施，以防地面水流入坑内冲刷边坡，造成塌方或破坏基土。

② 开挖前应先测量、定位，找平、放线，定出开挖宽度，按放线分块（段）分层挖土。根据土质和水文情况，采取在四侧或两侧直立开挖或放坡，以保证施工操作安全。当土质为天然湿度、构造均匀、水文地质条件良好（即不会发生坍滑、移动、松散或不均匀下沉），且无地下水、挖方深度不大时，可不必放坡，采取直立开挖不加支护，基坑宽应稍大于基础宽。如超过一定的深度，但不大于 5 m 时，应根据土质和施工具体情况放坡，以保证不塌方。放坡后坑（槽）上口宽度由基础底面宽度及边坡坡度来决定，坑底宽度每边应比基础宽出 15 ~ 30 cm，以便于施工操作。

③ 当开挖的土体含水量大而不稳定，或较深，或受到周围场地限制而需用较陡的边坡或直立开挖而土质较差时，应采用临时性支撑加固，每边的宽度应为基础宽加 10 ~ 15 cm，用于设置支撑加固结构。挖土时，土壁要求平直，挖好一层支一层支撑，挡土板要紧贴土面，并用小木桩或横撑木顶住挡板。

④ 开挖程序一般是：测量放线→切线分层开挖→排降水→修坡→整平→留足预留土层等。相邻场地、基坑开挖时，应遵循先深后浅或同时进行的施工程序。挖土应自上而下水平分段分层进行，每层 0.3 m 左右。边挖边检查坑底宽度及坡度，不够就及时修整，每 3 m 左右修一次坡，至设计标高，再统一进行一次修坡清底，检查坑底宽和标高，要求坑底凹凸不超过 1.5 cm。在已有建筑物侧挖基坑（槽）应间隔分段进行，每段不超过 2 m。应待已挖好的槽段基础完成并回填夯实后再进行相邻段开挖。

⑤ 基坑开挖应尽量防止对地基土的扰动。人工挖土时，基坑挖好后不能立即进行下道工序时，应预留 15 ~ 30 cm 的一层土不挖，待下道工序开始再挖至设计标高。采用机械开挖基坑时，为避免破坏基底土，应在基底标高以上预留一层采取人工清理。使用铲运机、推土机或多斗挖土机时，保留上层厚度为 20 cm；使用正铲、反铲或拉铲挖土时为 30 cm。

⑥ 在地下水位以下挖土，应在基坑（槽）四侧或两侧挖好临时排水沟和集水井，将水位降低至坑（槽）底以下 500 mm，以利于挖方。降水工作应持续到施工完成（包括地下水位以下回填土）。

⑦ 雨季施工时,基坑(槽)应分段开挖,挖好一段浇筑一段垫层,并在基坑(槽)两侧围以土堤或挖排水沟,以防地面雨水流入基坑(槽),同时应经常检查边坡和支护情况,以防止坑壁受水浸泡造成塌方。

⑧ 弃土应及时运出,在挖方边缘上侧临时堆土或堆放材料以及移动施工机械时,应与基坑边缘保持1 m以上的距离,以保证坑边直立壁或边坡的稳定。当土质良好时,堆土或材料应距挖方边缘0.8 m以外,高度不宜超过1.5 m。

⑨ 场地挖完后应进行验收,做好记录。如发现地基土质与地质勘探报告、设计要求不符,应与有关人员研究后及时处理。

(3) 安全措施

① 开挖时,两人操作间距应大于2.5 m。多台机械开挖,挖土机间距应大于10 m。在挖土机工作范围内,不许进行其他作业。挖土应由上而下,逐层进行,严禁先挖坡脚或逆坡挖土。

② 挖方不得在危岩、孤石的下边或贴近未加固的危险建筑物的下面进行。

③ 应严格按要求放坡。操作时应随时注意土壁的变动情况,如发现有裂纹或部分坍塌现象,应及时进行支撑或放坡,并注意支撑的稳固和土壁的变化。当采取不放坡开挖时,应设置临时支护,各种支护应根据土质及深度经计算后确定。

④ 机械多台阶同时开挖,应验算边坡的稳定性,挖土机离边坡应有一定的安全距离,以防坍方,造成翻机事故。

⑤ 深基坑上下应先挖好阶梯或支撑靠梯,或开斜坡道,并采取防滑措施,禁止踩踏支撑上下。坑四周应设安全栏杆。

⑥ 人工吊运土方时,应检查起吊工具绳索是否牢靠;吊斗下面不得站人,卸土堆应离开坑边一定距离,以防造成坑壁坍方。

⑦ 用手推车运土时,应先平整好道路,卸土回填,不得放手让车自动翻转。用翻斗汽车运土时,运输道路的坡度、转弯半径应符合有关安全规定。

⑧ 重物距土坡安全距离:汽车不小于3 m,马车不小于2 m,起重机不小于4 m。土方堆放不小于1 m,堆土高不超过1.5 m;材料堆放应不小于1 m。

⑨ 当基坑较深或晾槽时间很长时,为防止边坡失水松散或地面水冲刷、浸润影响边坡稳定,应采用边坡保护方法。

⑩ 爆破土石方应遵守爆破作业安全有关规定。

(4) 填土和压实的一般要求

① 土料要求

填方土料应符合设计要求,以保证填方的强度和稳定性。如设计无要求,应符合下列规定:

Ⅰ. 碎石类土、砂土和爆破石渣(粒径不大于每层铺厚的2/3。当用振动碾压时,不超过3/4)可用于表层下的填料。

Ⅱ. 含水量符合压实要求的黏性土,可作为各层填料。

Ⅲ. 碎块草皮和有机质含量大于8%的土仅用于无压实要求的填方。

Ⅳ. 淤泥和淤泥质土一般不能用做填料,但在软土或沼泽地区,经过处理含水量符合压实要求的,可用于填方中的次要部位。

Ⅴ. 含盐量符合规定的盐渍土一般可用做填料,但土中不得含有盐晶、盐块或含盐植物根茎。

② 基底处理

Ⅰ. 场地回填应先清除基底的草皮、树根及坑穴中的积水、淤泥和杂物,并采取措施防止地表滞水流入填方区,浸泡地基,造成基土下陷。

Ⅱ. 当填方基底为耕植土或松土时,应将基底充分夯实或碾压密实。

Ⅲ. 当填方位于水田、沟渠、池塘或含水量很大的松软土地段,应根据具体情况采取排水疏干,或将淤泥全部挖出换土、抛填片石、填砂砾石、翻松掺石灰等措施进行处理。

Ⅳ. 当填土场地地面坡度大于 1/5 时,应先将斜坡挖成阶梯形,阶高 0.2 ~0.3 m,阶宽大于 1 m,然后分层填土,以利于接合和防止滑动。

③ 填土含水量

Ⅰ. 含水量的大小会直接影响夯实(碾压)质量,在夯实(碾压)前应先试验,以得到符合密实度要求条件下的最优含水量和最少夯实(或碾压)遍数。含水量过小,会导致夯压(碾压)不实;含水量过大,则易成为橡皮土。

Ⅱ. 遇到黏性土或排水不良的砂土时,其最优含水量与相应的最大干密度,应用击实试验测定。

Ⅲ. 土料含水量一般以手握成团、落地开花为宜。当含水量过大时,应采取翻松、晾干、风干、换土回填、掺入干土或其他吸水性材料等措施;如土料过干,则应预先洒水润湿,亦可采取增加压实遍数或使用大功能压实机械等措施。

在气候干燥时,必须采取加速挖土、运土、平土和碾压过程,以减少土的水分散失。当填料为碎石类土(充填物为砂土)时,碾压前应充分洒水湿透,以提高压实效果。

④ 填土边坡

填方的边坡坡度应根据填方高度、土的种类和其重要性在设计中加以规定,当设计无规定时,可查询和参考相关行业标准。

(5) 填土的方法

① 人工填土方法

Ⅰ. 用手推车送土,用铁锹、耙、锄等工具进行人工回填土。

Ⅱ. 从场地最低部分开始,由一端向另一端自下而上分层铺填。每层虚铺厚度:用人工木夯夯实时,砂质土不大于 30 cm,黏性土为 20 cm;用打夯机械夯实时不大于 30 cm。

Ⅲ. 深浅坑相连时,应先填深坑,与浅坑相平后全面分层夯填。如采取分段填筑,交接处应填成阶梯形。墙基及管道回填应在两侧用细土同时均匀回填、夯实,防止墙基及管道中心线移位。

Ⅳ. 人工夯填土时,用 60 ~80 kg 的木夯或铁夯、石夯,由 4 ~8 人拉绳,二人扶夯,举高不小于 0.5 m,一夯压半夯,按次序进行。

Ⅴ. 较大面积人工回填用打夯机夯实时,两机平行间距不得小于 3 m,在同一夯打路线上的前后间距不得小于 10 m。

② 机械填土方法

Ⅰ. 推土机填土:填土应由下而上分层铺填,每层虚铺厚度不宜大于 30 m。大坡度堆填土不得居高临下，不分层次，一次堆填。推土机运土回填可采取分堆集中、一次运送的方法，分段距离为10～15 m，以减少运土漏失量。土方推至填方部位时，应提起一次铲刀，成堆卸土，并向前行驶0.5～1.0 m，利用推土机后退时将土刮平。用推土机来回行驶进行碾压，履带应重叠一半。填土程序宜采用纵向铺填顺序，从挖土区段至填土区段，以40～60 m距离为宜。

Ⅱ．铲运机填土：铲运机铺土时，铺填土区段长度不宜小于20 m，宽度不宜小于8 m。铺土应分层进行，每次铺土厚度不大于30～50 m（视所用压实机械的要求而定），每层铺土后，利用空车返回时将地表面刮平。填土程序一般尽量采取横向或纵向分层卸土，以利行驶时初步压实。

Ⅲ．汽车填土：自卸汽车为成堆卸土，须配以推土机推土、摊平。每层的铺土厚度不大于30～50 cm（随选用的压实机具而定）。填土可利用汽车行驶做部分压实工作，行车路线必须均匀分布于填土层上。汽车不能在虚土上行驶，卸土推平和压实工作必须采取分段交叉进行。

(6) 填土的压实

① 压实的一般要求

Ⅰ．密实度要求：填方的密实度要求和质量指标通常以压实系数来表示。压实系数为土的控制（实际）干土密度与最大干土密度的比值。最大干土密度是当其处于最优含水量时，通过标准的击实方法确定的。密实度要求一般由设计人员根据工程结构性质、使用要求以及土的性质确定。

Ⅱ．铺土厚度和压实遍数：填土每层铺土厚度和压实遍数视土的性质、设计要求的压实系数和使用的压（夯）实机具性能而定，一般应进行现场碾（夯）压试验确定。

② 填土压（夯）实方法

Ⅰ．一般要求

填土应尽量采用同类土填筑，并宜控制土的含水率在最优含水量范围内。当采用不同的土填筑时，应按土类有规则地分层铺填，将透水性大的土层置于透水性较小的土层之下，不得混杂使用；边坡不得用透水性较小的土封闭，以利于水分排除和基土稳定，并避免在填方内形成水囊和产生滑动现象。

填工应从最低处开始，由下向上整个宽度分层铺填碾压或夯实。

在地形起伏之处，应做好接茬，修筑1∶2阶梯形边坡，即每台阶高可取50 cm，宽100 cm。分段填筑时每层接缝处应做成大于1∶1.5的斜坡，碾迹重叠0.5～1.0 m，上下层错缝距离不应小于1 m。接缝部位不得在基础、墙角、柱墩等重要部位。

填土应预留一定的下沉高度，以备在行车、堆重或干湿交替等自然因素作用下，土体逐渐沉落密实。预留沉降量根据工程性质、填方高度、填料种类、压实系数和地基情况等因素确定。当土方用机械分层夯实时，其预留下沉高度（以填方高度的百分数计）：砂土为1.5%，粉质黏土为3%～3.5%。

Ⅱ．人工夯实方法

人力打夯前应将填土初步整平，打夯要按一定方向进行，一夯压半夯，夯夯相接，行行相连，两遍纵横交叉，分层打夯。夯实基槽及地坪时，行夯路线应由四边开始，逐渐夯向中间。

用蛙式打夯机等小型机具夯实时，一般填土厚度不宜大于25 cm，打夯之前对填土应初

步平整，打夯机依次夯打，均匀分布，不留间隙。

基坑（槽）回填应在相对两侧或四周同时进行回填与夯实。

回填管沟时，应由人工先在管子周围填土夯实，并从管道两边同时进行，直至管顶0.5 m以上。在不损坏管道的情况下，方可采用机械填土回填夯实。

Ⅲ．机械压实方法

为保证填土压实的均匀性及密实度，避免碾轮下陷，提高碾压效率，在碾压机械碾压之前，宜先用轻型推土机、拖拉机推平，低速预压4～5遍，使表面平实；采用振动平碾压实爆破石渣或碎石类土，应先静压，后振压。

碾压机械压实填方时，应控制行驶速度，平碾、振动碾一般不超过2 km/h；羊足碾不超过3 km/h；并要控制压实遍数。碾压机械与基础或管道应保持一定的距离，防止将基础或管道压坏或移位。

用压路机进行填方压实时，应采用“薄填、慢驶、多次”的方法，填土厚度不应超过25～30 cm；碾压方向应从两边逐渐压向中间，碾轮每次重叠宽度15～25 cm，避免漏压。运行中碾轮边距填方边缘应大于500 mm，以防发生溜坡倾倒。边角、边坡、边缘压实不到之处，应辅以人力夯或小型夯实机具夯实。压实密实度以压至轮子下沉量不超过1～2 cm为度（另有规定除外）。每碾压完一层后，应用人工或机械（推土机）将表面拉毛以利接合。

平碾碾压完一层后，应用人工或推土机将表面拉毛。土层表面太干时，应洒水湿润，再继续回填，以保证上、下层接合良好。

用羊足碾碾压时，填土厚度不宜大于50 cm，碾压方向应从填土区的两侧逐渐压向中心。每次碾压重叠宽度应有15～20 cm，并随时清除黏着于羊足之间的土料。为提高上部土层密实度，羊足碾压过后，宜辅以拖式平碾或压路机补充压平、压实。

用铲运机及运土工具进行压实，铲运机及运土工具的移动须均匀分布于填筑层的全面，逐次卸土碾压。

Ⅳ．压实排水要求

填土层如有地下水或滞水，应在四周设置排水沟和集水井，将水位降低。

已填好的土如遭水浸，应将稀泥铲除，方能进行下一道工序。

填土区应保持一定横坡，或中间稍高两边稍低，以利于排水。当天填土，应在当天压实。

Ⅴ．质量控制与检验

对有密实度要求的填方，在夯实或压实之后，要对每层回填土的质量进行检验。一般采用环刀法（或灌砂法）取样测定土的干密度，求出土的密实度，或用小轻便触探仪直接通过锤击数来检验干密度和密实度。只有符合设计要求，才能填筑上层。

填土压实后的干密度应90%以上符合设计要求，其余10%的最低值与设计值之差，不得大于0.08 t/m³，且不应集中。

本章小结

本章是基础性工程，重点在于：（1）如何进行园林工程项目的微地形改造，该地形用何种方法来表达，这些方法都有哪些优缺点，如何应用；通过土方工程量计算如何做到挖填方

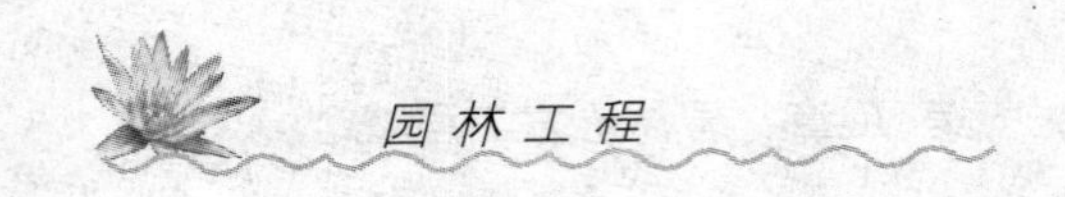

的均衡。(2) 应重视现场土方施工,在不同的施工条件下如何选择适当的施工方法,进行怎样的施工组织。难点是:在实际工程中如何分析影响土方施工进度与施工质量的因素,并采取何种技术措施保证施工安全,能否对施工环境有真正的把握,并依此进行实际的现场施工组织。

复习思考

1. 园林绿化工程施工中,为什么要经常进行地形的改造与设计?
2. 利用等高线法进行园林工程地形设计的先进性在哪里?
3. 常用于土方工程计算的方法有哪几种?如何在实际项目中合理地选择和应用?
4. 简述用方格网法计算土方量的程序。此法有何技术要求?
5. 原地形标高、施工标高与设计标高有何关系?
6. 如何正确把握园林工程中土方的平衡与调配?
7. 土方施工前应做好哪些工作?安排适当的施工准备期有何意义?
8. 编写土方施工方案中的重点内容应放在哪几个方面?
9. 影响土方施工进度与施工质量的因素有哪些?实际工作中如何加快施工进度?
10. 如何做到土方施工的安全?请制定相应的工程技术措施?
11. 不良条件下土方施工(如雨季施工、膨胀土施工)应注意什么问题?

第2章 园林给排水工程

本章导读

本章介绍了给水管网的布置、设计,园林用水量的计算,管网布置的形式、管道敷设的原则和树状管网的设计与计算方法等知识。要求学生熟悉园林喷灌的特点和喷灌系统的构成,能够进行一般园林绿地喷灌系统的设计和组织喷灌工程施工,熟悉园林排水的方式,掌握园林绿地排水系统的布置形式、雨水管渠布置的基本要求和雨水管渠的设计步骤。

各类园林绿地,特别是现代综合性公园,因生活、造景、绿地喷灌等活动的需要,用水量是很大的。为了满足各用水点在水质、水量和水压三方面的基本要求,需要设置一系列的构筑物,从水源取水,并按用户对水质的不同要求分别进行处理,然后再将水送至各用水点使用,这一系列的工程即称为给水工程。

水在使用过程中通常会受到污染,形成成分复杂的污水。这些污水如不经过处理就排放,会使土壤或水体受到污染,从而危害人体健康,破坏生态环境。同时污水中也含有一些有用物质,经过处理后还可回收利用。雨水虽较清洁,一般不必处理,但是为了避免或减少水土流失及对生产、生活的不利影响,也需通过采取一定措施安排其合理去向。综上所述,这些收集、输送、处理污水或雨水的工程即称为排水工程。

2.1　园林给水工程

园林绿地给水工程既可能是城市给水工程的组成部分,又可能是一个独立的系统。它与城市给水工程之间既有共同点,又有不同之处。根据使用功能的不同,园林绿地给水工程又具有一些特殊性。

图 2-1 是河水水源的给水工艺流程示意图。水从取水构筑物处被取用,由一级泵房送到水厂进行净化处理,经过处理后的水流入清水池,再由二级泵房从清水池把水抽上来,通过输水管道网送达各用水处。图中所示清水池和水塔是起调节作用的蓄水设施,主要是在

用水高峰和用水低谷之间起水量调节作用。有时,为了在管道网中调节水量的变化并保持管道网中有一定的水压,也要在管网中间或两端设置水塔,起平衡作用。

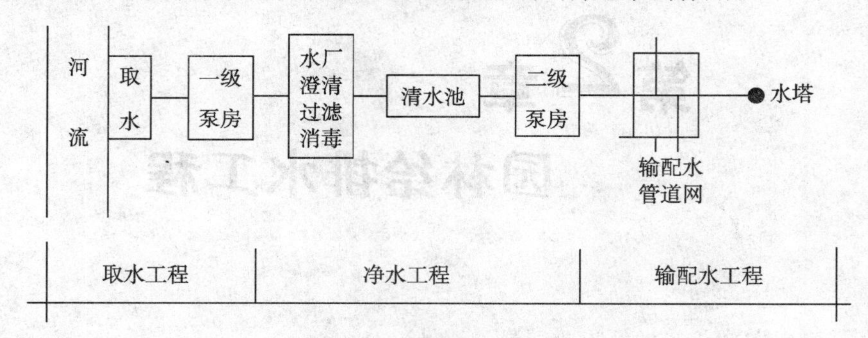

图 2-1　给水工程示意图

2.1.1　园林用水的类型

公园和其他公共绿地既是群众休息和游览、活动的场所,又是花草树木、各种鸟兽比较集中的地方。由于游人活动的需要、动植物养护管理及水景用水的补充等,园林绿地用水量是很大的。水是园林生态系统中不可缺少的要素。因此,解决好园林的用水问题是一项十分重要的工作。公园用水的类型大致可分以下几个方面:

(1) 生活用水:如餐厅、内部食堂、茶室、小卖部、消毒饮水器及卫生设备的用水。

(2) 养护用水:包括植物灌溉、动物笼舍的冲洗及夏季广场道路喷洒用水等。

(3) 造景用水:各种水体包括溪流、湖池等,和一些水景如喷泉、瀑布、跌水,以及北方冬季冰景用水等。

(4) 游乐用水:一些游乐项目,如"激流探险"、"碰碰船"、滑水池、戏水池、休闲娱乐的游泳池等,平常都要用大量的水,而且水质要求比较高。

(5) 消防用水:公园中为防火灾而准备的水源,如消火栓、消防水池等。

园林给水工程的主要任务是经济、可靠和安全合理地提供符合水质标准的水源,以满足上述五个方面的用水需求。

2.1.2　园林给水特点

园林绿地给水与城市居住区、机关单位、工厂企业等的给水有许多不同,在用水情况、给水设施布置等方面都有自己的特点。其主要的给水特点如下。

(1) 生活用水较少,其他用水较多

除了休闲、疗养性质的园林绿地之外,一般园林中的主要用水是在植物灌溉、湖池水补充和喷泉、瀑布等生产和造景用水方面,而生活用水则很少,只有园内的餐饮、卫生设施等需要生活用水。

(2) 园林中用水点较分散

由于园林内多数功能点之间常常有较宽的植物种植区,因此用水点也很分散,不像住

宅、公共建筑那样密集;就是在植物种植区内所设的用水点,也是分散的。由于用水点分散,给水管道的密度就不太大,但一般管段却比较长。

(3) 用水点水头变化大

喷泉、喷灌设施等用水点的水头与园林内餐饮、鱼池等用水点的水头就有很大不同。

(4) 用水高峰时间可以错开

园林中灌溉用水、娱乐用水、造景用水等的具体时间都是可以自由确定的;也就是说,园林中可以做到用水均匀,一般不会出现用水高峰。

2.1.3　水源选择的原则

园林给水工程的首要任务是按照水质标准合理地确定水源和取水方式。在确定水源的时候,不但要对水质的优劣、水量的丰缺情况进行了解,而且还要对取水方式、净水措施和输配水管道布置进行初步计划。

水的来源可以分为地表水和地下水两类,这两类水源都可以为园林所用。

选择水源时,应根据城市建设远期的发展和风景区、园林周边环境的卫生条件,选用水质好、水量充沛、便于防护的水源。水源选择中一般应当注意以下几点。

(1) 园林中的生活用水要优先选用城市给水系统提供的水源,其次是地下水。城市给水系统提供的水源是在自来水厂中经过严格净化处理、水质已完全达到生活饮用水水质标准的,所以应首先选用。在没有城市给水条件的风景区或郊野公园,则要优先选择地下水作为水源,并且按优先性的不同选用不同的地下水。地下水的优先选择次序依次是泉水、浅层水、深层水。

(2) 造景用水、植物栽培用水等应优先选用河流、湖泊中符合地面水环境质量标准的水源。能够开辟引水沟渠将自然水体的水直接引入园林溪流、水池和人工湖的,则是最好的水源选择方案。植物养护栽培用水和卫生用水等就可以在园林水体中取用。如果没有引入自然水源的条件,则可选用地下水或自来水。

(3) 风景区内如果必须筑坝蓄水作为水源,应尽可能结合水力发电、防洪、林地灌溉及园艺生产等多方面用水的需要,做到通盘考虑,统筹安排,综合利用。

(4) 在水资源比较缺乏的地区,可以通过收集园林中使用过后的生活用水,经过初步的净化处理,作为苗圃、林地等灌溉用的二次水源。

(5) 各项园林用水水源都要符合相应的水质标准,即要符合《地面水环境质量标准》(GB3838—88)和《生活饮用水卫生标准》(GB5847—85)的规定。

(6) 在地方性甲状腺肿高发地区及高氟地区,应选用含碘量、含氟量适宜的水源。水源水中碘含量应在 10 μg/L 以上,10 μg/L 以下时容易发生甲状腺肿病。水中氟化物含量在 1.0 mg/L以上时,容易发生氟中毒,因此,水源的含氟量一定要小于 1.0 mg/L。

2.1.4　给水管网的布置

在设计园林给水管网之前,首先要收集与设计有关的技术资料,包括公园平面图、竖向设计图、园内及附近地区的水文地质资料、附近地区城市给排水管网的分布资料、周围地区给水远景规划和建设单位对园林各用水点的具体要求等。还要到园林现场进行踏勘调查，尽可能全面地收集与设计相关的现状资料。

(1) 给水管网的设计

开始设计园林给水管网时，首先应该确定水源及给水方式。其次，确定水源的接入点。一般情况下，中小型公园用水可由城市给水系统的某一点引入；但对较大型的公园或狭长形状的公园用地，由一点引入则不够经济，可根据具体条件采用多点引入。采用独立给水系统的，则不考虑从城市给水管道接入水源。第三，对园林内所有用水点的用水量进行计算，并算出总用水量。第四，确定给水管网的布置形式、主干管道的布置位置和各用水点的管道引入。第五，根据已算出的总用水量，进行管网的水力学计算，按照计算结果选用管径合适的水管，最后布置成完整的管网系统。

下面就按照管网设计的几个步骤来了解园林用水量计算、给水管网系统的布置方式和计算方法等问题。

(2) 园林用水量计算

计算园林总用水量时，先要根据各种用水情况下的用水量标准，算出园林最高日用水量和最大时用水量，并确定相应的日变化系数和时变化系数。所有用水点的最高日用水量之和，就是园林总用水量；而各用水点的最大时用水量之和，则是园林的最大总用水量。给水管网系统的设计，就是按最高日最大时用水量确定的，最高日最大时用水量就是给水管网的设计流量。园林各用水点用水量标准及小时变化系数见表 2-1。

表 2-1 用水量标准及小时变化系数

序号	名称	单位	用水量标准/L	小时变化系数	备注
1	餐厅 内部食堂 茶室 小卖部	每一顾客每次 每人每次 每一顾客每次 每一顾客每次	15~20 10~15 5~10 3~5	2.0~1.5 2.0~1.5 2.0~1.5 2.0~1.5	仅包括食品加工、餐具洗涤清洁用水，工作人员、顾客的生活用水
2	剧院 电影院	每一观众每场 每一观众每场	10~20 3~8	2.5~2.0 2.5~2.0	(1) 附设有厕所和饮水设备的露天或室内文娱活动的场所，都可以按电影院或剧场的用水量标准选用 (2) 俱乐部、音乐厅和杂技场可按剧场标准；影剧院用水量标准介于电影院与剧场之间
3	大型喷泉* 中型喷泉* 小型喷泉*	每小时 每小时 每小时	10 000 以上 2 000 1 000		应考虑水的循环使用
4	柏油路面(洒水) 石子路面(洒水) 庭园及草地(洒水)	每次每平方米 每次每平方米 每次每平方米	0.2~0.5 0.4~0.7 1.0~1.5		≤3 次/日 ≤4 次/日 ≤2 次/日

续表

序号	名　　称	单　　位	用水量标准/L	小时变化系数	备　　注
5	花园(浇水)* 苗(花)圃(浇水)	每日每平方米 每日每亩	4~8 500~1 000		结合当地气候、土质等实际情况取用
6	公共厕所	每小时	100		
7	办公楼	每人每班	10~25	2.5~2.0	包括饮用和清洁、冲洗用水

注:带*者为国外资料。

① 园林最高日用水量计算

园林最高日用水量就是园林中用水最多那一天的消耗水量,用 Q_d 表示,可按下列公式计算(公园内务用水点用水量标准不同时,最高日用水量应当等于各点用水量的总和)。

$$Q_d = nq_d/1\ 000$$

式中:Q_d——最高日用水量(m^3/d);

n——用水人数或用水单位数(人、床、座等);

q_d——最高日用水量标准[L/(人·d)]。

② 园林总用水量计算

在确定园林用水量时,除了要考虑近期满足用水要求以外,还要考虑远期用水量增加的可能,要在总用水量中增加一些发展用水、管道漏水、临时突击用水及其他不能预见的用水量。这些用水量可按最高日用水量的 15% ~25% 来计算。

③ 日变化系数和时变化系数的确定

日变化系数是指一年中用水量最多那一天的用水量除以平均日用水量所得,用 K_d 表示。时变化系数是指用水量最高日那天用水量最多的一小时用水量除以平均时用水量,以 K_h 表示。

$$K_d = \frac{Q_{d,\max}}{Q_{ad}},$$

$$K_h = \frac{Q_{h,\max}}{Q_{ah}}$$

式中:K_d——日变化系数,$Q_{d,\max}$——年最高日用水量,Q_{ad}——年平均日用水量;

K_h——时变化系数,$Q_{h,\max}$——最高日最高时用水量,Q_{ah}——最高日平均时用水量。

④ 流量、流速和管径计算

管道中的流量是指单位时间内流过该管道的水量,其计量单位是 m^3/h、m^3/s、L/s。流量(Q)与管径(d)和流速(v)有关。管径大,流量也大;流速越快,流量也越大。园林管网中的流量,实际上就是该管网供水范围内所有用水点的总用水量。

$$Q = (\pi d^2/4) \times v$$

由此可以导出:

$$d = \sqrt{\frac{4Q}{\pi v}}$$

由上式可以看出,管径不仅与流量有关,还与流速有关。流速的选择较复杂,涉及管网

设计使用年限、管材及其价格、电费高低等,在实际工作中通常按经济流速的经验数值取用:

$d<100$ mm 时, $v=0.2\sim0.6$ m/s;

$d=100\sim400$ mm 时, $v=0.6\sim1.0$ m/s;

$d>400$mm 时, $v=1.0\sim1.4$ m/s。

⑤ 水压和水头

用水压表可测得水管内某点的水压。管道水压的计量单位一般用 kg/cm^2 表示,也可以用“水柱高度”来表示,二者的换算关系是:$1\ kg/cm^2=10\ mH_2O$(10 m 水头)。水头,就是水力学中对表示水压强度之“水柱高度”的特称。10 m 水柱高度就叫做“10m 水头”,20m 水柱高则叫“20m 水头”。在计算水头的时候,要将水头损失考虑在内,否则计算结果就会与实际情况差距较大。

⑥ 水头损失计算

水在水管中流动,会因管壁等的阻力而损失一部分能量,使水压逐渐降低,这些水能的损失在水力学上被称为水头损失。水头损失有两种情况:一种是局部损失。局部损失的程度一般可按经验判别:生活给水和游乐给水系统取 25%,生产给水系统取 20%,消防给水取 15%。另一种是沿程损失。沿程水头损失可按下列公式计算:

$$h_{沿}=il$$

式中:$h_{沿}$——管段的沿程水头损失(mH_2O),l——计算管段的长度(m),

i——管道单位长度的水头损失(mH_2O)。

无论是局部水头损失还是沿程水头损失,实际上都可不必计算,而直接查《给排水设计手册》中的有关图表。在表中选出合适的管径,同时查得相应的流速和水力坡度(mH_2O/m),由此就可按公式计算沿管段的水头损失。

(3) 给水管网布置形式

给水管网布置的基本要求是:在技术上,要使园林各用水点有足够的水量和水压;在经济上,应选用最短的管道线路,考虑施工的方便,并努力使给水管道网的修建费用最少;在安全上,当管道网发生故障或进行检修时,要求仍能保证继续供给一定量的水。

为了把水送到园林的各个局部地区,除了要安装大口径的输水干管以外,还要在各用水地区埋设口径大小不同的配水管道网。由输水干管和配水支管构成的管道网是园林给水工程中的主要部分,它大约占全部给水工程投资的 40% ~70%。

管道网的布置形式分为树枝形和环形两种(图 2-2)。

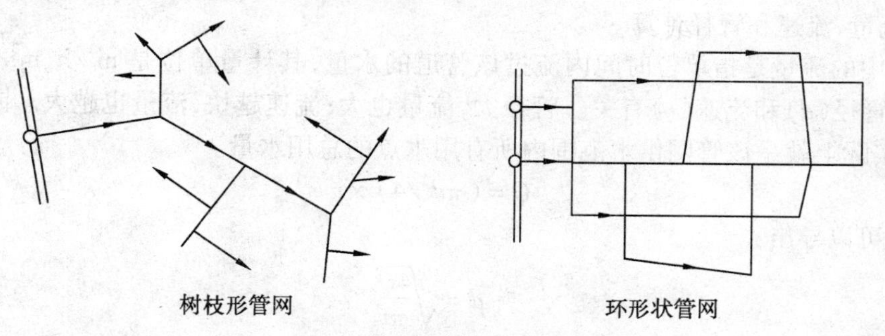

图 2-2 给水管网布置的基本形式

① 树枝形管网

以一条或少数几条主干管为骨干,从主管上分出许多配水支管连接到各用水点的布置形式,称为树枝形管网。在一定范围内,采用树枝形管网形式的管道总长度比较短,管网建设和用水的经济性比较好。但如果主干管出故障,则整个给水系统就可能断水,用水的安全性较差。

② 环形管网

主干管道在园林内布置成一个闭合的大环形,再从环形主管上分出配水支管向各用水点供水的布置形式,称为环形管网。这种管网形式所用管道的总长度较长,耗用管材较多,建设费用稍高于树枝形管网。但管网的使用很方便,主干管上某一点出故障时,其他管段仍能通水。

在实际布置管道网的工作中,常常将两种布置方式结合起来应用。在园林中用水点密集的区域,采用环形管道网;而在用水点稀少的局部,则采用分支较少的树枝形管网。或者,在近期采用树枝形,而到远期用水点增多时,再改造成环形管道网形式。

布置园林管道网,应当根据园林地形、园路系统布局、主要用水点的位置、用水点所要求的水量与水压、水源位置和园林其他管线工程的综合布置情况,合理做好安排。要求管道网比较均匀地分布在用水地区,并有两条或几条干管通向水量调节构筑物如水塔和高地蓄水池及主要用水点。干管应布置在地势较高处,尽量利用地形高度差实现重力自流给水。

为了保证发生火灾时有足够的水量和水压用于灭火,消火栓应设置在园路边的给水主干管道上,尽量靠近园林建筑;消火栓之间的间距不应大于 120 m。

(4) 管道敷设的原则

① 干管靠近主要供水点,保证有足够的水量和水压。

② 干管尽量埋设于绿地下,避免穿越道路等设施。

③ 在保证不受冻的情况下,干管宜随地形起伏铺设,避开复杂地形和难于施工的地段,以减少土石方工程量。

④ 和其他管道按规定保持一定距离。

⑤ 力求管线最短,以降低管网造价和经营管理费用。

(5) 树枝形管网的设计与计算方法

在最高日最高时用水量的条件下,确定各管段的设计流量、管径及水头损失,再据此确定所需水泵扬程或水塔高度(对于从市政干管引水的公园来说,应确定所需市政干管的水压)。具体步骤如下。

① 收集分析有关的图纸、资料:主要是公园设计图纸、公园附近市政干管布置情况或其他水源情况。

② 布置管网:在公园设计平面图上根据用水点分布情况、其他设施布置情况等定出给水干管的位置、走向,并对节点进行编号,量出节点间的长度。干管应尽量靠近主要用水点。

③ 求公园中各用水点的用水量(设计秒流量 q_0)。

④ 求管段流量。

⑤ 确定各管段的管径:根据各用水点所求得的设计秒流量及管段流量并考虑经济流速,查铸铁管水力计算表(表 2-2)以确定各管段的管径。同时还可查得与该管径相应的流速和单位长度的沿程水头损失值。

表 2-2　铸铁管水力计算表

流量 Q/(L/s)	管径 d/mm											
	50		75		100		125		150		200	
	流速(v)	1 000 i	流速(v)	1 000 i	流速(v)	1 000 i	流速(v)	1 000 i	流速(v)	1 000 i	流速(v)	1 000 i
0.50	0.26	4.99										
0.70	0.37	9.09										
1.0	0.53	17.3	0.23	2.31								
1.3	0.69	27.9	0.30	3.69								
1.6	0.85	40.9	0.37	5.34	0.21	1.31						
2.0	1.06	61.9	0.46	7.98	0.26	1.94						
2.3	1.22	80.3	0.53	10.3	0.30	2.48						
2.5	1.33	94.9	0.58	11.9	0.32	2.88	0.21	0.966				
2.8	1.48	119	0.65	14.7	0.36	3.52	0.23	1.18				
3.0	1.59	137	0.70	16.7	0.39	3.98	0.25	1.33				
3.3	1.75	165	0.77	19.9	0.43	4.73	0.27	1.57				
3.5	1.86	186	0.81	22.2	0.45	5.26	0.29	1.75	0.20	0.723		
3.8	2.02	219	0.88	25.8	0.49	6.10	0.315	2.03	0.22	0.834		
4.0	2.12	243	0.93	28.4	0.52	6.69	0.33	2.22	0.23	0.909		
4.3	2.28	281	1.00	32.5	0.56	7.63	0.36	2.53	0.25	1.04		
4.5	2.39	308	1.05	35.3	0.58	8.29	0.37	2.74	0.26	1.12		
4.8	2.55	350	1.12	39.8	0.62	9.33	0.40	3.07	0.275	1.26		
5.0	2.65	380	1.16	43.0	0.65	10.0	0.414	3.31	0.286	1.35		
5.3	2.81	427	1.23	48.0	0.69	11.2	0.44	3.68	0.304	1.50		
5.5	2.92	459	1.28	51.7	0.72	12.0	0.455	3.92	0.315	1.60		
5.7	3.02	493	1.33	55.3	0.74	12.7	0.47	4.19	0.33	1.71		
6.0			1.39	61.5	0.78	14.0	0.50	4.60	0.344	1.87		
6.3			1.46	67.8	0.82	15.3	0.52	5.03	0.36	2.08	0.20	0.505
6.7			1.56	76.7	0.87	17.2	0.555	5.62	0.384	2.28	0.215	0.559
7.0			1.63	83.7	0.91	18.6	0.58	6.09	0.40	2.46	0.225	0.605
7.4					0.96	20.7	0.61	6.74	0.424	2.72	0.238	0.668
7.7					1.00	22.2	0.64	7.25	0.44	2.93	0.248	0.718
8.0					1.04	23.9	0.66	7.75	0.46	3.14	0.257	0.765
8.8					1.14	28.5	0.73	9.25	0.505	3.73	0.283	0.908
10.0					1.30	36.5	0.83	11.7	0.57	4.69	0.32	1.13
12.0							0.99	16.4	0.69	6.55	0.39	1.58
15.0							1.24	24.9	0.86	9.88	0.48	2.35
20.0							1.66	44.3	1.15	16.9	0.64	3.97

注：1 000i 即每千米管长内的水头损失。

⑥ 水头计算：公园给水干管网所需水压可按下列公式计算：

$$H = H_1 + H_2 + H_3 + H_4$$

式中：H——引水点所需的总水压（mH_2O）；H_1——计算配水点与引水点之间的地面高程差（m）；H_2——计算配水点与建筑物进水管的标高差（m）；H_3——计算配水点所需的工作水头（mH_2O）；H_4——管内沿程水头损失与局部水头损失的总和（mH_2O）。

“计算配水点”应当是管网中的最不利点。所谓最不利点是指处在地势高、距离引水点远、用水量大或要求工作水头特别高的用水点。只要最不利点的水压得到满足，同一管网中其他用水点的水压就能得到满足。

⑦ 校核：通过上述的水头计算，若引水点的自由水头略高于用水点的总水压要求，则说明该管段的设计是合理的。否则，就需对管网布置方案或对供水压力进行调整。

2.2　园林喷灌系统

随着我国城镇建设的迅速发展和社会对园林绿化事业的日益重视，绿地面积不断扩大，特别是对灌溉要求较高的草坪发展更为迅速，加上水资源的日益匮乏，这些都对绿地的灌溉方式和技术提出了越来越高的要求，灌溉的管道化、自动化被提上了议事日程，应加快发展。

2.2.1　园林喷灌的特点

喷灌与其他灌水方式相比有诸多优点：它近似于天然降水，对植物全株进行灌溉，可以洗去枝叶上的灰尘，加强叶面的透气性和光合作用；水的利用率高，比地面灌水节水 50% 以上；保持水土，喷灌以它不形成径流的设计原则有助于达到这一重要目标；劳动效率高，省工、省时；适应性强，喷灌对土壤性能特别是地形和地貌条件没有苛刻的要求；景观效果好，喷灌喷头良好的雾化效果和优美的水形在绿地中可形成一道靓丽的景观；能增加空气湿度；便于自动化管理并提高绿地的养护管理质量等。其缺点主要是受气候影响明显、前期投资大、对设计和管理工作要求严格。

2.2.2　喷灌系统的构成

喷灌系统通常由喷头、管材和管件、控制设备、过滤装置、加压设备及水源等构成。利用市政供水的中小型绿地喷灌系统一般不必设置过滤装置和加压设备。

(1) 喷头

喷头是喷灌系统中的重要设备，一般由喷体、喷芯、喷嘴、滤网、弹簧和止溢阀等部分组成。它的作用是将有压水流破碎成细小的水滴，按照一定的分布规律喷洒在绿地上。喷头可按工作状态和非工作状态来分类。

① 按非工作状态分类

Ⅰ. 外露式喷头:指非工作状态下暴露在地面以上的喷头(图2-3)。这类喷头构造简单、价格便宜、使用方便,对供水压力要求不高,但其射程、射角及覆盖角度不便调节,且有碍园林景观。因此一般用在资金不足或喷灌技术要求不高的场合。

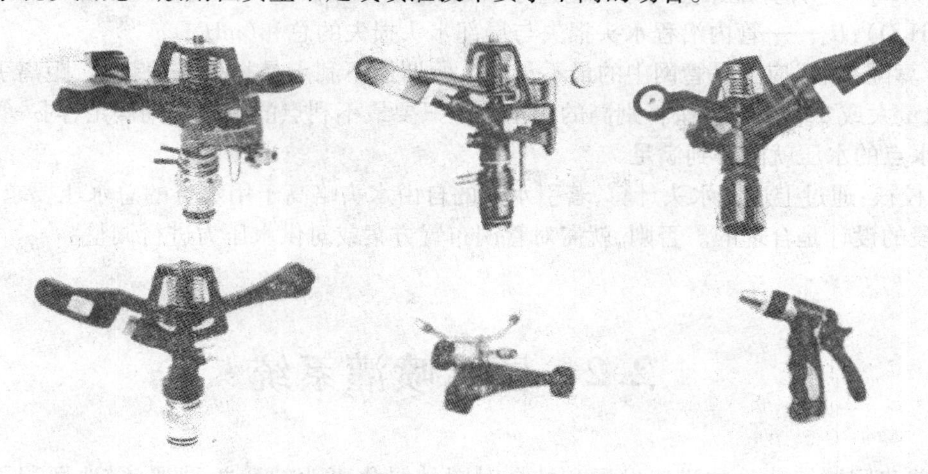

图2-3 各种外露式喷灌喷头

Ⅱ. 地埋式喷头:指非工作状态下埋藏在地面以下的喷头。工作时,这类喷头(图2-4)的喷芯部分在水压的作用下伸出地面,然后按照一定的方式喷洒;当关闭水源、水压消失后,喷芯在弹簧的作用下又缩回地下。地埋式喷头构造复杂,工作压力较高。其最大优点是:不影响园林景观效果,不妨碍活动,射程、射角及覆盖角度等性能易于调节,雾化效果好,适合于不规则区域的喷灌,能更好地满足园林绿地和运动场草坪的专业化喷灌要求。

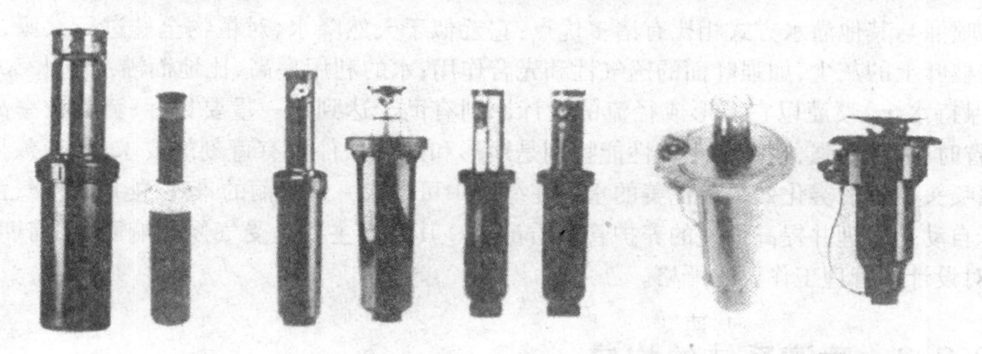

图2-4 各种地埋式喷灌喷头

② 按工作状态分类

Ⅰ. 固定式喷头:指工作时喷芯处于静止状态的喷头。这种喷头也称为散射式喷头,工作时有压水流从预设的线状孔口喷出,同时覆盖整个喷洒区域。固定式喷头结构简单、工作可靠、使用方便,是庭院和小规模绿地喷灌系统的首选产品。

Ⅱ. 旋转式喷头:指工作时边喷洒边旋转的喷头。多数情况下,这类喷头的射程、射角和覆盖角度可以调节。这类喷头对工作压力的要求较高,喷洒半径较大。旋转式喷头的结

构形式很多,可分为摇臂式、叶轮式、反作用式、全射流式等。采用旋转式喷头的喷灌系统有时需要配置加压设备。

③ 按射程分类

Ⅰ. 近射程喷头:指射程小于 8 m 的喷头。这类喷头的工作压力低,只要设计合理,市政或局部管网压力就能满足其工作要求。

Ⅱ. 中射程喷头:指射程为 8 ~ 20 m 的喷头。这类喷头适合于较大面积园林绿地的喷灌。

Ⅲ. 远射程喷头:指射程大于 20 m 的喷头。这类喷头工作压力较高,一般需要配置加压设备,以保证正常的工作压力和雾化效果。多用于大面积观赏绿地和运动场草坪的喷灌。

(2) 管材和管件

管材和管件在绿地喷灌系统中起着纽带的作用。它将喷头、闸阀、水泵等设备按照特定的方式连接在一起,构成喷灌管网系统,以保证喷灌的水量供给。在喷灌行业里,聚氯乙烯(PVC)、聚乙烯(PE)和聚丙烯(PP)等塑料管正在逐渐取代其他材质的管道,成为喷灌系统主要的管材。

① 聚氯乙烯(PVC)管:分为硬质 PVC 管和软质 PVC 管。公称外径为 20 ~ 200 mm。绿地喷灌系统主要使用承压能力为 0.63 MPa、1.00 MPa、1.25 MPa 三种规格的硬质 PVC 管。硬质 PVC 管件多是一次成型,包括胶合承插型、弹性密封圈承插型、法兰连接型管件,有 90°弯头、45°弯头、90°三通、45°三通、异径、堵头、法兰等种类。

② 聚乙烯(PE)管:管材有高密度聚乙烯(HDPE)和低密度聚乙烯(LDPE)两种。前者性能好但价格昂贵,使用较少;后者力学强度较低但抗冲击性好,适合在较复杂的地形敷设,是绿地喷灌系统中常用的聚乙烯管材。LDPE 管材一般采用注塑成型的组合式管件进行连接。当管径较大时,可将锁紧螺母改为法兰盘,一般采用金属加工制成。

③ 聚丙烯(PP)管:PP 管耐热性能优良,适用于移动或半移动喷灌系统场合。由于太阳的直射,暴露在外的管道必须具有一定的耐热性。

(3) 控制设备

控制设备构成了绿地喷灌系统的指挥体系,其技术含量和完备程度决定着喷灌系统的自动化程度和技术水平。根据控制设备的功能与作用的不同,可分为状态性控制设备、安全性控制设备和指令性控制设备等三种。

① 状态性控制设备:指喷灌系统中能够满足设计和使用要求的各类阀门。其作用是控制喷灌管网中水流的方向、速度和压力等状态参数。按照控制方式的不同可将这些阀门分为手控阀(如闸阀、球阀和快速连接阀)、电磁阀(包括直阀和角阀)与水力阀。

② 安全性控制设备:指各种保证喷灌系统在设计条件下安全运行的各种控制设备,如减压阀、调压孔板、逆止阀、空气阀、水锤消除阀和自动泄水阀等。

③ 指令性控制设备:指在喷灌系统的运行和管理中起指挥作用的各种控制设备,包括各种控制器、遥控器、传感器、气象站和中央控制系统等。指令性控制设备的应用使喷灌系统的运行具有智能化的特征,不仅可以降低系统的运行和管理费用,而且还能提高水的利用率。

（4）控制电缆

控制电缆是指传输控制信号的电缆，由缆芯（多为铜质）、绝缘层和保护层构成。根据保护层的不同，控制电缆可分为铠装控制电缆、塑料护套控制电缆和橡胶护套控制电缆。根据铠装形式的不同，铠装控制电缆又可分为钢带铠装和钢丝铠装两类。

喷灌系统中，影响控制电缆选型的主要因素有使用要求与经济技术指标、敷设方式和敷设环境、喷灌区域中阀门井的分布和阀门井中电磁阀的数量以及敷设电缆长度等。

（5）过滤设备

由于水中含有泥沙、固体悬浮物、有机物等杂质，容易堵塞喷灌系统管道、阀门和喷头，因此必须使用过滤设备。绿地喷灌系统常用的过滤设备有离心过滤器、砂石过滤器、网式过滤器和叠片过滤器。类型不同，其工作原理及适用场合也各不相同。设计时应根据喷灌水源的水质条件进行合理选择。

（6）加压设备

当使用地下水或地表水作为喷灌用水，或者当市政管网水压不能满足喷灌的要求时，需要使用加压设备为喷灌系统供水，以保证喷头所需的工作压力。常用的加压设备主要是各类水泵，如离心泵、井用泵、小型潜水泵等。水泵的性能主要包括扬程、流量、功率和效率等。设计时应根据水源条件和喷灌系统对水量、水压的要求等具体情况进行选择。

2.2.3 喷灌系统的类型

（1）按管道敷设方式分类

① 移动式喷灌系统：这种喷灌系统要求灌溉区有天然地表水源（江、河、湖池、沼等），其动力（发电机）水泵和干管、支管是可移动的。其使用特点是：浇水方便灵活，可节约用水；由于不需要埋设管道等设备，所以投资较经济，机动性强，但喷水作业时劳动强度稍大；适用于天然水源充裕地区园林绿地、苗圃、花圃的灌溉。

② 固定式喷灌系统：这种喷灌系统泵站固定，干、支管均埋于地下，喷头固定于竖管上，也可临时安装。安装这种喷灌系统，要耗用大量的管材和喷头，设备费用较高，投资较大，但操作方便，节约劳力，便于实现自动化和遥控操作，适用于需要经常灌溉和灌溉期较长的草坪、大型花坛、花圃、庭院绿地等。

③ 半固定式喷灌系统：其泵站和干管固定，但支管与喷头可以移动。其使用上的优缺点介于上述两种喷灌系统之间，主要适用于较大的花圃和苗圃。

（2）按控制方式分类

① 程控型喷灌系统：指闸阀的启闭是依靠预设程序控制的喷灌系统。这种系统省时、省力、高效、节水，但成本较高。

② 手控型喷灌系统：指人工启闭闸阀的喷灌系统。

（3）按供水方式分类

① 自压型喷灌系统：指水源的压力能够满足喷灌系统的要求、无需进行加压的喷灌系统。自压型喷灌系统常见于以市政或局域管网为喷灌水源的场合，多用于小规模园林绿地的喷灌。

② 加压型喷灌系统：当喷灌系统是以江、河、湖、溪、井等作为水源，或水压不能满足喷灌系统设计要求时，需要在喷灌系统中设置加压设备，以保证喷头有足够的工作压力。这类喷灌系统被称为加压型喷灌系统。

2.2.4　喷灌系统的设计

(1) 规划设计基本资料

规划设计前必须收集有关资料，了解与喷灌系统规划设计相关的自然条件和人文条件，并进行调查、分析。

① 自然条件

自然条件包括喷灌区域的地形、土壤以及当地的水源和气象条件等。

借助地形图及现场踏勘了解喷灌区域的几何形状、坡度、高程、地上和埋深小于 1.5 m 的地下构筑物的位置及尺寸等。

通过查阅水文资料或实测了解喷灌区域的土壤质地、结构、容重和田间持水量等土壤特性，以便正确选择喷头、确定设计喷灌强度等。

影响喷灌设计的主要气象因素是平均风速和主风向。它们直接影响喷头的选型和布置、喷头水量分布及喷灌水的利用率。

喷灌系统的类型、设备选择、前期的工程造价和后期的运行费用等都与水源条件有关。应掌握水源的总量、流量、水质和水压(对于自压型喷灌系统)等情况。如果采用地表水，应认真考虑水中固体悬浮物与有机物对喷灌设备及管网的堵塞影响；如使用地下水，水中的含砂量成为要考虑的主要问题；如果利用市政或局域管网水源，管网管径、供水压力及(昼夜)压力波动则是设计中水力计算的重要依据。

② 人文因素

影响喷灌系统规划设计的人文因素包括喷灌区域的种植状况、喷灌系统的期望投资和期望年限。

种植状况是指绿地喷灌区域内种植区域及其植物的种类。需水量和最大允许水滴打击强度因植物种类的不同而异。

期望投资是指用户为修建喷灌系统计划投入的资金数额。喷灌系统方案应与用户的计划投资额相协调。

期望年限是指拟建喷灌系统使用寿命的期望值。喷灌系统设备选型应当考虑绿地在城市总体和区域规划中的相对永久性和临时性，力求发挥投入资金的最大效益。对于临时性绿地的喷灌系统设计，应当在满足植物需水要求的情况下，尽量降低工程造价，并力求管材、设备有较高的再次利用率，如优先选择移动型喷灌系统、尽量采用柔性材质等。

根据规划设计各环节的工作性质和程序，喷灌系统规划设计流程如图 2-5 所示。

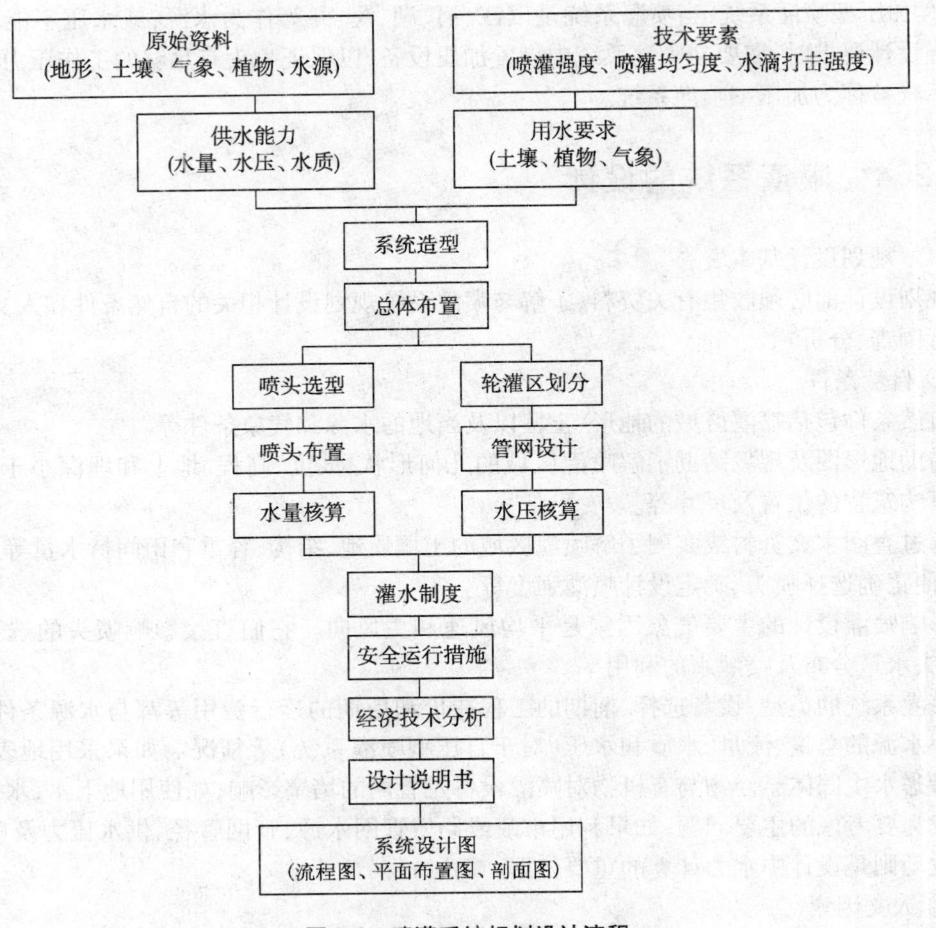

图 2-5　喷灌系统规划设计流程

绿地喷灌系统规划设计的主要内容及方法如下：

Ⅰ. 基本资料收集。

Ⅱ. 喷灌用水分析：植物需水量受植物种类、气象、土壤等多种因素的影响，规划设计时应分析当地或邻近地区有关资料或试验观察结果。

Ⅲ. 喷灌系统选型：根据喷灌区域的地形地貌、水源条件、可投入资金量、期望使用年限等具体情况选择不同类型的喷灌系统。

(2) 喷灌技术要求

喷头选型与布置，首先应满足技术方面的要求，包括喷灌强度、喷灌均匀度和水滴打击强度等。

① 喷灌强度：土壤允许喷灌强度是指在短时间内不形成地表径流的最大喷灌强度。超过这一强度就会造成水资源的浪费，土壤的结构也会受到破坏。设计喷灌强度即单位时间内喷洒于田间的水层厚度。它主要取决于喷水量和喷洒面积的大小：

$$P = 1\,000 \times Q_p / S$$

式中：P——设计喷灌强度(mm/h)；Q_p——喷水量(m^3/h)；S——喷洒面积(m^2)。

土壤允许喷灌强度与土壤质地和地面坡度有关。各类土壤的允许喷灌强度见表 2-3，不同坡度坡地允许喷灌强度降低值见表 2-4。

表 2-3　各类土壤的允许喷灌强度

土壤质地	允许喷灌强度/(mm/h)	土壤质地	允许喷灌强度/(mm/h)
砂土	20	轻质黏土	10
砂壤土	15	黏土	8
壤土	12		

表 2-4　坡地允许喷灌强度降低值

地面坡度/%	允许喷灌强度降低/%	地面坡度/%	允许喷灌强度降低/%
<5	10	13～20	60
5～8	20	>20	75
9～12	40		

喷头选型时，首先根据土壤质地和地面坡度，确定土壤允许喷灌强度，然后按照喷头布置形式推算单喷头喷灌强度。

② 喷灌均匀度：指在喷灌面积上水量分布的均匀程度。影响喷灌均匀度的因素有喷嘴结构、喷芯旋转均匀性、单喷头水量分布、喷头布置形式、布置间距、地面坡度和风速、风向等。在设计风速下，喷灌均匀系数不应低于 75%。

③ 水滴打击强度：指单位受水面积内水滴对植物或土壤的打击动能。它与水滴大小、降落速度和密集程度有关。为避免破坏土壤团粒结构造成板结或损害植物，水滴打击强度不宜过大。但是，将有压水流充分粉碎与雾化需要更多的能耗，不经济；而且细小的水滴更易受风的影响，使喷灌均匀度降低，飘移和蒸发损失加大。所以一般采用水滴直径和雾化指标间接地反映水滴打击强度，为规划设计提供依据。

（3）喷头的选择

要根据喷灌区域的地形、地貌、土壤、植物、气象和水源等条件来选择喷头的类型和性能，以满足规划设计的要求。

① 喷头类型：面积狭小的喷灌区域适合采用近射程喷头，因为这类喷头多为固定式的散射喷头，具有良好的水形和雾化效果；喷灌区域的面积较大时，使用中、远射程喷头有利于降低喷灌工程的综合造价。

对自压型喷灌系统，应根据供水压力的大小选择喷头类型；对于加压型喷灌系统，喷头工作压力的选择也应适当，其大小会分别影响工程造价和运行费用。喷头选定后，需要通过水力计算（参看本章第一节相关内容）确定管网的水头损失，核算供水压力能否满足设计要求。

如果喷灌区域地貌复杂、构筑物较多，且不同植物的需水量相差较大，采用近射程喷头可以较好地控制喷洒范围，满足不同植物的需水要求；反之，如果绿地空旷、种植单一，采用中、远射程喷头可以降低工程造价。

② 喷洒范围：喷灌区域的几何尺寸和喷头的安装位置是选择喷头喷洒范围的主要依

据。如果喷灌区域是狭长的绿带,应首先考虑使用矩形喷洒范围的喷头。安装在绿地边界的喷头,最好选择可调角度或特殊角度的喷头,以便使喷洒范围与绿地形状吻合,避免漏喷或喷出界。

③ 工作压力:由于电压和水压是波动的,为了保证喷灌系统运行的安全可靠,喷头的设计压力应确定在喷头最小工作压力的1.1倍至喷头最大工作压力的0.9倍之间。如果喷灌区域的面积较大,可采用减压阀进行压力分区,使所有喷头的工作压力都在上述范围内,以获得较高的喷灌均匀度。

④ 喷灌强度:喷灌强度是喷头的重要性能参数。喷头选型时应根据土壤质地和喷头的布置形式加以确定,使其组合喷灌强度在土壤允许喷灌强度以内。

⑤ 射程、射角和出水量:射程的确定应考虑供水压力、管网造价和运行费用;喷洒射角的大小则取决于地面坡度、喷头的安装位置和当地在喷灌季节的平均风速。当射程一定时,小出水量的喷头对于自压型喷灌系统有利于降低管材费用,而对于加压型喷灌系统则有利于降低喷灌系统的运行费用。

喷头的射程、设计出水量、喷灌强度、工作压力和布置间距等均会直接或间接地影响管网造价和运行管理费用,所以,在加压喷灌系统的规划设计中,应对不同的方案进行比较,优先选用经济适用的喷头。

(4) 喷头的布置

布置喷头时应结合绿化设计图进行,充分考虑地形地貌、绿化种植和园林设施对喷洒效果的影响,做到科学合理。

① 喷灌区域:喷灌区域分闭边界和开边界两类。闭边界是指喷灌区域有明确的外边界,如道路、隔墙和建筑物基础等。大多数园林绿化喷灌区域属于闭边界喷灌区域。开边界是指喷灌区域没有明确的外边界标志,只是在不同的区域喷灌技术的要求有所不同。例如,高尔夫球场的果岭和发球台对灌水要求较高,球道次之,以外区域可更低。

② 布置顺序:在闭边界喷灌区域,布置喷头的步骤是:首先,在边界的转折点布置喷头;然后,在转折点之间的边界按照一定的间距布置喷头,要求喷头的间距尽量相等;最后,在边界之间的区域里布置喷头,要求喷头的密度尽量相等(图2-6)。在开边界喷灌区域,布置喷头应先从喷灌技术要求较高的区域开始,再向喷灌技术要求较低的区域延伸。

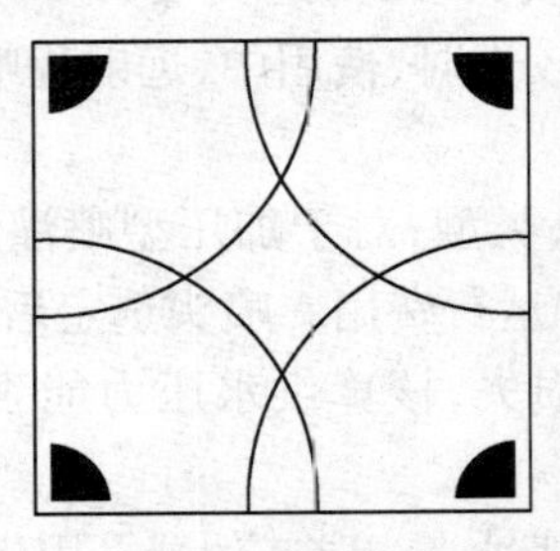
在转折点布置喷头

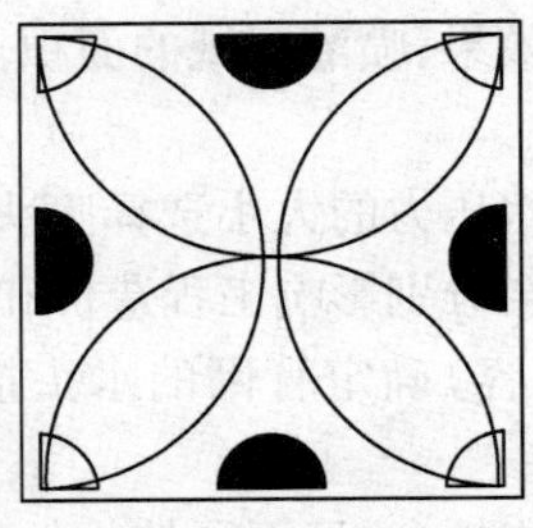
沿边界布置喷头

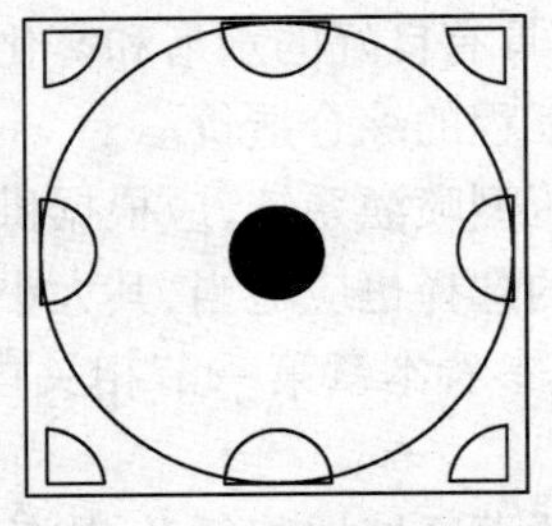
在区域内布置喷头

图2-6 喷头布置顺序

③ 组合形式:即各喷头相对位置的安排形式,一般用相邻几个喷头的平面位置组成的

图形表示。在喷头射程相同的情况下，布置形式不同，干、支管间距和喷头间距、喷洒的有效控制面积各异，适用情况也不同。多数情况下，采用三角形布置有利于提高组合喷灌均匀度和节水。

喷灌系统喷头的布置形式有矩形、正方形、正三角形和等腰三角形四种。在实际工作中采用什么样的喷头布置形式，主要取决于喷头的性能和拟灌溉的地段情况。表 2-5 中所列四种组合图形主要表示出喷头的不同组合方式与灌溉效果的关系。

表 2-5　喷头的布置形式

序号	喷头组合图形	喷洒方式	喷头间距(l)、支管间距(b)与射程(R)的关系	有效控制面积(S)	使用情况
A	正方形	全圆形	$L=b=1.42R$	$S=2R^2$	在风向改变频繁的地方效果较好
B	正三角形	全圆形	$L=1.73R$ $b=1.5R$	$S=2.6R^2$	在无风的情况下喷灌的均匀度最好
C	矩形	扇形	$L=R$ $b=1.73R$	$S=1.73R^3$	较 A、B 节省管道
D	等腰三角形	扇形	$L=R$ $b=1.87R$	$S=1.865R^3$	同 C

④ 组合间距：指相邻两个喷头之间的距离，通常用喷头射程的倍数表示。由于风会破坏喷洒水形、改变喷头的覆盖区域，故确定喷头的组合间距时必须考虑风速的影响，其参考值见表 2-6。

表 2-6　喷头组合间距

设计风速/(m/s)	垂直风向	平行风向	无主风向
0.3～1.6	1.1R	1.3R	1.2R
1.6～3.3	1.0R	1.2R	1.1R
3.4～5.4	0.9R	1.1R	1.0R

若与设计数值不符,则重新进行喷头选型和布置工作,直到满足设计要求为止。

(5) 轮灌区划分

轮灌区是指受单一阀们控制且由同步工作的喷头和相应管网构成的局部喷灌系统。轮灌区划分是指根据水源的供水能力将喷灌区域划分为相对独立的工作区域,以便轮流灌溉。划分轮灌区还便于分区进行控制性供水,以满足不同植物的需水要求,也有助于降低喷灌系统的工程造价和运行费用。

① 划分原则:首先,最大轮灌区的需水量必须小于或等于水源的设计供水量($Q_{供}$)。其次,轮灌区数量应适中。若过少(即单个轮灌区面积过大),会使管道成本较高,过多则会给喷灌系统的运行管理带来不便。再次,各轮灌区的需水量应该接近,以使供水设备和干管能够在比较稳定的情况下工作。最后,还应当将需水量相同的植物划分在同一个轮灌区,以便在绿地养护时对需水量相同的植物实施等量灌水。

② 划分步骤:先计算出水总量 Q,即喷灌系统中所有喷头出水量的总和,再计算出轮灌区数量 N。$N = Q/Q_{供} + 1$(取整数),即该喷灌系统的最小轮灌区数。

(6) 管网布局设计

① 管网布置

Ⅰ. 布置原则

管网布置形式取决于喷灌区域的地形、坡度、喷灌季节的主风向和平均风速、水源位置等。当考虑因素之间发生矛盾时,要分清主次,合理布置。一般情况下,依据以下原则:

ⅰ. 力求管道总长度最短,以便降低工程造价,减小水锤危害。

ⅱ. 尽量沿轮灌区的几何轴线布置管道,力求最佳的水力条件。

ⅲ. 在同一个轮灌区,任意两个喷头之间的设计工作压差应小于20%,以求较高的喷灌均匀度。

ⅳ. 在有地面坡度的场合,干管应尽量顺坡布置,支管最好与等高线平行。

ⅴ. 当存在主风向时,干管应尽量与主风向平行。

ⅵ. 充分考虑地块形状,力争使支管长度一致,规格统一。

ⅶ. 尽量使管线顺畅,减少折点,避免锐角相交。

ⅷ. 避免穿越乔、灌木根区,满足园林规划和绿化种植要求。

ⅸ. 尽量避免与地下管线设施和其他地下构筑物发生冲突。

ⅹ. 力争减少控制井数量,降低喷灌系统的维护成本。

ⅺ. 尽量将阀门井、泄水井布置在绿地周边区域,以便于使用和检修。

ⅻ. 干、支管均向泄水井找坡,确保管网冬季泄水。

Ⅱ. 布置形式。

有"丰"字形和梳子形两种(图2-7)。规划设计时应根据水源位置选择适宜的形式。

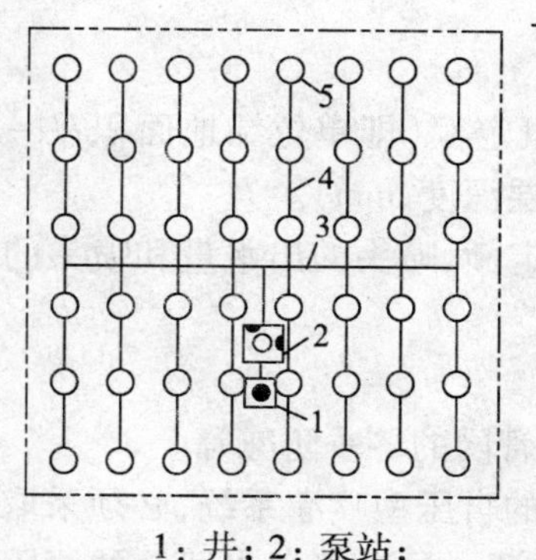

1：井；2：泵站；
3：干管；4：支管；5：喷头

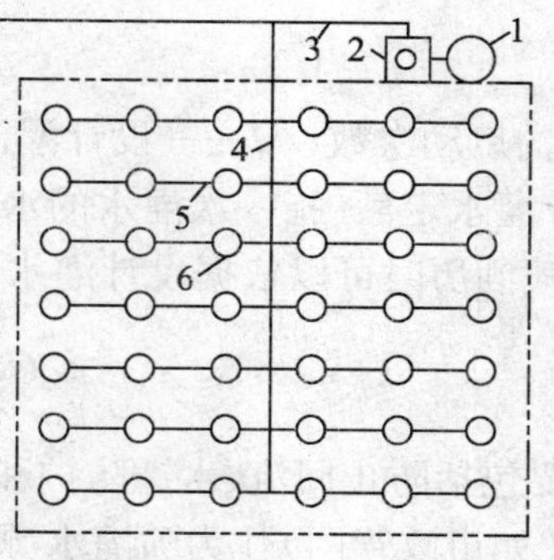

1：蓄水池；2：泵站；3：干管；
4：分干管；5：支管；6：喷头

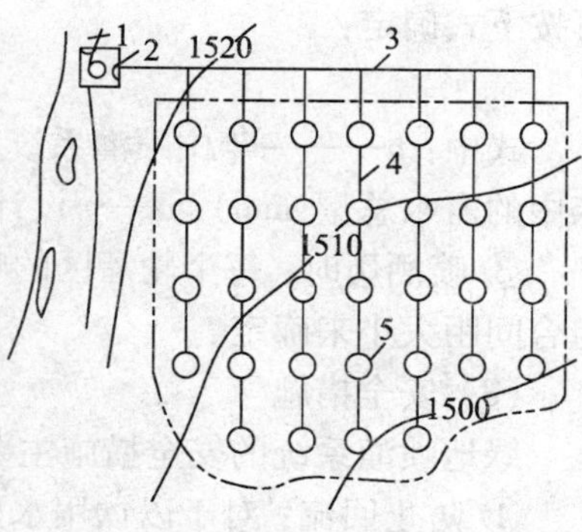

1：河渠；2：泵站；
3：干管；4：支管；5：喷头

图 2-7　喷灌管网布置形式

② 管径选择

轮灌区划分和管网布置工作完成之后，各轮灌区的设计供水量和轮灌区内各级管道的设计流量已经确定。干管中的流量因轮灌区的不同而异，一般选用其中的最大流量作为设计流量，并根据这个流量来确定管道的管径。

喷灌管网选择管径的原则是：在满足下一级管道流量和水压的前提下，管道的年费用最小。管道的年费用包括投资成本（常用折旧费表示）和运行费用。

对于一般规模的绿地喷灌系统，如采用塑料管材，可以利用下式确定管径：

$$D = 22.36\sqrt{\frac{Q}{v}}$$

式中：D——管道的公称外径（mm）；Q——设计流量（m^3/h）；v——设计流速（m/s）。

上式的适用条件是：设计流量 $Q = 0.5 \sim 200\ m^3/h$，设计流速 $v = 1.0 \sim 2.5$ m/s。同时，当管径≤50 mm 时，管道中的设计流速不宜超过表 2-7 所规定的数值。

另外，从喷灌系统运行安全的角度考虑，无论多大管径的管道，其中的水流速度不宜超过 2.5 m/s。

表 2-7　管道的最大流速

公称外径/mm	15	20	25	32	40	50
最大流速/（m/s）	0.9	1.0	1.2	1.5	1.8	2.1

（7）灌水的合理安排

完成轮灌区划分和管网设计工作之后，必须制定一个合理的灌水制度，以保证植物适时适量地获得所需要的水分。灌水制度的内容包括轮灌区的启动时间、启动次数和每次启动的喷洒历时。

① 启动时间：可根据种植类型和天气情况等选择喷灌系统的启动时间。既要及时补充植物所需水分，又要避免过量供水。根据土壤及植物的颜色和物理外貌等可以判断出供水是否不足或过量。当地的介绍和经验也是很好的参考。

② 启动次数：启动次数取决于土壤、植物、气象等因素。喷灌系统在一年中的启动次数

可按下式确定：

$$n = M/m$$

式中：n——一年中喷灌系统的启动次数；M——设计灌溉定额（即单位绿地面积在一年中的需水总量，mm）；m——设计灌水定额（指一次灌水的水层深度，mm）。

③ 喷洒历时：每个轮灌区的喷洒历时可以依据设计灌水定额、喷头的出水量和喷头的组合间距大小来确定。

(8) 安全措施

绿地喷灌系统的安全措施主要包括防止回流、水锤防护和管网的冬季防冻等。

① 防止回流：对于以饮用水（如市政管网）作为喷灌水源的自压型喷灌系统，必须采取有效的措施防止喷灌系统中的非洁净水倒流，以免污染饮用水源。导致喷灌水回流的原因是供水管网产生真空。附近管网检修、消防车充水、局部管网停水等都可能引起管网中出现真空，造成喷灌管网中所有的水包括喷头周围地面的积水都可能被吸回供水管网。防止回流的主要方法是在干管上或支管始端安装各类逆止阀。

② 水锤防护：在有压管道中，由于某种外界因素，流量发生急剧变化，引起流速急剧增减，导致水压产生迅速交替的变化，这种水力现象称为水锤。引起水锤的外界因素有闸阀的突然启闭和水泵的启动与停机，其中以事故停泵所产生的水锤危害最大。水锤引起的水压变化有时可达正常工作水压的几十倍甚至几百倍，这种大幅度的水压波动现象，具有很大的破坏性，往往造成闸阀破坏、管道接头断开、管道变形甚至管道爆裂等重大事故。

在规划设计时选择较小的流速、在管道上安装减压阀以及运行时适当延长闸阀的启闭历时等可有效地防止发生水锤危害。

③ 冬季防冻：入冬前或冬灌后将喷灌系统管道内的水泄出，是防冻的有效办法。常用的泄水方法有自动泄水、手动泄水和空压机泄水。

自动泄水是指在局部管网最低处安装自动泄水阀的一种措施。安装完成后一般不需维护管理，但非冰冻季节的泄水会造成水的浪费。

手动泄水是指在冰冻季节通过人工操作启闭泄水阀的一种节水型防冻措施，手动泄水操作简便、可靠。

空压机泄水是指借助空压机提供的气压排除管内积水的泄水防冻方法。它特别适用于喷灌区域地形复杂或者因为绿地覆土较浅，难以靠管线找坡的方法实现泄水的场合。采用空压机泄水虽然管理维护不太方便，但敷设管道时可不必考虑泄水坡度，并且可减少喷灌系统中泄水井的数量，有助于简化施工程序、降低工程造价。

2.2.5 喷灌工程施工

(1) 施工准备

现场条件准备工作的要求是：施工场地范围内绿化地坪、大树调整、建构筑物的土建工程、水源、电源、临建设施基本到位，掌握喷灌区域内埋深小于 1 m 的各种地下管线和设施的分布情况。

(2) 施工放样

施工放样应尊重设计意图,尊重客观实际。对每一块独立的喷灌区域,放样时应先确定喷头位置,再确定管道位置。

对于闭边界区域,喷头定位时应遵循“点、线、面”的原则:首先确定边界上拐点的喷头位置,再确定位于拐点之间沿边界的喷头位置,最后确定喷灌区域内部位于非边界的喷头位置。

(3) 沟槽开挖

由于喷灌管道沟槽断面较小,也为了防止对地下隐蔽设施的损坏,所以一般不采用机械开挖。

沟槽应尽可能挖得窄些,只在各接头处挖成较大的坑。断面形式可取矩形或梯形。沟槽宽度一般为管道外径加 0.4 m;沟槽深度应满足地埋式喷头安装高度及管网泄水的要求,一般情况下,绿地中管顶埋深为 0.5 m,普通道路下为 1.2 m(不足 1 m 时,需在管道外加钢套管或采取其他措施);冻层深度一般不影响喷灌系统管道的埋深,防冻的关键是做好入冬前的泄水工作。为此,沟槽开挖时应根据设计要求保证槽床至少有 0.2% 的坡度,坡向指向指定的泄水点。

挖好的管槽底面应平整、压实,具有均匀的密实度。除金属管道和塑料管外,对于其他类型的管道,还需在管槽挖好后立即在槽床上浇注基础(100 ~ 200 mm 厚的碎石混凝土),再铺设管道。

(4) 管道安装

管道安装是绿地喷灌工程中的主要施工项目。管材供货长度一般为 4 m 或 6 m,现场安装工作量较大。管道安装用工约占总用工量的一半。

① 管道连接

管道材质不同,其连接方法也不同。目前,喷灌系统中普遍采用的是硬聚氯乙烯(PVC)管。

硬 PVC 管的连接方式有冷接法和热接法。其中冷接法无需加热设备,便于现场操作,故广泛用于绿地喷灌工程。根据密封原理和操作方法的不同,冷接法又分为以下三种:

Ⅰ. 胶合承插法

该法适用于管径小于 160 mm 管道的连接,是目前绿地喷灌系统中应用最广泛的一种形式(图 2-8a),多用于工厂已事先加工成接头的管材和管件的连接,操作简便、迅速,步骤如下:

ⅰ 切割、修口。用专用切割钳(管径小于 40 mm 时)或钢锯按照安装尺寸切割 PVC 管材,保证切割面平整并与管道轴线垂直。然后将插口处倒角锉成破口(图 2-8b),便于插接。

ⅱ 标记。将插口插入承口,用铅笔在插口管端外壁作插入深度标记。插入深度值应符合规定。

ⅲ 涂胶、插接。用毛刷将胶合剂迅速、均匀地涂刷在承口内侧和插口外侧。待部分胶合剂挥发而塑性增强时,即可一面旋转管子一面用力插入(大口径管材不必旋转),同时使管端插入的深度至所划标线并保证插口顺直。

Ⅱ. 弹性密封圈承插法

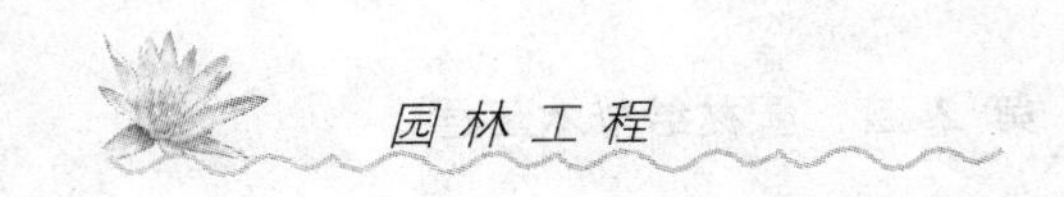

这种方法便于解决管道因温度变化而出现的伸缩问题，适用于管径为 63 ~ 315 mm 的管道连接（图 2-8c）。操作过程中应注意以下几点：

ⅰ. 保证管道工作面及密封圈干净，不得有灰尘和其他杂物。

ⅱ. 不得在承口密封圈槽内和密封圈上涂抹润滑剂。

ⅲ. 大、中口径管道应利用拉紧器（如电动葫芦等）插接。

ⅳ. 两管之间应留适当的间隙（10 ~ 25 mm）以供伸缩。

ⅴ. 密封圈不得扭曲。

Ⅲ. 法兰连接

法兰连接（图 2-8d）一般用于硬 PVC 管与金属管件和设备等的连接。其连接方法同胶合承插法。

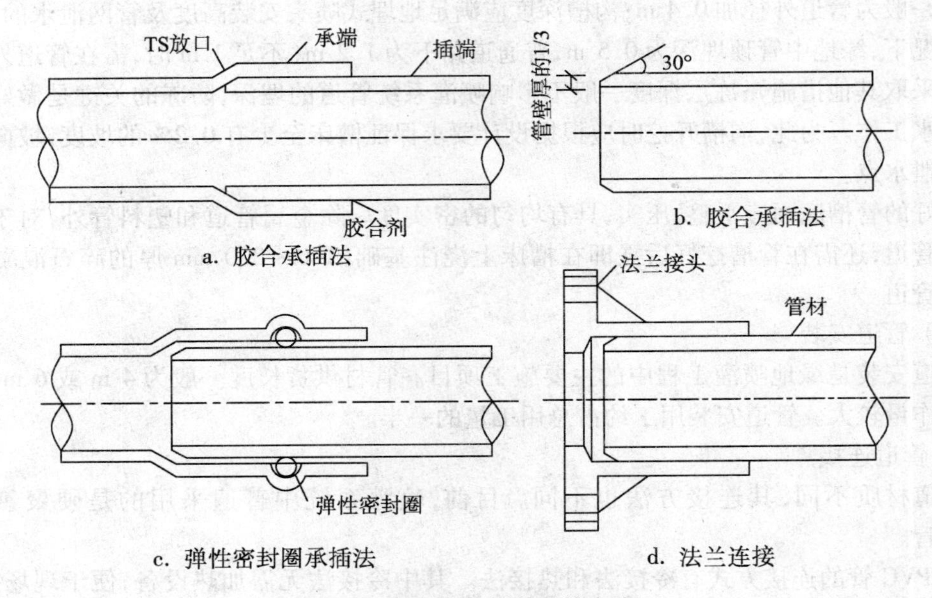

图 2-8 硬聚氯乙烯管连接方法

② 管道加固

管道加固是指用水泥砂浆或混凝土支墩对管道的某些部位进行压实或支撑固定，以减小喷灌系统在启动、关闭或运行时所产生的水锤和震动作用，增加管网系统的安全性。该项工程一般在水压试验和泄水试验合格后实施。对于地埋管道，加固位置通常是在弯头、三通、变径、堵头处以及间隔一定距离的直线管段。

（5）水压试验和泄水试验

管道安装完成后，应分别进行水压试验和泄水试验。水压试验的目的在于检验管道及其接口的耐压强度和密实性，泄水试验的目的是检验管网系统是否有合理的坡降，能否满足冬季泄水的要求。

① 水压试验

该试验内容包括严密试验和强度试验。其操作要点如下：

Ⅰ. 大型喷灌系统应分区进行，最好与轮灌区的划分相一致。

Ⅱ. 被测试管道上应安装压力表,选用压力表的最小刻度不大于0.025 MPa。

Ⅲ. 向试压管道中注水要缓慢,同时排出管道内的空气,以防发生水锤或气锤。

Ⅳ. 严密试验:将管道内的水压加到0.35 MPa,保持2 h后检查各部位是否有渗漏或其他不正常现象。若在1 h内压力下降幅度小于5%,则表明管道严密试验合格。

Ⅴ. 强度试验:严密试验合格后再次缓慢加压至强度试验压力(一般为设计工作压力的1.5倍,并且不得大于管道的额定工作压力,不得小于0.5 MPa),保持2 h后观察各部位是否有渗漏或其他不正常现象。若在1 h内压力下降幅度小于5%,且管道无变形,则表明管道强度试验合格。

Ⅵ. 水压试验合格后,应立即进行泄水试验。

② 泄水试验

泄水时应打开所有的手动泄水阀,截断立管堵头,以免管道中出现负压而影响泄水效果。只要管道中无满管积水现象即为合格。一般采用抽查的方法检验。抽查的位置应选地势较低处,并远离泄水点。检查管道中有无满管积水情况的较好方法是排烟法:将烟雾从立管排入管道,观察邻近的立管有无烟雾排出,以此判断两根立管之间的横管是否满管积水。

(6) 土方回填

管道安装完毕并经水压及泄水试验合格后,可进行管槽回填。土方回填分以下两步进行。

① 部分回填

部分回填是指管道以上约100 mm范围内的回填。一般采用沙土或筛过的原土回填,管道两侧分层踩实,禁止用石块或砖砾等杂物单侧回填。对于聚乙烯管(PE软管),填土前应先对管道压力充水至接近其工作压力,以防止回填过程中管道被挤压变形。

② 全部回填

全部回填采用符合要求的原土,分层轻夯或踩实。一次填土100~150 mm高,直至高出地面100 mm左右。填土到位后对整个管槽进行水夯,以免绿化工程完成后出现局部下陷而影响绿化效果。

(7) 设备安装

① 首部安装

水泵和电机设备的安装施工必须严格遵守操作规程,确保施工质量。其操作要点如下:

Ⅰ. 安装人员应具备设备安装的必要知识和实际操作能力,了解设备的性能和特点。

Ⅱ. 核实预埋螺栓的位置与高程。

Ⅲ. 安装位置、高度必须符合设计要求。

Ⅳ. 对直联机组,电机与水泵必须同轴;对非直联卧式机组,电机与水泵轴线必须平行。

Ⅴ. 电器设备应由具有低压电气安装资格的专业人员按电气接线图的要求进行安装。

② 喷头安装

喷头安装施工应注意以下几点:

Ⅰ. 喷头安装前,应彻底冲洗管道系统,以免管道中的杂物堵塞喷头。

Ⅱ. 喷头的安装高度以喷头顶部与草坪根部或灌木的修剪高度平齐为宜。

Ⅲ. 在平地或坡度不大的场地，喷头的安装轴线与地面垂直。如果地形坡度大于2%，喷头的安装轴线应取铅垂线与地面垂线所形成的夹角的平分线方向，以最大限度地保证组合喷灌均匀度。

为避免喷头将来自顶部的压力直接传给横管，造成管道断裂或喷头损坏，最好使用铰接杆或PE管连接管道和喷头。

(8) 工程验收

① 中间验收

绿地喷灌系统的隐蔽工程必须进行中间验收。中间验收的内容主要包括管道与设备的地基和基础，金属管道的防腐处理和附属构筑物的防水处理，沟槽的位置、断面和坡度，管道及控制电缆的规格与材质，水压试验与泄水试验等。

② 竣工验收

竣工验收的主要项目有供水设备工作的稳定性，过滤设备工作的稳定性及反冲洗效果，喷头平面布置与间距，喷灌强度和喷灌均匀度，控制井井壁稳定性、井底泄水能力和井盖标高，控制系统工作稳定性，管网的泄水能力和进、排气能力等。

2.3 园林排水工程

排水工程的主要任务是：把雨水、废水、污水收集起来并输送到适当地点排除，或经过处理之后再重复利用和排除掉。园林中如果没有排水工程，雨水、污水淤积园内，将会使植物遭受涝灾，滋生大量蚊虫并传播疾病；既影响环境卫生，又会严重影响公园里的所有游园活动。因此，每一项园林工程中都要设置良好的排水工程设施。

2.3.1 园林排水的特点

园林环境与一般城市环境很不相同，其排水工程的情况也和城市排水系统的情况有相当大的差别。因此，在排水类型、排水方式、排水量构成、排水工程构筑物等方面都有它自己的特点。

根据园林环境、地形和内部功能等方面与一般城市给水工程情况的不同，可以看出其排水工程具有以下几个方面的主要特点。

(1) 地形变化大，适宜利用地形排水

园林绿地中既有平地，又有坡地，甚至还可有山地，地面起伏度大，因而有利于组织地面排水。利用低地汇集雨雪水到一处，使地面水集中排除比较方便，也比较容易进行净化处理。地面水的排除可以不进地下管网，而利用倾斜的地面和少数排水明渠直接排放入园林水体中。这样可以在很大程度上简化园林地下管网系统。

(2) 与园林用水点分散的给水特点不同，园林排水管网的布置却较为集中

排水管网主要集中布置在人流活动频繁、建筑物密集、功能综合性强的区域，如餐厅、茶

室、游乐场、游泳池、喷泉区等地方。而在林地区、苗圃区、草地区、假山区等功能单一而又面积广大的区域,则多采用明渠排水,不设地下排水管网。

(3) 管网系统中雨水管多,污水管少

相对而言,园林排水管网中的雨水管数量明显地多于污水管。这主要是因为园林内产生污水比较少的缘故。

(4) 园林排水成分中,污水少,雨雪水和废水多

园林内所产生的污水,主要是餐厅、宿舍、厕所等的生活污水,基本上没有其他污水源。污水的排放量只占园林总排水量的很小一部分,而大部分是污染程度很轻的雨雪水和各处水体排放的生产废水和游乐废水。这些地面水常常不需处理,可直接排放;或者仅作简单处理后排除或重新利用。

(5) 园林排水的重复使用可能性很大

由于园林内大部分排水的污染程度不严重,水的重复使用效率比较高,因而基本上都可以在经过简单的混凝澄清、除去杂质后,用于植物灌溉、湖池水源补给等方面。一些喷泉池、瀑布池等,还可以安装水泵,直接从池中汲水,并在池中使用,实现池水的循环利用。

2.3.2 园林排水的方式

(1) 地形排水

地形排水就是指利用地面坡度使雨水汇集,再通过沟、谷、涧、山道等加以组织引导,就近排入附近水体或城市雨水管渠。这是公园排除雨水的一种主要方法。此法经济适用,便于维修,而且景观自然。利用地形排除雨水时,若地表种植草皮,则最小坡度为0.5%。

(2) 灌渠排水

灌渠排水是指利用明沟、管道、盲沟等设施进行排水的方式。

① 明沟排水

公园排水用的明沟大多是土质明沟,其断面为钉梯形、三角形或自然式浅沟等形式(图 2-9),通常采用梯形断面。沟内可植草种花,也可任其生长杂草。在某些地段根据需要也可砌砖、石或混凝土明沟,断面常采用梯形或矩形(图 2-10)。

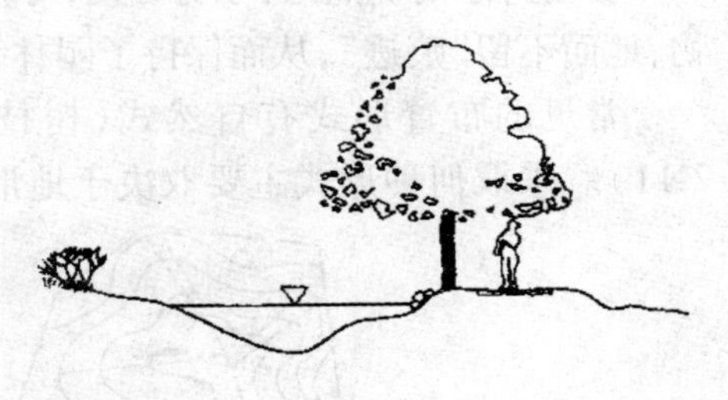

图 2-9 土质明沟

② 管道排水

在园林中的某些局部,如低洼的绿地、铺装的广场、休息场所及建筑物周围的积水和污水的排除,需要或只能利用铺设管道的方式进行。其优点是不妨碍地面活动、卫生、美观、排水效率高,但造价高,且检修困难。

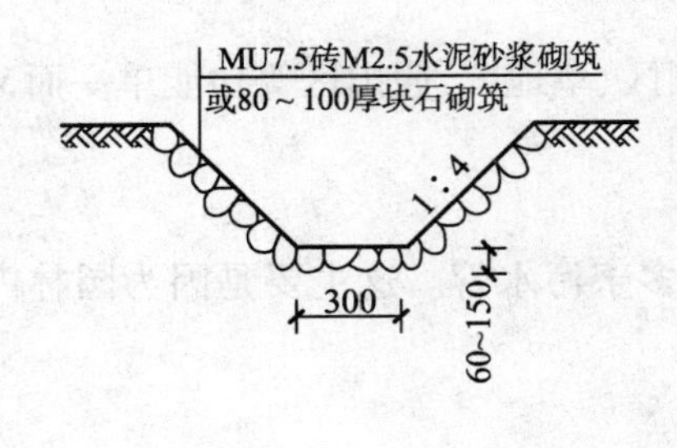

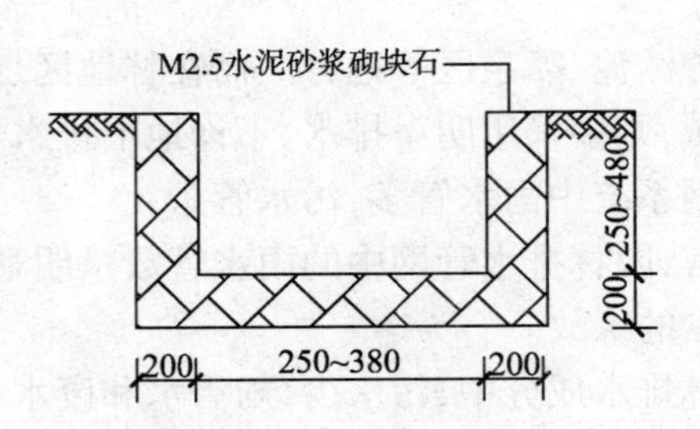

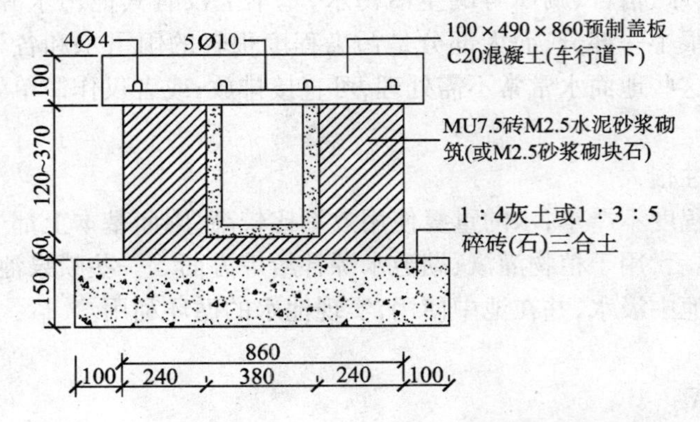

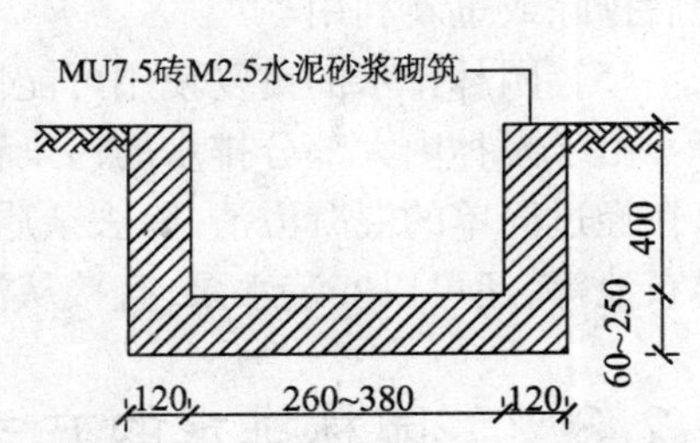

图 2-10　砌筑明沟(单位:mm)

③ 盲沟排水

盲沟是一种地下排水渠道,又名暗沟、盲渠。主要用于排除地下水,降低地下水位。适用于一些要求排水良好的全天候的体育活动场地、地下水位高的地区以及某些不耐水的园林植物生长区等。

盲沟排水的优点是:取材方便,可废物利用,造价低廉;不需附加雨水口、检查井等构筑物,地面不留“痕迹”,从而保持了园林绿地草坪及其他活动场地的完整性。

常见的布置形式有自然式(树枝式)、截流式、篦式(鱼骨式)和耙式四种形式(图 2-11)。采取何种形式主要取决于地形及地下水的流动方向。自然式适用于周边高中间

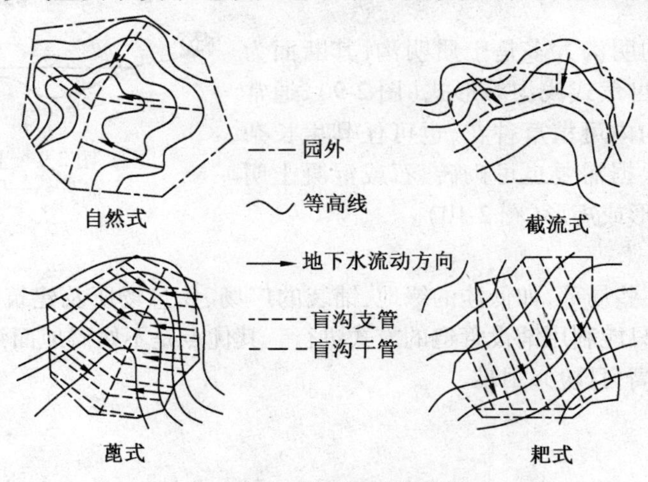

图 2-11　盲沟的布置形式

低的山坞状园址地形，截流式适用于四周或一侧较高的园址地形情况，篦式适用于谷地或低洼积水较多处，耙式适用于一面坡的情况。

盲沟的埋深主要取决于植物对地下水位的要求、受根系破坏的影响、土壤质地、冰冻深度及地面荷载情况等因素，通常为 1.2 ~ 1.7 m。支管间距则取决于土壤种类、排水量和要求的排除速度，对排水要求高即全天候的场地，应多设支管。支管间距一般为 8 ~ 24 m。

盲沟沟底纵坡坡度不小于 0.5%。只要地形等条件许可，纵坡坡度应尽可能取大些，以利于地下水的排除。

因透水材料多种多样，故盲沟的构造类型也较多。常用的材料及构造形式如图 2-12 和图 2-13 所示。

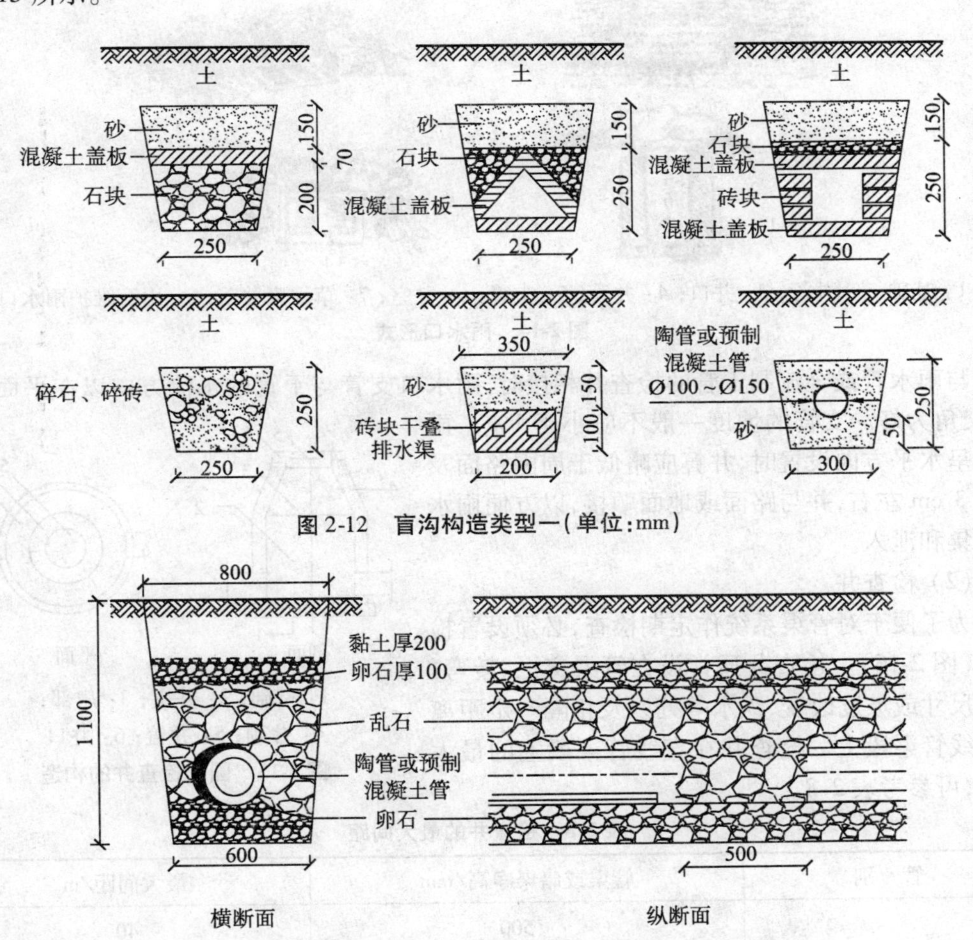

图 2-12　盲沟构造类型一（单位：mm）

图 2-13　盲沟构造类型二（单位：mm）

2.3.3　排水管网的附属构筑物

为了排除污水，除构筑管渠外，还需在管渠系统上设置某些附属构筑物。在园林绿地中，常见的附属构筑物有雨水口、检查井、跌水井、闸门井、倒虹管、出水口等。

(1) 雨水口

雨水口是在雨水管渠或合流管渠上收集雨水的构筑物。一般的雨水口都是由基础、井身、井口、井箅几部分构成的(图 2-14)。其底部及基础可用 C15 混凝土做成,平面尺寸在 1 200 mm×900 mm×100 mm 以上。井身、井口可用混凝土浇制,也可以用砖砌筑,砖壁厚 240 mm。为了避免过快地被锈蚀并保持较高的透水率,井箅应当用铸铁制作,箅条宽 15 mm 左右,间距 20~30 mm。雨水口的水平截面一般为矩形,长 1 m 以上,宽 0.8 m 以上,竖向深度一般为 1 m 左右。井身内需要设置沉泥槽时,沉泥槽的深度不小于 12 cm。雨水管的管口设在井身的底部。

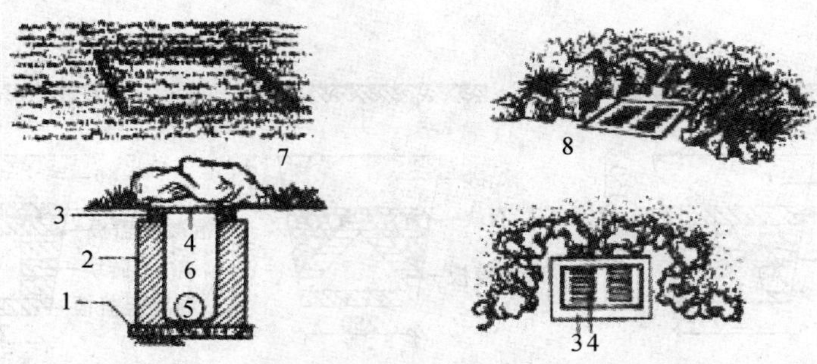

1:基础;2:井深;3:井口;4:井箅;5:支管;6:井室;7:草坪窨井盖;8:山石维护雨水口

图 2-14 雨水口形式

与雨水管或合流制干管的检查井相接时,雨水口支管与干管的水流方向以在平面上呈 60°交角为好。支管的坡度一般不应小于 1%。雨水口呈水平方向设置时,井箅应略低于周围路面及地面 3 cm 左右,并与路面或地面顺接,以方便雨水的汇集和泄入。

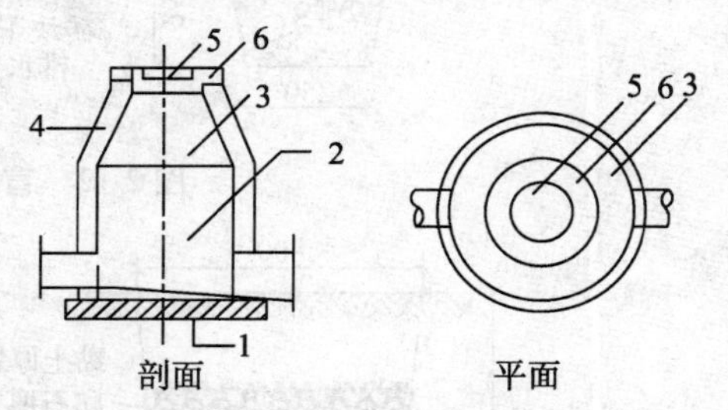

1:基础;2:井室;3:肩部;4:井颈;5:井盖;6:井口

图 2-15 圆形检查井的构造

(2) 检查井

为了便于对管渠系统作定期检查,必须设置检查井(图 2-15)。检查井通常设在管渠交汇、转弯、管渠尺寸或坡度改变、跌水等处以及相隔一定距离的直线管渠段上。检查井在直线管渠段上的最大间距,可参考表 2-8。

表 2-8 检查井的最大间距

管　别	管渠或暗渠净高/mm	最大间距/m
污水管道	<500 500~ 800~1 500 >1 500	40 50 75 100
雨水管渠和 合流管渠	<500 500~ 800~1 500 >1 500	50 60 100 120

建造检查井的材料主要是砖、石、混凝土或钢筋混凝土,国外多采用钢筋混凝土预制。检查井的平面形状一般为圆形,大型管渠的检查井也有矩形或扇形的。井下的基础部分一般用混凝土浇筑,井身部分用砖砌成下宽上窄的形状,井口部分形成颈状。检查井的深度取决于井内下游管道的埋深。为了便于检查人员上、下井室工作,井口部分应能容纳一个人身体的进出。

检查井主要有雨水检查井和污水检查井两类。在合流制排水系统中,只设雨水检查井。检查井的结构形式比较多,由于各地地质、气候条件相差很大,在布置检查井的时候,最好参照全国通用的《给水排水标准图集》和地方性的《排水通用图集》,根据当地的条件直接在图集中选用合适的检查井,而不必再进行检查井的计算和结构设计。

(3) 跌水井

由于地势或其他因素的影响,排水管道在某地段的高程落差超过 1 m 时,就需要在该处设置一个具有水力消能作用的检查井,这就是跌水井。根据其结构特点来分,有竖管式和溢流堰式两种形式(图 2-16)。

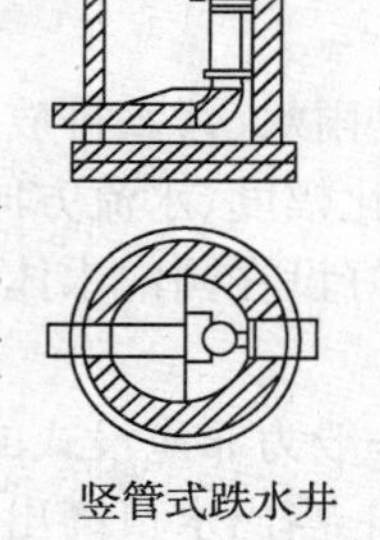

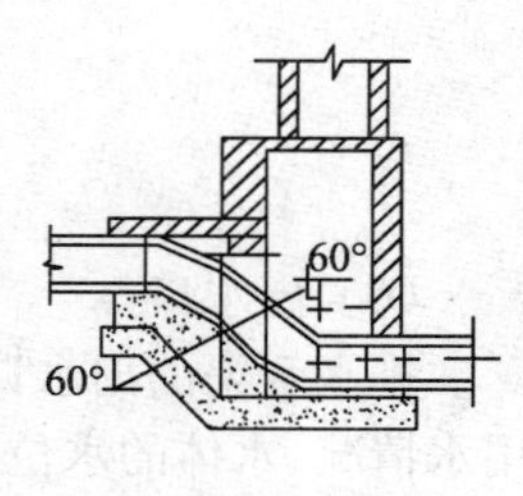

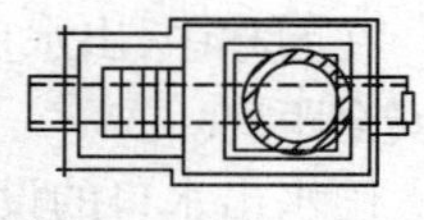

竖管式跌水井　　溢流堰式跌水井

图 2-16　两种形式的检查井构造

竖管式跌水井一般适用于管径不大于 400 mm 的排水管道。井内允许的跌落高度因管径的大小而异。管径不大于 200 mm 时,一级跌落高度不宜超过 6 m;当管径为 250 ~400 mm 时,一级跌落高度不超过 4 m。

溢流堰式跌水井多用于 400 mm 以上大管径的管道。当管径大于 400 mm 且采用溢流堰式跌水井时,其跌水水头高度、跌水方式及井身长度等都可通过有关水力学公式计算求得。

跌水井的井底要考虑对水流冲刷的防护,采取必要的加固措施。当检查井内上、下游管道的高程落差小于 1 m 时,可将井底做成斜坡,不必做成跌水井。

(4) 闸门井

降雨或潮汐的影响会使园林水体水位增高,这可能对排水管形成倒灌。为了防止雨季排水管的倒灌和非雨时期污水对园林水体的污染,也为了调节、控制排水管道内水流的方向与流量,有必要在排水管网中或排水泵站的出口处设置闸门井。

闸门井由基础、井室和井口组成。如单纯为了防止倒灌,可在闸门井内设活动拍门。活动拍门通常为铁制、圆形,只能单向开启。当排水管内无水或水位较低时,活动拍门依靠自重关闭;当水位增高后,由于水流的压力而使拍门开启。如果为了既控制污水排放又防止倒灌,也可在闸门井内设能够人为启闭的闸门。闸门的启闭方式可以是手动的,也可以是电动的。闸门的结构比较复杂,造价也较高。

(5) 倒虹管

由于排水管道在园路下布置时有可能与其他管线发生交叉,而它又是一种重力自流式的管道,因此,要尽可能在管线综合中解决好交叉时管道之间的标高关系。但有时受地形所限,如遇到要穿过沟渠和地下障碍物,排水管道就不能按照正常情况敷设,而不得不以一个下凹的折线形式从障碍物下面穿过，这段管道就成了倒置的虹吸管，即所谓的倒虹管。

由图2-17可以看到，一般排水管网中的倒虹管是由进水井、下行管、平行管、上行管和出水井等部分构成的。倒虹管采用的最小管径为200 mm，管内流速一般为1.2～1.5 m/s（不得低于0.9 m/s），并应大于上游管内流速。平行管与上行管之间的夹角不应小于150°，以保证管内的水流有较好的水力条件，从而防止管内污物滞留。为了减少管内泥沙和污物淤积，可在倒虹管进水井之前的检查井内设一沉淀槽，使部分泥沙污物在此预沉下来。

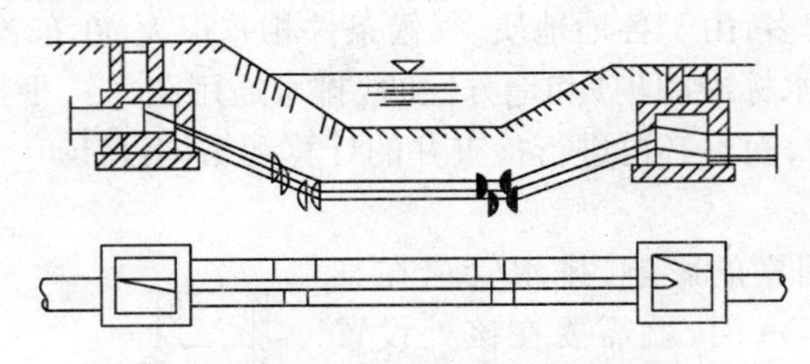

图2-17　穿越溪流的倒虹管示意图

（6）出水口

排水管渠的出水口是雨水、污水排放的最后出口。其位置和形式应根据污水水质、下游用水情况、水体的水位变化幅度、水流方向、波浪情况等因素确定。

在园林中，出水口最好设在园内水体的下游末端，要和给水取水区、游泳区等保持一定的安全距离。

雨水出水口的设置一般为非淹没式的，即排水管出水口的管底高程要安排在水体的常年水位线以上，以防倒灌。当出水口高出水位很多时，为了降低出水对岸边的冲击力，应考虑将其设计为多级的跌水式出水口。污水系统的出水口则一般布置称为淹没式，即把出水管管口布置在水体的水面以下，以使污水管口流出的水能够与河湖水充分混合，减轻对水体的污染。

2.3.4　排水系统的布置形式

园林排水系统的布置，是在确定了所规划、设计的园林绿地排水体制、污水处理利用方案和估算出园林排水量的基础上进行的。在污水排放系统的平面布置中，一般应确定污水处理构筑物、泵房、出水口以及污水管网主要干管的位置。如果考虑利用污水、废水灌溉林地、草地，则应确定灌溉干渠的位置及其灌溉范围。在雨水排水系统平面布置中，主要应确定雨水管网中主要的管渠、排洪沟及出水口的位置。各种管网设施的基本位置大概确定后，再选用一种最适合的管网布置形式，对整个排水系统进行安排。排水管网的布置形式（图2-18）主要有下述几种。

（1）正交式布置

当排水管网的干管总走向与地形等高线或水体方向大致成正交时，管网的布置形式就是正交式。这种布置方式适用于排水管网总走向的坡度接近于地面坡度和地面向水体方向较均匀地倾斜两种情况下。采用这种布置，各排水区的干管以最短的距离通到排水口，管线长度短，管径较小，埋深小，造价较低。在条件允许的情况下，应尽量采用这种布置方式。

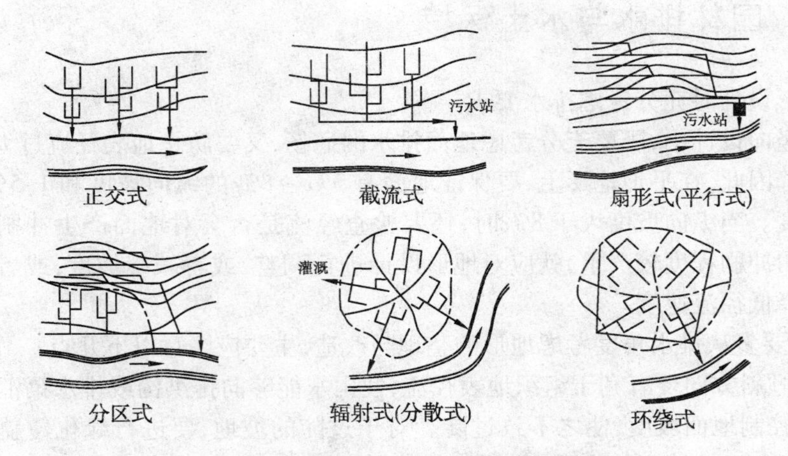

图 2-18　排水管网的布置形式

(2) 截流式布置

在正交式布置的管网较低处,沿着水体方向再增设一条截流干管,将污水截流并集中引到污水处理站。这种截流式布置形式可减少污水对于园林水体的污染,也便于对污水进行集中处理。

(3) 扇形式布置

在地势向河流湖泊方向有较大倾斜的园林中,为了避免因管道坡度和水的流速过大而造成管道被严重冲刷的现象,可将排水管网的主干管布置成与地面等高线或与园林水体流动方向相平行或夹角很小的状态。这种布置方式又称为平行式布置。

(4) 分区式布置

当规划设计的园林地形高低差别很大时,可分别在高地形区和低地形区各设置独立的、布置形式各异的排水管网系统,这种布置形式就是分区式布置。如果低区管网可按重力自流方式直接排入水体,则高区干管可直接与低区管网连接;如果低区管网的水不能依靠重力自流排除,那么就将低区的排水集中到一处,用水泵提升到高区的管网中,由高区管网依靠重力自流方式排除。

(5) 辐射式布置

在用地分散、排水范围较大、基本地形向周围倾斜和周围地区都有可供排水的水体时,为了避免管道埋设太深,降低造价,可将排水干管布置成分散的、多系统的、多出口的形式,这种布置形式又叫分散式布置。

(6) 环绕式布置

将辐射式布置的多个分散出水口用一条排水主干管串联起来,使主干管环绕在周围地带,并在主干管的最低点集中布置一套污水处理系统,以便污水的集中处理和再利用。这种布置形式称为环绕式布置。

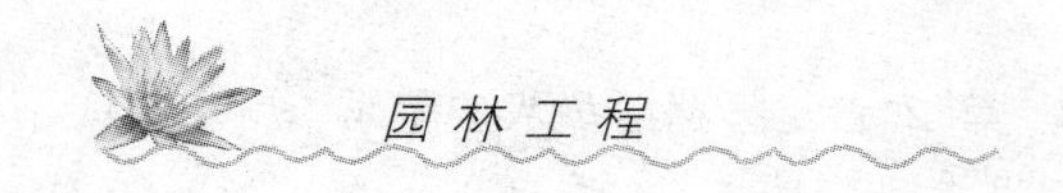

2.3.5 园林排水与水土保持

（1）地形设计时充分考虑排水要求

在园林竖向设计中，既要充分考虑地面排水的通畅，又要防止地表径流过大造成对地面的冲刷破坏。因此，在平地地形上，要保证地面有3‰～8‰的纵向坡度和1.5%～3.5%的横向排水坡度。当纵向坡度大于8‰时，还要检查经流是否会对地面产生冲刷及其冲刷程度。如果证明冲刷程度较严重，就应对地形设计进行调整，或者减缓坡度，或者在坡面上布置拦截物以降低径流速度。

设计中，要多从排水角度考虑地形的整理与改造，主要应注意以下几点：

① 地面倾斜方向要有利于组织地表径流，使雨水能够向排洪沟或排水渠汇集。

② 注意控制地面坡度，使之不致过陡。对于过陡的坡地，要进行绿化覆盖或护坡工程处理，使坡面稳定，抗冲刷能力强，也减少水土流失。两面相向的坡地之间，应当设置有汇水的浅沟，沟的底端应与排水干渠和排洪沟连接起来，以便及时排走雨水。

③ 同一坡度的坡面，即使坡度不大，也不要持续太长。因为太长的坡面会使地表径流的速度越来越快，产生的地面冲刷越来越严重。对坡面太长的应进行分段设置。坡面要有所起伏，使坡度的陡缓变化不一致，以避免径流一冲到底，造成地表设施和植被的破坏。坡面不要过于平整，要通过地形的变化来削弱地表径流流速加快的势头。

④ 要通过弯曲变化的谷、涧、浅沟、盘山道等对径流起不断的拦截作用，并对径流的方向加以组织，一步步减缓径流流速度，把雨雪水就近排放到地面的排水明渠、排洪沟或雨水管网中。

⑤ 对于直接冲击园林内一些景点和建筑的坡地径流，要在景点、建筑上方的坡地面边缘设置截水沟拦截雨水，并且有组织地排放到预定的管渠之中。

（2）防止地表径流冲刷地面的措施

如果地表径流流速过大，就会造成地表冲蚀。避免地表径流流速过大的主要方法是在地表径流的主要流向上设置障碍物。具体措施如下：

① 植树种草，覆盖地面。对地表径流较多、水土流失较严重的坡地，可以培植草本地被植物覆盖地面；还可以栽种乔木与灌木，利用树根紧固较深层的土壤，使坡地变得很稳定。覆盖了草本地被植物的地面，径流流速能够得到很好的控制，地面冲蚀的情况也能得到充分的抑制。

② 设置“护土筋”。沿着山路坡度较大处，或与边沟同一纵坡且坡面延续较长的地方敷设“护土筋”。其做法是：采用砖石或混凝土块等，横向埋置在径流速度较大的坡面上，砖石大部分埋入地下，只有3～5 cm露出地面，每隔一定距离（10～20 cm）放置3～4道，与道路成一定角度，如鱼翅状排列于道路两侧，以降低径流流速，消减冲刷力。

③ 安放挡水石。利用山道边沟排水，在坡度变化较大处（如在台阶两侧）置石挡水，以缓解雨水流速。

④ 做“谷方”，设消能石。地表径流汇集的山谷或地表低洼处，在汇水线地带散置一些山石，用于延缓、阻碍水流。这些山石在地表径流量较大时可起到降低径流的冲力，缓解水

土流失速率的作用。所用的山石体量应稍大些，并且石的下部还应埋入土中，避免因径流过大而致石底泥土被掏空，山石被冲走。

防止地表径流冲刷地面的工程措施如图 2-19 所示。

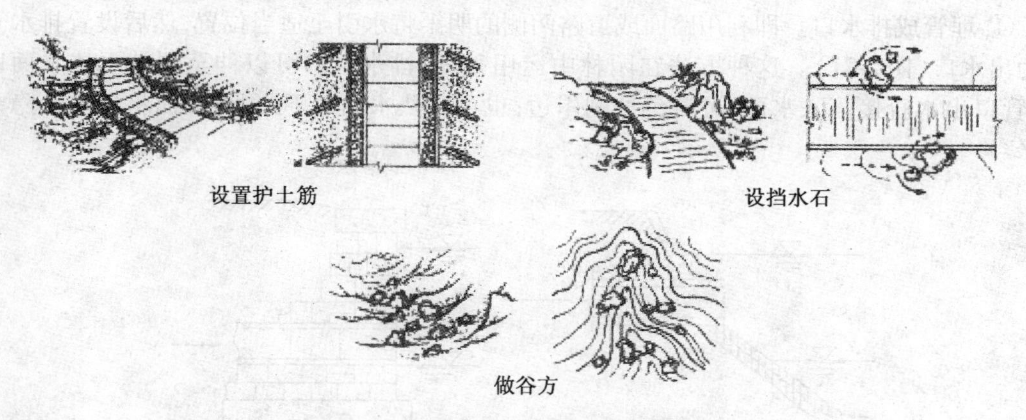

图 2-19　防止径流冲刷的工程措施

（3）园林排水时出水口的恰当处理

当地表径流利用地面或明渠排入园林水体时，为了保护岸坡，对出水口应作适当的处理。常见的处理方法如下：

① 做簸箕式出水口，即做“水簸箕”。水簸箕是一种敞口式排水槽，槽身可采用三合土、混凝土、浆砌块石或砖砌体做成（图 2-20）。

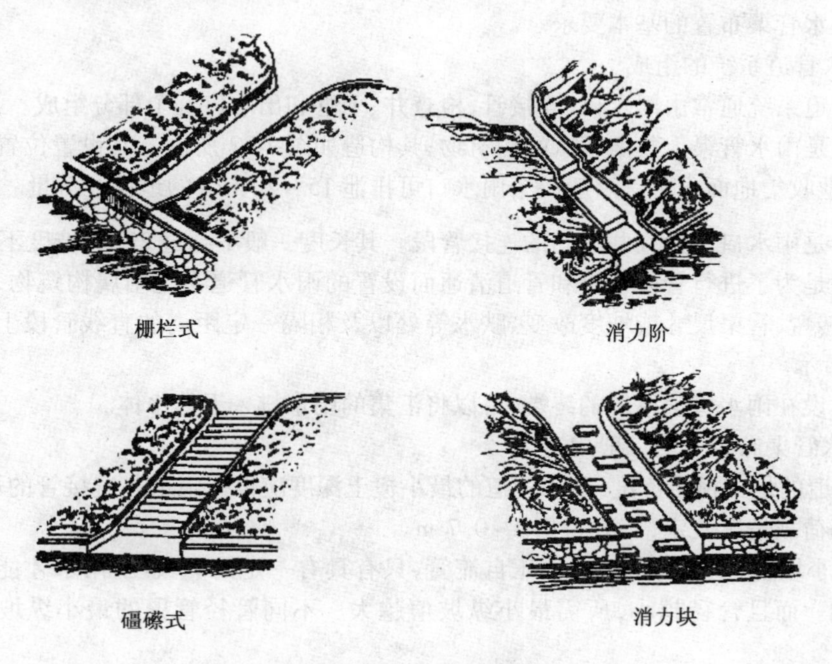

图 2-20　出水口的处理形式

② 做成消力出水口。排水槽上、下口高差较大时，可以在槽底设置消力阶、礓礤或消力

硅块(图2-20)。

③ 做造景出水口。在园林中,雨水排水口还可以结合造景布置成小瀑布、跌水、溪涧、峡谷等,这样既解决了排水问题,又使园景生动自然,丰富了园林景观内容。

④ 埋管成排水口。即利用路面或道路两侧的明渠将水引至适当位置,然后设置排水管作为出水口(图2-21)。这种方法在园林中运用很多,排水管口可以伸至园林水体水面以上,管口出水直接落入水面,可避免冲刷岸边;也可以从水面以下出水,从而将出水口隐藏起来。

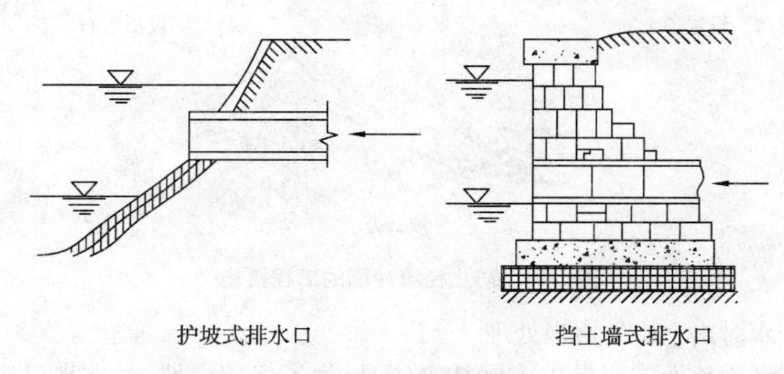

图2-21 埋管排水口示意图

2.3.6 雨水管渠的布置与设计

(1) 雨水管渠布置的基本要求

① 雨水管道系统的组成

雨水管道系统通常由雨水口、连接管、检查井、干管和出水口五个部分组成。

雨水口是雨水管渠上收集雨水的构筑物,其构造如图2-22所示。其设置位置应能保证迅速、有效地收集地面雨水。一般一个雨水口可排泄15~20 L/s的地面径流量。

连接管是雨水口与检查井之间的连接管段。其长度一般不超过25 m,坡度不小于1%。

检查井是为了进行管段连接和管道清通而设置的雨水管道系统附属构筑物,通常设在管渠交汇、转弯、管渠尺寸或坡度改变、跌水等处以及相隔一定距离的直线管段上。其构造如图2-23所示。

出水口设在雨水管渠系统的终端,可以将汇集的雨水排入天然水体。

② 雨水管渠布置中的一般规定

Ⅰ. 管道的最小覆土深度:雨水管道的最小覆土深度应根据雨水井连接管的坡度、冰冻深度和外部荷载情况决定,一般为0.5~0.7 m。

Ⅱ. 最小坡度:雨水管道多为无压自流管,只有具有一定的纵坡度,雨水才能靠自身重力向前流动。而且管径越小,所需最小纵坡值越大。不同管径管渠的最小纵坡限值见表2-9。

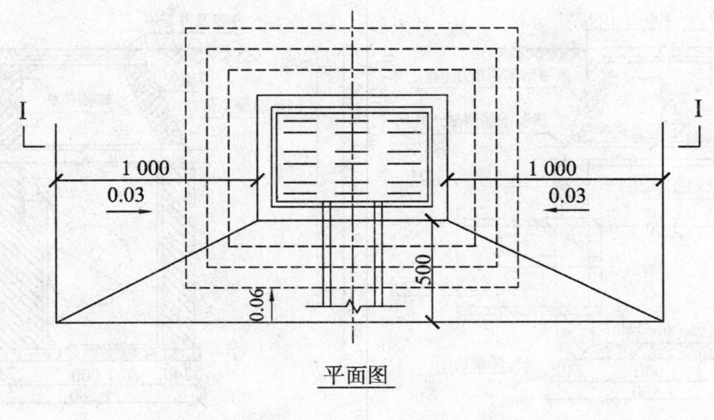

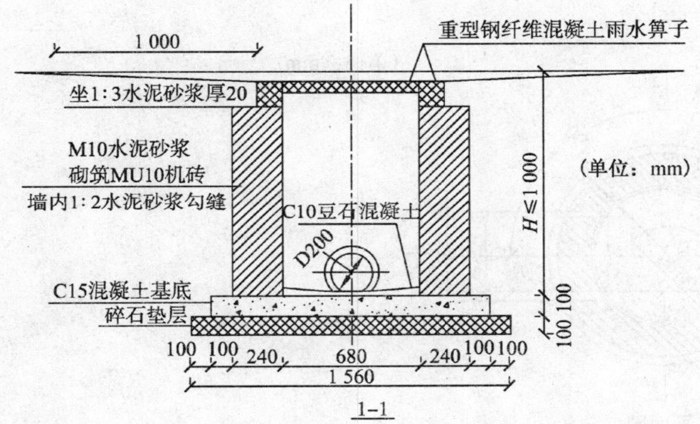

图 2-22　雨水口构造示例

表 2-9　灌渠的最小纵坡

管径	最小纵坡	管径	最小纵坡	沟渠	最小纵坡
200 mm	0.4%	350 mm	0.3%	土质明沟	0.2%
300 mm	0.33%	400 mm	0.2%	砌筑梯形明渠	0.02%

Ⅲ. 最小容许流速：流速过小，不仅影响排水速度，水中杂质也容易沉淀淤积。各种管道在自流条件下的最小容许流速不得小于 0.75 m/s，各种明渠不得小于 0.4 m/s。

Ⅳ. 最大设计流速：流速过大，会磨损管壁，降低管道的使用年限。各种金属管道的最大设计流速为 10 m/s，非金属管道为 5 m/s。各种明渠的最大设计流速见表 2-10。

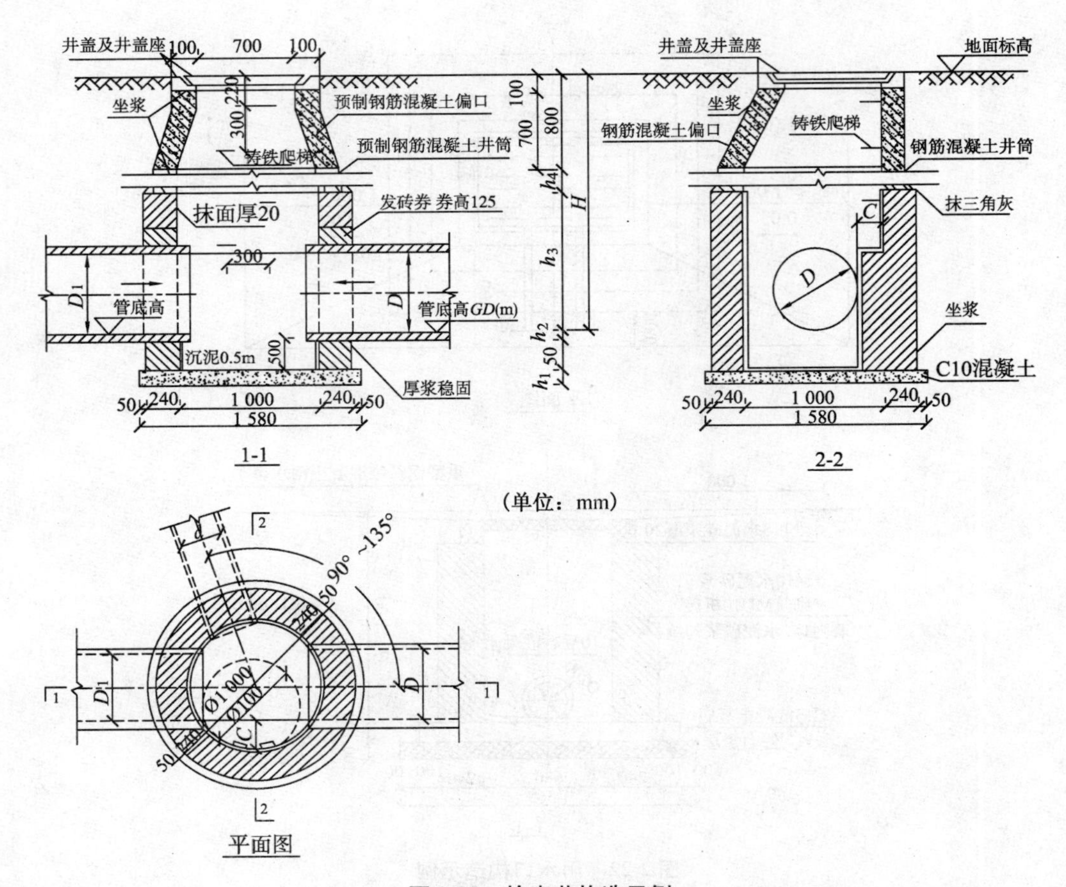

图2-23　检查井构造示例

表2-10　灌渠的最大设计流速

明渠类别	最大设计流速/(m/s)	明渠类别	最大设计流速/(m/s)
粗砂及贫砂质黏土	0.8	草皮护面	1.6
砂质黏土	1.0	干砌块石	2.0
黏土	1.2	浆砌块石及浆砌砖	3.0
石灰岩及中砂岩	4.0	混凝土	4.0

Ⅴ.最小管径尺寸及沟槽尺寸：雨水管最小管径一般不小于200 mm。公园绿地的径流因携带的泥沙较多，故最小管径尺寸为300 mm。为了便于维修和排水通畅，梯形明渠渠底宽度不得小于300 mm；梯形明渠的边坡用砖、石或混凝土砌筑时一般为1∶0.75～1∶1；土质明沟的边坡则视土壤性质而定（表2-11）。

表 2-11　梯形明渠的边坡

土质	边坡	土质	边坡
粉砂	1 : 3 ~ 1 : 3.5	砂质黏土和黏土	1 : 1.25 ~ 1 : 1.15
松散的细砂、中砂、粗砂	1 : 2 ~ 1 : 2.5	砾石土和卵石土	1 : 1.25 ~ 1 : 1.5
细实的细砂、中砂、粗砂	1 : 1.5 ~ 1 : 2	半岩性土	1 : 0.5 ~ 1 : 1
黏质砂土	1 : 1.5 ~ 1 : 2	风化岩石	1 : 0.25 ~ 1 : 0.5

Ⅵ. 管道材料的选择：排水管道材料一般有铸铁管、钢管、石棉水泥管、陶土管、混凝土管和钢筋混凝土管等种类。室外雨水的无压排除通常选用陶土管、混凝土管和钢筋混凝土管。

③ 雨水管渠布置要点

Ⅰ. 在可以利用地面输送雨水的地方尽量不设置管道，利用地表面的坡度汇集雨水，使雨水顺利地靠自身重力排入附近水体。

Ⅱ. 若地形坡度较大，就将雨水干管布置在地形低的地方；若地形平坦，就将雨水干管布置在排水区域的中间地带，以尽可能地扩大重力流排除范围。

Ⅲ. 应结合区域的总体规划（如道路情况、建筑物情况、远景建设规划等）进行布置。

Ⅳ. 雨水口应能及时排除附近地面的雨水，不致使雨水漫过路面而影响交通。

Ⅴ. 为及时、快速地将雨水排入水体，若条件允许，应尽量采用分散出水口的布置形式。

Ⅵ. 在满足冰冻深度和荷载要求的前提下，管道坡度宜尽量接近地面坡度。

（2）雨水管渠的设计步骤

首先要收集和整理所在地区和设计区域的各种原始资料，包括设计区域总平面布置图，竖向设计图，当地的水文、地质等资料及暴雨发生情况记录。一般雨水管道设计按下列步骤进行。

① 划分排水流域

根据排水区域地形、地物等情况划分排水流域（汇水区）。通常沿山脊线（分水岭）、建筑外墙、道路等进行划分。给各排水流域编号并求其面积。

② 作管道布置草图

根据排水流域划分情况、水流方向及附近城市雨水干管分布情况等确定管道走向以及雨水口、检查井的位置。给各检查井编号并求其地面标高，标出各段管长。

③ 划分并计算各设计管段的汇水面积

各设计管段汇水面积的划分应结合地形坡度、汇水面积的大小以及雨水管道布置等情况进行。地形较平坦时，可按就近排入附近雨水干管道的原则划分汇水面积；地形坡度较大时，按地面雨水径流方向划分汇水面积。对每个划分区进行编号，计算其面积并标注图中。

④ 确定各排水流域的平均径流系数值

径流系数是单位面积径流量与单位面积降雨量的比值，用 Ψ 表示。地面性质不同，其径流系数也不同。各类地面径流系数可参考表 2-12。

表 2-12　不同性质地面的径流系数值

地面种类	Ψ值	地面种类	Ψ值
各种屋面、混凝土和沥青路面	0.9	干砌砖石和碎石路面	0.4
大块石铺砌路面和沥青表面处理的碎石路面	0.6	非铺砌土地面	0.3
级配碎石路面	0.45	绿地	0.15

通常根据排水流域内各类地面的面积数或所占比例计算出该排水流域的平均径流系数。

$$\overline{\Psi} = \frac{\sum \Psi \cdot F}{\sum F}$$

式中：F——集水面积。

⑤ 求设计降雨强度

我国常用的降雨强度公式为：

$$q = \frac{167A_1(1 + c\lg P)}{(t + b)^n}$$

式中：q——设计降雨强度；P——设计重现期(年)；t——降雨历时(min)；A_1，c，b，n——地方参数，可根据统计方法进行计算确定。

如郑州市降雨强度公式为：

$$q = \frac{767(1 + 1.04\lg P)}{t^{0.522}}$$

设计时通常首先根据汇水地区的建设性质、地形特点、汇水面积、气象特点以及短期积水造成的损失大小等因素选定 P、c 值，然后查表了解本地区的降雨强度。根据经验，一般公园绿地中 $P = 0.33 \sim 1$ 年，$t = 5 \sim 15$min。

⑥ 求单位面积径流量

单位面积径流量是降雨强度与径流系数的乘积，即 $q_0 = q \cdot \Psi$。

⑦ 列表进行雨水干管的设计流量和水力计算，求得各管段的设计流量。查表确定各管段的管径、管坡、流速等，根据预先确定的管道起点埋深计算各管段起点和终点的管底标高及管底埋深值。

⑧ 绘制雨水管道平面图(图 2-24)和纵剖面图(图 2-25)。

以上是对一般园林雨水管网系统设计过程的介绍。一些大型的管网工程，其设计过程和工作内容还要复杂得多，可根据具体情况灵活处理。

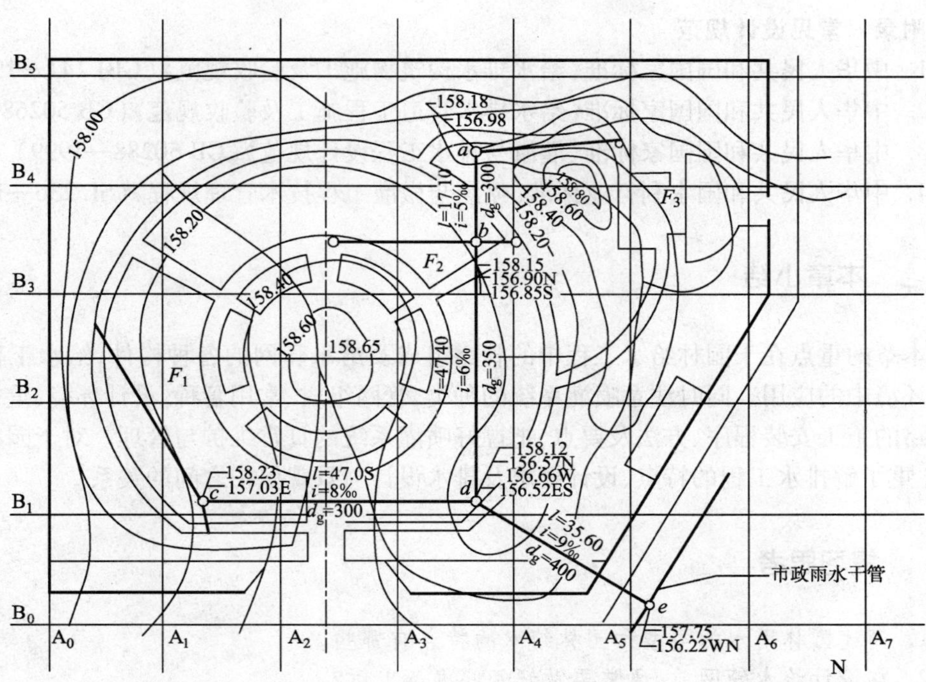

说明：

1. 图中方格尺寸为20 m×20 m。
2. 图中计量单位除管径为mm外，其余均为m。
3. 图N、S、E、W、ES、WN分别表示北方、南方、东方、西方、东南方和西北方，l为管长，i为管坡，d_g为管径。

井口标高
管底标高
管底标高
井口
N
0 5 10 15 20 m

图 2-24 某游园雨水干管平面图

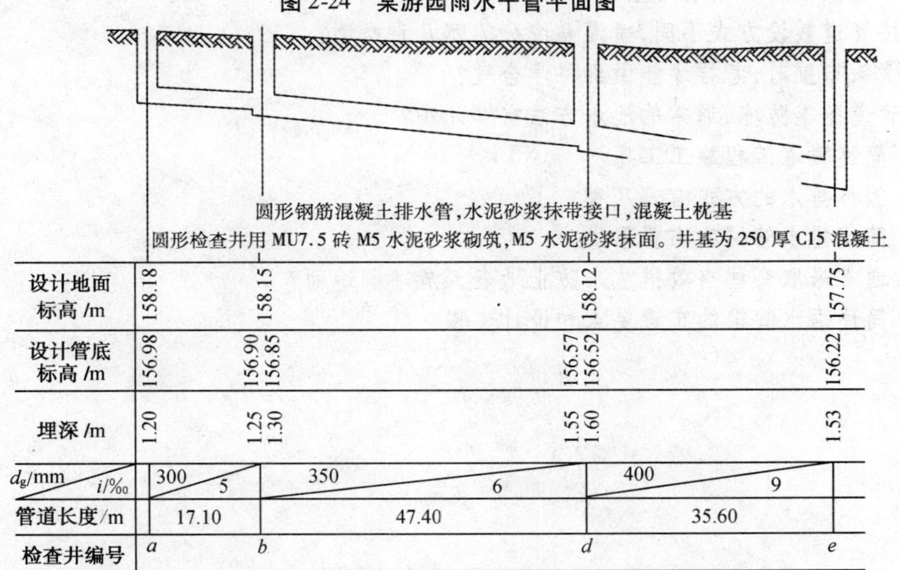

设计地面标高/m	158.18	158.15	158.12	157.75
设计管底标高/m	156.98	156.90 156.85	156.57 156.52	156.22
埋深/m	1.20	1.25 1.30	1.55 1.60	1.53
d_g/mm　i/‰	300　5	350　6	400　9	
管道长度/m	17.10	47.40	35.60	
检查井编号	a	b	d	e

比例：竖向1:100　0 0.5 1.0 1.5 2.0 m

横向1:1 000　0 5 10 15 20 m

图 2-25 某游园雨水干管纵剖面图(a-b-c-d)段

附录 常见设计规范

1. 中华人民共和国国家标准《给水排水构筑物施工及验收规范》(GBJ 141—1990)
2. 中华人民共和国国家标准《给水排水管道工程施工及验收规范》(GB 50268—1997)
3. 中华人民共和国国家标准《灌溉与排水工程设计规范》(GB 50288—1999)
4. 中华人民共和国水利行业标准《喷灌与微灌工程技术管理规程》(SL 236—1999)

本章小结

本章的重点在于园林给水工程中的管路组成及给水管网的各种构件，给水工程在园林设计环境中的应用。同时注意喷灌系统的种类、管网组成、常用管种、设计环境，重视喷灌系统管路的施工安装程序、方法及要点，把握好喷灌系统的日常维护与管理。对于园林排水工程，注重了解排水工程的特点、设计要求及排水设计与景观保护之间的关系。

复习思考

1. 简述园林用水的类型和园林给水的特点有哪些。
2. 在设计给水管网前，通常要做好哪些准备工作？
3. 给水管网设计中一般应理解哪些基本概念？
4. 现代喷灌系统在园林绿地建设中有何作用？
5. 如何正确理解和运用管网布置的两种基本形式？
6. 管道敷设的原则有哪些？
7. 按管道敷设方式不同，喷灌系统分为哪几种类型？
8. 喷头布置时，怎样才能做到科学合理？
9. 管道冬季防冻，通常的泄水方法有哪几种？
10. 简述喷灌工程施工工序。
11. 园林排水的方式有哪几种？
12. 简述排水管网的布置形式。
13. 通常采取哪些有效措施来防止地表径流冲刷地面？
14. 简述雨水管渠的布置要点和设计步骤。

第3章 园林水景工程

本章导读

本章主要讲述园林水体的形式、分类和功能。要求重点掌握水景工程中驳岸、护坡的形式和施工方法，湖池、溪涧、瀑布与跌水的设计内容与施工要点，水池与喷泉的设计内容与施工方法等工程技术内容。

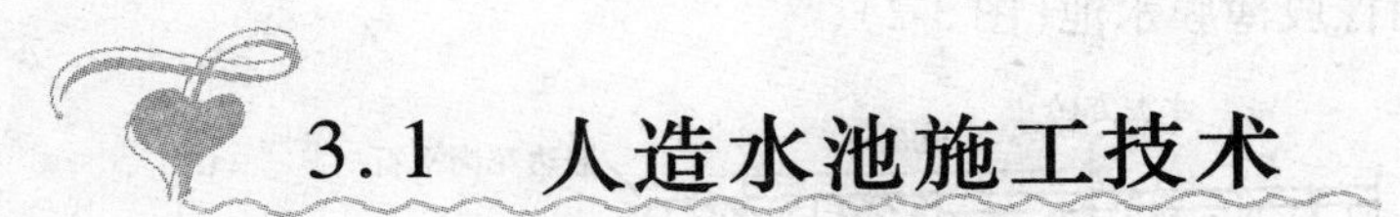

3.1 人造水池施工技术

人造水池是城市园林绿地造园过程中被称为“理水”的常规工程，有“无水不成园”之说。一般而言，人造水池在绿地中的面积不宜过大(水景园、水上娱乐园例外)，且往往是静态水域，但要求岸线设计变化丰富，以满足视觉艺术感；装饰结构要突出，体现时代感、民族感、地方性；水层不宜过深，能创造以观赏为目的的功能。人造水池工程即制作水盛器的过程，大致由池底施工和池壁施工两个工序组成。

3.1.1 人造水池池底施工技术

(1) 常见池底结构

人造水池池底可分为刚性(钢筋混凝土、砖石)结构和柔性结构两种。工程施工要求主要是防裂、防漏水。它涉及池底基础和所用材料。

① 刚性结构

为了保证盛水后不漏水，宜用水泥混凝土作基础；为防止裂缝，混凝土中应适当配置钢筋。对于较大面积的池底基础，还应设置伸缩缝、沉降缝，缝中用柔性防漏材料填塞作为水带(图3-1)。

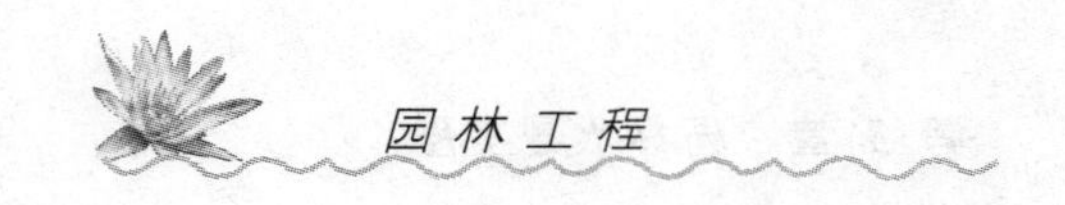

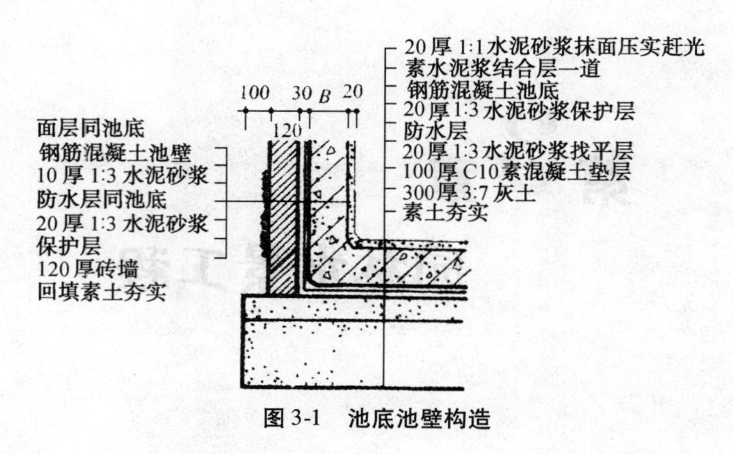

图 3-1　池底池壁构造

② 柔性结构

使用柔性不渗水的材料，如三元乙丙橡胶薄膜防水带、玻璃布沥青席、再生橡胶膜、油毛毡防水层(二毡三油)膨润土防渗膜等建材用做水池夹层，防漏性能较好，尤其适用于北方防冻害渗漏。柔性结构不仅比刚性结构节省材料成本，且工序简化，容易操作。

(2) 基土处理技术

柔性结构人造水池池底的处理技术分别举例如下：

① 三元乙丙橡胶薄膜水池(图 3-2)

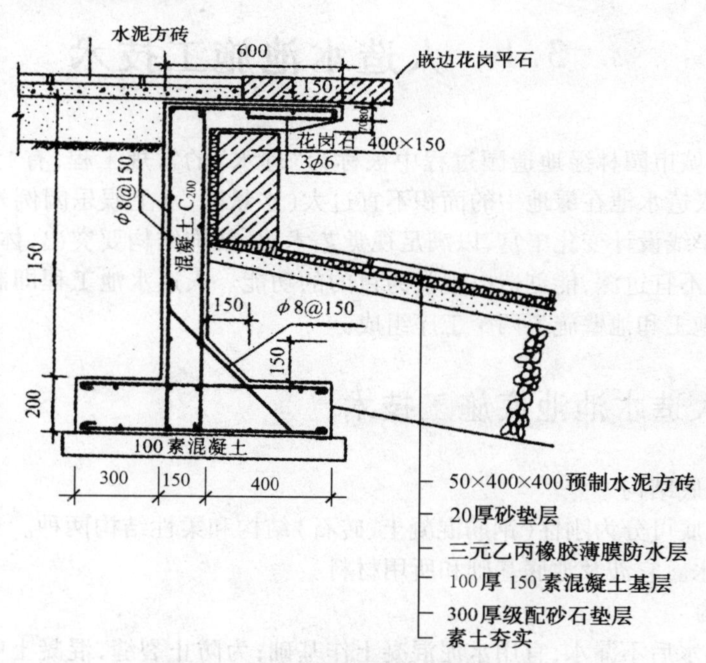

图 3-2　三元乙丙橡胶薄膜水池构造

Ⅰ. 材料

三元乙丙防水布，厚0.3~5mm，耐低温抗高温，能经受-40~80℃的温差变化，扯断强度为735 N/mm^2，自重轻，施工方便；适用于展览馆临时性水池及小庭院中的池、溪、涧，也适

用于屋顶花园。

Ⅱ. 工序

素土夯实→ 300mm 厚级配砂石垫层夯实→100 mm 厚 150 素混凝土基层→ 三元乙丙防水布→填 20mm 厚砂层→池底铺装。

② 玻璃布沥青戏水池(图 3-3)

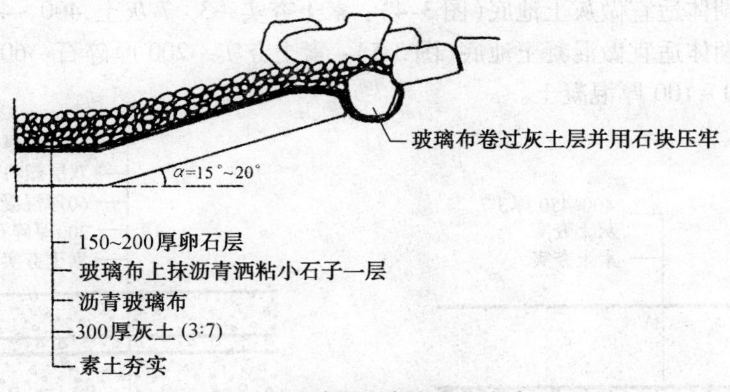

图 3-3　玻璃布沥青戏水池构造

Ⅰ. 材料

ⅰ. 玻璃纤维布：选孔目 8 mm × 8 mm 或 10 mm × 10 mm；

ⅱ. 石灰石矿粉：粒径≤9，无杂质；

ⅲ. 黏合剂：沥青 30%（由沥青 0 号和沥青 3 号按 2∶1 的比例调配而成）+ 矿粉 70%。

Ⅱ. 工序

将沥青、矿粉分别加热到 100 ℃，把矿粉加入沥青并拌匀混合，再将玻璃纤维布放入拌和锅内浸蘸，均匀后再慢慢拉出，合剂黏结在布身上，厚度控制在 2 ~ 3 mm，出锅后立即洒上滑石粉，并用机械辊滚压均匀、密实，布长 40 m 左右。

Ⅲ. 施工方法

土基夯实→铺 300 mm 厚灰土（3∶7）→铺沥青玻璃布（搭接 50 ~ 100 mm，并用火焰喷灯焊牢），端头用块石装饰且起压固作用→布身上洒铺细石一层→表层铺装。

(3) 混凝土池底板施工要点

① 一般的池底基础施工步骤

Ⅰ. 按图纸设计要求挖至一定深度，宽度放 20% 挖土方量。

Ⅱ. 土基夯实（蛙式人工夯机夯 3 遍以上）。

Ⅲ. 填 300 mm 厚 3∶7 灰土并夯实。

Ⅳ. C10 素混凝土垫层 100 厚。

Ⅴ. 以 1∶3，20 mm 厚水泥砂浆找平。

Ⅵ. 涂防水层（如二毡三油）。

Ⅶ. 以 1∶3，20 mm 厚水泥砂浆作保护层。

② 钢筋混凝土池底的基本施工要点

Ⅰ. 配筋 8@150。

Ⅱ. 混凝土 C_{200},200 厚。

Ⅲ. 100 素水泥浆结合层一道。

Ⅳ. 1∶1 水泥砂浆抹面压实赶光 20 mm 厚。

(4) 自然式水池池底施工技术

自然式水池往往以单坡入水的形式入池底,一般有如下施工手法:

① 大面积湖体适宜做灰土池底(图 3-4):素土夯实→3∶7 灰土,400～450 夯实。

② 小面积湖体适宜做混凝土池底(图 3-5):素土夯实→200 厚碎石→60 厚混凝土→双层塑料薄膜→60～100 厚混凝土。

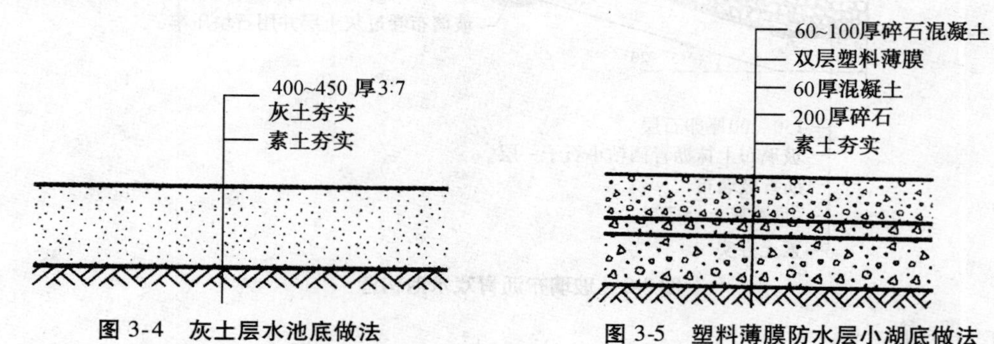

图 3-4 灰土层水池底做法　　图 3-5 塑料薄膜防水层小湖底做法

③ 因地制宜选用新型防渗材料做池底:

Ⅰ. 用塑料薄膜防渗做法(图 3-6):素土夯实→50 厚黄土找平→0.20 厚塑料薄膜层→450 厚黄土夯实。

Ⅱ. 旧水池重新翻底做法(图 3-7):原湖底素土夯实→3∶7 灰土,厚 100→三元乙丙防水布→客土 200～300 厚压实。

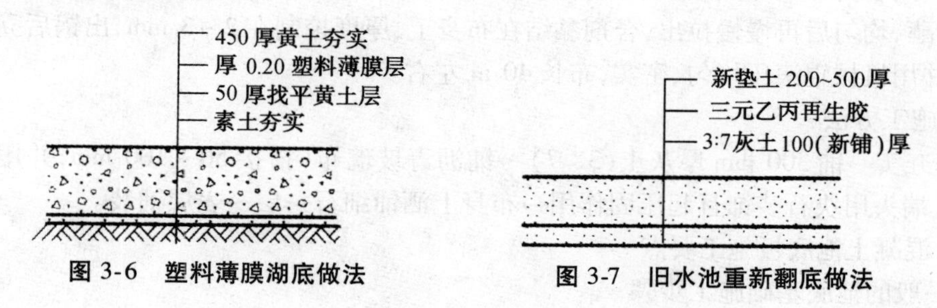

图 3-6 塑料薄膜湖底做法　　图 3-7 旧水池重新翻底做法

3.1.2 人造水池池壁施工技术

构筑池壁可以按其结构分外壁和内壁,其中内壁往往与池底做法一致,形成一个整体的盛水容器。池壁与池底共同承担了水容量,因此其建筑功能是承载,且必须具有防渗、防漏的构筑材料和技术措施。一般有混凝土浇筑、砖砌、灰土筑砌等方式。

(1) 池壁的施工步骤

① 按图纸设计要求,定点放样平面范围(较复杂的形体如非圆曲线池壁以方格定位法为好)。

② 挖池壁应与做湖底一起施工,并放足池壁施工量,计算土方量,确定土方量运输线路、存放位置。

③ 池壁内壁做法与池底做法大致相同,有灰土、砖砌、混凝土浇筑等工艺,一般大面积水体宜采用混凝土浇筑。

(2) 混凝土浇筑池壁施工技术

① 步骤与要求

Ⅰ. 夯实基础层。

Ⅱ. 按图纸设计尺寸要求,整体扎池底、池壁钢筋网架。

Ⅲ. 筑矩形钢筋混凝土池壁时,应先做模板以固定之。池壁厚 15 ~ 25 cm,水泥成分与池底相同。目前有无撑支模和有撑支模两种方法,其中有撑支模为常用的方法。当矩形池壁较厚时,内、外模可在钢筋绑扎完毕后一次立好。浇捣混凝土时操作人员可进入模内振捣,并应用串筒将混凝土灌入,分层浇捣(1∶3 水泥砂浆)。矩形池壁折模后,应将外露的止水螺栓头割去。

Ⅳ. 20 mm 厚 1∶3 水泥砂浆找平。

Ⅴ. 防水层与池底做法相同。

Ⅵ. 10 ~ 20 mm 厚 1∶3 水泥砂浆抹面压实赶光。

② 施工要点

Ⅰ. 水泥标号不宜低于 425 号,优先选用普通硅酸盐水泥,不宜采用火山灰质硅酸盐水泥和粉煤灰硅酸盐水泥。

Ⅱ. 所选用石粒粒径不宜大于 40 mm,吸水率不大于 1.5%。

Ⅲ. 池壁混凝土每立方米水泥用量不得少于 320 kg,含砂率宜为 35% ~ 40%,灰砂比为 1∶2 ~ 1∶2.5,水灰比不大于 0.6。

Ⅳ. 固定模板用的铁丝和螺栓不宜直接穿过池壁。当螺栓或套管必须穿过池壁时,应采取止水措施,以防渗漏。

(3) 混凝土砖砌池壁施工技术

① 适用范围和施工措施

用混凝土砖砌造池壁,大大简化了混凝土施工的程序。但是混凝土砖砌一般仅适用于表现古典风格或规整形的池塘,其混凝土砖要有 10 cm 厚才结实耐用(图 3-8)。也有采用大规格空心砖的,使用后必须用混凝土浆填塞。有时也采用双层空心砖作墙体、中间充填混凝土的方法来增加池壁的强度。

② 注意事项

Ⅰ. 一定要趁池底混凝土未干时将边缘处拉毛,连成一体。

Ⅱ. 池底与池壁相交处的钢筋要向上弯并伸入池壁,以加强结合部的强度。

Ⅲ. 由于混凝土砖是预制的,所以池壁四周必须保持绝对水平。

Ⅳ. 砌筑混凝土砖时,要特别强调并保持砂浆厚度均匀。

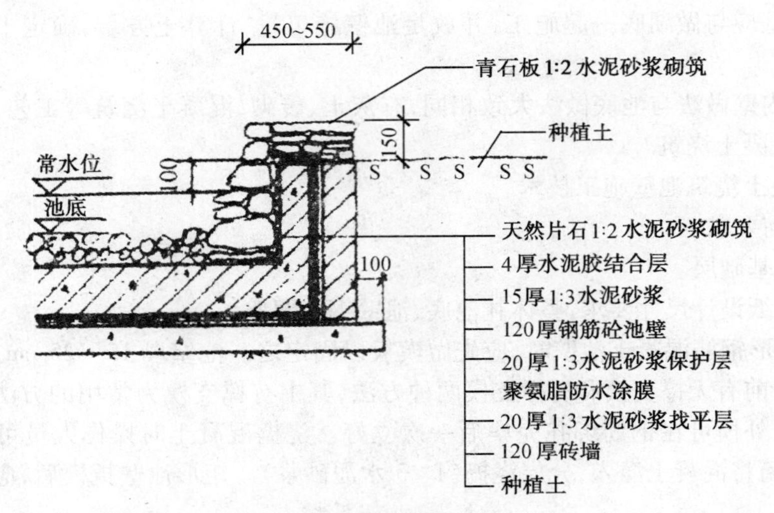

图3-8　刚性水池结构

（4）池壁抹灰施工技术

① 砖壁抹灰

Ⅰ. 内壁抹灰前2天，应将墙面作清扫处理，用清水洗刷干净，并用铁片将灰缝刮凹，进深1～1.5 mm。

Ⅱ. 用325号普通水泥配制，泥砂比为1∶2，要求必须称量准确的水泥砂浆，可掺适量防水粉，拌和要均匀。

Ⅲ. 应用铁板将砂浆挤入砖缝内，以增加砂浆与砖壁的黏着力。抹底灰时不宜太厚，一般为5～10 mm。

Ⅳ. 第二层抹灰是将墙面找平，厚度控制在5～12 mm；第三层要求2～3 mm，目的是面层压光。

Ⅴ. 砖壁与钢筋混凝土底板结合处，应特别加强转角抹灰的厚度，且呈圆弧状，以防渗漏。

② 钢筋混凝土池壁抹灰

Ⅰ. 抹灰操作前，务必将池内壁表面凿毛，铲平凹凸不平处，并用清水将墙面冲洗干净。

Ⅱ. 先刷一遍纯水泥浆，以增加黏着力。

Ⅲ. 余下做法与砖壁抹灰相同。

3.1.3　顶石施工技术

顶石也叫做池岸压顶石。既可用石材压顶，也可用钢筋混凝土压顶。规则式水池顶石应以砖、石块、石板、大理石或水泥预制板等材质。

顶石的作用是使人工水池的结构更稳定，也可强调边界效果，产生冲击视觉的作用。做法上，压顶石往往挑出成悬臂状，这样做是为了迎合水波，并可击碎水冲力，使动状水态尽快平静下来，形成镜面，映衬倒影，有虚实对比的组景效果。

(1) 池岸压顶的常见形式

池岸压顶常有圆弧顶、平顶、单坡顶、双坡顶、有沿口顶、无沿口顶等五种不同形式(图3-9)。选择形式时应与周边景致相协调,以既有功能效果又具景观效果为原则。

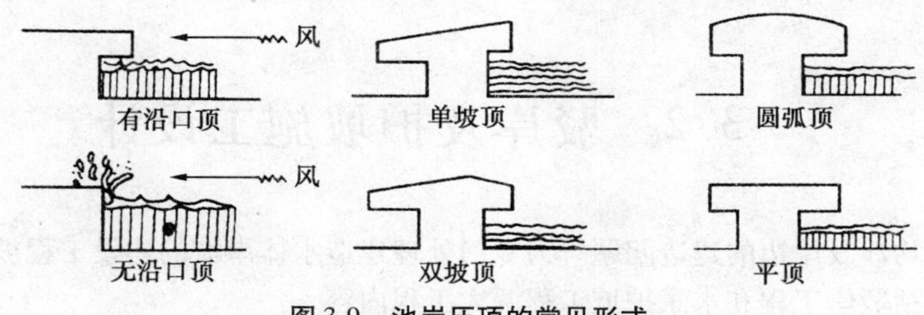

图 3-9　池岸压顶的常见形式

(2) 池岸压顶石的表面装饰要求

① 不宜选用表面粗糙的材质,而应采用表面光滑的材料。

② 可采用水泥砂浆抹光面、斩假石饰面、水磨石饰面等工艺或者贴釉面砖、花岗石、汉白玉等装饰景观石。

③ 压顶石悬挑长度控制在 10 cm 左右。

④ 压顶石既要求与池岸的结合整体感强,又要求与池壁的连接刚度强。

3.1.4　人造水池的工程质量要求

为保证人造水池的工程质量,基本要求有如下六点:

(1) 砖砌池壁灰浆必须做到横圆竖直、灰浆饱满。池壁不得留"踏步式"或"马牙槎"。所采用的砖要经过筛选,强度大于 mu7.5。筑砌砂浆配比称量准确,搅拌均匀。

(2) 钢筋混凝土的壁板与壁槽在灌缝之前,必须将模板内杂物清除干净,并用水湿润模板。

(3) 做池壁模板无论采用有支撑还是无支撑方式,都必须将模板紧固好,以防浇筑混凝土时模板发生变形。

(4) 可掺用素磺钙减水剂来防止混凝土渗漏,且耐油、节约水泥用量。

(5) 矩形钢筋混凝土人工池的长度较长,应在池底、池壁预设伸缩缝。施工中,必须将止水钢板或止水胶皮正确固定好,以防止浇灌时移位。

(6) 水池混凝土结构的强度在一定程度上取决于施工后的养护手段。池底浇筑完工后要保持湿润的同时,按步浇筑池壁。池壁混凝土浇筑完成后,在气温较高或干燥的情况下,如过早拆模会导致混凝土失水而收缩,产生裂缝。因此浇水养护不可间断,养护期不得短于 14 天。

3.1.5　试水

试水工作应在水池全部施工完成后方可进行。试水的目的是检验人造水池的结构安全程度,检查结构施工的质量。

试水之前封闭管道孔,由池顶放水入池。根据具体情况,一般分几次进水,控制每次进水的高度,每次进水均应检查四周、上下、外观、沉降等情况变化,做好记录。如无特殊情况,逐次灌水到设计储水高度后,做好水面高度标记,停留1天,不断观察。外表面无渗漏、水位无明显降格为合格。

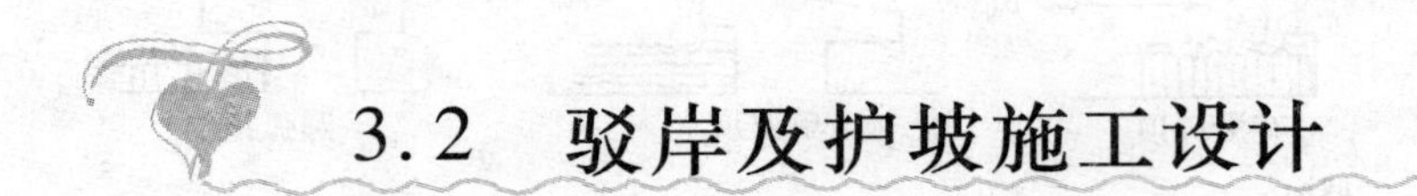

3.2 驳岸及护坡施工设计

园林水体均涉及岸边的建造问题。为专门处理建造水体岸坡的建设工程被称为水体岸坡工程。它包括驳岸工程和水景护坡工程两大工程内容。

园林水体的岸坡是指水体边缘与陆地交界处所做的稳定岸壁及为了使其不被冲刷或水淹等因素破坏而设置的垂直构筑物。

3.2.1 破坏驳岸的主要因素

驳岸是一个垂直于水体的构筑物。它包括湖底以下的基础部分、常水位至湖底部分、最高水位与常水位之间的部分及不受水淹部分等四个影响驳岸稳定的结构。

(1) 湖底以下的基础部分

湖底以下的地基是驳岸的基础部分,常年被淹。影响因素主要来自驳岸自身的载荷与地基强度间的矛盾。驳岸载荷小,地基强度大,其作为基础就稳定。否则,会因为沉陷而使驳岸出现纵向裂缝,甚至局部塌陷。另外,冻胀、地下水位较高、木桩桩基腐烂等情况亦影响基础稳定。

(2) 常水位线至湖底面部分

常水位以下至湖底是常年被淹没的层段,该部分被破坏的主要因素是湖水的浸渗,以及冻冰后使岸坡断裂,这是由于冰冻在冻胀力作用下对岸坡产生向上、向外的径向推力,而岸壁后的土壤冻胀力将同体岸坡向下、向里挤压,这样作用的结果是造成岸坡倾斜或移位。因此这部分的结构设计要能适应湖水常年的浸渗、风波的淘刷。北方寒地还得考虑防冻胀。

(3) 最高水位与常水位线之间的部分

此层段受周期性淹没,由于水位变化频繁受到不同程度的冲刷。同时,经常遭受波浪泊击、日晒和风力冲蚀的影响,岸坡易受损。

(4) 最高水位以上不受淹没部分

此层段虽然不受水淹,但主要承受风浪撞击的淘刷,以及日晒、风化、雨水等的侵蚀。另外,岸坡顶部设计结构超负载,岸坡下部被破坏而连体导致被毁。有时地面上雨水冲刷也是破坏该层段的原因之一。

当了解水体岸坡被破坏的各种因素后,在结构设计时,应结合当地的具体条件,制定出防止和减少破坏的方案,以加强岸坡的稳定性。

3.2.2 常见驳岸的形式与构造

(1) 驳岸的形式

园林绿地的规划形式有规则式、自然式和混合式三种。园林水体为与之配套,其驳岸也可分为规则、自然和混合三种形式。

① 规则式驳岸

用块石、砖、混凝土砌筑的几何形式的岸壁,被称为规则式驳岸。规则式驳岸要求用较好的砌筑材料和较高的施工技术,一般为永久性的刚性砌体,其断面变化要求简洁、明快。

② 自然式驳岸

用湖石、土坡均可砌筑自然式驳岸。其外观无固定形式与规格要求,随形就势给人以自然亲切感,景观效果突出。

③ 混合式驳岸

混合式驳岸一般以毛石砌筑岸墙,压自然山石为岸顶,是规则式与自然式相结合的混合形式。此混合形式的驳岸适合绝大多数地形条件下的湖岸施工,且具一定的装饰效果(图 3-10)。

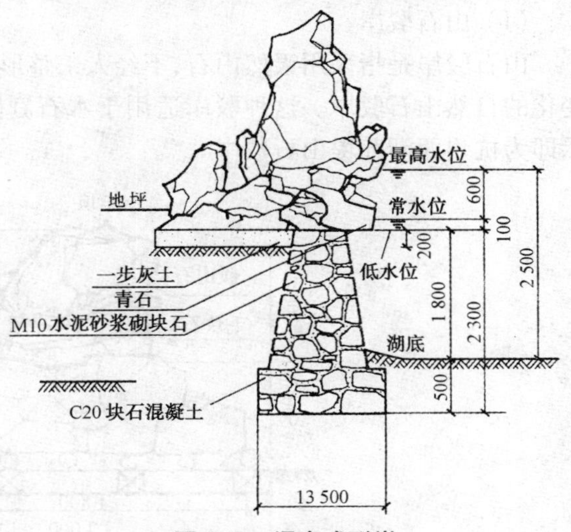

图 3-10 混合式驳岸

(2) 驳岸的结构

驳岸的常见构造示意图如图 3-11 所示。常见的驳岸由基础、墙身和压顶三部分组成。基础是驳岸的承重部分,埋入湖底深度(h)不得小于 50 cm,其宽度应以地基土壤情况来确定。砂砾土一般取 0.35 ~0.4h,砂壤土 0.45h,湿砂土 0.5 ~0.6h,饱和水壤土 0.75h。驳岸基础要求坚固。墙身是指基础至压顶石之间的部分,要求有一定的厚度,其高以最高水位和水面浪高情况来定,即岸顶高度与水平面相接近,创造临波的景象,吸引游人亲近,也显示了水体丰盈饱满。如水位变化很大,为了景

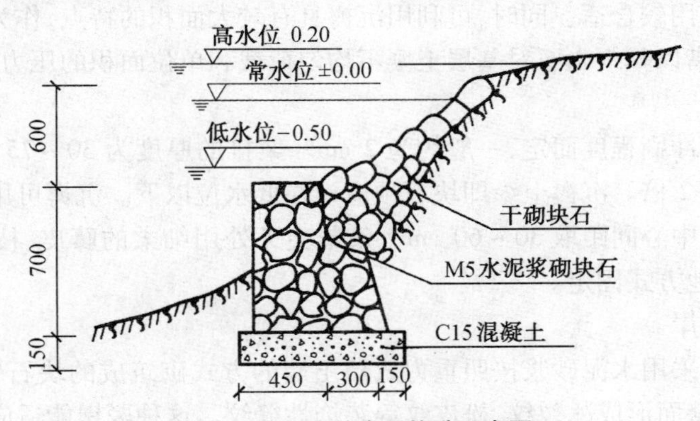

图 3-11 驳岸的常见构造示意图

观效果可做成台阶状,以适应水位升降。而在结构设计上应着重考虑墙体的耐压强度,包括垂直压力,水容体的水平方向压力与墙体来自土壤容量的侧压力。驳岸的最上部分为压顶,可用大块石或混凝土做成,宽度为 30 ~ 50 mm,其功能是增强驳岸的稳定性。同时还应阻止墙后土壤流失,在景观要求下尽可能美化岸线,适应周边环境气氛。

3.2.3 常见驳岸实例

常见的驳岸有假山石头驳岸、虎皮墙驳岸、干砌大块石驳岸、整形条石砌体驳岸、钢筋混凝土驳岸、板桩式驳岸、塑石驳岸、仿树桩驳岸、竹驳岸等形式。

(1) 山石驳岸

山石驳岸是指采用天然山石,不经人工整形,顺其自然石形砌筑而成的崎岖、曲折、凹凸变化的自然山石驳岸。这种驳岸适用于水石庭院、园林湖池、假山山涧等水体。图 3-12 所示即为杭州西湖苏堤山石驳岸。

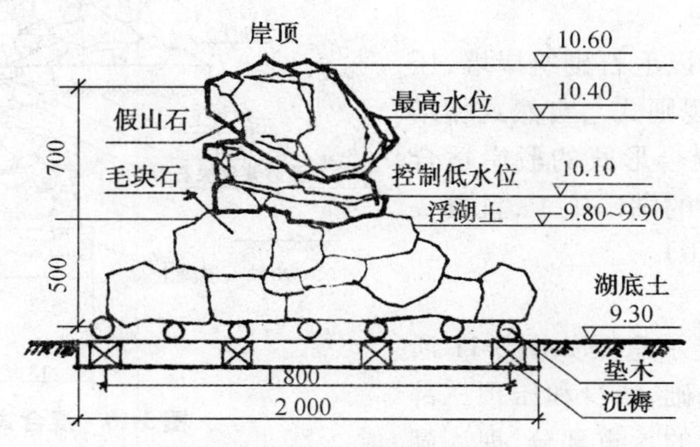

图 3-12 杭州西湖苏堤山石驳岸

山石驳岸的地基采用沉褥作为基层。沉褥又称沉排,即用树木干枝编成的柴排,在柴排上加载块石,使之下沉到坡岸水下的地表。其特点是:当底下的土被冲走而下沉时,沉褥也随之下沉。因此,坡岸下部分可随之得到保护。在水流流速不大、岸坡坡度平缓、硬层较浅的岸坡水下部分使用较合适。同时,可利用沉褥具有较大面积的特点,作为平缓岸坡自然式山石驳岸的基底,借以减少山石对基层土壤不均匀荷载和单位面积的压力,同时也减少了不均匀沉陷。

沉褥的宽度视冲刷程度而定,一般约为 2 cm。柴排的厚度为 30 ~ 75 cm。块石层的厚度约为柴排厚度的 2 倍。沉褥上缘即块石顶应设在低水位以下。沉褥可用柳树类枝条编成方格网状。交叉点中心间距取 30 ~ 60 cm。条柴交叉处用细柔的藤皮、枝条或涂焦油的绳子扎结,也可用其他方式固定。

(2) 虎皮墙驳岸

虎皮墙驳岸是采用水泥砂浆按照重力式挡土墙的方式砌筑成的块石驳岸,一般用水泥砂浆抹缝,使岸壁壁面形成冰裂纹、松皮纹等装饰性缝纹。这种驳岸能适应大多数园林水体使用,是现代园林中运用较广泛的驳岸类型。北京动物园部分驳岸即采用浆砌块石驳岸

(图 3-13),还有北京的紫竹院公园、陶然亭公园也多采用这种驳岸类型。其特点是:在驳岸的背水面铺了宽约 50 cm 的级配砂石带。因为级配砂石间多空隙,排水良好,即使有积水,冰冻后也有空隙容纳冻后膨胀力,这样可以减少冻土对驳岸的破坏。湖底以下的基础用块石浇灌混凝土,使驳岸地基的整体性加强而不易产生不均匀沉陷;基础以上浆砌块石勾缝;水面以上形成虎皮石外观,朴素大方;岸顶用预制混凝土块压顶,向水面挑出 5 cm,使岸顶统一、美观。预制混凝土方砖顶面高出高水位 30 ~ 40 cm,驳岸并不绝对与水平面垂直,可有 1∶10 的倾斜度。每间隔 15 cm 设伸缩缝,以适应因气温变化造成的热胀冷缩。伸缩缝用涂有防腐剂的木板条嵌入,而上表略低于虎皮石墙面。缝上以水泥砂浆勾缝。虎皮石缝宽度以 2 ~ 3 cm 为宜。石缝有凹缝、平缝和凸缝等不同做法。

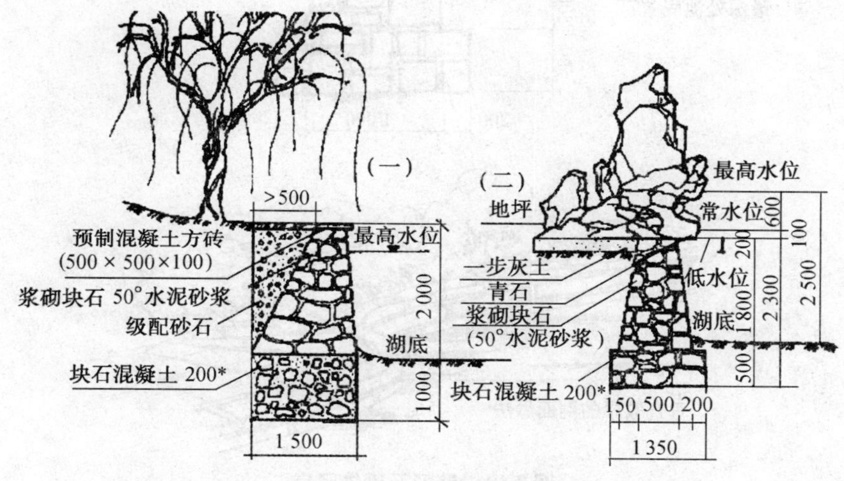

图 3-13　北京动物园驳岸

(3) 干砌大块石驳岸

这种驳岸不用任何胶结材料,只是利用大块石的自然纹缝进行拼接镶嵌。在保证砌叠牢固的前提下,使块石前后错落,多有变化,以造成大小、深浅、形状各异的石缝、石洞、石槽、石孔、石峡等。这种驳岸由于缝隙密布、生态条件比较好、有利于水中生物的繁衍和生长,因而广泛用于多数园林湖池水体。

(4) 整形条石砌体驳岸

利用加工整形成规则形状的石条,可整齐地砌筑成条石砌体驳岸(图 3-14)。这种驳岸规则整齐,工程稳固性好,但造价较高,多用于较大面积的规则式水体。结合湖岸坡地地形或游船码头的修建,用整形石条砌筑成梯状的岸坡,这样不仅可适应水位的高低变化,还可利用阶梯作为座凳,吸引游人靠近水边赏景、休息或垂钓,以增加游园的兴趣。

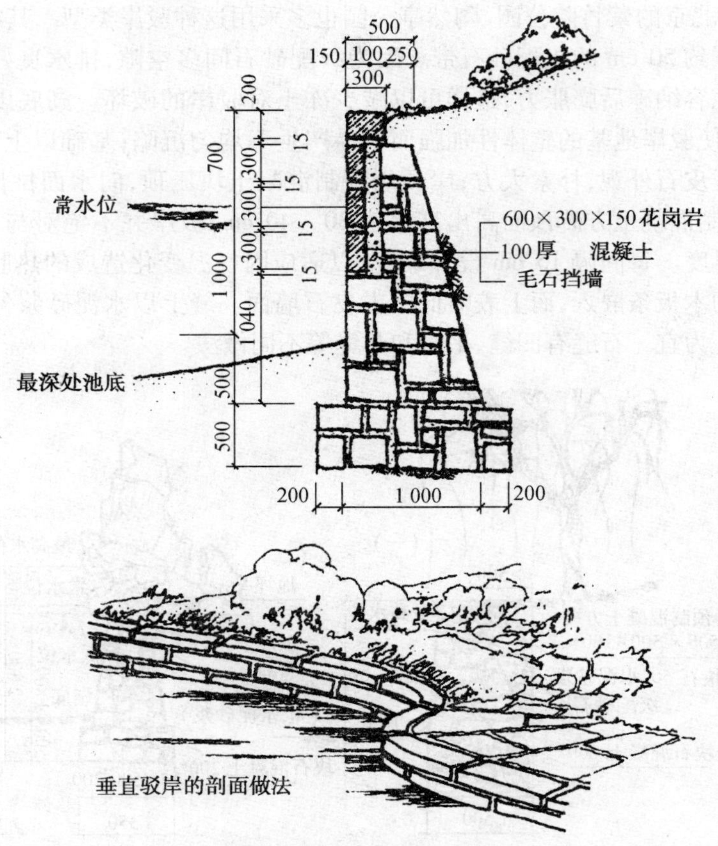

图 3-14　整形石砌体驳岸

(5) 钢筋混凝土驳岸

用钢筋混凝土材料做成的驳岸,整齐性、光洁性和防渗漏性都最好,但造价高,宜用于重点水池和规则式水池,或地质条件较差的地形上建水池。

(6) 板桩式驳岸

这种驳岸的使用材料较广泛,一般可采用混凝土桩、板等砌筑。这种岸坡的岸壁较薄,不宜用于面积较大的水体,多适用于局部的驳岸处理。

(7) 塑石驳岸

塑石驳岸是用砖或钢丝网、混凝土等砌筑骨架,外抹(喷)仿石砂浆并模仿真实岩石雕琢其形状和纹理而成的。这类驳岸类似自然山石驳岸,但整体感强,易与周边环境协调。

(8) 仿树桩、竹驳岸

利用钢筋混凝土和掺色水泥砂浆塑造出竹林、树桩形状作为岸壁,也别有一番情趣。这类驳岸一般设置在小型水面局部或溪流之小桥边。

3.2.4　驳岸工程的施工工序

(1) 放线

根据常水位线,确定驳岸平面位置,并在基础尺寸两侧各放 20 cm。

(2) 挖槽

可采用机械或人工开挖到规定位置线,宁大勿小。

(3) 夯实基础

将地基浮土夯实,用蛙式夯实机夯 3 遍以上。

(4) 浇筑基础

一般用块石混凝土,浇注时应充分拌匀,不得置于边缘。

(5) 砌筑岸墙

要求岸墙墙面平整,砂浆饱满美观。隔 25 ~ 30 m 做一条伸缩缝,宽 3 cm 左右;每 2 ~ 4 m 岸沿口下 1 ~ 2 m 处预留池水孔一个。

(6) 砌筑压顶石

可用大块整形石或预制混凝土板块压顶。顶石向水中挑出 5 ~ 6 cm、高出水位 50 cm 为宜。

3.2.5　园林护坡的类型与作用

如果自然式池底与池岸地面倾角小于 45°,则不能采用岸壁呈垂直的驳岸墙身。为了保护坡面,防止雨水径流冲刷和风浪击岸,必须采用适当的材料、不同的护坡方式。这种既能保证岸坡稳定又能显示缓坡自然亲水效果的水景岸坡工程,称为护坡工程。常用的保证岸坡稳定的护坡方法有如下六种。

(1) 块石护坡

先整理岸坡,选用直径 18 ~ 25 cm、长宽比最好为 1∶2 的长方形石料。要求石料比重大、吸水率小。块石护坡还应有足够的透水性,以减少雨水从护坡上流失。需要在块石下设倒滤层垫底,并在护坡坡脚设挡板。

在水流流速不大的情况下,块石可设在砂层或砾层上,否则应以碎石层作为倒滤的垫层。如单层石铺石厚度为 20 ~ 30 cm,垫层可采用 15 ~ 25 cm;如水深在 2 cm 以上,则可考虑下部护坡用双层铺石,例如上层厚 30 cm,下层厚 20 ~ 25 cm,砾石或碎石层厚 10 ~ 20 cm。

在无冰冻的地区,园林浅水缓坡岸如风浪不大,只需做单层块石护坡,有时还可用条石或块石干砌。坡脚支撑亦可相对简化(图 3-15)。

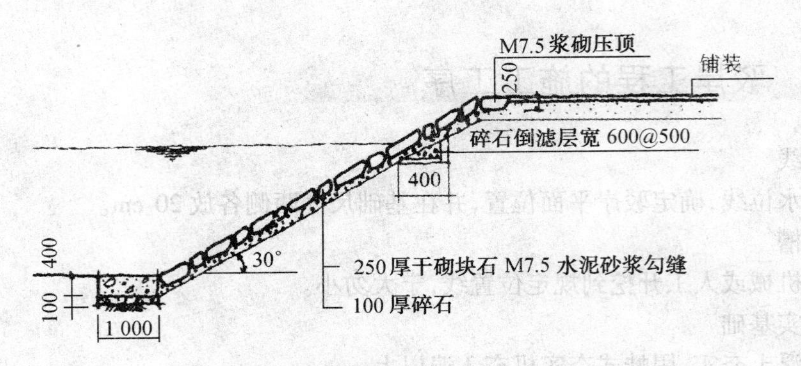

斜坡式干砌石护坡驳岸剖面做法

图 3-15　块石护坡

(2) 园林绿地护坡

园林绿地护坡主要指利用地被植物来护坡，常用的地被植物有灌木、水生植物、草皮等(图 3-16)。由于护坡低浅，能够很好地突出水体的坦荡辽阔特点，而且坡岸上青草如茵，景色优美自然，风景效果很好，所以这种护坡在园林湖池水体中应用十分广泛。岸坡土壤以轻亚黏土为佳。

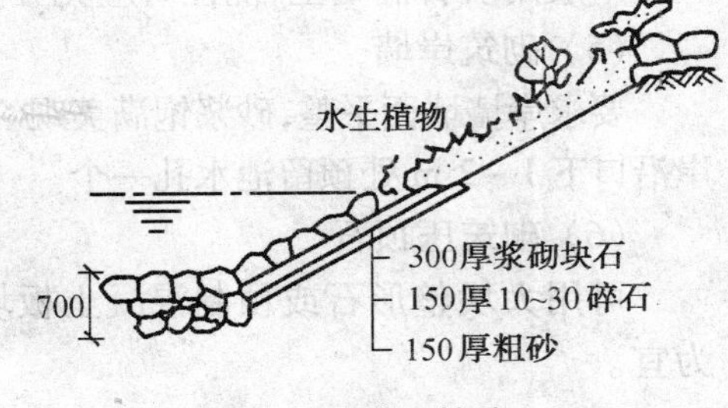

图 3-16　灌木护坡

(3) 石汀护坡

将大量的卵石、砾石与贝壳按一定级配与层次堆积于斜坡的岸边即为石汀护坡。这种护坡既可适应池水涨落和冲刷，又带来自然风采。有时将卵石或贝壳粘于混凝土上，组成形形色色的花纹图案，倍增观赏效果。

(4) 预制框格护坡

当坡岸较陡、风浪较大或因造景需要时，可采用预制框格护坡。

(5) 编柳抛石护坡

采用新截取的柳条呈“十”字交叉编织，编柳空格内抛填厚 20 ~ 40 cm 的块石，块石下设 10 ~ 20 cm 厚的砾石层以利于排水和减少土壤流失。柳格平面尺寸为 0. 3 m × 0. 3 m 或 1 m × 1 m，厚度为 30 ~ 50 cm。柳条发芽后便成为保护性能较强的护坡设施。

编柳时在岸坡上用铁钎间距 30 ~ 40 cm、深 50 ~ 80 cm 的孔洞。在孔洞中顺根的方向打入顶面直径为 5 ~ 8 cm 的柳橛子。橛顶高出块石顶面 5 ~ 15 cm。

3.2.6　园林坡面的构造设计

(1) 植被护坡的坡面设计

一般对大中型园林中的水体来说，自然形态的水域面积会较大，尽量采用草皮岸坡。因为草皮护坡不仅经济，而且草皮与水体组景，景色自然而优美。

草皮岸坡的设计要点是：一般常水位线及以下层段采用砌块石或浆砌卵石做成斜坡岸体；常水位线以上则造地形成低缓的土坡，土坡用草皮及点缀水生植物覆盖；草皮缓坡或植被缓坡之上方还可以点缀低矮的绿色灌木来丰富岸水景观。风浪大的还应点缀汀石，这样既添景又消能。

(2) 预制框格护坡的坡面设计

预制框格护坡施工容易，抗冲刷能力强，经久耐用，又具有造景效果，因此是常用的护坡形式。

3.2.7 园林造景中常用的护坡结构

(1) 草皮护坡

草皮护坡适于坡度为 1∶5～1∶20 的湖岸缓坡；可选用耐湿、根系发达、生长快、萌蘖能力强的草种，如假俭草、狗牙根等(图 3-17)。

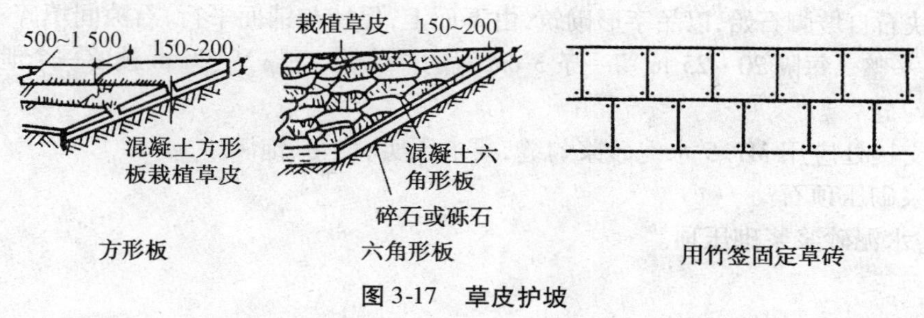

图 3-17　草皮护坡

(2) 灌木护坡

灌木护坡适合于大水面且平缓的坡岸；宜选植具有根系发达、速生、株矮、常绿、开花等特点的护坡灌木，结合水生植物布置成湿地景观，达到既护坡又添景观的效果。

(3) 铺石护坡

当坡岸较陡且水域环境风浪较大时，宜采用铺石护坡。铺石护坡的形式很多，但要求护坡用的石料吸水率低，密度大，抗冻性能好，还能布置成景，如石灰岩、砂岩、花岗岩等。一般铺石护坡的结构如图 3-18 所示。

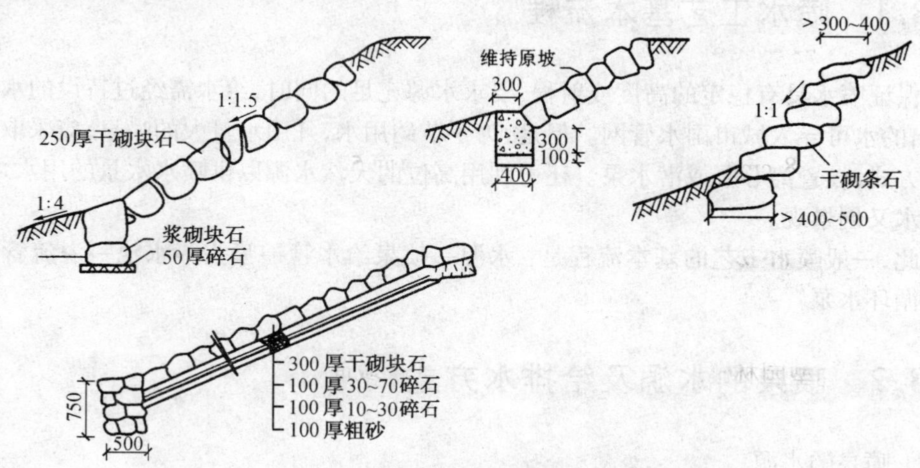

图 3-18　铺石护坡的四种构造形式

3.2.8 护坡工程的施工工序

为了保障护坡工程的质量,应按如下施工工序进行操作。

(1) 放线挖槽

① 用方格网络法将设计图纸的要求落实到基地现场。

② 开槽:放足规定余量,在线内挖基础梯形槽,并人工夯实或用蛙式夯实机夯实土基。

(2) 砌坡脚石,铺倒虑层

坡脚石应选用大石块,并灌足砂浆。其上做倒虑层 1 ~3 层。第一层为粗砂,其上铺放小卵石或小碎石,厚度控制在 15 ~25 cm;要分层填筑倒滤层,层厚均匀,抹灰。

(3) 铺砌块石

铺砌块石自坡脚石始,以品字形砌筑,由下而上,保持与铺面平行,石隙间填碎石和砂浆,要求饱满、平整。每隔 20 ~25 m 留一条 3 cm 宽的伸缩缝,每隔 5 ~20 m 预留一个泄水孔。

(4) 勾缝

块石交接处应用 M7.5 水泥砂浆勾缝,要求压实、均匀、饱满。

(5) 浆砌压顶石

M7.5 水泥砂浆浆砌压顶。

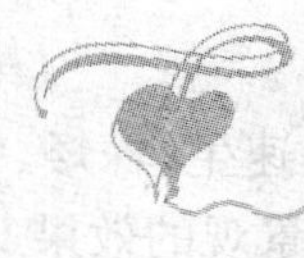

3.3 喷水池及喷泉工程

在规则式园林绿地中,规划中轴线上或轴线交叉处往往设喷水池、喷泉而成为主景或对景。其面积大小、形态、形式等设计及工程实施结构是园林工程的重要内容。

3.3.1 喷水工艺基本流程

为保证喷水具有稳定的高度或射程,要求水源充足的同时,给水需经过特设的水泵房加压,喷出的水可导入城市雨水管网。但是,为了节约用水,凡用水量大的喷泉,应采取循环使用水的方式,设置离心泵或潜水泵。还可利用高位的天然水源以供喷水水景的用水之需,做到既节水又创景观。

因此,一般喷水工艺的基本流程是:水源→喷泉给水管→喷头→水池→溢流管→补给水井→循环水泵。

3.3.2 喷泉的水源及给排水方式

(1) 喷泉的水源

喷泉的水源应为无色、无味、无有害杂质的清洁水。因此,喷泉用水通常与城市自来水

供水管网相通。但为了节约水资源,也可利用企业生产过程中的设备冷却水、空调系统的废水等作为喷泉的水源。

(2) 喷泉的给排水方式

① 由自来水直接给水。一些小型喷泉,如孔流、涌泉、水膜、瀑布、壁流等,其供水系统直接与城市自来水供水管网相通,用水后排入城市雨水管网。这种方式供排系统结构简单,占地小,造价低,管理方便;但给水不能重复循环使用,耗水量大,成本高,且城市自来水管网水压的高低变化会直接影响喷泉水型的表演效果。

② 泵房加压,用后排掉。为了确保喷水有稳定的高度或射程,给水经过特制的加压泵房,喷出的水可导入城市雨水管道网。

③ 泵房加压,循环给水。为了保持喷水具有稳定的压力,对大型喷泉应设加压泵房,同时考虑节约用水,采用循环用水的方式。

④ 潜水泵循环给水。对一些小型的喷泉,将潜水泵直接放置在喷水池中,接通电源后,水泵抽取池中之水,进入喷水管和喷头,再回落入池,循环供水。采取这种给水方式时,水池容量与潜水泵扬程、喷头之间的关系要匹配,有一定的限值要求。

3.3.3　喷头的种类和水型设计

(1) 喷头的种类

喷头是喷泉的主要组成部分,其形式、结构、制造工艺、质量与外观等都直接影响到喷泉整体的艺术效果。

喷头要经受有压力的水流摩擦,所以一般多选用耐磨性好、不易锈蚀又具有一定强度的材料,如黄铜、青铜。近年来,亦使用铸造尼龙来替代高成本的有色金属材料。但铸造尼龙喷头易老化,其工艺尺寸在铸造工程中有不易精密控制的缺点,目前仅用于低压喷头,未推广。目前国内外常见的喷头式样可归纳为以下 10 种。

① 单射流喷头:单射流喷头(图 3-19a)是喷泉中应用最广的一种,是压力水喷头的最基本形式。它不仅可以单独使用,也可以组合、分布各种阵列,形成多种式样的喷水水形图案。

② 喷雾喷头:这种喷头(图 3-19b)内部装有一个螺旋状导流板,可使水做圆周运动,水喷出后形成细细的弥漫的雾状水滴。每当天空晴朗、阳光灿烂、在太阳光线对水珠表面与人眼之间的夹角为 36°~42°时,明净清澈的喷水池水面上就会伴随濛濛的雾珠,呈现出色彩缤纷的虹。它辉映着湛蓝的天空,景色十分瑰丽。

③ 环型喷头:这种喷头(图 3-19c)的出水口为环形断面,即外实内空,使水形成集中而不分散的环形水柱。水柱以雄伟、粗犷的气势出水面,给人带来一种激进向上的气氛。

④ 旋转喷头:这种喷头(图 3-19d)利用压力水由喷嘴喷出时的反作用或其他动力带动回转器转动,使喷嘴不断地旋转运动,从而丰富了喷水造型,喷出的水花或欢快旋转,或飘逸荡漾,形成各种扭曲线形,婀娜多姿。

⑤ 扇型喷头:这种喷头的外形很像扁扁的鸭嘴(图 3-19e),可喷出扇形的水膜或孔雀开屏一样美丽的水花。

⑥ 多孔喷头:多孔喷头(图 3-19f)可以由多个单射流喷嘴组成一个大喷头,也可以

由平面、曲面或半球型的带有很多细小孔眼的壳体构成喷头。它能喷出造型各异的盛开的水花。

⑦ 变形喷头：喷头形状的变化使水花形成多种花式。变形喷头的种类很多，它们共同的特点是在出水口的前面有一个可以调节的、形状各异的反射器。射流通过反射器，起到使水花造型的作用，从而形成各式各样的、均匀的水膜，如半球型（图 3-19g）、牵牛花型（图 3-19h）、扶桑花型等。

⑧ 蒲公英型喷头：这种喷头是在圆球形壳体上装有很多同心放射状喷管，并在每个管头上装一个半球型变形喷头。因此，它能喷出像蒲公英一样美丽的球型或半球型水花（图 3-19i、图 3-19j）。它可以单独使用，也可以几个喷头高低错落地布置，显得格外新颖、典雅。

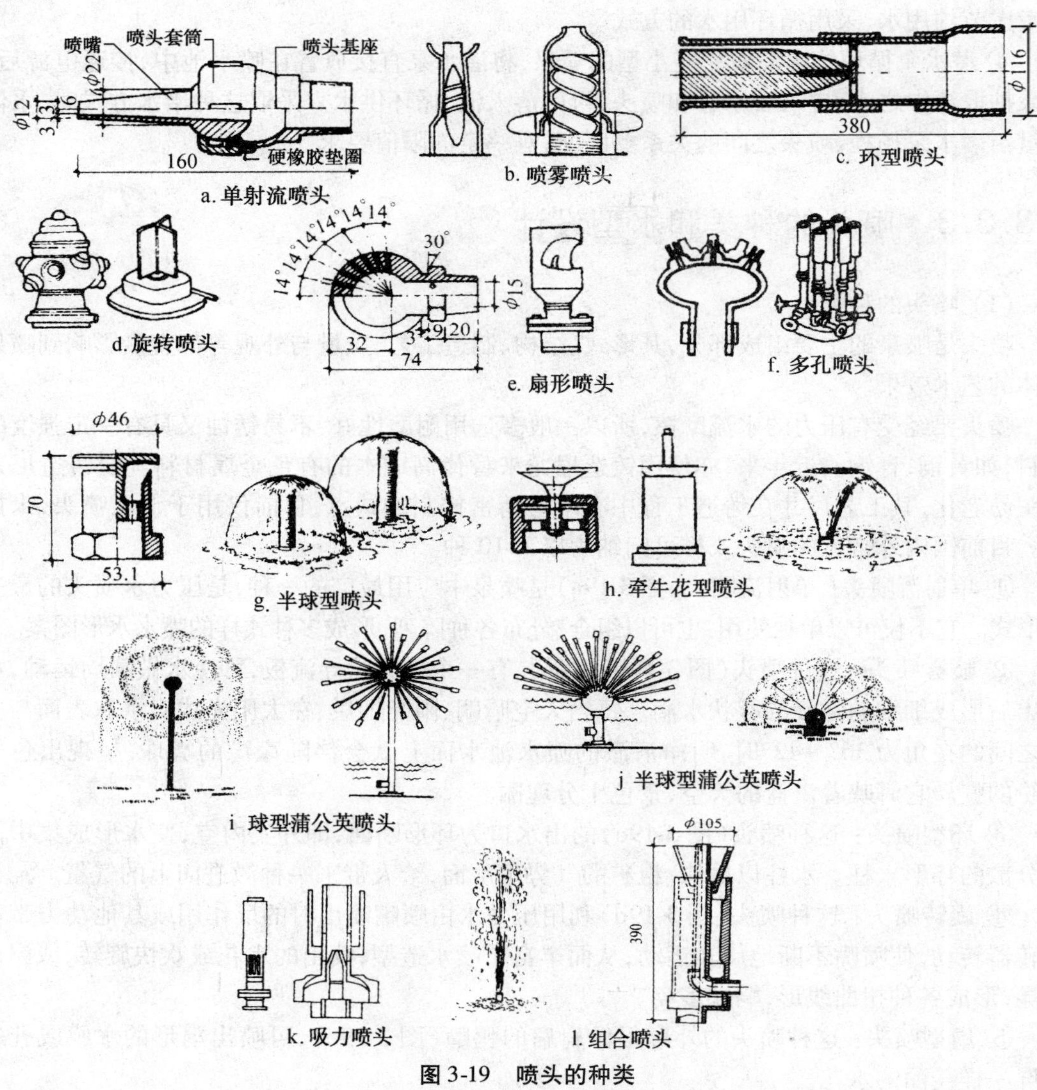

图 3-19 喷头的种类

⑨ 吸力喷头：此种喷头（图 3-19k）是利用压力水喷出时在喷嘴的喷口附近形成负压

区，在压差的作用下空气和水被吸入喷嘴外的环套内，与喷嘴内喷出的水混合后一并喷出。水柱体积膨大，因为混入大量细小的空气泡而形成白色不透明的水柱。它能充分地散射阳光，因此光彩艳丽。夜晚如有彩色灯光照明，更为光彩夺目。吸力喷头又可分为吸水喷头、加气喷头和吸水加气喷头。

⑩ 组合喷头：由两种或两种以上形体各异的喷嘴根据水花造型的需要组合成一个大喷头，叫组合喷头（图 3-19l）。它能形成较复杂的花形。

（2）喷泉的水型设计

不同的喷头可产生不同的水型，如水柱、水带、水线、水幕、水雾、水花、水泡等。把这些水型进行组合，还能产生很多新的水型。既可以采用水柱、水线的平行、直射、斜射、仰射、俯射，也可以把水线组织成交叉喷射、相对喷射、辐状喷射、旋转喷射，还可使水线穿过水幕、水膜，用水雾去掩盖喷头，用水花点击水面等。就其组合水型的形式不同，有单射、集射、散射、组合射等四种方式（图 3-20）。

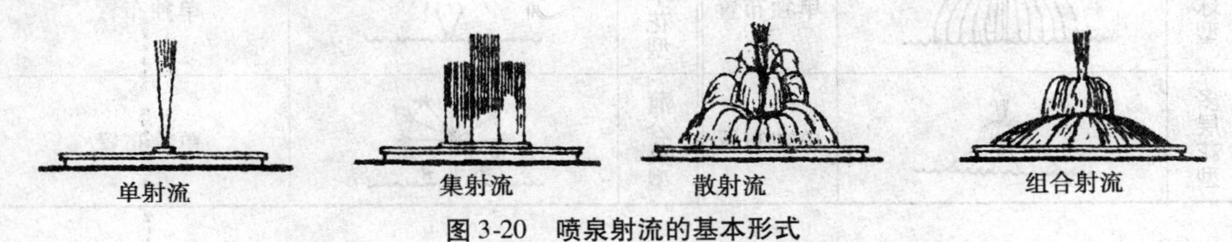

图 3-20　喷泉射流的基本形式

随喷头设计的不断创新，新的喷泉水型不断地涌现。加之喷泉与电子设备、声光设备的组合，喷泉的自动化、智能化、声光化将获得更大的发展。表 3-1 中所列多种图形是喷泉水型的基本设计样式，可供参考。

表 3-1　喷泉水姿形式

名称	喷泉水型	备　注	名称	喷泉水型	备　注
单射型		单独布置	水幕型		在直线上布置
拱顶型		在圆周上布置	向心型		在圆周上布置
圆柱型		在圆周上布置	编织型		布置在圆周上向外编织
编织型		在圆周上向内编织	篱笆型		在直线或圆周上编成篱笆
屋顶型		布置在直线上	旋转型		单独布置

续表

名称	喷泉水型	备　注	名称	喷泉水型	备　注
圆弧型		布置在曲线上	吸力型		有吸水型吸气型吸水气型
喷雾型		单独布置	撒水型		在曲线上布置
扇　型		单独布置	孔雀型		单独布置
半球型		单独布置	牵牛花型		单独布置
多层花型		单独布置	蒲公英型		单独布置

3.3.4　喷泉的给排水系统

由吸水管、供水管、补给水管、溢水管、泄水管及供电线路等组成了喷泉的给排水系统。图3-21为用潜水泵循环供水示意图，图3-22为喷泉池给排水系统示意图。一般水景工程的管道可直接敷设在水池内，大型水景工程的管道可考虑布置在专线或共用地下管线内。为减少水头损失，使各喷头水压一致，应采用对称配管或环状配管的布管方式。图3-23为水池管线布置示意图。

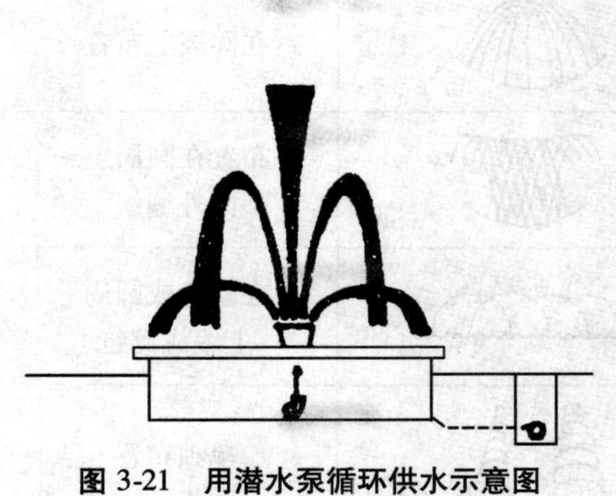

图3-21　用潜水泵循环供水示意图

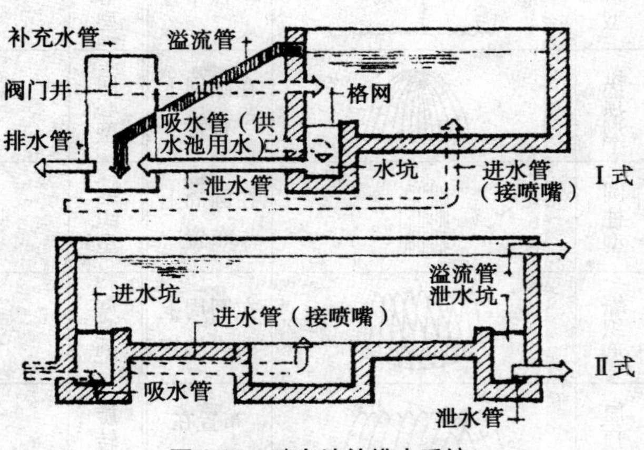

图3-22　喷泉池给排水系统

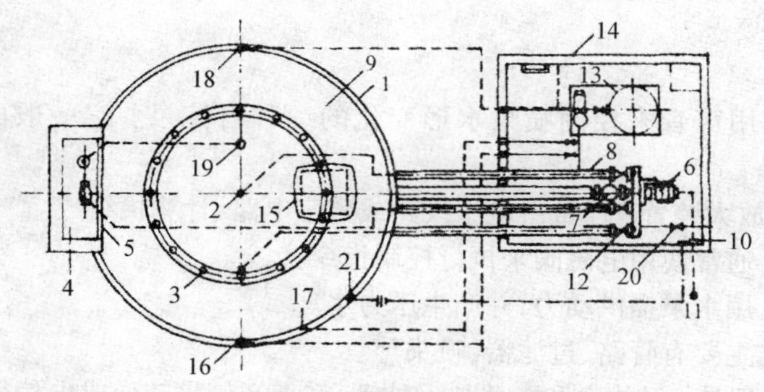

图 3-23　水池管线布置示意图

每个喷头、每组喷头之前应设节流阀。对扬程大的喷头，其喷头前要维持一段较长的管段或设整流器。现对喷泉的给排水网布置要求分述如下。

(1) 连接喷头的水管应由大变小，不宜变化过大，并在喷头前安装不小于此喷头直径 20 倍以上的管段，以确保射流的稳定。

(2) 为了能获得稳定而扬程高的喷流，最好采用"十"字形的环形管道供水，而组合式配水管宜用分水箱供水。

(3) 为了维持喷水池的正常水位，克服因蒸发和喷射时的水量损失，要安装补给水管。补给水管可以和城市供水系统联网，但必须设液位继电器或浮球阀，以便随时补充池内水量。

(4) 为了防止降雨后池水量的增加，应设溢水管。溢水口接管排入园林雨水管道或园林水体；溢水管应具 3% 的坡度，以利于排水通畅；溢水口面积应比进水口面积大 2 倍以上，并于外侧设拦污栅，也可直接通入泄水管再排出。

(5) 泄水口要设于池底最低处，以便于换水、检修和排水完全；管径一般为 10 ~ 15 cm，安装单向阀控制，排出之水可接入城市雨水管网或园林水体。

(6) 所有管道都要具备 2% 以上的坡度(尤其是在有寒冬的北方)，以免回水、积水。管道材料要上漆防腐，安装紧密牢固。

(7) 待管道安装完毕，经水压测试调整正常后再安装喷头。

(8) 目前喷泉组合灯光照明一般均从内侧给光，位置选在喷高扬程的 2/3 处为宜。

(9) 对现代大型自控喷泉景观工程，要安装专门配套的时间继电器、电磁阀等阀门及电器元件，配备中心控制室。

3.3.5　喷泉的控制方式

喷泉喷射水量、喷射时间的控制和喷水图样变化的控制，主要有以下三种方式。

(1) 手阀控制

这是最常见和最简单的控制方式，在喷泉的供水管上安装手控调节阀，用来调节各管段中水的压力和流量，形成固定的喷水姿。

(2) 继电器控制

通常用时间继电器按照设计时间程序控制水泵、电磁阀、彩色灯等起闭，从而实现可以

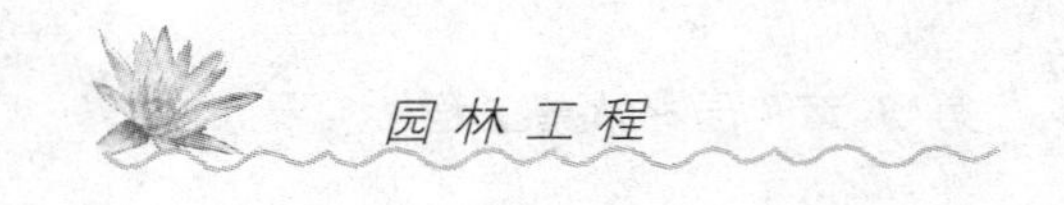

自动变换的喷水水姿。

(3) 音响控制

声控喷泉是利用声音来控制喷泉水形变化的一种自控泉。它一般由以下几个部分组成：

① 声电转换、放大装置：通常由电子线路或数字电路、计算机组成。

② 执行机构：通常使用电磁阀来执行控制指令。

③ 动力设备：用水泵提供动力，并产生压力水。

④ 其他设备：主要有管路、过滤器、喷头等。

声控喷泉的原理是：经放大和一些技术处理，将声音信号转变成电信号，推动继电器和电子式启动器，直接控制设在水管网上的电磁阀，从而控制喷头水的流量。随音响的高低变化，喷头喷水产生了高矮大小的形态变化，结合音乐的旋律变化，喷泉也会翩翩起舞，把人们的视听感受美妙地结合在一起。

3.3.6 喷泉的照明

喷泉的照明设计原则是：最能体现其灯光下的景观效果。

(1) 在喷水池四周或流动水形态存在的地方，宜将灯光置于水面之下；在水下设置灯具时，应注意隐址，以免白天有碍观感；一般置于水面下 3 ~ 10 cm 处为宜，不得过深，否则会影响光亮度。

(2) 把照明灯光直射透过流水，如瀑布、喷水池，以造成一种梦幻似的意境，水柱会变得晶莹剔透、闪闪发光。

(3) 把照明灯光直射在水面，能反映周边环境的倒影，波光粼粼，犹如梦境。

(4) 水景用色彩照明，首选红、蓝、黄三元色，其次为二次色，如绿色。

3.3.7 水泵及水泵房

喷泉常用的动力设备有潜水泵和离心泵两种。潜水泵使用方便，放置好位置后安装简单，不用另设泵房，主要型号有 OY 型、QD 型和 B 型等；离心泵结构简单，使用也较方便，其扬程可供选择的范围大，适用性强，商品型号有 LS 型、DB 型等。

(1) 水泵的性能

水泵的性能参数主要是流量和扬程，选水泵应满足水力计算后对流量和扬程的要求，即水泵的性能表现为流量和扬程的不同参数。

① 水泵的型号说明了该泵的尺寸、流量和扬程。

② 水泵的流量是指水泵在单位时间内的出水量。

③ 水泵的扬程是指水泵喷水高度和允许吸上真空高度。它表明水泵的吸水能力，也是水泵安装高度的依据。

(2) 泵型的选择

泵型的选择就是对泵产品流量和扬程两方面的选择。

① 按喷泉水力计算总流量,看是否与产品流量参数相符;

② 按喷泉水力计算总扬程,看是否与产品扬程参数相符;

③ 选择水泵。如需要两个或两个以上水泵提水,首先考虑水泵并联,以增加流量但压力不变。若串联,增压不增量,然后把流量除以水泵台数,即得每台泵所需流量。再利用水泵性能表选择泵型,同性能者优选小功率型。

(3) 水泵房

选定了水泵和台数后,如要另设泵房,可依照水泵的外型尺寸和管网间距建泵房。一般把泵房建在池下,结合水池进行土建。土建过程中,结合给排水主管道安装持水池,泵房建好后再安装各种喷泉器件。

3.3.8　喷泉施工注意事项

建好喷泉池和地下水泵房后,结合给排水主管道安装各种喷水支管、喷头、水泵、阀门、控制器、供电线路等部件,再通水进行喷头试验,调整喷头水型等。在这一系列的分步安装过程中应注意以下几个问题。

(1) 池底、池壁、防水层的材料宜选用防水效果较好的卷材、有氧化聚乙烯防水卷材、三元乙丙防水布等。

(2) 水池的进水口、溢水口、泵坑要设置在池内较隐蔽的地方。装饰性小型喷泉的管道可直接埋入土中或用山石、植物遮盖;大型喷泉的主管应埋管于地沟中设维修井,次管置于水池内;管网布置要有序而整齐美观。泵坑的位置宜靠近电源、水源,以便于穿管省料。

(3) 为了获得稳定、等高的喷流、环行管理且采用“十”字形供水,组合式配水管宜用分水箱供水。

(4) 溢水口是保证水池获得设计常水位的装置。溢水管要有 3% 的坡度并与泄水管连接;溢水口的面积是进水口面积的两倍,且应在口的外侧设置拦污栅。

① 为了方便检修和定期换水,要设泄水口。位置必须选在池底最低处,管径一般为 100 ~ 150 mm,出口与公园水体或城市排水管网连接。特别是冬季冰冻地区,所有管线要具大于 2% 的坡度,以利于排水通畅,不留余水。

② 喷泉在作业过程中会有水损耗及池水蒸发,为弥补这些损失,应设补给水管来保证喷泉水池的正常水位。可在补给水管与城市供水管相接之处安装控制阀。

③ 连接喷头的水管长度不得短于其管径的 20 倍,否则要安装整流器,以达到所需的喷射扬程。

④ 在安装喷头前,必须先进行管道水压试验,一切正常后才装喷头;每个喷头前应安装控制阀,以便于对喷头的水型进行调整。

⑤ 喷泉灯光照明应用防水电缆,灯光常布置为内侧给光,约是扬程 2/3 的位置上。对于大型的自控喷泉,要配备控制中心来控制水形的变化,为此必须安装具有独特功能的阀门、电磁阀、时间继电器等,管线的布置相应比较复杂。

⑥ 对管网施工中所有的预埋体和外露金属材料,必须认真做好防腐防锈处理。

3.4 湖池、溪涧、瀑布与跌水

园林绿地中的湖池是静态水体,有天然湖池和人工湖池之分;园林绿地中的溪涧是自然界溪涧的艺术再现,是连续的带状水体;瀑布与跌水是动态的水体,是由于河水陡降具有落水高差而形成的,一般落差在2 m以上的称瀑布,2 m以下的称跌水。

3.4.1 湖池的设计、布置方法及施工

园林绿地中的湖池,或者利用原地形中的低洼地、小水域依据绿地使用功能及景观要求扩大修饰而成;或者依绿地建设规划,由人工开凿而成,常称之为人工湖。它包括庭院水景池、水生植物池、休闲性质的游泳湖;也有借天然的水域构筑设置成天然湖水域景观,如苏州太湖、金鸡湖、独墅湖。这些人工湖与天然湖的共同特点是,有良好的湖岸线及相衬的天际景观线,水面平静宽阔,开朗而平远。因此,在绿地建设中借自然水体营造景观水体最重要的是做好水体平面形状的设计。另外,水体驳岸的结构及构造设计,观景平台、船坞码头等建筑景观设计也要考虑好。

(1)湖池的设计和布置要点

① 湖池平面,可根据所在地块的形状,并与之保持一致的规划原则,形成不同形状的水域围合曲岸,如肾形、葫芦形、兽皮形、钥匙形、聚合形、菜刀形等。

② 水面纵横长度与岸上景物高度之间如采用不同的比例关系,会对水景效果产生很大影响。如果是窄水面,岸上景物高,必然产生大仰角视线中的空间,观感是一个闭合空间。闭合空间内俯视池水,水面会感觉变小了;同样的水面,如果岸边景物高度降低,让人视线仰角变小,会感觉到视域开敞、水面变大了。苏州艺圃与苏州怡园的水池面积大小相仿,艺圃绕水池的建筑、植物等景观均无高大体量,不会造成大仰角。因此,艺圃的水面明显地让人感到开阔通透。

③ 在湖池岸线形状设计中,应通过两岸岸线凸进水面的方式划分成两个或两个以上的水面(称为利用凸岸分区),或利用构筑堤岛分割水面。值得注意的是,必须有主次之分,即所分割的大水域面积应是次水域面积的两倍以上。次要水面应小,处于从属的地位,也不能放在主水面前后左右呈对称状。凸岸宜位置错开,忌相对。凸岸上设亭、榭,既点景又具良好的景观效果。曲岸线宜缓和转弯,弯曲半径应大于2 m,可布置曲廊、榭、馆,以与周边环境融洽。

④ 湖池常与桥、岛、堤、汀步、园林建筑结合造景,也丰富了湖面的立面变化,高低错落,阴阳虚实,层次丰富。

⑤ 湖池的使用功能决定了它的水深,如划船水深宜为1.5~3.0 m,水自净深度在1.5 m左右,环湖池安全水深带不宜超过0.7 m。湿地与水生植物适合生长的水层,应以适应水生植物的生物学特性要求去确定,如挺水植物适宜深度为1~1.5 m,浮水植物适宜深度为0.8 m左右,湿生植物适宜深度为0.3 m左右。

⑥ 湖池的平面设计即岸线设计完成的同时,应与水岸绿化、建筑、路、堤、岛、桥等相关

项目的设计紧密配合,形成一个以湖池为构图中心的写意自然山水园。

(2) 人工湖池施工要点

① 按设计图纸,用方格网法定点放样和确定土方量。

② 勘察基址,取土样,制定工程措施及施工方法。

③ 挖湖,土方的调配。

④ 做湖底:大面积湖体可用灰土层做湖底,小面积湖池常用混凝土。为了防渗漏,常使用0.20 mm 的塑料薄膜垫层和三元乙丙再生胶垫层。

⑤ 做湖岸堆叠湖石。

3.4.2 溪涧的设计、布置方法及施工

园林绿地中的溪涧,是连续的带状水体,是模拟自然界溪涧在园林中的艺术再现。在自然界,夹在两山之间,水量充足,水流急湍深而窄,撞击山石,空谷回响,人们把此类山石拥水流、水边少植物的水体称为涧;注流见浅而搁成滩、柔和随意清澈见底、芳草丛生的潺潺流水被称为溪。

(1) 溪涧在平面线形设计中,要求两岸线有开有合,有收有放,显示水面的宽窄变化,其形体曲折而流畅,回弯自如,随地形就势。在立面上要求有高低变化,以形成水流急缓,具有宁静与喧哗、平和与湍急、轻柔与撞击的视觉与听觉上的对比效果。

(2) 溪中常设汀步、小桥、滩、点石,也可随流水走向设若接若离的小路。

(3) 溪涧上通水源,下达水体,途中有如瀑布或涌泉点景,是一条带状组合。其带状组合蜿蜒曲折,有缓有陡,对比强烈,富有节奏,最后回归大水体。

(4) 布置溪涧时,积极创造地势,铺装陡石、冲积石、卵石,并利用地形的高低起伏造就水的蜿蜒流动,造就水的急湍跌落与坦荡宁静的表现过程。其妙手之笔是突出水色变幻、水动之音以增强溪涧的景观效果。

3.4.3 瀑布与跌水的设计、布置方法及施工

水体在流动过程中突然遭遇 2 m 以上的落差而形成的千姿百态的壮丽景观被称为瀑布。自然界凡水量大、流水急的瀑布,必然气势恢弘,场面壮观。落差在2 m 以内、气势和流量较小的水体跌落现象,叫跌水。

(1) 瀑布的形式

① 以瀑布跌落方式来分,可分为直瀑、分瀑、迭瀑、滑瀑四种。

Ⅰ. 直瀑:水流不间断地从 2 m 以上高处落下,产生喧哗,水花四散洒落,园林环境热烈,富有动感。

Ⅱ. 分瀑:水流在瀑布口遇到障碍物被分隔为二或三,分股落下,其形式被称为分瀑。分瀑的落水声响较小,有幽谷飞瀑的意境。

Ⅲ. 迭瀑:也称迭落瀑布,是由很高的瀑布分为几迭,一迭一迭地向下落。较高的陡坡坡地适宜布置迭落瀑布。

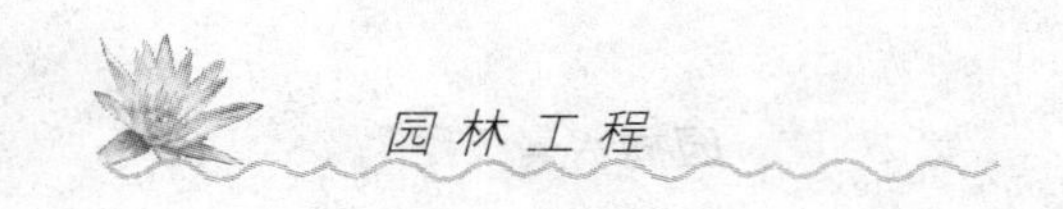

Ⅳ. 滑落瀑布(简称滑瀑):水流不是从瀑布口直流而下,而是顺着倾斜坡面滑落时,称为滑瀑。若倾斜坡面光滑,滑瀑就如一层透明薄纸,阳光下光影闪烁,给人湿润感;若倾斜坡面是凹凸不平的表面,水层滑落过程中会不断激起浪花,阳光下如银珠满坡。如利用图案制作倾斜坡面,滑瀑所激起的水花会形成排列有规律的图形纹样。

② 以瀑布口的设计形式来分,有布瀑、带瀑和线瀑三种。

Ⅰ. 布瀑:瀑布口的形状为一条水平直线,水流经水平直线瀑布口下落,像一匹又宽又平的布,飞挂下垂。

Ⅱ. 带瀑:瀑布口呈宽齿状,排列成一直线,齿间距相等,瀑布口落下的水流组成一排水带整齐地飘然而下。

Ⅲ. 线瀑:瀑布口呈长尖齿状,排成一条直线,齿间的水口也呈尖底状,落水成细线,形如垂落的丝帘。利用人工控制或声控技术去控制注水量可调节水线的粗细。

(2) 瀑布的构造

瀑布一般由背景水源、缓冲小池、瀑布口、瀑身、承水潭、溪流、动力设备等部分组成。

瀑布落差越大,承水潭应越深。瀑布口的设计直接决定了瀑布的形式。另外,瀑布口前的缓冲池也是重要的组成部分,它是保证瀑布身的整齐和完整的前置构筑物。

瀑布口的边沿要光滑平整,才会有如一面透明玻璃悬挂的效果。否则,水流不能呈片状平滑落下而是散乱而下。

若配置灯光,应设置在瀑布的背面。在强烈的光线照射下,水布身晶莹剔透,光彩闪烁,更引人入胜。瀑布的构成如图 3-24 所示,瀑布落水的基本形式见图 3-25。

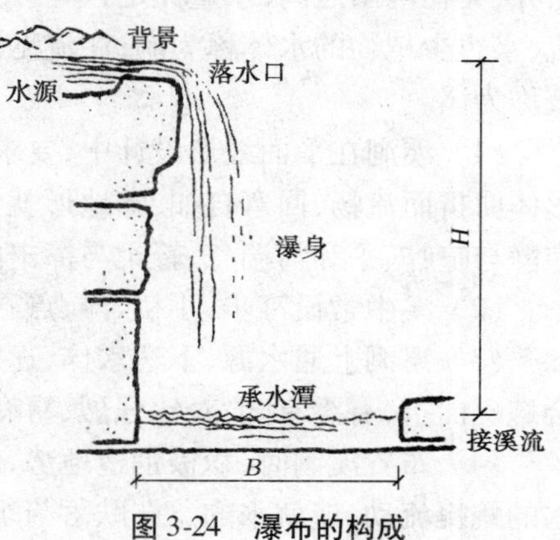

图 3-24　瀑布的构成

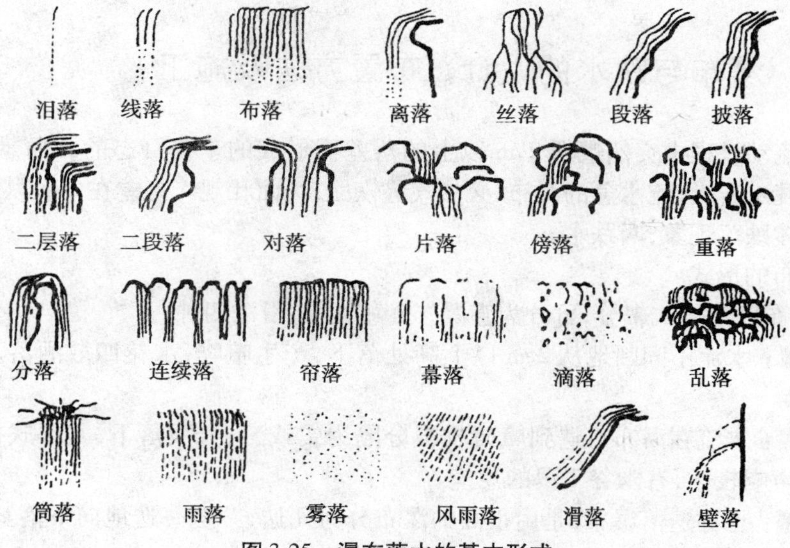

图 3-25　瀑布落水的基本形式

(3) 瀑布的设计、布置要点

① 必须有足够的水源。利用天然地形水位差,疏通水源,创造瀑布水景;或接通城市供水管网用水泵循环供水来满足。

② 瀑布的位置和造型应结合瀑布的形式、周边环境、创造意境及气氛综合考虑,选好合宜的视距。

③ 为保证瀑布布身效果,要求瀑布口平滑,可采用青铜或不锈钢制作。此外,增加缓冲池的水深,另在出水管处加挡水板,以降低流速。

④ 承水潭宽度应大于瀑布高度的2/3,以防水花四溅。

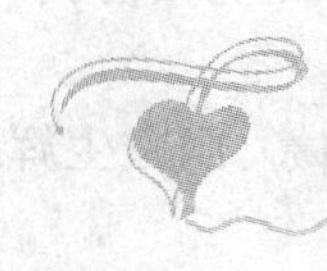

3.5 室内水景工程

把水体景观引入室内,以充实室内的观赏性,让人足不出户就可领略到水体环境的勃勃生气和大自然的闲情野趣。人们把这样的建设手段称为室内水景工程。

3.5.1 水景与室内环境

水景与室内环境之间的关系应从水景的作用、水景与室内环境及其布置情况、创造意境及形式等方面综合来考虑。

(1) 室内水景的作用

在室内设置水景有美化环境、增湿、改善温差、降尘等作用。同时,还具有扩大视觉空间和划分空间的作用。

水景设于室内最重要的作用是景观作用。水景必须与植物、山石、雕塑等组合成丰富多彩的室内景物,才能使水景既充满艺术氛围,又有浓郁的自然气息。

(2) 水景在室内的布置

常见的室内水景设在敞厅或大厅的中部;也有布置在靠窗边较明亮处的,由于光线充足,水景包括植物表现效果好。有时在室内某一角落布置水景,如设置小水池,水池背景墙壁嵌入湖石叠成石壁,石壁中上部设喷泉、涌泉,再以照明灯具由上而下照射,景观效果更佳。水景还可以布置在室内楼梯边或楼梯下,是楼梯的附属景点。这样既丰富了室内环境,又充分利用了死角空间。若建筑内庭的建筑面积大,可以容纳造园要素与组合水景的量也较多,就能获得更好的景观效果。

水景在室内的布置要点是:① 在采光强的地方设置;② 与环境气氛相一致;③ 不影响室内其他装饰物的存在;④ 注意水电的安全使用。

(3) 室内水景的设计形式

室内水景占地面积不宜大,应小巧玲珑,以小水体为宜。一般常见的室内水景有水帘瀑布、浅水池、小喷泉、壁泉、滴泉、涌泉、室内泳池等。

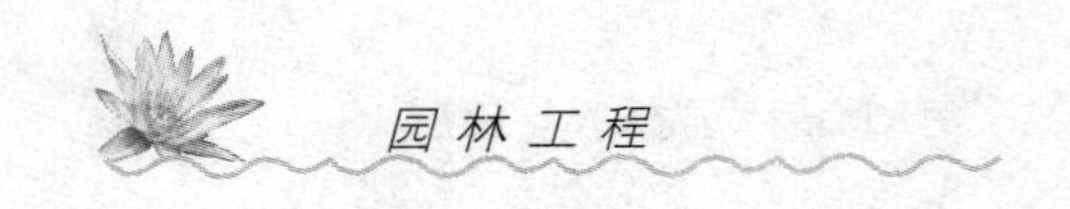

① 水帘瀑布

用湖石叠假山，置石，配池潭，高处设出水口成瀑，呈水帘状轻泻池潭中。

室内设景墙，墙顶堰口设平直整齐的出水口，引水流泻，水量适度形成薄而透明的水帘。

用金属管开长缝作为出水口，把金属管水平悬空架立室内，下做接水槽，成为金属管挂瀑。

总之，要创造静中有动、有声有色的环境艺术效果，常采用室内水帘瀑布的水景形式。

② 浅水池

浅水池的平面形式或方或圆，或长或短，或曲折或自然，与环境相协调。同时池驳岸依据不同形式、材料进行处理，产生不同的格调和风采。

浅水池在室内以水面为镜倒映物像成为光影景观：清波鱼影，满堂生辉。

③ 小喷泉、壁泉、滴泉

布置在室内的喷泉，其喷射扬程不宜过大，选薄膜状、水雾状、加气混合式为佳，如配音乐、灯光效果，更能烘托出室内空间绚丽而多彩。

墙壁上设引水管做细流吐水，并装饰雕塑小品在引水管后，便形成了壁泉；若把水量调小，壁泉便形成滴泉，滴泉创造了"叮叮咚咚"的声音效果。墙壁上配以自然山石成石壁状，用耐阴耐湿的草本植物装饰，与引出涓涓细流成串串滴，既是壁泉，又是滴泉，更添自然生趣。

④ 涌泉

在池内的池底安装粗径滴水管，管口不断涌出的水，形成"噗噗"跳腾的水柱，或池底覆以砾石，其缝隙间有清澈的泉水不断上涌，产生亮闪闪如珍珠般的水泡，似"珍珠"泉。

⑤ 室内泳池

与室外泳池相同，唯面积较小。

总之，水景形式必须根据室内的具体条件来定。设计时还应注意配置相应的水景附属物。

案例分析

喷水池设计实例

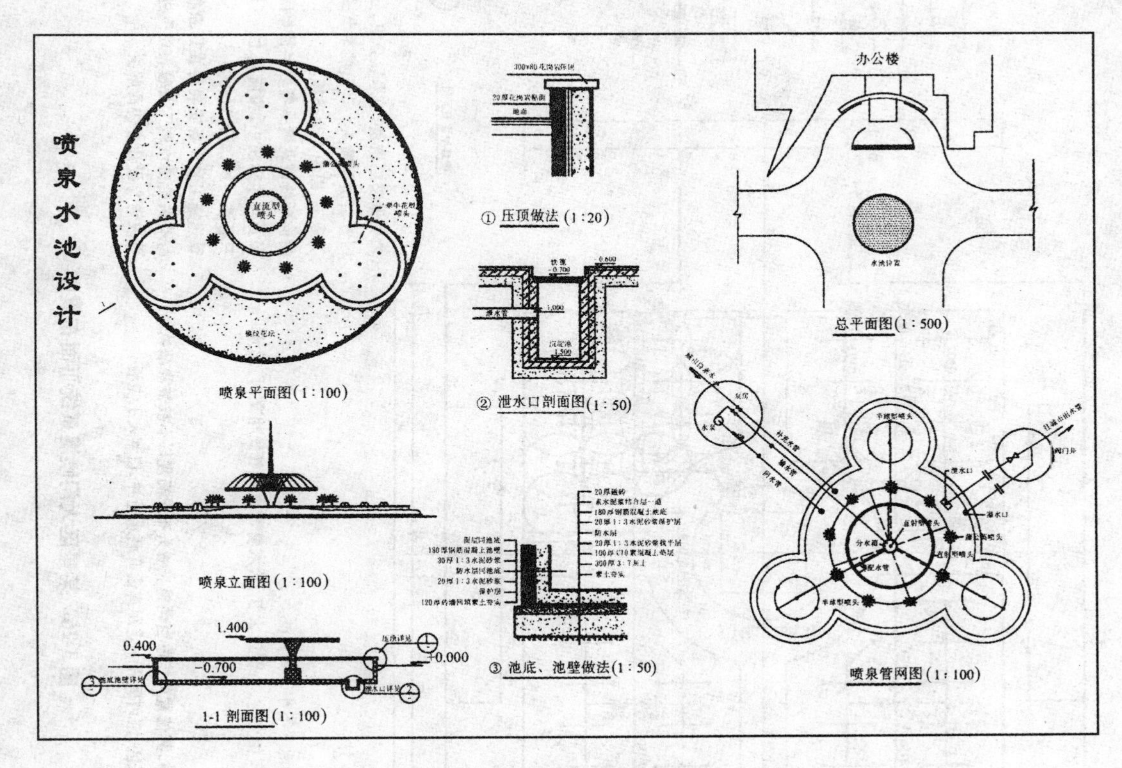

喷灌工程实例

图 3-26、图 3-27 为某市一景区大门喷灌系统平面布置图和喷灌组轴测图。该喷灌区域地处市郊，中壤土，地势高，气候干燥。该地区年均降雨量约为 750 mm。植物种植形式以混播草坪为主，局部点缀草花与低矮灌木，地形起伏较小。喷灌系统地面工作环境良好。设计喷洒历时为 2.5 h，设计灌水定额为 14 mm/次。设计轮灌周期为每 3～5 d 一次，具体根据天气情况决定。

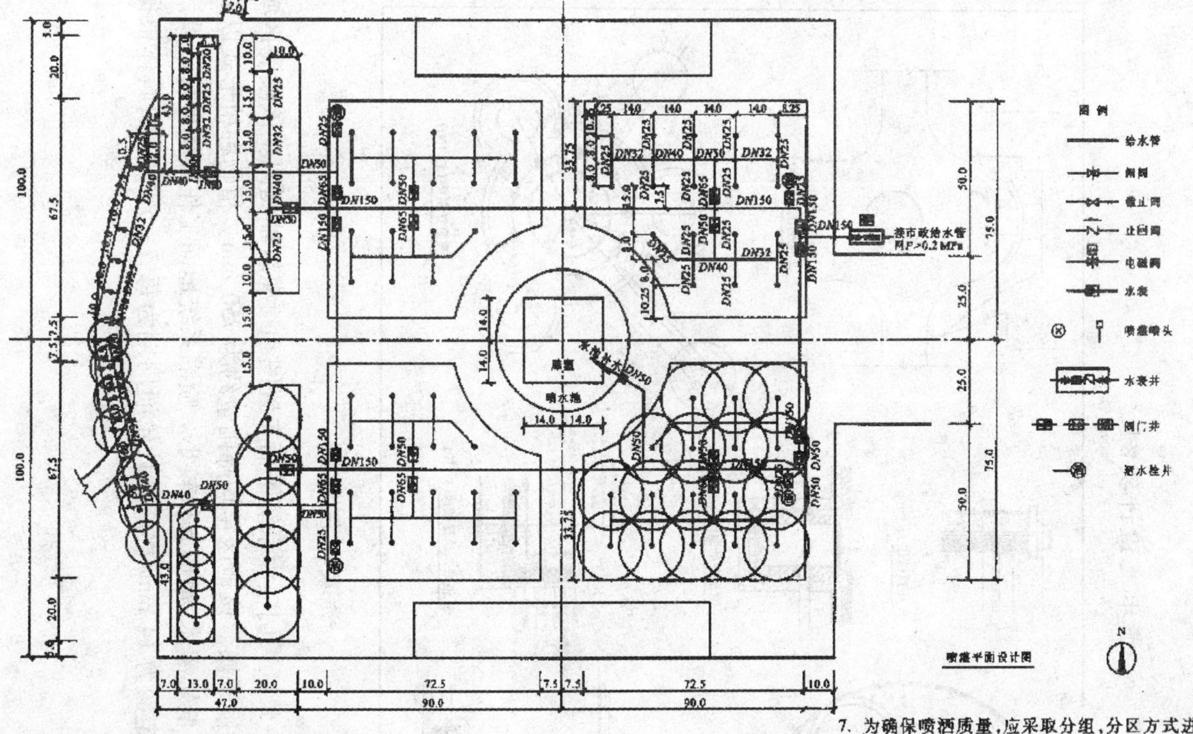

设计说明

1. 图中尺寸单位：管长及喷头间距以 m 计，其余均以 mm 计。
2. 管材：给水管均采用热镀锌钢管，螺栓连接或卡箍连接。
3. 给水管管顶埋深：车行道下不小于 0.7 m，人行道及绿地下不小于 0.5 m。
4. 给水管距路边或建筑物边缘净距不小于 1 m，给水管间相交时，小管让大管；给水管与电缆管线相交时，给水管让电缆管线。
5. 喷灌喷头采用止溢型埋地式远射程旋转喷头。
6. 喷头布置时若与道路、建（构）筑物及树木花卉产生矛盾，其位置可作适当调整。喷头布设高度以不被被浇灌物阻挡射流的最低值为准，现场施工解决。为消除喷洒盲区，园内间隔一定距离设有洒水栓井，以利人工浇洒。
7. 为确保喷洒质量，应采取分组、分区方式进行，不能同时开启所有喷头。非喷灌季节或长期不用时，可将喷头取下，以免人为破坏。
8. 横向轴线以北喷头喷洒半径与南侧同，图中省略。管径及尺寸标注中，相同或上下（左右）对称的喷灌组只标注一组，其余以此类推。
9. 管道施工及设备安装可在厂家指导下进行。请按现行有关给排水施工及验收规范进行施工及验收，如有更改请与设计方协商解决。

图 3-26　某景区大门喷灌系统平面布置图

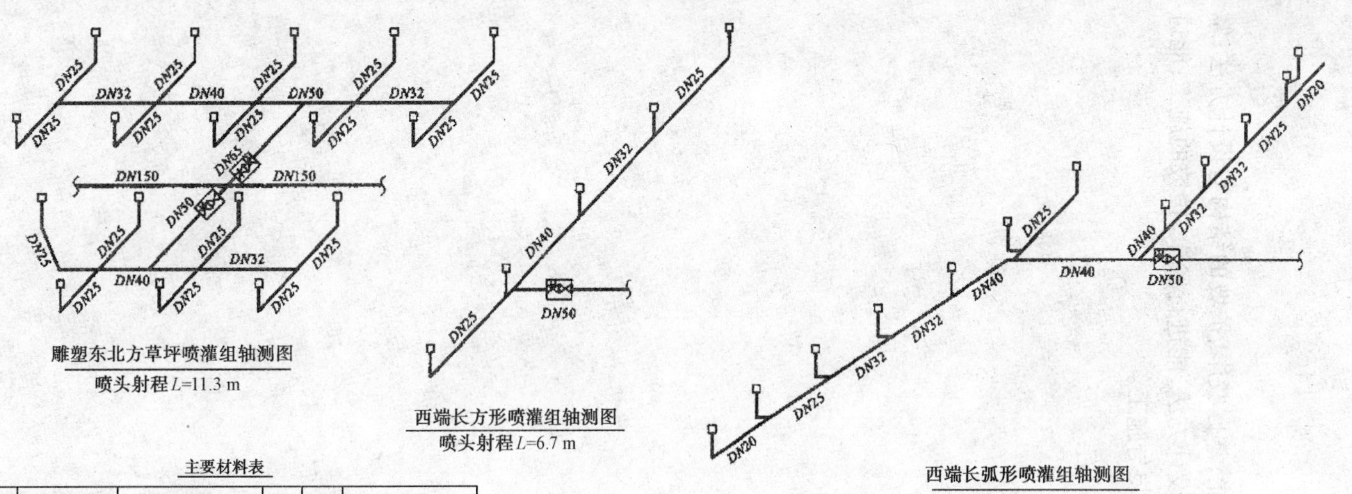

雕塑东北方草坪喷灌组轴测图

喷头射程 L=11.3 m

西端长方形喷灌组轴测图

喷头射程 L=6.7 m

西端长弧形喷灌组轴测图

喷头射程 L=6.7 m

主要材料表

序号	设备名称	型号规格	单位	数量	备注
1	闸阀	Z15T-10 DN65	个	6	
2	闸阀	Z41T-10 DN150	个	8	
3	截止阀	J11T-16 DN25	个	4	
4	截止阀	J11T-16 DN50	个	11	
5	截止阀	H41T-16 DN150	个	2	
6	电磁阀	DN50	个	10	
7	电磁阀	DN65	个	5	
8	水表	LXL-150 DN150	个	1	
9	喷灌喷头	标准仰角喷嘴 P=2.0 MPa	个	78	L=11.3m Q=0.82 m^3/h
10	喷灌喷头	标准仰角11003 P=2.0 MPa	个	24	L= 6.7m Q=0.29 m^3/h
11	热镀锌钢管	DN20	m	68	
12	热镀锌钢管	DN25	m	750	
13	热镀锌钢管	DN32	m	332	
14	热镀锌钢管	DN40	m	210	
15	热镀锌钢管	DN30	m	330	
16	热镀锌钢管	DN65	m	85	
17	热镀锌钢管	DN50	m	510	

工程数量表

序号	工程名称	规格	单位	数量	备注
1	水表井	A2 000×B1 250 DN150	座	1	建标 99S101-41
2	闸阀阀门井	A800×B600 DN63	座	2	建标 99S101-41
3	闸阀阀门井	A1 000×B800 DN150	座	6	建标 99S101-41
4	截止阀阀门井	A600×B400 DN25	座	4	建标 99S101-41
5	截止阀阀门井	A700×B500 DN50	座	1	建标 99S101-41
6	组合阀门井	A800×B600 DN40 DN50	座	8	建标 99S101-41
7	组合阀门井	A1 000×B800 DN63	座	3	建标 99S101-41
8	洒水栓井	D=1000 DN25	座	4	S160-10-8

注：1. 本图只绘出各种类型喷灌组中各有代表性的一组其余为相同（似）或上下（左右）对称，可类推。
2. 喷灌组尺寸标注详见平面图。

喷灌组轴测图及主要材料表和工程数量表

图 3-27 某景区大门喷灌系统轴测图

本章小结

本章的知识点是：了解水体的形成、分类和功能；掌握驳岸、护坡的结构与设计方法；掌握湖池、溪涧、瀑布与跌水的设计方法；掌握喷泉的设计方法，能进行驳岸、护坡的施工；能进行湖池、溪涧、瀑布与跌水的施工；能进行喷泉的安装与施工。

复习思考

1. 水体的形成可以分为哪几类？
2. 谈谈驳岸与护坡施工方法有何不同。
3. 谈谈溪涧的施工要点。
4. 水池的设计包括哪些内容？
5. 谈谈喷泉的设计要点。
6. 简述驳岸的形式和景观效果。
7. 简述砌百类驳岸的常见结构与施工方法。
8. 简述常见埔石护坡的施工方法和步骤。
9. 简述人工湖的施工方法及步骤。
10. 水池的结构主要分几个部分？
11. 简述水池的施工步骤。
12. 瀑布设计布置要点有哪几个方面？
13. 简述喷泉的供水形式，并以线络图示意。
14. 喷泉管道布置的基本要求有哪些？
15. 简述喷泉水力计算的步骤及方法。

第4章 园路、铺地工程

本章导读

园路和铺地是园林中的基本组成要素之一，是最常见也是最重要的硬质环境。园路、铺地工程的好坏，直接影响到游园活动的舒适性和安全性。本章介绍了园路、铺地的功能作用、基本知识、布局设计、工程设计、结构设计和施工技术等，要求学生掌握常用的园路、铺地的设计和施工做法。

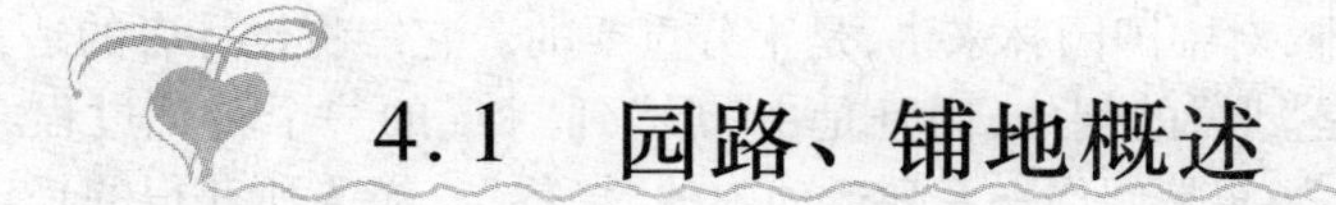

4.1 园路、铺地概述

园林中的道路、铺地是构建园林的基本组成要素之一，是园林平面构图的重要元素，系平面硬质景观，与人在园林中的活动密切相关，在园林工程设计中占有重要地位。本书将园路界定为在园中起交通组织、引导游览、停车等作用的带状、狭长形的硬质地面；而铺地则专指相对较为宽广，具有供人流集散、休憩等功能的硬质铺装地面。

道路的修建在我国有着悠久的历史。《诗经 · 小雅篇》记载："国道如砥，其直如矢。"说明古代道路笔直、平整。周礼《考工记》中又载："匠人营国，方九里，旁三门，国中九经九纬，经涂九轨，环涂七轨，野涂五轨……"这说明都城道路有较好的规划设计，并分等级。从考古和出土文物来看，我国铺地的结构及图案均十分精美。如战国时代的米字纹砖、秦咸阳宫出土的太阳纹铺地砖、西汉遗址中的卵石路面、东汉的席纹铺地、唐代以莲纹为主的各种"宝相纹"铺地、西夏的火焰宝珠纹铺地、明清时的雕砖卵石嵌花路及江南庭园的各种花街铺地等。在古代园林中铺地多以砖、瓦、卵石、碎石片等组成各种图案，具有雅致、朴素、多变的风格，为我国园林艺术的成就之一。近年来，随着旅游业的发展，已建造了一些采用新材料和新工艺、能反映新风貌的路面，如彩色水泥混凝土路面、彩色沥青混凝土路面、透水透气性路面等，为我国园林增添了新的光彩。

4.1.1 园路的功能作用

园路像人体的脉络一样，是贯穿全园的交通网络，是联系各个景区和景点的纽带和风景线，是组成园林风景的造景要素。园路的走向对园林的通风、光照、环境保护有一定的影响。其功能作用表现在以下五个方面。

(1) 划分和组织空间

园林功能分区的划分多是利用地形、建筑物、植物、水体或道路。对于地形起伏不大、建筑比重小的现代园林绿地，用道路围合来分隔不同景区是主要方式。同时，借助道路面貌(线形、轮廓、图案等)的变化可以暗示空间性质、景观特点的转换以及活动形式的改变，从而起到组织空间的作用。尤其在专类园中，园路划分空间的作用十分明显。

(2) 组织交通和导游

首先，经过铺装的园路耐践踏、碾压和磨损，有利于对游客进行集散和疏导，可为游人提供舒适、安全、方便的交通条件，满足对园林绿化、建筑维修、养护管理等工作以及安全、防火、职工生活、公共餐厅、小卖等园务工作的运输要求。对于小公园，这些任务可综合考虑；对于大型公园，由于园务工作交通量大，有时可以设置专门的路线和入口。其次，园林景点间的联系是依托园路进行的，为动态序列的展开指明了游览的方向，引导游人从一个景点进入另一个景点。再次，园路还为欣赏园景提供了连续的不同的视点，可以取得步移景异的效果。游览程序的安排，对中国园林来讲，是十分重要的。它能将设计者的造景序列传达给游客。中国园林不仅是"形"的创作，而且是由"形"到"神"的一个转化过程。园林不是设计一个个静止的"境界"，而是创作一系列运动中的"境界"。游人所获得的是连续印象所带来的综合效果，是由印象的积累而在思想情感上产生的感染力。园路正能担负起组织园林的观赏程序、向游客展示园林风景画面的作用。它能通过布局和路面铺砌的图案，引导游客按照设计者的意图、路线和角度来游览和观赏景物。从这个意义上来讲，园路是游客的导游者。

(3) 提供活动场地和休息场所

在建筑小品周围、花坛边、水旁、树下等处，园路可扩展为广场(可结合材料、质地和图案的变化)，为游人提供活动和休息的场所。

(4) 参与造景

园路作为空间界面的一个方面而存在着，自始至终伴随着游览者，影响着风景的效果。园路优美的曲线、丰富多彩的路面铺装，可与周围的山、水、建筑、花草、树木、石景等景物紧密结合，共同构成优美丰富的园林景观。园路参与造景的作用主要表现在以下四个方面。

① 创造意境：中国古典园林中园路的花纹和材料与意境相结合，有其独特的风格与完善的构图，很值得学习。

② 构成园景：通过园路的引导，可将不同角度、不同方向的地形地貌、植物群落等园林景观一一展现在游人眼前，形成一系列动态画面，此时园路也参与了风景的构图，即"因景得路"。再者，园路本身的曲线、质感、色彩、纹样、尺度等与周围环境的协调统一，也是园林中不可多得的风景。

③ 统一空间环境：通过与园路相关要素的协调，在总体布局中，使尺度和特性上有差异的要素处于共同的铺装地面，相互间连接成一体，在视觉上统一起来。

④ 构成个性空间：园路的铺装材料及其图案和边缘轮廓，具有构成和增强空间个性的作用。不同的铺装材料和图案造型能形成和增强不同的空间感，如细腻感、粗犷感、安静感、亲切感等。并且，丰富而独特的园路可以创造视觉趣味，增强空间的独特性和可识性。

(5) 组织排水

道路可以借助其路缘或边沟组织排水。一般园林绿地要高于路面，方能实现以地形排水为主的原则。道路汇集两侧绿地径流之后，利用其纵向坡度即可按预定方向将雨水排除。

4.1.2 铺地的功能作用

(1) 提供活动和休憩的场所

游人在园林中的主要活动空间，毫无疑问应该是园路和各种铺装地。园林中硬质地面的比例控制，规划时会按照相关因素给予确定。大型的活动场地需要一定面积的铺装地支持。铺装地面以相对较大并且无方向性的形式出现，暗示着一个静态停留感（图 4-1），无形中创造出一个休憩场所。

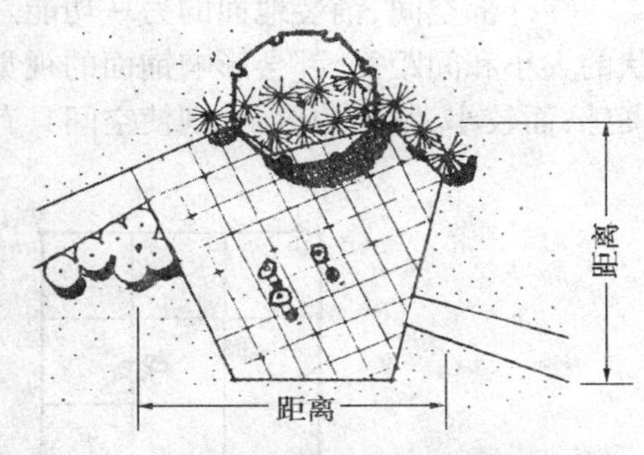

图 4-1 铺地提供活动和休憩场所的功能

(2) 引导和暗示地面的用途

铺装地能提供方向性，引导视线从一个目标移向另一目标（图 4-2）。铺装材料及其在不同空间的变化，能在室外空间里表示出不同的地面用途和功能。改变铺装材料的色彩、质地或铺装材料本身的组合，空间的用途和活动的区别也由此而得到明确（图 4-3）。

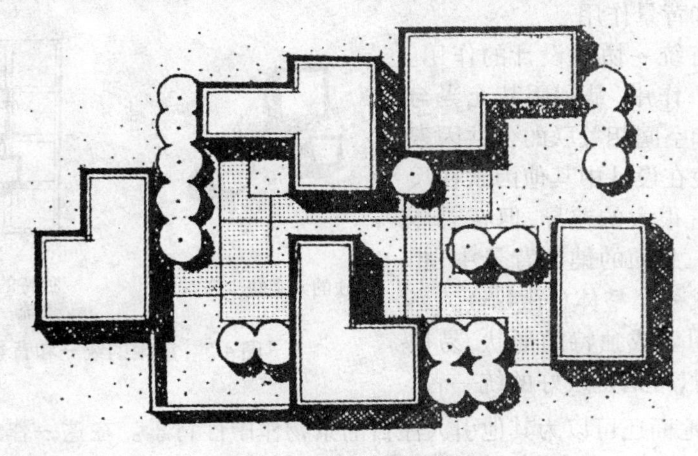

图 4-2 铺地的引导作用

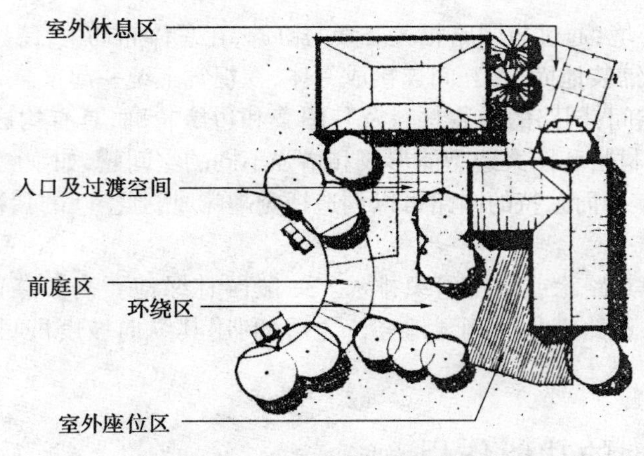

图 4-3　铺地的功能暗示作用

(3) 对空间比例产生一定的影响

在外部空间,铺装地面的另一功能是影响空间的比例。每一块铺料的大小,以及铺砌形状的大小和间距等,都会影响铺面的视觉比例。形体较大、较舒展,会使空间产生宽敞的尺度感;而较小、紧缩的形状,则使空间具有压缩感和亲密感(图 4-4)。

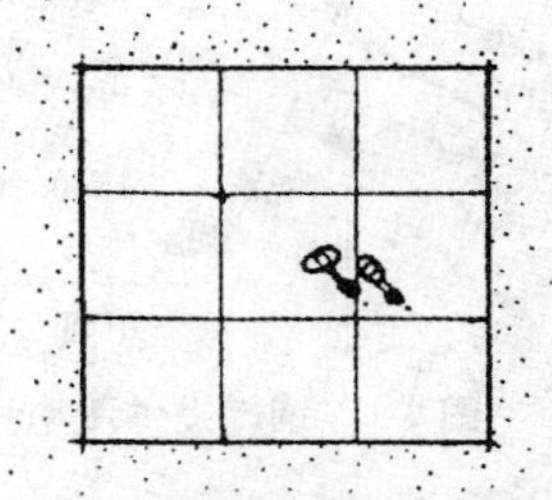

使人感到铺装图案尺度大

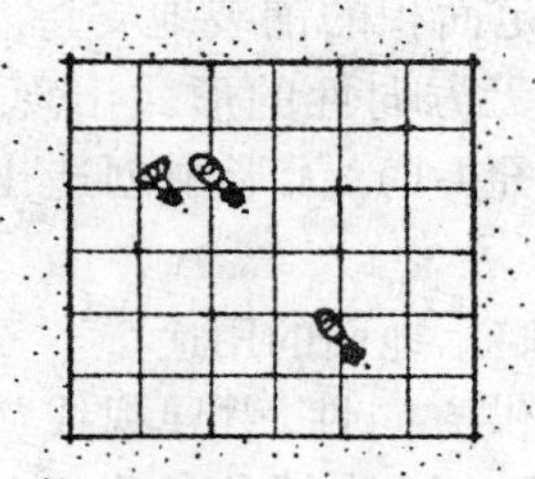

使人感到铺装图案尺度小

图 4-4　铺地对空间比例产生的影响作用

(4) 统一和背景作用

铺装地面有统一协调设计的作用。铺装材料的这一作用,是利用其充当与其他设计要素和空间相关联的公共因素来实现的。即使在设计中其他因素在尺度和特性上有着很大的差异,但在总体布局中因处于一共同的铺装背景中,相互之间便连接成一个整体(图 4-5)。当铺装地面具有明显或独特的形状,易被人识别和记忆时,可谓是最好的统一者。

单独的元素缺少联系

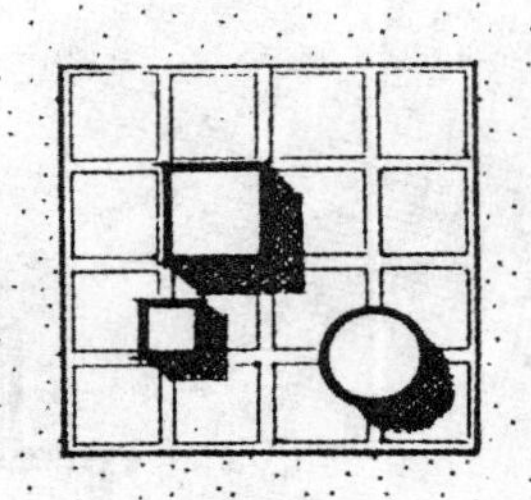

独特的铺装作为普通背景统一了各单独的因素

图 4-5　铺地的统一和背景作用

在景观中,铺装地面还可以为其他引人注目的景物作中性背景。在这一作用中,铺装地面被看做是一张空白的桌面或一张白纸,为其他焦点物(如建筑、雕塑、盆栽植物、陈列物、休息椅等)的布局和安置提供基础,作为这些因素的背景。

(5) 构成空间个性,创造视觉趣味

铺装地面具有构成和增强空间个性的作用。用于设计中的铺装材料及其图案和边缘轮廓,都能对所处的空间产生重要影响。不同的铺料和图案造型,都能形成和增强空间个性,产生不同的空间感,如细腻感、粗犷感、宁静感、喧闹感等。就特殊的材料而言,方砖能赋予空间以温暖亲切感,有角度的石板会形成轻松自如、不拘谨的气氛,而混凝土则会产生冷清、无人情味的感受。

4.1.3　园路的分类

园路有不同的分类方法,最常见的是功能分类、结构类型分类及铺装材料分类。

(1) 根据功能分类

从功能上,一般园路可分以下三类。园路分类与技术标准参考表 4-1。

表 4-1　园路分类与技术标准(参考)

园路	路面宽度 /m	游人步道宽 (路肩)/m	车道数 /条	路基宽度 /m	红线宽 (含明沟)/m	车速 /(km/h)	备注
主干道	3.5~7.0	≤2.5	2	8~9	–	20	–
次干道	2.0~3.5	≤1.0	1	4~5	–	15	–
游步道	1.0~2.0	–	–	–	–	–	–
专用道	≥3.0	≥1.0	1	4	不定	–	防火、园务等

① 主干道:主干道是园林绿地道路系统的骨干。它与园林绿地主要出入口、各功能分区以及主要建筑物、重点广场和风景点相联系,是游览的主线路,也是各分区的分界线,形成整个绿地道路的骨架,多呈环形布置。它不仅可供行人通行,也可在必要时供车辆通过。其宽度视公园性质和游人量而定,一般为 3.5~6.0 m。

② 次干道:次干道是指由主干道分出,直接联系各区及风景点的道路。一般宽度为 2.0~3.5 m。

③ 游步道:游步道是指由次干道上分出,引导游人深入景点、寻胜探幽,能够伸入并融入绿地及幽景的道路。一般宽度为 1.0~2.0 m,有些游览小路宽度甚至会小于 1.0 m,具体因地、因景、因人流多少而定。

(2) 根据结构类型分类

园路由于所处的绿地环境不同,造景目的和环境等都有所不同,所以可采用不同的结构类型。一般园路可分为下列三种基本结构类型。

① 路堑型:凡是园路的路面低于周围绿地,道牙高于路面,起到阻挡绿地水土作用的一类园路,统称为路堑型(图 4-6)。

② 路堤型:这类园路的路面高于两侧绿地,道牙高于路面,道牙外有路肩,路肩外有明沟和绿地加以过渡(图 4-7)。

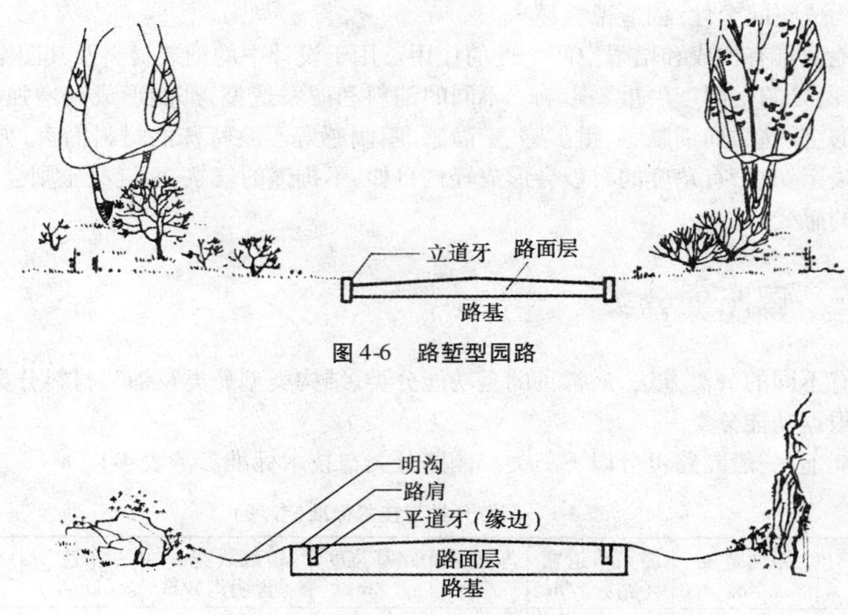

图 4-6　路堑型园路

图 4-7　路堤型园路

③ 特殊型：有别于前两种类型且结构形式较多的一类，统称为特殊型，包括步石、汀步，磴道、攀梯等(图 4-8)。这类结构型的道路在现代园林中应用越来越广，但形态变化很大，应用得好，往往能达到意想不到的造景效果。

(3) 根据铺装材料分类

修筑园路所用的材料非常多，所以形成的园路类型也非常多，大体上有以下几种类型。

图 4-8　特殊型园路

① 整体路面：指由水泥混凝土或沥青混凝土整体浇筑而成的路面。这类路面是园林建设中应用最多的一类，具有强度高、结实耐用、整体性好的特点，但不便于维修，且观赏性较差。

② 块料路面：指用大方砖、石板、各种天然块石或各种预制板铺装而成的路面。这类路面简朴大方、防滑，能减弱路面反光强度，并能铺装成形态各异的各种图案花纹，同时也便于地下施工时拆补，在现代城镇及绿地中被广泛应用。

③ 碎料路面：指用各种碎石、瓦片、卵石及其他碎状材料组成的路面。这类路面铺路材料廉价，能铺成各种花纹，一般多用于游步道。

④ 简易路面：指由煤屑、三合土等组成的临时性或过渡路面。

4.1.4　铺地的分类

园林铺地的实用功能不同，其设计形式也不相同，因此就出现了不同的类别。常见类别

有以下四种。

(1) 园景广场

园景广场是指将园林立地景观集中汇聚、展示在一处,并突出表现宽广的园林地面景观(如装饰地面等)的一类园林铺装地。园林中常见的门景广场、纪念广场、中心花园广场、音乐广场等,都属于这类广场。一方面,园景广场在园林内部留出一片开敞空间,增强了空间的艺术表现力;另一方面,它可以作为季节性的大型花卉园艺展览或盆景艺术展览等的展出场地。此外,它还可以作为节假日大规模人群集会活动的场所。

(2) 集散场地

集散场地多设在主体性建筑前后、主路路口、园林出入口等人流出入频繁的重要地点,以人流集散为主要功能。其表现形式主要为园林出入口广场和建筑附属铺装地等。

(3) 停车场和回车场

主要指设在公共园林内外的汽车停放场、自行车停放场和扩宽路口形成的回车场地。停车场多布置在园林入口内外,回车场则一般在园林内部适当地点灵活设置。

(4) 其他铺装地

主要指附属于公共园林内外的场地,如旅游小商品市场、滨水观景平台、泳池休闲铺装地、露台等。

4.1.5 园路系统的布局形式

风景园林的道路系统不同于一般的城市道路系统,有独特的布置形式和布局特点。常见的园路系统布局形式有套环式、条带式和树枝式三种(图 4-9)。

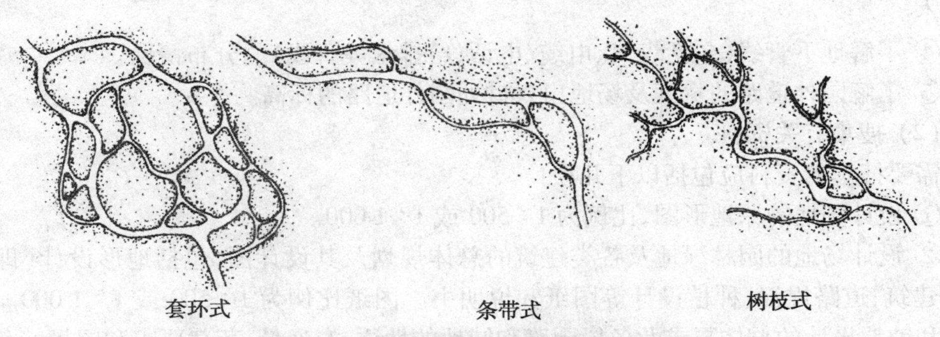

图 4-9 园路系统的三种布局形式

(1) 套环式园路系统

这种园路系统的特征是:由主园路构成一个闭合的大型环路或一个“8”字形的双环路,再从主园路上分出很多的次园路和游览小道,并且相互穿插连接与闭合,构成另一些较小的环路。主园路、次园路和小路构成的环路之间的关系,是环环相套、互通互连的关系,其中少有尽端式道路。因此,这样的道路系统可以满足游人在游览中不走回头路的愿望。套环式园路是最能适应公共园林环境,也最为广泛应用的一种园路系统。但是,在地形狭长的园林绿地中,由于地形的限制,一般不宜采用这种园路布局形式。

(2) 条带式园路系统

这种布局形式的特点是:主园路呈条带状,始端和尽端各在一方,并不闭合成环。在主路的一侧或两侧,可以穿插一些次园路和游览小道。次路和小路相互之间也可以局部闭合成环路,但主路不会闭合成环。条带式园路布局不能保证游人在游园中不走回头路,所以,只有在林阴道、河滨公园等地形狭长的带状公共绿地中才采用这种园路布局形式。

(3) 树枝式园路系统

以山谷、河谷地形为主的风景区和市郊公园,主园路一般只能布置在谷底,沿着河沟从下往上延伸。两侧山坡上的多处景点都是从主路上分出一些支路,甚至再分出一些小路加以连接。支路和小路多数只能是尽端式道路,游人到了景点游览之后,要原路返回到主路再向上行。这种道路系统的平面形状,就像是有许多分枝的树枝,游人走回头路的时候很多。因此,这是游览性最差的一种园路布局形式,只有在受到地形限制时才采用这种布局形式。

4.1.6 园路、铺地设计的准备工作

(1) 实地勘察

通过实地勘察,熟悉设计场地及周围的情况,对园路、铺地的客观环境进行全面的认识。勘查时应注意以下几点:

① 了解基地现场的地形、地貌情况,并核对图纸。

② 了解基地的土壤、地质情况及地下水位、地表积水等情况。

③ 了解基地内原有建筑物、道路、河池及植物种植的情况。要特别注意保护大树和名贵树木。

④ 了解地下管线(包括煤气、电缆、电话、给排水等管线)的分布情况。

⑤ 了解园外道路的宽度及场地出入口处园外道路的标高。

(2) 搜集有关资料

需要搜集的资料应包括以下几项:

① 设计场地的原地形图,比例为1∶500或1∶1 000。

② 设计场地的园林绿地及各类建筑的总体规划及其设计图,包括地形设计(即竖向设计);建筑、道路规划、种植设计等图纸和说明书。图纸比例为1∶500或1∶1 000。要明确园路和铺地设计的总体要求及各段园路和铺地的性质、交通量、荷载要求和园景特色。

③ 水文地质勘测资料、地下水位状况及现场勘察的补充资料。

④ 土壤方面包括土壤物理性质、化学性质、坚实度等。

⑤ 其他与设计有关的资料。

4.2　园路的布局设计

在一个公园或一块较大绿地的设计之初，首先考虑的就是园路怎样设计，主干道、次干道及游步道应如何布局、怎样分布、设计成曲径还是直道等，所以园路的布局设计是园路设计中首先要考虑的一项工作。

4.2.1　园路形式、风格及设计依据

(1) 园路的形式

在园林工程中，园路一般从形式上分为直线式和曲线式两种。

① 直线式园路：园路为直线，宽窄无变化，一般无明显的起伏。这是规则式园林园路的基本形式。

② 曲线式园路：园路为自然或有轨可循的曲线型，宽窄可随地形景观要求而变化。

(2) 园路的风格

从风格上讲，园路可分为自然式和规则式两种。

① 自然式园路：园路多为曲线式，大多为无轨迹可循的自由曲线。

② 规则式园路：园路多为直线式，也有曲线式。但曲线是有轨迹可循的，如圆弧线等。

(3) 设计依据

园路的布局设计要以园林本身的性质、特征及实用功能为依据。

① 园林工程的建设规模决定了园路布局设计的道路类型和布局特点。一般较大的公园要求园路主道、次道、游步道三者齐备，铺装式样多样化，从而使园路成为园林造景的重要组成部分；而较小的园林绿地或单位小块绿地往往只有次道和游步道的布局设计。

② 园林绿地的规划形式决定了园路布局设计的风格。如园林为规则式园林，则园路应布局成直线和有轨可循的曲线式，在园路的铺装上也应和园林风格相适应，充分体现规则式园林的特征；如园林为自然式，则园路布局成无轨可循的自由曲线和宽窄不等的变形路。

4.2.2　园路的布局设计原则

要使设计的园路充分体现实用功能和造景功能，充分展现艺术美，必须遵循以下几方面的原则。

(1) 因地制宜的原则

园路的布局设计，除了依据园林工程建设的规划形式外，还必须结合地形、地貌进行。一般园路宜曲不宜直，贵在合乎自然，追求自然野趣，依山随势，回环曲折；曲线要自然流畅，犹若流水，随地势就形。

（2）满足实用功能，体现以人为本的原则

鲁迅先生曾说过，“世上本无路，走的人多了也便成了路”。其实在园林中，园路设计也必须遵循“供人行走为先”的原则。也就是说，设计修筑的园路必须满足导游和组织交通的作用，要考虑人总喜欢走捷径的习惯，所以园路设计必须首先考虑为人服务、满足人的需求。否则，就会导致修筑的园路少人走，而无园路的绿地却被踩出了路。

（3）切忌设计无目的、死胡同的园路

园林工程建设中的道路应形成一个环状道路网络，四通八达。道路设计要做到有的放矢，因景设路，因游设路，不能漫无目的，更不能使游人正在游兴时出现“此路不通”，这是园路设计中最忌讳的。

（4）结合园林造景进行布局设计的原则

园路是园林工程建设造景的重要组成部分，园路的布局设计一定要坚持路为景服务，做到因路通景，同时也要使路和其他造景要素很好地结合，使整个园林更加和谐，并创造出一定的意境来。比如，为了满足青少年好历险的心理需求，宜在园林中设计羊肠捷径、攀悬崖，在水面上可设计汀步；为了适宜中老年人游览，坡度超过12°就要设计台阶，且每隔不定的距离设计一处平台，以利于休息；为了达到曲径通幽，可以在曲路的曲处设计假山、叠石及树丛，形成和谐的景观。

4.2.3 园路布局设计的方法步骤

（1）对收集来的设计资料及其他图面资料进行充分的分析研究，从而初步确定园路布局风格与特点。

（2）对公园或绿地规划中的景点、景区进行认真分析研究。

（3）对公园或绿地周边的交通景观等进行综合分析，必要时可与有关单位联合分析。

（4）研究设计区内的植物种植设计情况。

（5）通过以上的分析研究，确定主干道的位置布局和宽窄规格。

（6）以主干道为骨架，用次干道进行景区的划分，并通达各区主景点。

（7）以次干道为基点，结合各区景观特点，具体设计游步道。

（8）形成布局设计图。

4.2.4 园路布局设计中应注意的问题

要使园路布局合理，除遵循以上原则外，还应注意以下几方面的问题。

（1）两条自然式园路相交于一点，所形成的对角不宜相等。道路需要转换方向时，离原交叉点要有一定距离作为方向转变的过渡。如果两条直线道路相交，可以正交，也可以斜交。为了美观实用，要求交叉在一点上，对角相等，这样就显得自然和谐。

（2）两路相交所成的角度一般不宜小于60°。若由于实际情况限制，角度太小，可以在交叉处设立一块三角绿地，使交叉所形成的尖角得以缓和，如图4-10a所示。

（3）若三条园路相交在一起，三条路的中心线应交汇于一点，否则显得杂乱，如图4-10b

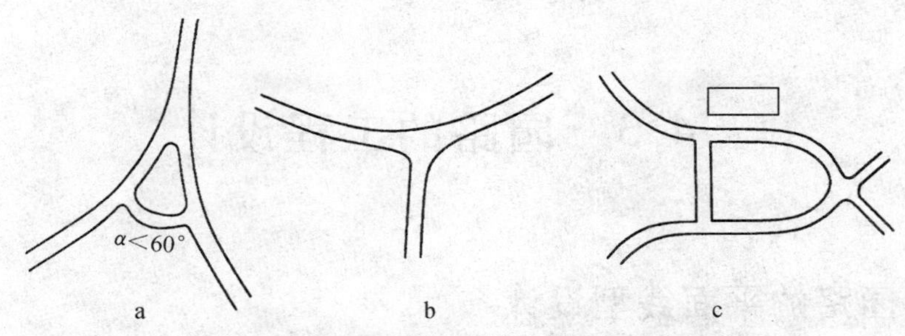

图 4-10　园路交叉时的几种处理方式

所示。

（4）由主干道上发出来的次干道分叉的位置，宜在主干道凸出的位置，这样就显得流畅自如，如图 4-10c 所示。

（5）在较短的距离内道路的同侧不宜出现两个或两个以上的道路交叉口，尽量避免多条道路交接在一起。如果避免不了，则需在交接处形成一个广场。

（6）凡道路交叉所形成的夹角都宜采用弧线，转角要圆润。

（7）自然式道路在通向建筑正面时，应逐渐与建筑物对齐并趋于垂直，在顺向建筑时，应与建筑趋于平行。

（8）两条相反方向的曲线园路相遇时，在交接处要有较长距离的直线，切忌呈"S"形。

（9）园路布局应随地形、地貌、地物而变化，做到自然流畅、美观协调。

4.2.5　供残疾人使用的园路设计要求

（1）路面宽度不宜小于 1.2 m，回车路段路面宽度不宜小于 2.5 m。

（2）道路纵坡不宜超过 4%，且坡长不宜过长。在适当距离应设水平路段，且不应有阶梯。

（3）尽可能减小横坡。

（4）坡道坡度为 1/20～1/15 时，其坡长不宜超过 9 m；每逢转弯处，应设不小于 1.8 m 的休息平台。

（5）园路一侧为陡坡时，为防止轮椅从边侧滑落，应设 10 cm 高以上的挡石，并设扶手栏杆。

（6）排水沟篦子等不得突出于路面，并注意不得卡住轮椅的车轮和盲人的拐杖。

具体做法参照《方便残疾人使用的城市道路和建筑设计规范》。

4.3 园路的工程设计

4.3.1 园路的平面线型设计

(1) 园路构图中的几种常见线型

园路根据线型不同可分为规则式和自然式两大类。规则式通常采用严谨整齐的几何式道路布局,以直线构图为主,突出人工的痕迹,在西方园林中应用较多;自然式则恰好相反,崇尚自然,通常采用流畅的线条,迂回曲折,以曲线构图为主,体现"虽由人作,宛自天开"的效果,在东方园林中应用较多。近年来,随着东西方造园艺术交流的日渐增进,规则与自然相结合,直线和曲线混合构图的园路布局手法也不鲜见。

① 直线型:在规则式园林绿地中,多采用直线型园路。其线型规则、平直,方便交通。

② 圆弧曲线型:道路转弯或交汇处,考虑行驶机动车的要求,弯道部分应取圆弧曲线连接,并具有相应的转弯半径。

③ 自由曲线型:指曲率不等且随意变化的自然曲线型式。在以自然式布局为主的园林中多采用此种线型,可随地形、景物的变化而自然弯曲,显得柔顺流畅。

(2) 园路的平面线型设计要求

一般总体规划中已初步确定了园路的位置,但在进行园路技术设计时,应对下列内容进行复核。

① 重点风景区的游览大道及大型园林的主干道的路面宽度,应考虑能通行卡车、大型客车,但一般不宜超过6 m。公园主干道,由于园务交通的需要,应能通行卡车。对重点文物保护区的主要建筑物四周的道路,应能通行消防车,其路面宽度一般为3.5 m。游步道一般为1~2.0 m,小径也可小于1 m。由于游览的特殊需要,游步道宽度的上下限均允许灵活些。游人及各种车辆的最小运动宽度见表4-2。

表4-2 游人及各种车辆的最小运动宽度

交通种类	最小宽度/m	交通种类	最小宽度/m
单　人	0.75	小轿车	2.00
自行车	0.6	消防车	2.06
三轮车	1.24	卡　车	2.50
手扶拖拉机	0.84~1.5	大轿车	2.66

② 行车道路转弯半径在满足机动车最小转弯半径的条件下,可结合地形、景物灵活处理。

③ 在设计自然式曲线道路时,道路平曲线的形状应满足游人平缓自如转弯的习惯。弯

道曲线要流畅，曲率半径适当，不能过分弯曲，以免显得矫揉造作（图 4-11）。

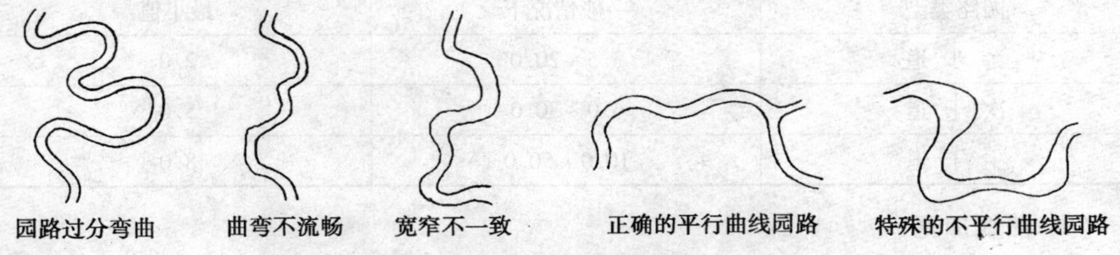

图 4-11　曲线园路形式

④ 园路的曲折迂回应有目的性。一方面，曲折是为了满足地形及功能上的要求，如避绕障碍、串联景点、围绕草坪、组织景观、增加层次、延长游览路线、扩大视野等；另一方面，曲折应避免无艺术性、功能性和目的性的过多弯曲。

（3）平曲线半径的选择

当车辆在弯道上行驶时，为了使车体顺利转弯，保证行车安全，要求弯道上部分应为圆弧曲线，该曲线称为平曲线，这种圆弧的半径称为平曲线半径（图 4-12）。

自然式园路曲折迂回，在平曲线变化时主要由下列因素决定：一是园林造景的需要；二是当地地形、地物条件的要求；三是机动车行车安全的需要。通行机动车辆的园路在交叉口或转弯处的平曲线半径要考虑适宜的转弯半径，以满足通行的需求，转弯半径不得小于 12 m。转弯半径的大小与车速和车类型（长、宽）有关。在条件困难的个别地段可以不考虑行车速度，只要满足汽车的最小转弯半径即可。因此，其转弯半径不得小于 6 m（图 4-13）。

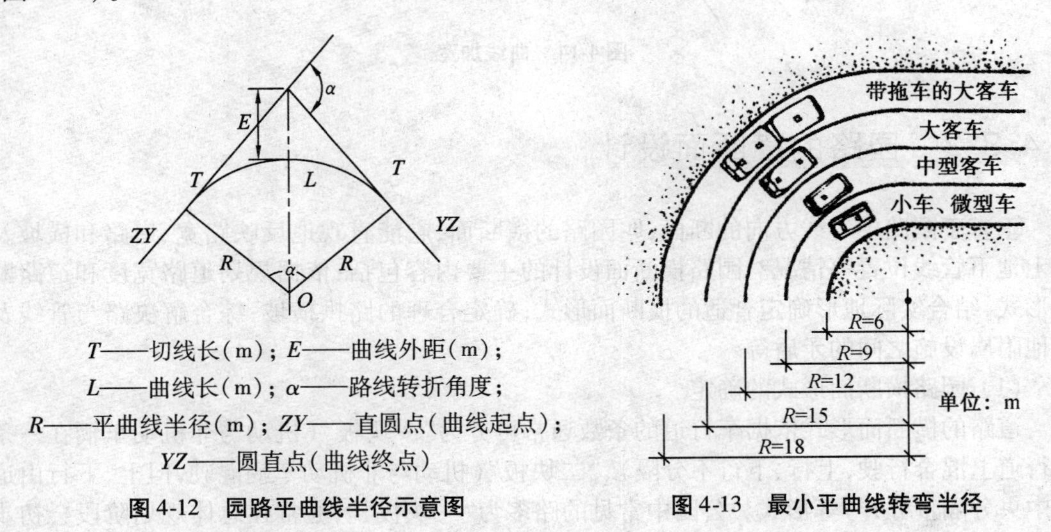

图 4-12　园路平曲线半径示意图　　图 4-13　最小平曲线转弯半径

一般园路的弯道平曲线半径可以设计得比较小，仅供游人通行的游步道平曲线半径还可更小（表 4-3）。

表 4-3　园路内侧平曲线半径参考值　（单位：m）

园路类型	一般情况下	最小值
游 步 道	3.5 ~ 20.0	2.0
次 干 道	6.0 ~ 30.0	5.0
主 干 道	10.0 ~ 50.0	8.0

（4）曲线加宽

当汽车在弯道上行驶时，由于前后轮的轮迹不同，前轮的转弯半径较大，后轮的转弯半径较小，会出现轮迹内移现象。弯道半径越小，这一现象越严重。为了防止后轮驶出路外，车道内侧（尤其是小半径弯道）需适当加宽，称为曲线加宽（图 4-14）。曲线加宽值与车体长度的平方成正比，与弯道半径成反比。当弯道中心线平曲线半径 $R \geqslant 200$ m 时，可不必加宽。为了使直线路段上的宽度逐渐过渡到弯道上的加宽值，需设置加宽缓和段。园路的分支和交汇处，为了通行方便，应加宽其曲线部分，使其线型圆润、流畅，形成优美的视觉效果。

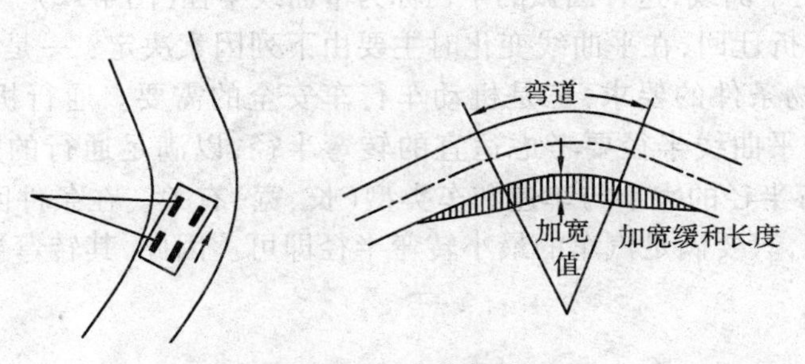

图 4-14　曲线加宽

4.3.2　园路的横断面设计

垂直于园路中心线方向的断面，叫园路的横断面，它能直观地反映路宽、道路和横坡及地上地下管线位置等情况。园路横断面设计的主要内容包括：依据规划道路宽度和道路断面形式，结合实际地形确定合适的横断面形式；确定合理的路拱横坡；综合解决路与管线及其他附属设施之间的矛盾等。

（1）园路横断面形式的确定

道路的横断面形式依据车行道的条数通常可分为“一块板”（机动与非机动车辆在一条车行道上混合行驶，上行、下行不分隔）、“二块板”（机动与非机动车辆混驶，但上、下行由道路中央分隔带分开）等形式。公园中常见的路多为“一块板”。通常在总体规划阶段会初步定出园路的分级、宽度及断面形式等，但在进行园路技术设计时仍需结合现场情况重新进行深入设计，选择并最终确定适宜的园路宽度和横断面形式。

园路宽度的确定依据其分级而定，并应充分考虑所承载的内容。园路的横断面形式最常见的为“一块板”形式，在面积较大的公园主路中偶尔也会出现“二块板”的形式。园林中的道路不像城市中的道路那样具有一定的程式化，有时道路的绿化带会被路侧的绿化所取

代，变化形式较灵活。

（2）园路路拱设计

为了使雨水快速排出路面，道路的横断面通常设计为拱形、斜线形等形状，称之为路拱。路拱设计主要是确定道路横断面的线形和横坡坡度。

园路路拱基本设计形式有抛物线型、折线型、直线型和单坡型四种（图 4-15）。

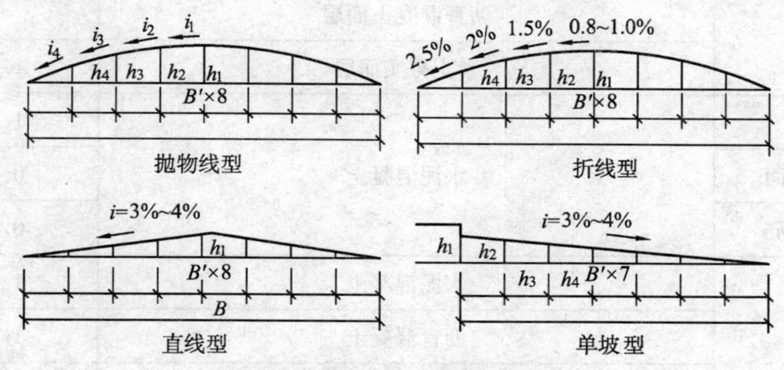

图 4-15　园路路拱的四种基本设计形式

① 抛物线型路拱：这是最常用的路拱形式。其特点是：路面中部较平，愈向外侧坡度愈陡，横断路面呈抛物线形。这种路拱对游人行走、行车和路面排水都很有利，但不适于较宽的道路以及低等级的路面。抛物线形路拱路面各处的横坡度一般宜控制在：$i_1 \geqslant 0.3\%$，$i_4 \leqslant 5\%$，且 i 值平均为 2% 左右。

② 折线型路拱：指由道路中心线向两侧逐渐增大横坡度的若干短折线组成的路拱。这种路拱的横坡度变化比较徐缓，路拱的直线较短，近似于抛物线形路拱，对排水、行人、行车也都有利，一般用于比较宽的园路。为了行人和行车方便，通常可在横坡 1.5% 的直线型路拱的中部插入两段 0.8% ~1.0% 的对称连接折线，使路面中部不致于呈现屋脊形。

③ 直线型路拱：这种形式适用于横坡坡度较小的双车道或多车道水泥混凝土路面。最简单的直线型路拱是由两条倾斜的直线所组成的。在直线型路拱的中部也可以插入一段抛物线或圆曲线，但曲线的半径不宜小于 50 m，曲线长度不应小于路面总宽度的 10%。

④ 单坡型路拱：单坡型路拱可以看做是以上三种路拱各取一半所得到的路拱形式。其路面单向倾斜，雨水只向道路一侧排除。在山地园林中，常常采用这种形式。但这种路拱不适宜较宽的道路，道路宽度一般不大于 9 m。这种路拱形式由于夹带泥土的雨水总是从道路较高一侧通过路面流向较低一侧，容易污染路面，因此，在园林中采用时也受到很多限制。

路拱横坡坡度的设计主要受其平整度、铺路材料的种类以及路面透水性能等条件的影响。根据我国交通部的道路技术标准，路拱横坡坡度的设计可以参考表 4-4。

表4-4　不同路面面层的横坡坡度

道路类别	路面结构	横坡坡度/%
人行道	砖石、板材铺砌	1.5～2.5
	砾石、卵石镶嵌面层	2.0～3.0
	沥青混凝土面层	3.0
	素土夯实面层	1.5～2.0
自行车道	水泥混凝土	1.5～2.0
广场行车路面		0.5～1.5
汽车停车场		0.5～1.5
车行道	水泥混凝土	1.0～1.5
	沥青混凝土	1.5～2.5
	沥青结合碎石或表面处理	2.0～2.5
	修整块料	2.0～3.0
	圆石、卵石铺砌，以及砾石、碎石或矿渣（无结合料处理）、结合料稳定土壤	2.5～3.5
	级配砂土、天然土壤、粒料稳定土壤	3.0～4.0

（3）园路横断面综合设计

园路横断面的设计必须与道路管线相适应，综合考虑路灯的地下线路、给水管、排水管等附属设施。在自然地形起伏较大的地方，园路横断面设计应和地形相结合，当道路两侧的地形高差较大时可以采取以下几种布置形式。

① 结合地形将人行道与车行道设置在不同高度上，人行道与车行道之间用斜坡隔开（图4-16a），或用挡土墙隔开（图4-16b）。

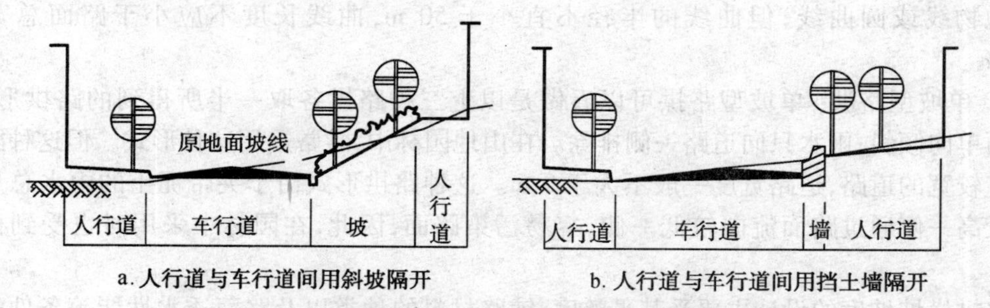

a. 人行道与车行道间用斜坡隔开　　b. 人行道与车行道间用挡土墙隔开

图4-16　地形高差较大时人行道与车行道的横断面设计

② 将两个不同行车方向的车行道设置在不同高度上（图4-17）。

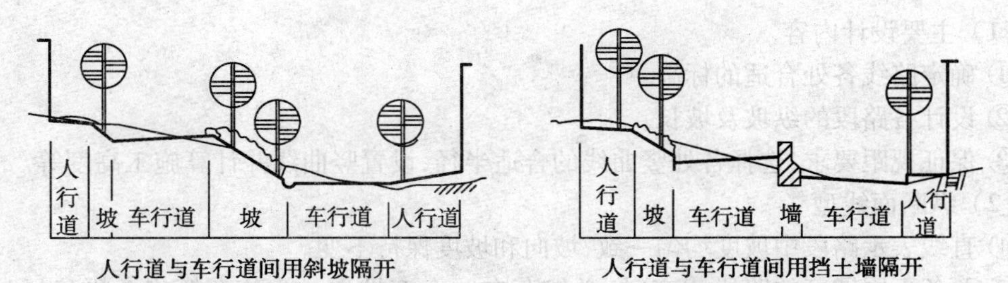

图 4-17 地形高差较大时不同行车方向的车行道横断面设计

③ 结合岸坡倾斜地形，将沿河一边的人行道布置在较低的不受水淹的河滩上，供居民散步休息之用；车行道设在上层，以供车辆通行(图 4-18)。

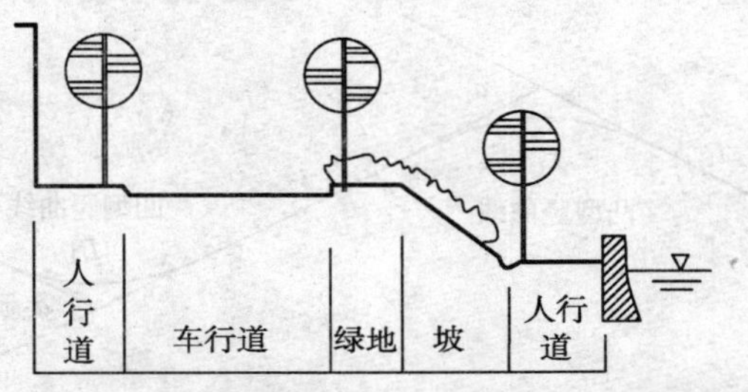

图 4-18 岸坡地形高差较大时的人行道与车行道横断面设计

④ 当道路沿坡地设置，车行道和人行道同在一个高度上时，横断面布置应将车行道中线的标高接近地面，并向土坡靠(图 4-19)。图中横断面 2 为合理位置。这样可避免出现多填少挖的不利现象(一般为了使路基比较稳固，而出现多挖少填的情况)，以减少土方和护坡工程量。

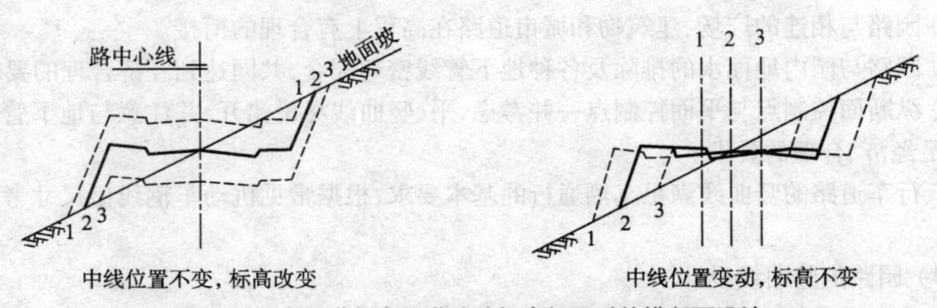

图 4-19 人行道与车行道坡地标高相同时的横断面设计

4.3.3 园路的纵断面设计

园路纵断面是指路面中心线的竖向断面。纵断面线型即道路中心线在其竖向剖面上的投影形态。路面中心线在纵断面上为连续相折的直线，为使路面平顺，在折线的交点处要设置成竖向的曲线状，即园路的竖曲线。竖曲线的设置可使园林道路多有起伏，路景生动，视线俯仰变化，游人游览散步时会感觉舒适方便。

(1) 主要设计内容

① 确定路线各处合适的标高。

② 设计各路段的纵坡及坡长。

③ 保证视距要求,选择各处竖曲线的合适半径,设置竖曲线并计算施工高度等。

(2) 纵断面线型

① 直线表示路段中坡度均匀一致,坡向和坡度保持不变。

② 两条不同坡度的路段相交时,必然存在一个变坡点。为使车辆安全平稳通过变坡点,须用一条圆弧曲线把相邻两个不同坡度线连接,这条曲线因位于竖直面内,故称竖曲线。当圆心位于竖曲线下方时,称为凸型竖曲线;当圆心位于竖曲线上方时,称为凹型竖曲线(图4-20)。

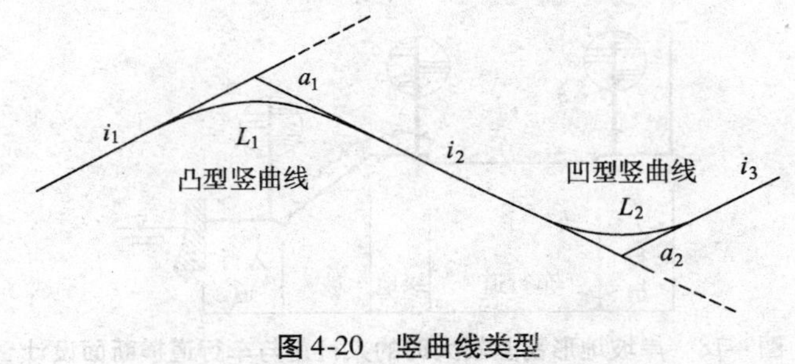

图4-20 竖曲线类型

(3) 设计要求

① 根据造景的需要,园路应随形就势,随地形的变化而起伏变化。

② 在满足造园艺术要求的情况下,尽量利用原地形,保证路基的稳定,并减少土方量。行车路段避免过大的纵坡和过多的折点,线型平顺。

③ 园路与相连的广场、建筑物和城市道路在高程上有合理的衔接。

④ 园路与园内地面水的排除及各种地下管线密切配合,共同达到经济合理的要求。

⑤ 纵断面控制点与平面控制点一并考虑,平、竖曲线尽量错开,并注意与地下管线的关系,满足经济、合理的要求。

⑥ 行车道路的竖曲线满足车辆通行的基本要求,根据常见机动车辆线型尺寸考虑会车安全。

(4) 园路的竖曲线设计

① 确定合适的半径

园路竖曲线半径允许范围比较大,其最小半径比一般城市道路要小得多。半径的确定与游人游览方式、散步速度和部分车辆的行驶要求相关,但一般不作过细的考虑。表4-5所列园路竖曲线的取值,可供设计时参考。

表4-5 园路竖曲线最小半径建议值 (单位:m)

园路级别	风景区主干道	主干道	次干道	游步道
凸型竖曲线	500~1 000	200~400	100~200	<100
凹型竖曲线	500~600	100~200	70~100	<70

② 纵向坡度

纵向坡度即道路沿其中心线方向的坡度。一般园路中，行车道路的纵坡一般为0.3%～8%，以保证路面水的排除与行车安全，同时又可丰富路景。供自行车骑行园路的纵坡宜在2.5%以下，不超过4%；轮椅、三轮车宜为2%左右，不超过3%；不通车的人行游览道纵坡不超过12%，若坡度在12%以上，就必须设计为梯级道路。除了专门设在悬崖峭壁边的梯级磴道外，一般的梯道纵坡坡度都不应超过100%。园路纵坡较大时，其坡面长度应有所限制（表4-6）。当道路纵坡较大而坡长又超过限制时，则应在坡路中插入坡度不大于3%的缓和坡段；或者在过长的梯道中插入一至数个平台，供人暂停小歇并起到缓冲作用。

表 4-6 园路纵坡与限制坡长

道路类型	车　道				游 步 道			
园路纵坡/%	5～6	6～7	7～8	8～9	9～10	10～11	11～12	>12
限制坡长/m	600	400	300	150	100	80	60	25～60

③ 横向坡度

横向坡度即垂直道路中心线方向的坡度。为了方便排水，园路横坡一般为1%～4%，呈两面坡。弯道处因设超高而呈单向横坡。不同材料路面的排水能力不同，因此各类型路面对纵横坡度的要求也不同（表4-7）。

表 4-7 各种类型路面的纵横坡度

路面路石类型	纵坡/‰				横坡/%	
	最小	最大		特殊	最小	最大*
		游览大道	园路			
水泥混凝土	3	60	70	100	1.5	2.5
沥青混凝土	3	50	60	100	1.5	2.5
块石、炼砖	4	60	80	110	2	3
拳石、卵石	5	70	80	70	3	4
粒料䠀面	5	60	80	80	2.5	3.5
改善土路面	5	60	60	80	2.5	4
游步小道	3	–	80	–	1.5	3
自行车道	3	30	–	–	1.5	2
广场、停车场	3	60	70	100	1.5	2.5
特别停车场	3	60	70	100	0.5	1

*当车行路的纵坡在1%以下时，方可用最大横坡。

在游步道上，道路的起伏可以更大一些。一般在12°以下为舒适的坡道，而超过12°时行走较费力。例如：北海公园琼岛陟山桥附近园路纵坡度为11.5°，为了保证主环路通车的要求，又能使步行者舒适，设计时把主路中间部分做成坡道，两侧做成台阶，使用效果较好。

颐和园某处纵坡度为17°,在雨雪天下坡行走十分危险。一般纵坡超过15°应设台阶。北京香山公园从香山寺到洪光寺一线,因通汽车需要,局部纵坡在20°以上,这在一般情况下是不允许的。因为在上坡时汽车能以低挡爬行上去,但在下坡时,汽车刹车增加,易使制动器发热,造成事故。

④ 弯道与超高缓和段

汽车在弯道上行驶时,会产生横向推力(离心力)。这种离心力的大小,与车行速度的平方成正比,与平曲线半径成反比。为了防止车辆向外侧滑移及倾覆,并抵消离心力的作用,就需将路的外侧抬高(图4-21)。设置超高的弯道部分(从平曲线起点至终点)形成了单一向内侧倾斜的横坡,为了便于直线路段的双向横坡与弯道超高部分的单一横坡平顺衔接,应设置超高缓和段(图4-22)。

设计游览性公路时,还要考虑路面视距与会车视距。

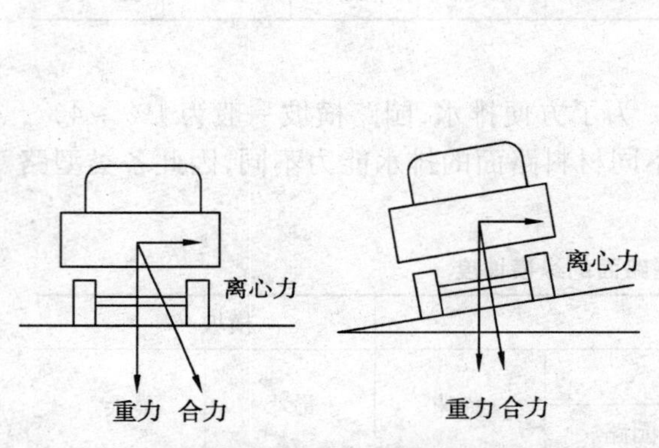

图4-21 弯道外侧抬高以抵消离心力的作用

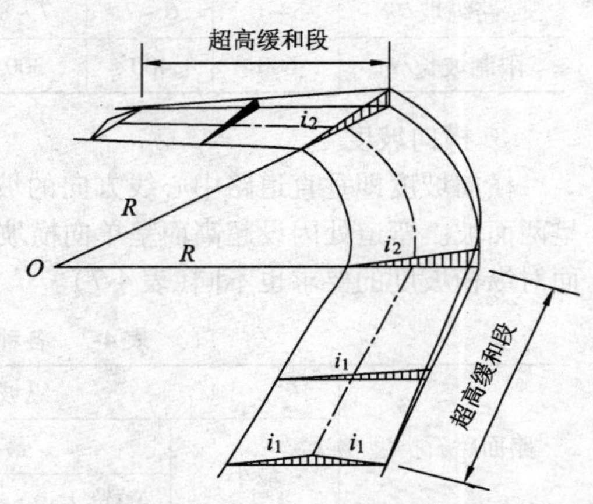

图4-22 超高缓和段的衔接

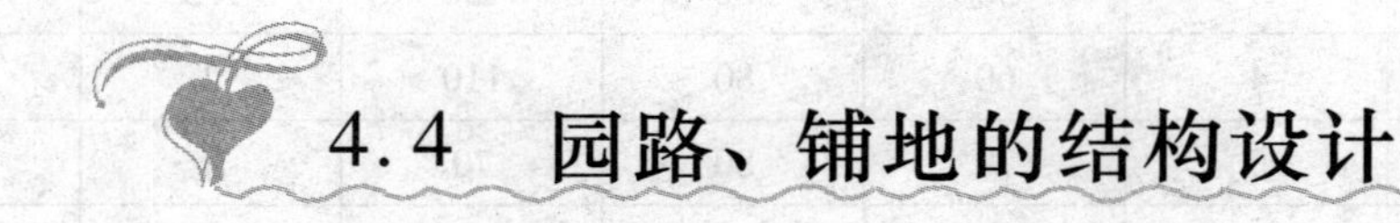

4.4 园路、铺地的结构设计

4.4.1 园路的结构

园路一般由路面、路基和附属工程三部分组成。

(1) 路面

园路路面由面层、基层、结合层和垫层共四层构成,比城市道路简单,其典型的路面图式如图4-23所示。

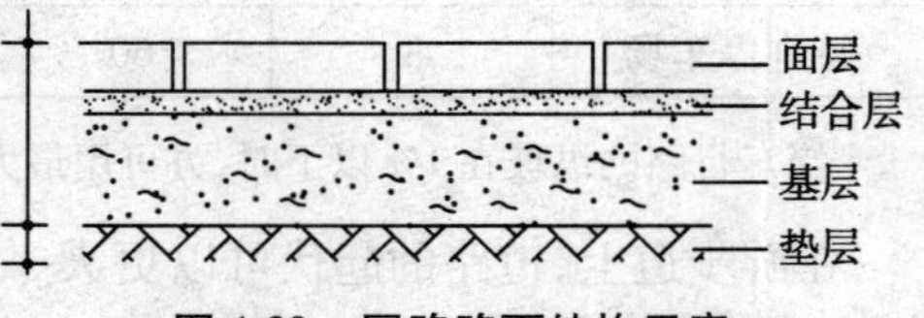

图4-23 园路路面结构示意

① 面层:面层是路面最上面的一层。它直接承受人流、车辆和大气因素(如烈日、严冬、

风、雨、雪等)的破坏。如面层选择不好,就会给游人带来“无风三尺土,雨天一脚泥”或反光刺眼等不利影响。因此从工程上来讲,面层要坚固、平稳,耐磨耗,具有一定的粗糙度,少尘埃,便于清洁。

② 基层:基层一般在土基之上,起承重作用。一方面支承由面层传下来的荷载,另一方面把此荷载传给土基。基层不直接接受车辆和气候因素的作用,对材料的要求比面层低。一般用碎(砾)石、灰土或工业废渣等筑成。

③ 结合层:在采用块料铺筑面层时,在面层和基层之间,为了结合和找平而设置的一层为结合层。一般用 3 ~ 5 cm 厚的粗砂、水泥砂浆或白灰砂浆即可。

④ 垫层:在路基排水不良或有冻胀、翻浆的路线上,为了排水、隔温、防冻的需要,用煤渣土、石灰土等筑成。在园林中可以用加强基层的办法,而不另设此层。

各类型路面结构层的最小厚度可查表 4-8。

表 4-8　路面结构层最小厚度

序号	结构层材料		层位	最小厚度/cm	备注
1	水泥混凝土		面层	6	-
2	水泥砂浆表面处理		面层	1	1∶2 水泥砂浆,用粗砂
3	石片、釉面砖表面铺贴		面层	1.5	水泥砂浆做结合层
4	沥青混凝土	细粒式	面层	3	双层式结构的上层为细粒式时,其最小厚度为 2 cm
		中粒式	面层	3.5	
		粗粒式	面层	5	
5	沥青(渣油)表面处理		面层	1.5	-
6	石板、预制混凝土板		面层	6	预制板加 $\Phi6 \sim 8$ mm 的钢筋
7	整齐石块、预制砌块		面层	10 ~ 12	-
8	半整齐、不整齐石块		面层	10 ~ 12	包括拳石、圆石
9	砖铺地		面层	6	用 1∶2.5 水泥砂浆或 4∶6 石灰砂浆做结合层
10	砖石镶嵌拼花		面层	5	
11	泥结碎(砾)石		基层	6	-
12	级配砾(碎)石		基层	5	-
13	石灰土		基层或垫层	8 或 15	老路上为 8 cm,新路上为 15 cm
14	二渣土、三渣土		基层或垫层	8 或 15	-
15	手摆大块石		基层	12 ~ 15	-
16	砂、砂砾或煤渣		垫层	15	仅做平整用,不限厚度

(2) 路基

路基是路面的基础。它可为路面提供一个平整的基面,承受路面传下来的荷载,是保证路面强度和稳定性的重要条件之一,对保证路面的使用寿命具有重大意义。

经验认为,如无特殊要求,一般黏土或砂性土开挖后用蛙式夯实机夯3遍,就可直接作为路基。

对于未压实的下层填土,经过雨季被水浸润后能使其自身沉陷稳定,其容重为180 g/cm^3,可以用于路基。

在严寒地区,严重的过湿冻胀土或湿软呈橡皮状土,宜采用1∶9或2∶8的灰土加固路基,其厚度一般为15 cm。

(3)附属工程

① 道牙:道牙一般分为立道牙和平道牙两种形式,其构造如图4-24所示。

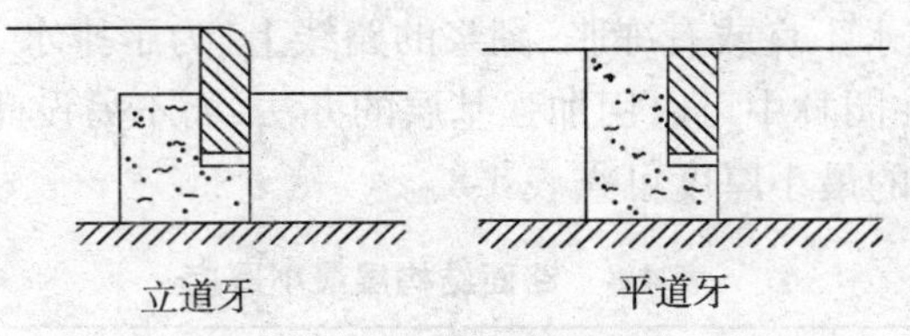

图4-24　两种道牙形式

道牙被安置在路面两侧,可使路面与路肩在高程上起衔接作用,并能保护路面,便于排水。一般用砖或混凝土制成,在园林中也可用瓦、大卵石等做成。

② 明沟和雨水井:二者是为收集路面雨水而建的构筑物,在园林中常用砖块砌成。

③ 台阶:当路面坡度超过12°时,为了便于行走,在不通行车辆的路段上,可设台阶。台阶的宽度与路面相同,每级台阶的高度为12~17 cm,宽度为30~38 cm。一般台阶不宜连续使用。如地形许可,每10~18级后应设一段平坦的地段,以使游人有恢复体力的机会。为了防止台阶积水、结冰,每级台阶应有1%~2%的向下的坡度,以利于排水。在园林中根据造景的需要,台阶可以用天然山石、预制混凝土做成木纹板、树桩等各种形式,装饰园景。为了夸张山势,造成高耸的感觉,台阶的高度也可增至15 cm以上,以增加趣味。

④ 礓礤:在坡度较大的地段,一般纵坡超过15%时,本应设台阶,但为了能通行车辆,将斜面做成锯齿形坡道,称为礓礤。其形式和尺寸如图4-25所示。

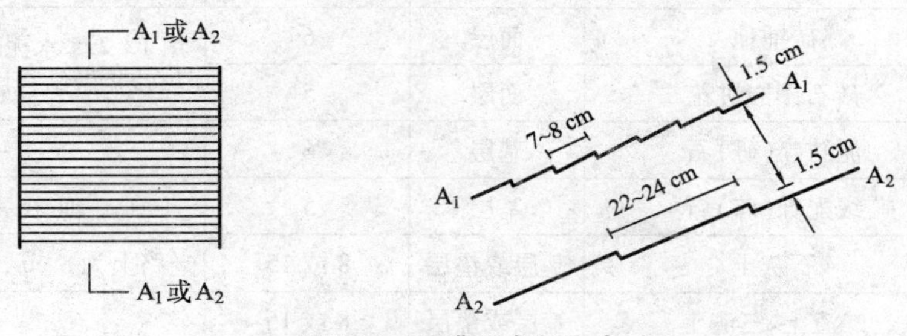

图4-25　礓礤形式和尺寸

⑤ 磴道:在地形陡峭的地段,可结合地形或利用露岩设置磴道。当其纵坡大于60%时,应做防滑处理,并设扶手栏杆等。

⑥ 种植池:在路边或广场上栽种植物,一般应留种植池。种植池的大小应根据所栽植物的要求而定,在栽种高大乔木的种植池周围应设保护栅。

4.4.2　园路、铺地的常见“病害”及其原因

园路的“病害”是指园路被破坏的现象。一般常见的病害有裂缝、凹陷、啃边、翻浆等。现就造成各种病害的原因分述如下。

(1) 裂缝与凹陷

造成这种破坏的主要原因是基土过于湿软或基层厚度不够、强度不足，以及路面荷载超过土基的承载力。

(2) 啃边

路肩和道牙直接支撑路面，使之保持横向稳定，因此路肩与其基土必须紧密结实，并有一定的坡度。否则，雨水的侵蚀和车辆行驶时对路面边缘的啃食作用会使之受损，并从边缘起向中心发展，这种破坏现象叫啃边(图 4-26)。

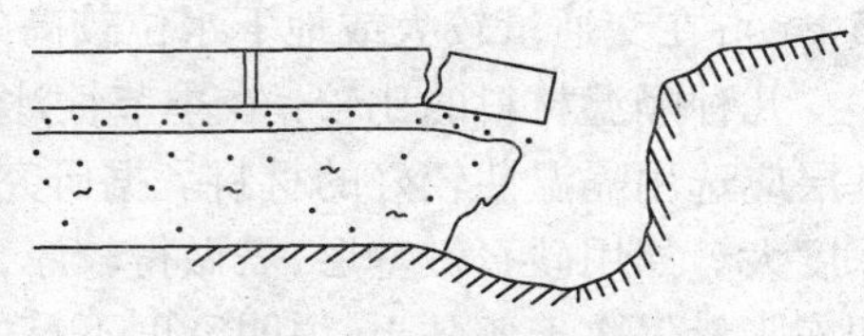

图 4-26　园路啃边现象

(3) 翻浆

在季节性冰冻地区，地下水位高，特别是对于粉砂性土基，由于毛细管的作用，水分上升到路面下。冬季气温下降时，水分在路面下形成冰粒，体积增大，路面就会隆起；到春季上层冻土融化，而下层尚未融化，这样土基变成湿软的橡皮状，路面承载力下降。这时如果车辆通过，路面就会下陷，邻近部分隆起，并将泥土从裂缝中挤出，使路面破坏，这种现象叫翻浆(图 4-27)。

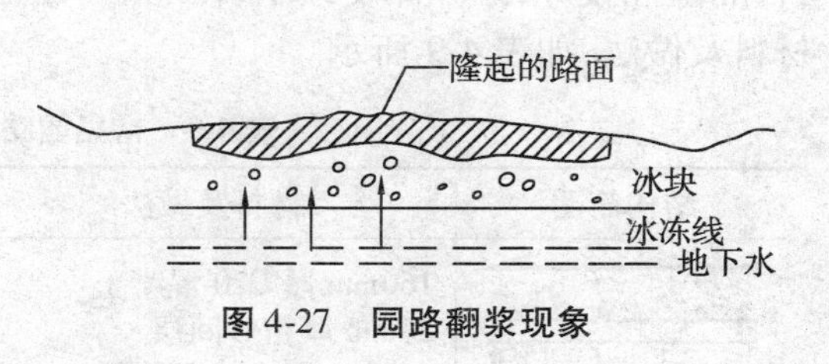

图 4-27　园路翻浆现象

4.4.3　园路的结构设计

(1) 园路结构设计中应注意的问题

① 就地取材。园路修建经费在整个公园建设投资中占有很大的比例，为了节省资金，在园路修建设计时应尽量使用当地材料、建筑废料、工业废渣等。

② 采用薄面、强基、稳基土。设计园路时，往往有对路基的强度重视不够的现象，在公园里我们常看到一条装饰性很好的路面使用没多久，就变得坎坷不平、破破烂烂了。其主要原因：一是园林地形多经过整理，其基土不够坚实，修路时又没有充分夯实；二是园路的基层强度不够，在车辆通过时路面被压碎。为了节省水泥石板等建筑材料，降低造价，提高路面质量，应尽量采用薄面、强基、稳基土，使园路结构经济、合理和美观。

(2) 几种结合层的比较

① 白灰干砂：由于白灰体积膨胀，密实性好，施工时操作简单，遇水后会自动凝结。

② 净干砂：施工简便，造价低，但经常遇水会使砂子流失，造成结合层不平整。

③ 混合砂浆：由水泥、白灰、砂组成，整体性好，强度高，黏结力强，但造价高。适用于

铺筑块料路面。

(3) 基层的选择

基层的选择应视路基土壤的情况、气候特点及路面荷载的大小而定,并尽量利用当地材料。

在冰冻不严重、基土坚实、排水良好的地区铺筑游步道时,只要把路基稍为平整,就可以铺砖修路。

灰土基层是由一定比例的白灰和土拌和后压实而成的。灰土基层使用较广,具有一定的强度和稳定性,不易透水,后期强度近刚性物质。在一般情况下使用一步灰土(压实后为15 cm);在交通量较大或地下水位较高的地区,可采用压实后为20~25 cm或二步灰土。

几种隔温材料的比较:在季节性冰冻地区,地下水位较高时,为了防止道路发生翻浆,基层应选用隔温性较好的材料。据研究认为,砂石的含水量少,导温率大,故该结构的冰冻深度大。如用砂石做基层,需做得较厚,不经济;石灰土的冰冻深度与土壤相同,石灰土结构的冻胀量仅次于亚黏土,说明密度不足的石灰土(压实密度小于85%)不能防止冻胀,压实密度较大时可以防冻;煤渣石灰土或矿渣石灰土做基层,用7∶1∶2的煤渣、石灰、土混合料,隔温性较好,冰冻深度最小,在地下水位较高时,能有效地防止冻胀。常见园路路面结构材料及做法,如表4-9所示。

表4-9 常见园路路面结构材料及做法

结构简图	材料及做法	结构简图	材料及做法
混凝土车行道	160mm厚C20混凝土 30mm厚粗砂间层 180mm厚大块石垫层 素土夯实层	混凝土车行道	C20混凝土120mm厚 80mm厚粗砂垫层 素土夯实
沥青混凝土路	40mm厚中粒沥青混凝土 80mm厚碎(砾)石间层 100mm厚碎(砾)石垫层 素土夯实	沥青表面处治	20mm厚沥青表面处理 80mm厚级配碎石面层 120mm厚碎(砾)石垫层 素土夯实
混凝土砌块路面	100mm厚C20混凝土砌块 15mm厚1∶3水泥砂浆 级配砂石垫层 素土夯实	三合土路面	100mm厚15∶10∶15石灰、黏土、炉渣三合土 素土夯实
石板嵌草路面	100mm厚石板(留草缝宽40mm) 50mm厚黄砂垫层 素土夯实	平铺砖路面	普通砖平砌细砂嵌缝 10mm厚石灰、黏土、炉渣或5mm厚粗砂 素土夯实

续表

结构简图	材料及做法	结构简图	材料及做法
卵石路面	70mm 厚混凝土栽小卵石 40mm 厚 M2.5 混合砂浆 200mm 厚碎砖三合土 素土夯实	砌块嵌草路面	100mm 厚混凝土空心砖 30mm 厚粗砂间层 20mm 厚碎石垫层 素土夯实
曲面路缘石 (R=500；20、100、100、150；495)	C20 混凝土预制路缘石 1∶2.5 水泥砂浆砌筑	混凝土路缘石 (1:3石灰砂浆砌)	(80、20；150、150、470、20、50)

4.4.4　园路的面层设计

(1) 园路路面的特殊要求

园林中的路不同于一般的城市道路，不但要求基础稳定、基层结实、经久耐用，还要考虑景观效果，因此对路面铺装有一定的特殊要求。它应以多种多样的形态、花纹来衬托景色，美化环境。在进行路面图案设计时，应与景区的意境相结合，即要根据园路所处的环境来选择路面的材料、质感、形式和尺度，有时还要研究路面图案的寓意、趣味，使路面更好地成为园景的组成部分。我国传统园林中对园路的处理积累了较为丰富的经验，《园冶》中讲："惟厅堂广厦中，铺一概磨砖。如路径盘蹊，长砌多般乱石。中庭或宜叠胜，近砌亦可回文。八角嵌方选鹅子铺成蜀锦。"又讲："花环窄路偏宜石，堂迴空庭需用砖，鹅子石宜铺于不常走处"，"乱青板石斗冰裂纹，宜于山堂、水坡、台端、亭际。"很细致地讲述了路面与环境的关系。再如儿童公园或游戏场的空间环境设计要求活泼、明朗、稚气、单纯、明快，故铺地地纹设计则应以简单的几何图形来组合，以求协调相配；寺庙空间环境以古朴、淡雅、清静为主，故铺地地纹则以淡雅青板(条)石或仿方砖、斩假石、青黛色砖瓦铺地自然形成为宜。

现代园林服务对象与传统园林有所不同，人流量增大和行车的需要要求路面的承载力增大，讲求既实用又有艺术性。在进行路面铺装艺术设计时，应把握以下几点：

① 路面应有装饰性，纹样设计要求色彩协调，考虑质感对比和尺度划分，同时图案设计讲求个性化。

② 园路路面应有柔和的光线和色彩，以减少反光、刺眼的感觉。例如，广州园林中用各种条纹水泥混凝土砖按不同方向排列，产生了很好的光彩效果，使路面既朴素又丰富，并且减少了路面的反光强度。

③ 在进行路面设计时，应与地形、植物、山石等很好地配合，共同构成景色。园路与植物的配合不仅能丰富景色，使路面变得生气勃勃，而且嵌草的路面可以改变土壤的水分含量和通气状态，为广场的绿化创造有利的条件，并能降低地表温度，对改善局部小气候有利。

此外，设计时应考虑就地取材、价廉物美又接近自然，并充分重视废料和新材料的引入，低才高用。

（2）园路铺装类型

① 整体路面

Ⅰ．水泥混凝土路面：指用水泥、粗细骨料（碎石、卵石、砂等）、水按一定的配合比拌匀后现场浇筑而成的路面。这种路面整体性好，耐压强度高，养护简单，便于清扫，在园林中多用于主干道。初凝之前，还可以在表面进行纹样加工；为增加色彩变化，也可添加不溶于水的无机矿物颜料。另外，一些园路的边带或作障碍性铺装的路面，也常采用混凝土。

露骨料方法饰面，做成装饰性边带。这种路面立体感较强，能够和其旁的平整路面形成鲜明的质感对比。

水泥混凝土路面可用 80～120 mm 厚碎石层或 150～200 mm 厚大块石层做基层；在基层上面可用 30～50 mm 粗砂做间层；面层则一般采用 120～160 mm 厚 C20 混凝土。路面每隔 10 m 设伸缩缝一道。对路面，可用普通抹灰或彩色水泥抹灰进行装饰。

Ⅱ．沥青混凝土路面：指用热沥青、碎石和砂的拌和物现场铺筑而成的路面。用 60～100 mm厚泥结碎石做基层，以 30～50 mm 厚沥青混凝土做面层。沥青混凝土根据其骨料粒径大小，分细粒式、中粒式和粗粒式三种。这种路面颜色深，反光小，易于与深色的植被协调，但耐压强度和使用寿命均低于水泥混凝土路面，且夏季沥青有软化现象。在园林中，多用于主干道。沥青混凝土路面属于黑色路面，一般不用其他方法来对路面进行装饰处理。

② 块料路面

用规则或不规则的石材、砖、预制混凝土块做路面面层材料，一般结合层要用水泥砂浆，起路面找平和结合作用。这类铺地适用于园林中的游步道、次路等，也是现代园林中应用比较普遍的形式之一。

Ⅰ．砖铺地：目前我国机制标准砖的大小为 240 mm × 115 mm × 53 mm，有青砖和红砖之分。园林铺地多用青砖，风格朴素淡雅，施工简便，可以拼凑成各种图案，以席纹和同心圆弧放射式排列为多（图 4-28）。砖铺地适用于庭院和古建筑物附近。因其耐磨性差，容易吸

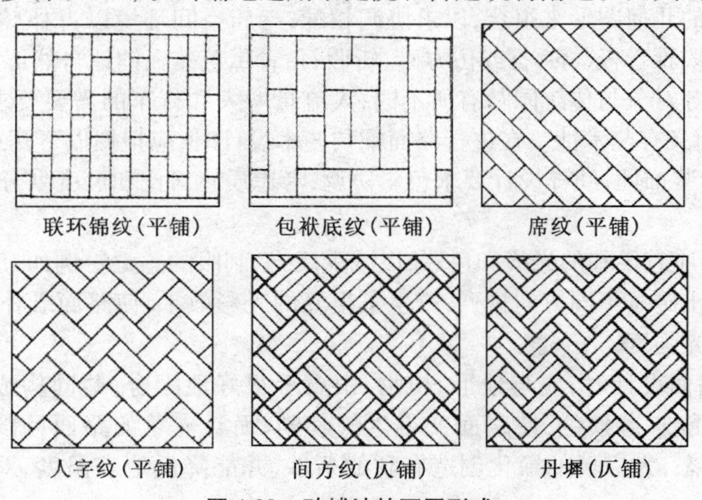

图 4-28　砖铺地的不同形式

水,适用于冰冻不严重和排水良好之处。坡度较大和阴湿地段不宜采用,因易生青苔而行走不便。目前已有采用彩色水泥仿砖铺地,效果好,日本及欧美国家尤喜用红砖或仿缸砖铺地,色彩明快艳丽。

方砖及其设计参考尺寸(单位:mm)如下:尺二方砖,400×400×60;尺四方砖,470×470×60;足尺七方砖,570×570×60;二尺方砖,640×640×96;二尺四方砖,768×768×144。长方砖尺寸如下:大城砖,480×240×130;二城砖,440×220×110;地趴砖,420×210×85。用以上砖铺地,显得平整、大方、庄重,多用于古典庭园。

Ⅱ. 冰纹路:指用大理石、花岗岩、陶质或其他碎片模仿冰裂纹样铺砌的路面。碎片间接缝呈不规则折线,用水泥砂浆勾缝。多为平缝和凹缝,以凹缝为佳;也可不勾缝,以便于草皮长出成冰裂纹嵌草路面(图 4-29);还可做成水泥仿冰纹路,即在现浇水泥混凝土路面初凝时,模印冰裂纹图案,表面拉毛,效果也较好。冰纹路适用于池畔、山谷、草地、林中之游步道。

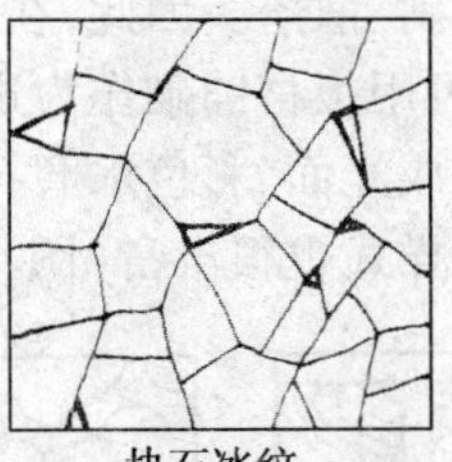
块石冰纹　　水泥仿冰纹

图 4-29　冰裂纹嵌草路面

Ⅲ. 乱石路:指用天然块石大小相间铺筑而成的路面。采用水泥砂浆勾缝。石缝曲折自然,表面粗糙,具粗犷、朴素、自然之感(图 4-30)。冰纹路、乱石路也可用彩色水泥勾缝,以增加色彩变化。

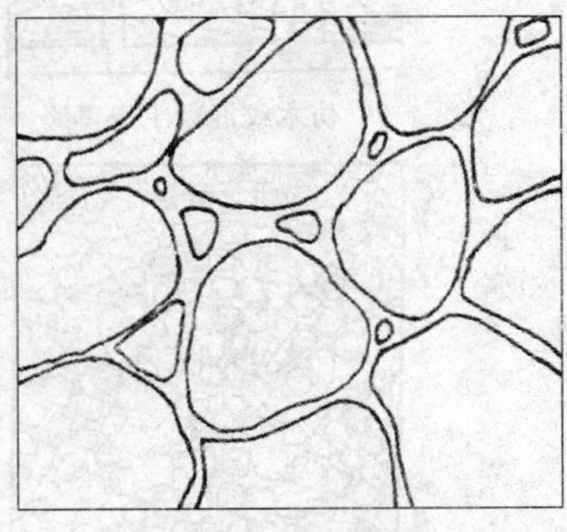
图 4-30　乱石路

Ⅳ. 条石路:指用经过加工的长方体石料铺筑而成的路面。这种路面平整规则,庄重大方,坚固耐久,多用于广场、殿堂和纪念性建筑物周围。条石一般被加工成尺寸(单位:mm)为 497×497×50、697×497×60、997×697×70 等规格,其下直接铺 30~50 mm 厚的砂土做找平的垫层,可不做基层;或者以砂土层作为间层,在其下设置 80~100 mm 厚的碎(砾)石层做基层。石板下不用砂土垫层,而用 1∶3 水泥砂浆或 4∶6 石灰砂浆做结合层,可以保证面层更坚固和稳定。利用天然石的不同品质、颜色、石料饰面及铺砌方法可组合出多种形式的石材路面,营造一种有质感、沉稳的氛围。石料常用花岗岩,造价相对较高。有时石料尺寸变小(90 mm×70 mm×45 mm~90 mm×70 mm×25 mm),成为一种小料石路面,国外也称之为“骰石路面”,常用于人行道铺装。石材表面处理有光面和毛面两种,道路上宜选毛面石材,以防滑。

Ⅴ. 预制水泥混凝土方砖路:指用预先模制成的水泥混凝土方砖铺砌而成的路面。这种路面形状多变,图案丰富(如各种几何图形、花卉、木纹、仿生图案等)。也可添加无机矿物颜料制成彩色混凝土砖,使路面色彩艳丽。方砖常见尺寸(单位:mm)有 250×250×50、297×297×60、397×397×60 等规格。这种路面平整、坚固、耐久,适用于园林中的广场和规则式路段。

也可做成预制混凝土砌块和草皮相间铺装路面,这样不仅能很好地透水、透气,而且绿色草皮呈点状或线状有规律地分布在路面形成美观的绿色纹理，美化了路面。这种具有鲜明生态特点的路面铺装形式，已越来越受到人们的欢迎。采用砌块嵌草铺装的路面主要用在人流量不太大的公园散步道、小游园道路、草坪道路或庭院内道路等处，一些铺装场地如停车场等也可采用这种路面。预制混凝土砌块按照设计可有多种形状，大小规格也有很多种，可做成各种彩色的砌块，但其厚度都不小于 80 mm，一般为 100 ~ 150 mm，加钢筋的混凝土板，最小厚度可仅 60 mm，所加钢筋直径 6 ~ 8 mm，间距 200 ~ 250 mm，双向布筋。砌块的形状基本可分为实心和空心两类。由于砌块是在相互分离状态下构成路面，使得路面特别是在边缘部分容易发生歪斜、散落。因此，在砌块嵌草路面的边缘，最好要设置道牙加以规范和保护路面。另外，也可用板材铺砌作为边带，使整个路面更加稳定，不易损坏。预制混凝土铺砌板的顶面常加工成光面、彩色水磨石面或露骨料面。预制混凝土块路面的造价相对石材来说较低，其色彩、样式也很丰富(图 4-31)。

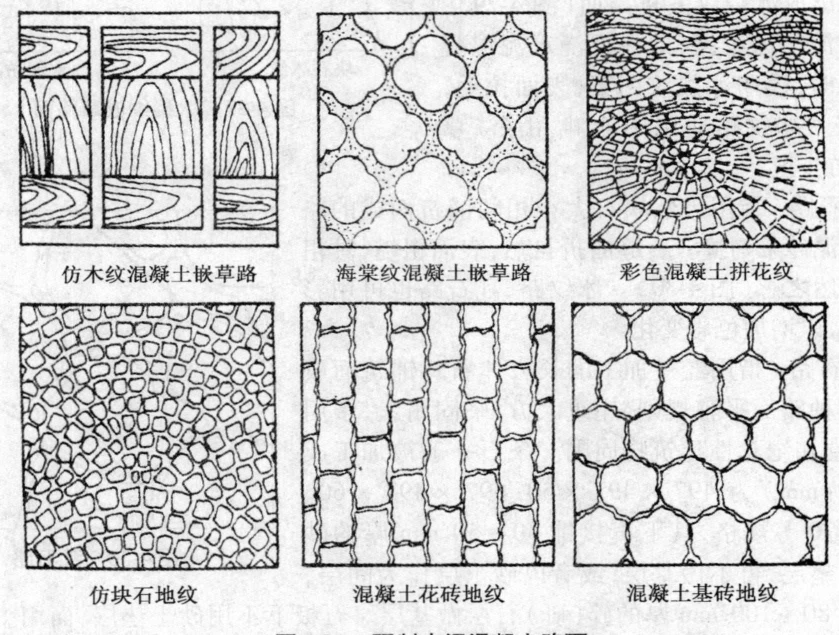

图 4-31　预制水泥混凝土路面

Ⅵ. 步石、汀步：在自然式草地或建筑附近的小块绿地上，可以用一至数块天然石块或预制成圆形、树桩形、木纹板形等混凝土块，自由组合于草地之中，即称为步石。一般步石的数量不宜过多，块体不宜太小，两块相邻块体的中心距离应考虑人的跨越能力和不等距变化。这种步石多用于草坪、林间、岸边或庭院等处，易与自然环境协调，取得轻松活泼的效果(图 4-32)。

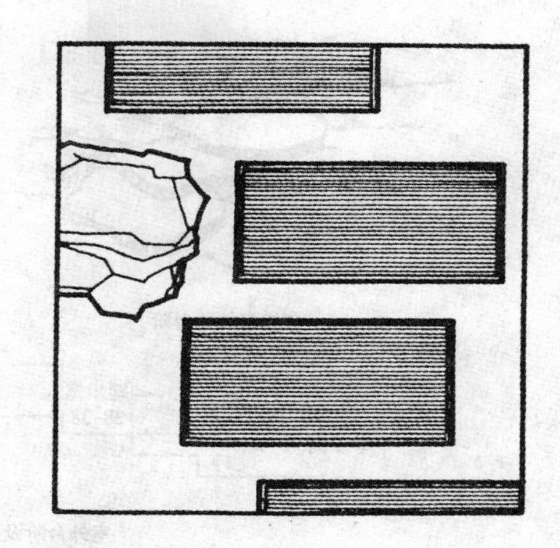

图 4-32　步石

在水中设置步石,称为汀步。汀步可自由地布置在溪涧、滩地和浅池中,使游人可以平水而过。汀步适用于窄而浅的水面,如小溪、涧、滩等。为了游人的安全,汀步不宜过小,距离不宜过大(汀步间距离按游人步距放置,一般净距为 200 ~ 300 mm),数量也不宜过多(图 4-33)。

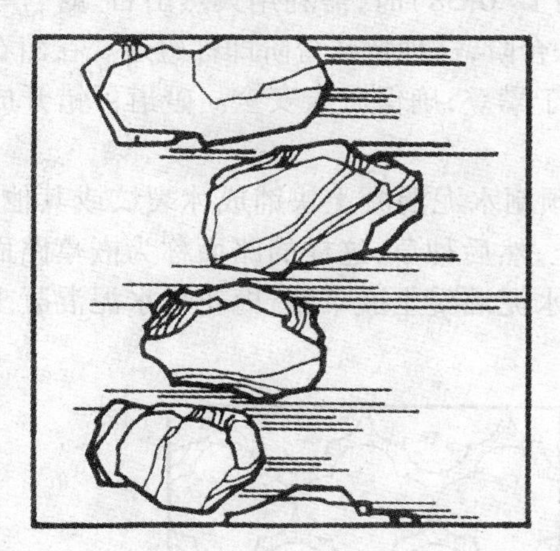

图 4-33　汀步

步石、汀步块料可大可小,形状不同,高低不等,间距也可灵活变化,路线可直可曲,最宜自然弯曲,轻松、活泼、自然,极富野趣。也可用水泥混凝土仿制成树桩或荷叶等形状。

Ⅶ. 台阶与磴道:当道路坡度过大时(一般超过 12%),需设梯道实现不同高程地面的交通联系,即称台阶(或踏步)。室外台阶一般用砖、石、混凝土筑成,形式根据环境条件而定,可规则也可自然。一般每级台阶的踏面、举步高、休息平台间隔及宽度的尺寸要求见图 4-34。台阶也用于建筑物的出入口及有高差变化的广场(如下沉式广场)。台阶能增加立面上的变化,丰富空间层次,表现出强烈的节奏感。

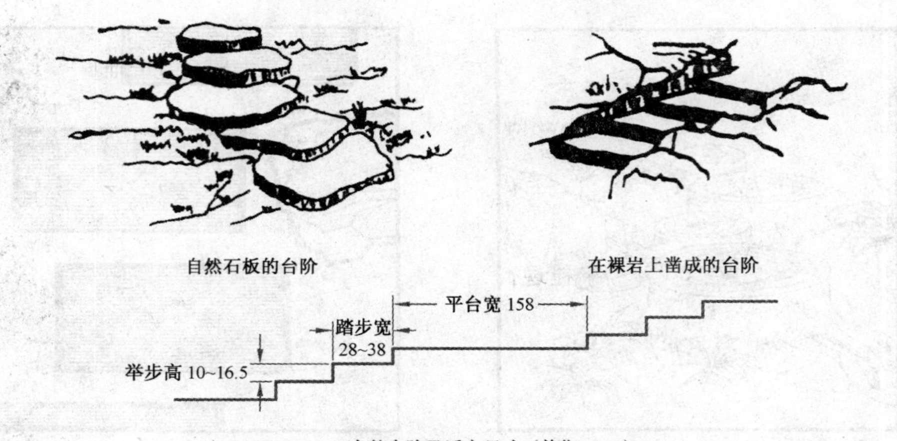

室外台阶及适宜尺寸（单位：cm）

图 4-34　台阶

当台阶路段的坡度超过 70%（坡角为 35°，坡值为 1∶1.4）时，台阶两侧须设扶手栏杆，以保证安全。

当路段坡度超过 173%（坡角为 60°，坡值为 1∶0.58）时，需利用天然山石、露岩等凿出或用水泥混凝土仿树桩、假石等塑成上山的特殊台阶，这种特殊台阶即称磴道。在山石上开凿坑穴形成台阶，并于两侧加高栏杆铁索，以利于攀登，确保游人安全。磴道可错开成左右台级，以便于游人相互搀扶，"一步登天"。

Ⅷ. 嵌草路面：把天然石块和各种形状的预制水泥混凝土块铺成冰裂纹或其他花纹，铺筑时在块料间留 3 ~5 cm 的缝隙，填入培养土，然后种草，这样的路面称为嵌草路面。常见的有冰裂纹嵌草路、花岗岩石板嵌草路、木纹水泥混凝土嵌草路、梅花形水泥混凝土嵌草路等（图 4-35）。

图 4-35　嵌草路面

③ 卵石花街路面

卵石花街路面是指以卵石为主要材料，或结合碎石、瓦片、碎瓷等碎料拼成的路面。这种路面图案精美丰富，色彩素艳和谐，风格或圆润细腻或朴素粗犷，做工精细，具有很好的装饰作用和较高的观赏性。卵石是园林中最常用的一种路面面层材料，一般用于花间小径、游步道或水旁亭榭周围。

中国古典园林中很早就开始用卵石铺路，创造了许多带有传统文化的图案，如以寓言、故事、盆景、花鸟鱼虫、传统民间图案等为题材进行铺砌加以表现，江南古典园林中目前仍保留了不少这方面的佳作。另外，古典园林中还有一种雕砖卵石路面，被誉为"石子画"，它是选用精雕的砖、细磨的瓦和经过严格挑选的各色卵石拼凑成的路面，图案内容丰富。

近年来，这种路面在现代园林中的应用也非常广泛，如公园或休闲广场上常见的带有足疗功能的健身步道等。这种路面图案较简洁，耐磨性好，防滑，富有江南园路的传统特点，但清扫困难，且卵石容易脱落。因而，在现代园林中为保持传统风格，降低造价，也有采用预制混凝土卵石嵌花路或卵石与石板或预制混凝土块相拼合的方式，既有较好的装饰作用，又具有现代特点（图 4-36）。

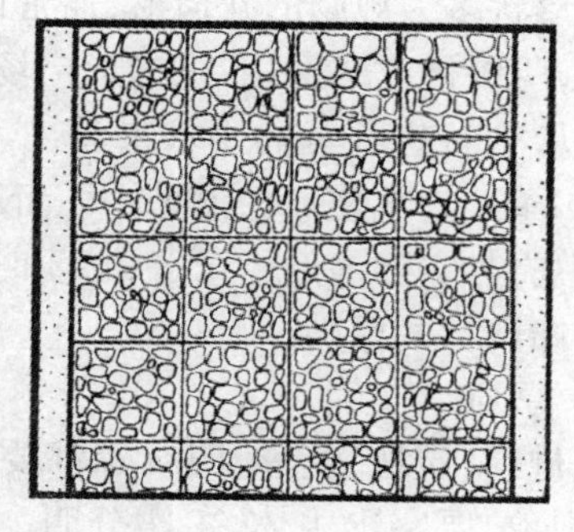

图 4-36　卵石花街路面

④ 木栈道

近年来，在一些经济条件较好的大中城市出现了用木材作为面层材料的园路（图4-37）。因天然木材具有独特的质感、色调和纹理，令步行者感到更为舒适，颇受欢迎，但造价和维护费用相对较高。所选的木材一般要经防腐处理，因此从保护环境和方便养护出发，应尽量选择耐久性强的木材，或加压注入的防腐剂对环境污染小的木材。国内多选用杉木。铺设方法和构

图 4-37　木栈道

造与室内木地板的铺设相似，但所选木板和龙骨材料厚度应大于室内，并应在木材表面涂饰防水剂、表面保护剂，且最好每两年涂刷一次着色剂。国内也有采用混凝土仿木做面层或在混凝土表面做仿木处理的，这种路面的效果也不错。

此外，国外也有采用沥青塑料、弹性橡胶等新材料做路面面层的，也别有特色。

4.4.5 铺地设计

(1)一般广场铺地的平面形状

一般广场铺地的平面形状即为广场的平面形状。一般园景广场既有封闭式的，也有开放式的。其平面形状多为规则的几何形，通常以长方形为主。长方形广场较易与周围地形及建筑物相协调，所以被广泛采用；正方形广场的空间方向性不强，空间形象变化少一点，因此不常被采用。从空间艺术上的要求来看，广场的长度不应大于其宽度的3倍；长宽比为4∶3、3∶2或2∶1时，艺术效果比较好。平面形状在工程设计之前的规划阶段一般已经明确，在实际操作中应与实际地形相结合，必要时对细部进行微调。

(2) 铺地装饰设计的原则

① 整体统一原则

地面铺装的材料、质地、色彩、图纹等都要协调统一，不能有割裂现象，要突出主体，主次分明。在设计中至少应有一种铺装材料占主导地位，以便与附属材料在视觉上形成对比和变化，以及暗示地面上的其他用途。这一占主导地位的材料，还可贯穿于整个设计的不同区域，以便于建立统一性和多样性。

② 简洁实用原则

铺装材料、造型结构、色彩图纹的采用不要太复杂，应适当简单一些，以便于施工。同时要满足游人舒适地游览散步的需要。光滑质地的材料一般来说应占较大比例，以较朴素的色彩衬托其他设计要素。

③ 形式与功能统一的原则

铺地的平面形式和透视效果与设计主题相协调，烘托环境氛围。透视与平面图存在着许多差异。在透视中，平行于视平线的铺装线条可强调铺装面的宽度，而垂直于视平线的铺装线条则强调其深度(图4-38)。

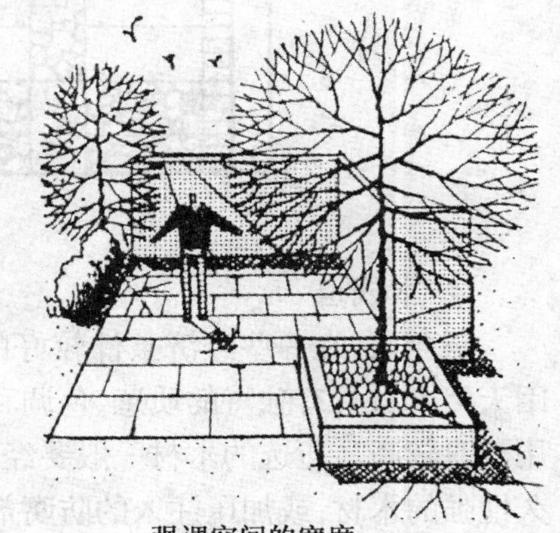

强调空间的宽度

强调空间的深度

图4-38 铺装线条与空间透视的关系

(3) 常见铺地装饰手法

① 图案式地面装饰：指用不同颜色、不同质感的材料和铺装方式在地面做出简洁的图案和纹样。图案纹样应规则对称，在不断重复的图形线条排列中创造生动的韵律和节奏。采用图案式手法铺装时，图案线条的颜色要偏淡偏素，决不能浓艳。除了黑色以外，其他颜色都不要太深太浓。对比色的应用要适度，色彩对比不能太强烈。在地面铺

装中，路面质感的对比可以比较强烈，如磨光的地面与露骨料的粗糙路面可以相互靠近，形成强烈对比。

② 色块式地面装饰：地面铺装材料可选用 3 ~ 5 种颜色，表面质感也可以有 2 ~ 3 种表现；广场地面不做图案和纹样，而是铺装成大小不等的方、圆、三角形及其他形状的颜色块面。色块之间的颜色对比可以强一些，所选颜色也可以比图案式地面更加浓艳一些。但是，路面的基调色块一定要明确，在面积、数量上一定要占主导地位。

③ 线条式地面装饰：指在浅色调、细质感的大面积底色基面上，以一些主导性的、特征性的线条造型为主进行的装饰。这些造型线条的颜色比底色深，也更鲜艳一些，质地也常比基面粗，比较容易引人注意。线条的造型有直线、折线形，也有放射状、旋转形、流线形，还有长短线组合、曲直线穿插、排线宽窄渐变等富于韵律变化的生动形象。

④ 阶台式地面装饰：将广场局部地面做成不同材料质地、不同形状、不同高差的宽台形或宽阶形，既使地面具有一定的竖向变化，又使某些局部地面从周围地面中独立出来，在广场上创造出一种特殊的地面空间。这种装饰被称为阶台式地面装饰。例如，在广场上的雕塑位点周围设置具有一定宽度的凸台形地面，就能为雕塑提供一个独立的空间，从而可以很好地突出雕塑作品。又如，在座椅区、花坛区、音乐广场的演奏区等地方，通过设置凸台式地面来划分广场地面，既突出个性空间，还可以很好地强化局部地面的功能特点。将广场水景池周围地面设计为几级下行的阶梯，使水池成为下沉式的，水面更低，观赏效果会更好。总之，宽阔的广场地面中如果有一些竖向变化，则广场地面的景观效果一定会有较大的提高。

(4) 铺地竖向设计

园林铺地竖向设计要有利于排水，保证铺地地面不积水。为此，任何铺地在设计中都要有不小于 0.3% 的排水坡度，而且在坡面下端要设置雨水口、排水管或排水沟，使地面有组织地排水，组成完整的地上地下排水系统。铺地地面坡度也不宜过大，否则会影响使用。一般坡度在 0.5% ~ 5% 较好，最大坡度不宜超过 8%。

竖向设计尽量做到土石方就地平衡，避免土方二次转运，减少土方用工量，节约工程费用。设计中还应注意兼顾铺地的功能作用，要有利于功能作用的充分发挥。例如，广场上的座椅休息区，其地坪设计高出周围 20 ~ 30 cm，使呈低台状，就能保证下雨时地面不积水，雨后马上可供再使用。广场中央设计为大型喷泉水池时，采用下沉式广场以降低广场地坪，能最大限度地发挥喷泉水池的观赏作用。

铺装地的结构与园路相同，但基础多用混凝土，可参见园路结构部分。

(5) 停车场与回车场铺地设计

① 停车场面积的确定

在确定停车场面积的大小时，首先要计算单位停车场面积，然后按计划停车数量来估算停车场用地面积。单位停车场的面积大小是根据车辆长度和宽度的轮廓尺寸、车辆最小转弯半径、车辆停放排列形式、发车方式和车辆集散要求等因素决定的。其中以垂直后退式停车方式的占地面积为最小，平行式停车方式占地面积最大。

在初步计算停车场面积时，可按每辆汽车 25 m^2（包括通行道）的标准计算。根据实地测定，停车场面积可参见表 4-10 所列数值进行估算。

表 4-10 停车场面积计算表

停车方向	平行于道路中心线	垂直于道路中心线	与道路中心线斜交成 45°~60°角
单行停车道宽度/m	2.5~3	7~9	6~8
双行停车道宽度/m	5~6	14~18	12~16
单向行车时两行停车道间通行宽度/m	3.5~4	5~6.5	4.5~6
一辆汽车所需面积(包括通道)/m^2			
小汽车	22	23	26
公共汽车、载重汽车	40	36	28
100 辆汽车停车场所需面积/hm^2			
小汽车	0.3	0.2	0.3~0.4
公共汽车、载重汽车	0.4	0.3	0.7~1.0 特大型
100 辆自行车停车场所需面积/hm^2		0.14~0.18	

除此之外,还可以采用如下标准停车位尺寸来估算停车场的面积:采用垂直式停放的停车场,其标准尺寸为:车道宽 6 m,车位宽 2.5 m,车带宽 5 m。最低限度也应确保车道宽 5.5 m,车位宽 2.35 m,车带宽 5 m 的停车空间;有轮椅通行的停车场,停车位宽度应设计在 3.5 m 以上;公共交通停车场的车位尺寸一般为:长 10~12 m,宽 3.5~4 m。如采用垂直式停放,车道宽度应确保在 12 m 以上,一般选择倾斜式停放。公共停车场用地面积按当量小汽车的停车泊位估算,一般按 25~30 m^2/停车位计算。具体换算系数分别为:微型汽车 0.7;小汽车 1.0;中型汽车 2.0;大型汽车 2.5;铰接汽车 3.5。

② 车辆停放方式

Ⅰ. 平行停车:停车方向与场地边线或道路中心线平行。采用这种停车方式的每一列汽车,所占的地面宽度最小,因此,这是适宜路边停车场的一种方式。但是,为了车辆队列后面的车能够随时驶离,前后两车间的净距要求较大,因而在一定长度的停车道上,这种方式所能停放的车辆数比用其他方式少 1/2~2/3。

Ⅱ. 垂直停车:车辆垂直于场地或道路中心线停放,每一列汽车所占地面较宽,可达 9~12 m;并且车辆进出停车位均需倒车一次。但在这种停车方式下,车辆排列密集,用地紧凑,所停放的车辆数也最多。一般的停车场和宽阔停车道都采用这种停车方式。

Ⅲ. 斜角停车:停车方向与场地边线或道路边线呈 30°、45°或 60°角,车辆的停放和驶离都最为方便。这种方式适宜于停车时间较短、车辆随来随走的临时性停车道。由于占用地面较多,用地不经济,车辆停放数量也不多,混合车种停放也不整齐,所以一般较少应用这种停车方式。

③ 回车场设计

在园林中,当道路为尽端式时,为方便汽车进退、转弯和调头,需要在该道路的端头或接近端头处设置回车场地。如果道路尽端是路口或建筑物,则最好利用路口或建筑前面预留场地加以拓宽,兼作回车场用。如是断头道路,则要单独设置回车场(图 4-39)。回车场的用地

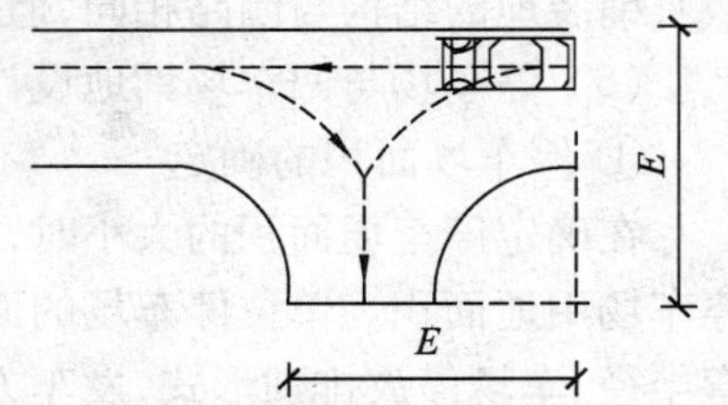

$E \times E$;小车:9 m×9 m;
大车:12 m×12 m;
超大车辆(不带拖车):18 m×18 m

图 4-39 回车场设计

面积一般不小于 12 m×12 m,即图中的 E 值应当大于12 m。回车路线和回车方式不同,其回车场的最小用地面积也会有一些差别。

4.5　园路、铺地施工

园路施工的基本工序和基本方法与一般城市道路基本相同,但还有一些特殊的技术要求和具体方法;而园林广场的施工,也与其他园林铺地大同小异。所以园林中一般铺地场地的施工都可以参照园路和园林广场的方式、方法进行。下面主要介绍园路和园林广场的施工程序、施工技术要点和一些规范要求。

园林铺地工程由许多分项工程构成(图 4-40)。有关各分项工程的内容详见各章节。园林铺地工程施工流程如图 4-41 所示。

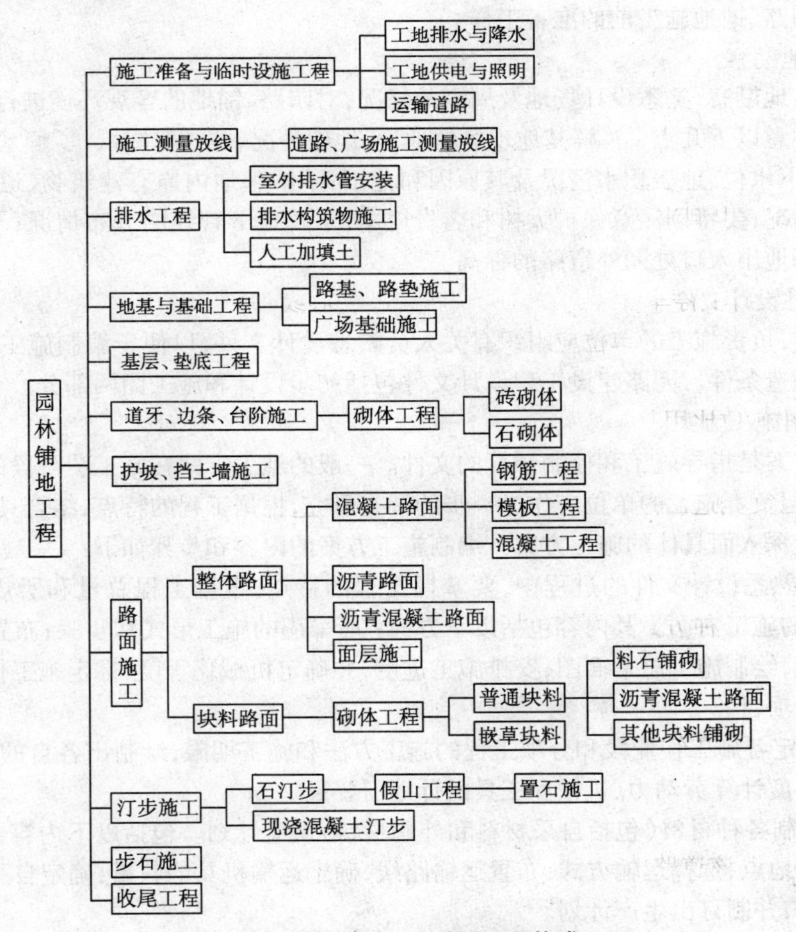

图 4-40　园林铺地工程分项工程构成

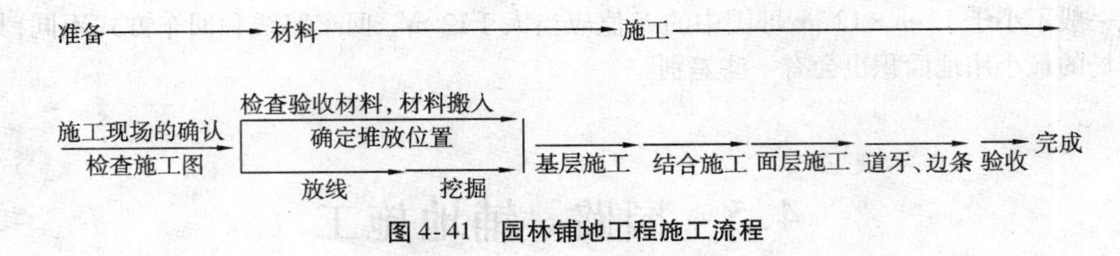

图4-41 园林铺地工程施工流程

4.5.1 园路的施工

园路的施工是园林总平面施工的组成部分。园路施工的重点在于控制好施工面的高程，并注意与园林其他设施的有关高程相协调。施工中，园路路基和路面基层的处理只要达到设计要求的牢固性和稳定性即可，而路面面层的铺地则要求更加精细，质量要求更高。

(1) 园路、铺地施工前的准备工作

① 实地勘察

通过实地勘察，熟悉设计场地及周围的情况，对园路、铺地的客观环境进行全面的认识。勘察时应注意以下几点：了解基地现场的地形、地貌情况，并核对图纸；了解基地的土壤、地质情况，地下水位、地表积水情况及其原因和范围；了解基地内原有建筑物、道路、河池及植物种植的情况，要特别注意保护大树和名贵树木；了解地下管线的分布情况；了解园外道路的宽度及场地出入口处园外道路的标高。

② 熟悉设计文件

施工前，负责施工的单位应组织有关人员熟悉设计文件，以便于编制施工方案，为完成施工任务创造条件。园路建设工程设计文件包括初步设计和施工图两部分。

③ 编制施工方案

施工方案是指导施工和控制预算的文件。一般的施工方案在施工图阶段的设计文件中已经确定，但负责施工的单位应作进一步的调查研究，根据工程的特点，结合具体施工条件，编制出更为深入而具体的施工方案。编制施工方案的内容和步骤如下：

Ⅰ. 在熟悉设计文件的过程中，要掌握工程的特点，根据工程总量和所规定的施工期限，确定总的施工方案。其内容包括以下方面：所采用的施工形式和步骤；布置施工作业段和分项工程，绘制施工总平面图；安排施工进度，并确定机械化程度；标定施工作业段或分项工程的施工项目。

Ⅱ. 决定各施工作业段和分项工程的施工方法和施工期限，绘制出各自的施工进度图。根据工程进度计算劳动力、机械和工具的计划需要量。

Ⅲ. 编制各种材料(包括自采材料和外购材料)供应计划。包括以下内容：材料进入工地的时间和地点；选择运输方式，布置运输路线，确定运输机具的数量；确定自采材料的开采和加工方案，并制订出生产计划。

Ⅳ. 汇总并编写说明书

编制施工方案时要合理、可靠与切实可行；分项工程和各施工作业段的施工期限应与设

计文件中总施工期限吻合；确定期限时，各种因素（如雨、风、雪等气候条件及其他因素），尤其是路面工程的特点应考虑周密；各工序和分项工程之间的安排要环环紧扣，做到按时或提前完成任务。已经确定的施工方案，并不是一成不变的。施工过程中若发现不足之处，可随时予以改正并调整。

（2）现场准备工作

现场准备工作进行的快慢会直接影响工程质量和施工进展。开工前应做好以下几项主要工作：

① 按施工计划确定并搭建好临时工棚。

② 在园路工程涉及的范围内，凡是影响施工的地上、地下物，均应在开工前进行清理。对于计划保留的大树，应确定保护措施。

③ 做好维持施工车辆通行的便道、便桥（如通往料场、搅拌场地的便道）。

④ 现场备料多指自采材料的组织运输和收料堆放，但外购材料的调运和贮存工作也不能忽视。一般开工前材料进场应在 70% 以上。若有运输能力，运输道路畅通，在不影响施工的条件下可随用随运。自采材料的备置堆放应根据路面结构、施工方法和材料性质而定。

（3）放线

按路面设计的中线，在地面上每 20 ~ 50 m 放一中心桩，在弯道曲线上的曲头、曲中和曲尾各放一中心桩，并在各中心桩上写明桩号，再以中心桩为准，根据路面宽度定边桩，最后放出路面的平曲线。在进行施工测量的过程中，应注意编制测量用表和中线交点（JD）及转角点（ZD）栓桩记录示意图。

（4）修筑路槽

一般路槽有挖槽式、培槽式和半挖半培式三种。可由机械或人工修筑。通常按设计路面的宽度，每侧放出 20 cm 挖槽，路槽的深度应等于路面的厚度，槽底有 2% ~3% 的横坡度。做好路槽后，在槽底洒水，使它潮湿，然后用蛙式跳夯机夯 2 ~3 遍。路槽平整度允许误差不大于 2 cm。

可采用下述方法鉴定路槽的施工质量：

① 压实度试验鉴定及质量标准：不同路面等级的路基压实标准见表 4-11。

表 4-11　不同路面等级的路基压实标准（压实系数 K）

路槽底以下的深度/cm 路基类别	路面等级					
	次高级路面		中级路面		低级路面	
	0 ~80	>80	0 ~80	>80	0 ~80	>80
一般填方路基	0.95	0.90	0.85	0.90	0.85	
受浸水影响的填方路基（由计算水位以上 $H=H_2-80$ cm 起算至路槽底）	0.90		0.90		0.85 ~0.90	
零填挖方路基 0 ~30 cm	0.95		0.90		0.85 ~0.90	

注：（1）按标准试验法求得的最佳密实度 $K=1.0$；（2）H_2 为中湿路段临界高度；（3）H 不能为负值，并不得小于 30cm。

② 其他各部分试验鉴定：鉴定方法及允许偏差见表4-12。

表4-12　各部分试验鉴定方法及允许偏差

项　目	允许偏差	检验范围	检验方法
压实度	见表4-11	每50 m为一段	每段最少试验1次
平整度	不大于1 cm	每50 m为一段	以2 m靠尺检验，每段至少5处
纵横断	±2 cm	每50 m为一段	按桩号用五点法检验横断
宽　度	不小于设计宽度	每50 m为一段	用皮尺丈量，每段抽查2处

③ 低温和雨季施工

Ⅰ. 低温施工：必须编制低温施工组织设计（或施工方案）；根据集中兵力打歼灭战的原则，尽量做到当日挖至规定深度（或培垫高度），及时碾压成活；尽量利用土壤的天然含水量进行压实，不另行洒水，以免土壤受冻而影响压实质量；培槽式的路肩培土，应在培垫前清除原地面冰雪，且不能用冻土壤填筑；若因条件限制只能用冻土块填筑时，冻土块间的空隙应用干土灌满填实，超过15 cm的冻土块需打碎后再用；冻土块含量超过10%时，每层压实厚度还应预留沉落度3～5 cm（实厚）。

Ⅱ. 雨季施工：做好雨前预防工作；安排计划时应集中力量，采取分段突击法，在雨前碾压坚实；为了防止施工期间路槽积水，每隔6～10 m在路肩处挖一道横沟，以便于排水，逐层铺筑路面，逐层填实；挖方工程段应注意疏通边沟，以利于路槽积水通过横沟排除。雨后随时疏通横沟、边沟，以保证排水良好；如路槽因雨造成翻浆，应及时挖除换土或用石灰土、砂石等进行处理；分段处理翻浆，切忌全线挖开，翻浆应挖彻底；小片翻浆相距较近时，应一次挖通处理；路槽在雨后严禁交通，施工人员也不能乱踩，以免扩大破坏范围。

(5) 基层的铺筑

根据设计要求准备铺筑材料。对于灰土基层，一般实厚为15 cm，虚铺厚度根据土壤情况不同为21～24 cm。对于炉灰土，虚铺厚度为压实厚度的160%。

① 干结碎石基层

在施工过程中，不洒水或少洒水，仅依靠充分压实及用嵌缝料充分嵌挤，使石料间紧密锁结所构成的具有一定强度的结构，称为干结碎石基层。一般厚度为8～16 cm，适用于园路中的主路等。

Ⅰ. 材料

要求石料强度不低于8级，软硬不同的石料不能掺用；碎石最大粒径视厚度而定，一般不宜超过厚度的0.7倍，50 mm以上的大粒料占70%～80%，0.5～20 mm的粒料占5%～15%，其余为中等粒料；选料时先将大小尺寸大致分开，分层使用。长条、扁片含量不宜超过20%，否则就地打碎作嵌缝料用；结构内部空隙尽量填充粗砂、石灰土等材料，填充量根据试验确定，占20%～30%。

Ⅱ. 准备工作

清理路槽内的浮土、杂物，对于出现的个别坑槽等应予以修理；补钉沿线边桩、中桩，以便随时检查标高、宽度、路拱；在备料中，应注意材料的质量，大、小料应分别整齐堆放在路外

料场或路肩上。

Ⅲ. 施工程序

摊铺碎石→稳压→撒填充料→压实→铺撒嵌缝料→碾压。

ⅰ. 摊铺碎石：摊铺虚厚度为压实厚度的 1.1 倍左右。使用平地机摊铺，根据虚厚度不同，每 30 ~ 50 m 做一个 1 ~ 2m 的标准断面宽，洒上石灰粉，汽车即可按每车铺料的面积进行卸料。然后用平地机将料先摊开(一般料堆高度不超过 50 cm)，最后用平地机刮平，按碎石虚厚和路拱横坡确定刀片角度。若为 7 m 宽的路面，则一边刮一刀即可。不平处可通过人工整修找平。若为人工摊铺，可用几块与虚厚度相等的方木砖块放在路槽内，以标定摊铺厚度，木块或砖块可随铺随挪动。摊铺碎石一次上齐。使用铁叉上料，要求大小颗粒均匀分布。纵横断面符合要求，厚度一致。料底尘土要清理出去。

ⅱ. 稳压：先用 10 ~ 12 吨压路机碾压，碾速宜慢，每分钟 25 ~ 30 m，后轮重叠宽 1/2，先沿整修过的路肩一齐碾压，往返压两遍，即开始自路面边缘压至中心。碾压一遍后，用路拱板及小线绳检验路拱及平整度。局部不平处，要去高垫低。去高是指将多余的碎石均匀拣出，不得用铁锹集中挖除；垫低是指将低洼部分挖松，均匀地铺撒碎石，至符合标高后，洒少量水花，再继续碾压，至碎石初步稳定无明显移位为止。这个阶段一般需压 3 ~ 4 遍。

ⅲ. 撒填充料：将粗砂或灰土(石灰剂量的 8% ~ 12%)均匀撒在碎石层上，用竹扫帚扫入碎石缝内，然后用洒水车或喷壶均匀洒一次水。水流冲出的空隙再以砂或灰土补充，至不再有空隙并露出碎石尖为止。

ⅳ. 压实：用 10 ~ 12 吨压路机继续碾压，碾速稍快，每分钟 60 ~ 70 m，一般碾 4 ~ 6 遍(视碎石软硬而定)，切忌碾压过多，以免石料过碎。

ⅴ. 铺撒嵌缝料：大块碎石压实后，立即用 10 ~ 21 吨压路机进行碾压，一般碾压 2 ~ 3 遍，碾压至表面平整、稳定且无明显轮迹为止。

ⅵ. 碾压：扫匀嵌缝料后，立即用 10 ~ 21 吨压路机进行碾压，一般碾压 2 ~ 3 遍，碾压至表面平整稳定且无明显轮迹为止。

② 天然级配砂砾基层

用天然的低塑性砂料，经摊铺整型并适当洒水碾压后所形成的具有一定密实度和强度的基层结构，称为天然级配砂砾基层。其厚度一般为 10 ~ 20 cm。若超过 20 cm，应分层铺筑。这种基层适用于园林中各级路面，尤其是有荷载要求的嵌草路面，如草坪停车场等。

Ⅰ. 材料

砂砾。要求砂砾颗粒坚韧，大于 20 mm 的粗骨料含量达 40% 以上，其中最大料径不大于基层厚度的 0.7 倍，即使基层厚度大于 14 cm，砂石材料最大料径也不得大于 10 cm。5 mm 以下颗粒的含量应小于 35%，塑性指数不大于 7。

Ⅱ. 准备工作

检查和整修运输砂砾的道路。对于沿线已遗失或松动的测量桩橛要进行补钉；要检查砂料的质量和数量。用平地机摊铺时，粒料可在料场选好后，用汽车或其他运输工具随用随运，也可预先备在路边上。若为人工摊铺，可按条形堆放在路肩上。

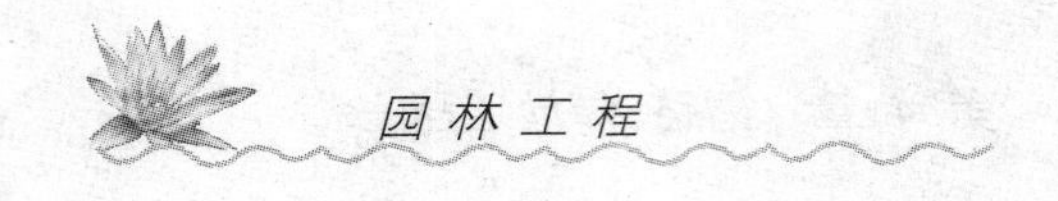

Ⅲ. 施工程序

摊铺砂石→洒水→碾压→养护。

ⅰ. 摊铺砂石：铺砂石前，最好根据材料的干湿情况，在料堆上适当洒水，以减少摊铺粗细料分离的现象。虚铺厚度随颗粒级配、干湿不同情况，一般为压实厚度的1.2～1.4倍。

ⅱ. 平地机摊铺：每30～50 m作一标准断面，宽1～2 m，洒上石灰粉，以便平地机司机准确下铲。汽车或其他运输工具把砂石料运来后，根据虚铺厚度和路面宽度按每个料应铺面积进行卸料。然后用平地机摊铺和找平。平地机一般先从中间开始下正铲，两边根据路拱大小下斜铲。由铲刀刮起的成堆石子，小的可以扬开，大的用人工挖坑深埋，刮3～5遍即可。

ⅲ. 人工摊铺：人工摊铺时，每15～30 m作一标准断面或用几块与虚铺厚度相等的木块、砖块控制摊铺厚度，随铺随挪动。要求均匀摊铺砂砾。如发现粗细颗粒分别集中，应掺入适当的砂或砾石。

ⅳ. 洒水：摊铺完一段(200～300 m)后用洒水车洒水(无洒水车时，用喷壶代替)，洒水量以使砂石料全部湿润又不致路槽发软为度。用水量一般在5%～8%。冬季为防止冰冻，可少洒水或洒盐水(水中掺入5%～10%的氯盐，根据施工气温确定掺量)。

ⅴ. 碾压：洒水后待表面稍干时，即可用10～12吨压路机进行碾压。碾速为60～70 m/min，后轮重叠1/2，碾压方法与石块碎石同。碾压1～3遍初步稳定后，用路拱板及小线检查路拱及平整度，及时去高垫低。一般以"宁低勿高"为原则。找补坑槽要求一次打齐，不要反复多次进行。如发现个别砂窝或石子成堆，应将其挖出，重新调整级配后再铺。碾压过程中应注意随时洒水，保持砂石湿润，以防松散推移。一般碾压8～10遍，压至密实稳定、无明显轮迹为止。

ⅵ. 养护：碾压完后，可立即开放交通，但要限制车速，控制行车，全幅均匀碾压，并派专人洒水养护，使基层表面经常处于湿润状态，以免松散。

(6) 结合层的铺筑

一般用M7.5水泥、白灰、砂混合砂浆或1∶3白灰砂浆。砂浆摊铺宽度应大于铺装面5～10 cm，已拌好的砂浆应当日用完。也可以用3～5 cm厚的粗砂均匀摊铺。对于特殊的石材料(如整齐石块和条石块)铺地，结合层采用M10号水泥砂浆。

(7) 面层的铺筑

在完成的路面基层上，重新定点、放线，每10 m为一施工段落，根据设计标高、路面宽度定边桩、中桩，打好边线、中线。设置整体现浇路面边线处的施工挡板，确定砌块路面列数及拼装方式，将面层材料运入施工现场。常见的几种面层施工方法如下：

① 水泥混凝土路面施工

核实、检验和确认路面中心线、边线及各设计标高点正确无误。

若为钢筋混凝土面层，则按设计选定钢筋并编扎成网。钢筋网在基层表面以上架离，架离高度距混凝土面层顶面5 cm。钢筋网接近顶面设置要比在底部加筋更能防止表面开裂，也更便于充分捣实混凝土。

按设计的材料比例，配制、浇筑、捣实混凝土，并用长1 m以上的直尺将顶面刮平。待顶

面稍干一点，用抹灰砂板抹平至设计标高。施工中要注意做出路面的横坡和纵坡。

混凝土面层施工完成后，可用湿的稻草、锯木粉、湿砂及塑料薄膜等覆盖路面，及时开始养护。养护期为 7 天以上，冬季应更长些。不再做路面装饰的，则待混凝土面层基本硬化后，用锯割机每隔 7 ~ 9 m 锯一道缝，作为路面的伸缩缝（也可在浇筑混凝土之前预留）。

水泥路面装饰的方法有很多种，要按照设计的路面铺装方式来选用合适的施工方法。常见的施工方法及其施工技术要领如下。

Ⅰ. 普通抹灰与纹样处理

用普通灰色水泥配制成 1 : 2 或 1 : 2.5 水泥砂浆，在混凝土面层浇注后尚未硬化时进行抹面处理，抹面厚度为 10 ~ 15 mm。当抹面层初步收水、表面稍干时，再用下面的方法进行路面纹样处理。

ⅰ. 滚花：用钢丝网或者用模纹橡胶裹在 300 mm 直径铁管外做成滚筒，在经过抹面处理的混凝土面板上滚压出各种细密纹理。滚筒长度在 1 m 以上比较好。

ⅱ. 压纹：利用一块边缘有许多整齐凸点或凹槽的木板或木条，在混凝土抹面层上挨着压下，一面压一面移动，就可以将路面压出纹样，起到装饰作用。采用这种方法时，要求抹面层的水泥砂浆含砂量较高，水泥与砂的配合比可为 1 : 3。

ⅲ. 锯纹：在新浇的混凝土表面用一根直木条如同割锯一般来回动作，一面锯一面前移，即可在路面锯出平行的直纹，这样既有利于路面防滑，又有一定的路面装饰作用。

ⅳ. 刷纹：最好使用弹性钢丝做成刷纹工具。刷子宽 450 mm，刷毛钢丝长 100 mm 左右，木把长 1.2 ~ 1.5 m。用这种钢丝在未硬化的混凝土面层可以刷出直纹、波浪纹或其他形状的纹理。

Ⅱ. 彩色水泥抹面装饰

可通过添加颜料将抹面层所用水泥砂浆调制成彩色水泥砂浆，从而做出彩色水泥路面。彩色水泥调制中使用的颜料，需选用耐光、耐碱、不溶于水的无机矿物颜料，如红色的氧化铁红、黄色的柠檬络黄、绿色的氧化铬绿、蓝色的钴蓝和黑色的炭黑等。

Ⅲ. 彩色水磨石饰面

彩色水磨石地面是指用彩色水泥石子浆罩面，再经过磨光处理而形成的装饰性路面。按照设计，在已基本硬化的粗糙的混凝土路面面层上，弹线分格，用玻璃条、铝合金条（或铜条）作分格条。然后在路面刷上一道素水泥浆，再用 1 : 1.25 ~ 1 : 1.50 的彩色水泥细石子浆铺面，厚 0.8 ~ 1.5 cm，铺好后拍平，用表面滚筒压实，待出浆后再用抹子抹面。如果用各种颜色的大理石碎屑，再与不同颜色的彩色水泥配制在一起，就可做成不同颜色的水磨石地面。水磨石的开磨时间应以石子不松动为准，磨后将泥浆冲洗干净。待稍干时，用同色水泥浆涂擦一遍，将砂眼和脱落的石子补好。第二遍用 100 ~ 150 号金刚石打磨，第三遍用 180 ~ 200 号金刚石打磨（方法同前）。打磨完成后洗掉泥浆，再用 1 : 29 的草酸水溶液清洗，最后用清水冲洗干净。

Ⅳ. 露骨料饰面

采用这种饰面方式的混凝土路面和混凝土铺砌板，其混凝土应用粒径较小的卵石配制。混凝土露骨料主要是采用刷洗的方法，在混凝土浇好后 2 ~ 6 h 内就进行处理，最迟不超过

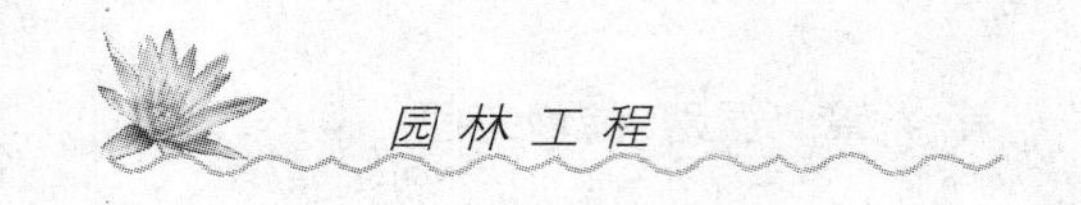

16～18 h。刷洗工具一般用硬毛刷子和钢丝刷子。刷洗应当从混凝土板块的周边开始，同时用充足的水把刷掉的泥砂洗去，把每一粒暴露出来的骨料表面都洗干净。刷洗后3～7天内，再用10%的盐酸水洗一遍，使暴露的石子表面色泽更明净，最后还要用清水把残留的盐酸完全冲洗掉。

② 块料路面施工

在铺筑块料路面时，面层与道路基层之间所用的结合层有以下两种做法。

Ⅰ. 湿法铺筑

用厚度为15～25 mm的湿性结合材料，如1∶2.5或1∶3的水泥砂浆、1∶3石灰砂浆、M2.5混合砂浆或1∶2灰泥浆等黏结，在面层之下作为结合层，然后在其上砌筑片状或块状贴面层。砌块之间的结合以及表面抹缝亦用这些结合材料。用花岗石、釉面砖、陶瓷广场砖、碎拼石片、马赛克等材料铺地时，一般采用湿法铺砌。用预制混凝土方砖、砌块或黏土砖铺地时，也可以用此法。

Ⅱ. 干法铺筑

以干粉沙状材料作为路面面层砌块的垫层和结合层，如用干砂、细砂土、1∶3水泥干砂、3∶7细灰土等作为结合层。砌筑时，先将粉沙材料在路面基层平铺一层，其厚度为：干砂、细土30～50 mm，水泥砂、石灰砂、灰土25～35 mm。铺好后找平，然后按照设计的砌块拼装图案，在垫层上拼砌成路面面层。路面每拼装好一小段，就用平直木板垫在顶面，以铁锤在多处震击，使所有砌块的顶面都保持在一个平面上，这样可将路面铺装得十分平整。路面铺好后，再用干燥的细砂、水泥粉、细石灰粉等撒在路面并扫入砌块缝隙中，使缝隙填满，最后将多余的灰砂清扫干净。以后，砌块下面的垫层材料会慢慢硬化，使面层砌块和下面的基层紧密地结合成一体。适宜采用这种干法砌筑的路面材料主要有石板、整形石块、预制混凝土方砖和砌块等。传统古建筑庭院中的青砖铺地、金砖墁地等，就常采用干法砌筑。

面层铺筑时，铺砖应轻轻放平，用橡胶锤敲打稳定，不得损伤砖的边角。如发现结合层不平，应拿起铺砖重新找齐，严禁向砖底填塞砂浆或支垫碎砖块等。采用橡胶带做伸缩缝时，应将橡胶带平正直顺紧靠方砖。铺设好后应沿线检查平整度，发现铺砖有移动现象时，应立即修整，最后将砖缝灌注饱满，并在砖面泼水，使砂灰混合料下沉填实。铺砖的养护期不得少于3天，在此期间严禁行人、车辆等走动和碰撞。

③ 碎料路面的铺筑

地面镶嵌与拼花施工前，要根据设计的图样，准备镶嵌地面用的砖石材料。设计有精细图形的，先要在细密质地的青砖上放好大样，再细心雕刻，做好雕刻花砖，施工时嵌入铺地图案中。要精心挑选铺地用的石子，挑选出的石子应按照不同颜色、大小和形状分类堆放，以方便铺地拼花时使用。

施工时，先在已做好的道路基层上，铺垫一层结合材料，厚度一般为40～70 mm。垫层结合材料主要用1∶3石灰砂、3∶7细灰土、1∶3水泥砂等，用干法砌筑或湿法砌筑都可以，但干法施工更方便。在铺平的松软垫层上，按照预定的图样开始镶嵌拼花。一般用立砖、小青瓦瓦片拉出线条、纹样和图形图案，再用各色卵石、砾石镶嵌做出花形，或者拼成不同颜色的色块，以填充图形大面。然后，经过进一步修饰和完善图案纹样，并尽量

整平铺地后，就可以定稿。定稿后的铺地地面，仍要用水泥干砂、石灰干砂撒布其上，并扫入砖石缝隙中填实。最后，除去多余的水泥石灰干砂，清扫干净；再用细孔喷壶对地面喷洒清水，稍使地面湿润即可，不能使用大量水冲击或使路面有水流淌。完成后，养护 7～10 天。

铺卵石路一般分预制和现浇两种。现场浇筑方法是：先垫 M7.5 号水泥砂浆厚 3 cm，再铺水泥素浆 2 cm 厚，等素浆稍凝，即用备好的卵石，一个个插入素浆内，用抹子压实，卵石要扁、圆、长、尖，大小搭配。根据设计要求，将各色石子插出各种花卉、鸟兽图案，然后用清水将石子表面的水泥刷洗干净，第二天可再以水重的 30% 掺入草酸液体，洗刷表面，使石子颜色鲜明。

④ 嵌草路面的铺砌

嵌草路面有两种类型。一种是在块料铺装时，在块料之间留出空隙，其间种草，如冰裂纹嵌草路面、空心砖纹嵌草路面、人字纹嵌草路面等；另一种是制作成可以嵌草的各种纹样的混凝土铺地砖。无论用预制混凝土铺路板、实心砌块、空心砌块，还是用顶面平整的乱石、整形石块或石板，都可以铺装成具有生态和景观效果的嵌草路面。

施工时，先在整平压实的路基上铺垫一层栽培壤土作为垫层。壤土要求比较肥沃，不含粗颗粒物，铺垫厚度为 100～150 mm。然后在垫层上铺砌混凝土空心砌块或实心砌块，砌块缝中填入壤土，并播种草籽。

实心砌块的尺寸较大，草皮嵌种在砌块之间预留的缝内。草缝设计宽度可为 20～50 mm，缝内填土达砌块高的 2/3。砌块下面用壤土作为垫层并起找平作用，要求砌块尽量平整。实心砌块嵌草路面上，草皮形成的纹理是线网状的。

空心砌块的尺寸较小，草皮嵌种在砌块中心预留孔内。砌块与砌块之间不留草缝，常用水泥砂浆粘接。砌块中心孔填土亦为砌块高的 2/3；砌块下面仍用壤土作为垫层找平，使嵌草路面保持平整。空心砌块嵌草路面上，草皮呈点状而有规律地排列。空心砌块的设计制作一定要保证砌块的结实、坚固和不易损坏，因此，其预留孔径不能太大，最好不超过砌块边长的 1/3。

采用砌块嵌草铺装的路面，砌块和嵌草是道路的结构面层，其下只能有一壤土垫层，而没有基层，这样才有利于草皮的存活与生长。

4.5.2　广场铺地的施工

广场工程的施工程序基本上与园路工程相同，所以园林中一般铺地场地的施工都可以参照园路的方式、方法进行。但由于广场上往往存在着花坛、草坪、水池等地面景物，因此，它又比一般的道路工程内容更复杂。

(1) 施工准备

① 材料准备

准备施工机具、基层和面层的铺装材料，以及施工中需要的其他材料；清理施工现场。

② 场地放线

按照广场设计图所绘施工坐标方格网，将所有坐标点测设在场地上并打桩定点。然后以坐标桩点为准,根据广场设计图,在场地地面放出场地的边线、主要地面设施的范围线和挖方区、填方区之间的零点线。

③ 地形复核

对照广场竖向设计图,复核场地地形。各坐标点、控制点的自然地坪标高数据,如有缺漏,要在现场测量后补上。

(2) 场地平整与找坡

① 挖方与填方施工

挖、填方工程量较小时,可采用人力施工;工程量较大时,应进行机械化施工。预留作为草坪、花坛及乔灌木种植地的区域,可暂时不开挖。水池区域要同时挖到设计深度。填方区的堆填顺序应当是:先深后浅;先分层填实深处,后填浅处。每填一层就夯实一层,直到设计的标高处。挖方过程中挖出的适宜栽植的肥沃土壤,要临时堆放在广场外边,以备填入花坛、种植地。

② 场地平整与找坡

挖、填方工程基本完成后,对挖、填出的新地面要进行整理。要铲平地面,使地面平整度限制在 2 cm 以内。根据各坐标桩标明的该点填、挖高度数据和设计的坡度数据,对场地进行找坡,保证场地内各处地面都基本达到设计的坡度。对土层松软的局部区域,还要做地基加固处理。

③ 连接处理

根据场地周边与建筑、园路、管线等的连接条件,确定边缘地带的竖向连接方式,调整连接点的地面标高。还要确认地面排水口的位置,调整排水沟管底部标高,使广场地面与周围地坪的连接更自然,将排水、通道等方面的矛盾降到最低。

(3) 地面施工

① 基层的施工

按照设计的广场地面层次结构与做法进行施工,可参照前园路地基与基层施工方法,结合地坪面积更宽大的特点,在施工中注意基层的稳定性,确保施工质量,以免日后广场地面发生不均匀沉降。

② 面层的施工

采用整体现浇面层的区域,可把该区域分成若干个规则的地块,每一地块面积在 7 m×9 m 至 9 m×10 m 之间,然后逐个地块进行施工。地块之间的缝隙做成伸缩缝,用沥青棉纱等材料填塞。采用混凝土预制块铺装的,可按照前述园路工程施工的有关部分进行。

③ 地面的装饰

依照设计的图案、纹样、颜色、装饰材料等,参照前述园路地面装饰方法进行地面装饰性铺装。

4.5.3 道牙、边条、槽块、台阶施工

道牙基础宜与地床同时填挖碾压,以保证整体的均匀密实度。弯道处的道牙最好事先预制成弧形,结合层用 1∶3 的白灰砂浆铺 2 cm 厚。安道牙要平稳牢固,道牙间缝隙为

1 cm，用 M10 水泥砂浆勾缝，道牙背后路肩要用白灰土夯实，其宽度为 15 cm，厚度为 10 cm，密实度为 90% 以上即可，亦可用自然土夯实代替。

边条用于较轻的荷载处，且尺寸较小，一般为 5 cm 宽，15 ~ 20 cm 高，特别适用于步行道、草地或铺砌场地的边界。施工时应减轻其作为垂直阻拦物的效果，增加其对地基的密封深度、边条铺砌的深度相对于地面应尽可能低些，如广场铺地，边条铺砌可与铺地地面齐平。槽块分凹面槽块和空心槽块，一般紧靠道牙设置，以利于地面排水，路面应稍高于槽块。

台阶是解决地形变化、造园地坪高差的重要手段。建造台阶除了必须考虑功能上及实质上的有关问题外，也要考虑美观与调和的因素。

许多材料都可以做台阶。石材有自然石，如六方石、圆石、鹅卵石及整形切石、石板等；木材则有杉、桧等的角材或圆木柱等；其他材料如红砖、水泥砖、钢铁等都可以选用。除此之外，还有各种贴面材料，如石板、洗石子、瓷砖、磨石子等。选用材料时要从各方面考虑，基本条件是坚固、耐用、耐湿、耐晒。此外，材料的色彩必须与构筑物协调。

台阶的标准构造：踢面高 8 ~ 15 cm，长的台阶则宜取 10 ~ 12 cm 为好；台阶之踏面宽度不宜小于 28 cm；台阶的级数宜在 8 ~ 11 级，最多不超过 19 级，否则就要在中间设置休息平台，平台宽不宜小于 1 m。实践表明，台阶尺寸以 15 cm × 35 cm 为佳，不宜小于 12 cm × 30 cm。

4.5.4 雨水口及排水明沟施工

对于先期的雨水口，园路施工（尤其是机具压实或车辆通行）时应注意保护。若有破坏，应及时修筑。一般雨水口进水篦子的上表面低于周围路面 2 ~ 5 cm。

对土质明沟，按设计挖好后，应对沟底及边坡作适当夯压。对砖（或块石）砌明沟，按设计将沟槽挖好后，充分夯实。通常以 MU7.5 砖（或 80 ~ 100 mm 厚块石）用 M2.5 水泥砂浆砌筑。砂浆应饱满，表面平整、光洁。

4.5.5 特殊地质及气候条件下的园路、铺地施工

一般情况下园路施工适宜在温暖干爽的季节进行，理想的路基应当是砂性土和砂质黏土。但有时施工活动却无法避免雨季和冬季，路基土壤也可能是软土、杂填土或膨胀土等不良类型，在施工时就要求采取相应措施，以保证工程质量。

(1) 不良土质路基施工

① 软土路基：先将泥炭、软土全部挖除，使路堤筑于基底或尽量换填渗水性土，也可采用抛石挤淤法、砂垫层法等对地基进行加固。

② 杂填土路基：可选用片石表面挤实法、重锤夯实法、震动压实法等方法使路基达到相应的密实度。

③ 膨胀土路基：膨胀土是一种易产生吸水膨胀、失水收缩两种变形的高液性黏土。对这种路基应先尽量避免雨季施工，挖方路段也先做好路堑堑顶排水，并保证在施工期内不得

沿坡面排水;其次要注意压实质量,最宜用重型压路机在最佳含水量条件下碾压。

④ 湿陷性黄土路基:湿陷性黄土是一种含易溶盐类,遇水易冲蚀、崩解、湿陷的特殊性黏土。施工中关键是做好排水工作,对地表水应采取拦截、分散、防冲、防渗、远接远送的原则,将水引离路基,防止黄土受水浸而湿陷;路堤的边坡要整平拍实;基底采用重机碾压、重锤夯实、石灰桩挤密加固或换填土等,以提高路基的承载力和稳定性。

(2) 特殊气候条件下的园路施工

① 雨季施工

Ⅰ. 雨季路槽施工:先在路基外侧设排水设施(如明沟或辅以水泵抽水),及时排除积水。雨前应选择因雨水易翻浆处或低洼处等不利地段先行施工,雨后要重点检查路拱和边坡的排水情况及路基渗水与路床积水情况,注意及时疏通被阻塞、溢满的排水设施,以防积水倒流。路基因雨水造成翻浆时,要立即挖出或填石灰土、砂石等,刨挖翻浆要彻底干净,不留隐患。需处理的地段最好在雨前做到挖完、填完、压完。

Ⅱ. 雨季基层施工:当基层材料为石灰土时,降雨对基层施工影响最大。施工时,应密切关注天气预报情况,做到"随拌、随铺、随压";还要注意保护石灰,避免被水浸或成膏状。对于被水浸泡过的石灰土,在找平前应检查含水量。如含水量过大,应翻拌晾晒达到最佳含水量后再继续施工。

Ⅲ. 雨季路面施工:对水泥混凝土路面,施工时应注意水泥的防雨防潮,已铺筑的混凝土严禁雨淋。施工现场应预备轻便、易于挪动的工作台雨棚;对被雨淋过的混凝土要及时作补救处理。此外,要注意排水设施的畅通。如为沥青路面,要特别注意天气情况,尽量缩短施工路段,各工序紧凑衔接,下雨或面层的下层潮湿时均不得摊铺沥青混合料。对未经压实即遭雨淋的沥青混合料必须全部清除,更换新料。

② 冬季施工

Ⅰ. 冬季路槽施工:应在冰冻之前进行现场放样,做好标记;将路基范围内的树根、杂草等全部清除。如有积雪,在修整路槽时先清除地面积雪、冰块,并根据工程需要与设计要求决定是否刨去冰层。严禁用冰土填筑,且最大松铺厚度不得超过 30 cm,压实度不得低于正常施工时的要求,当天填方的土务必当天碾压完毕。

Ⅱ. 冬季面层施工:沥青类路面不宜在5℃以下的温度环境下施工,否则要采取以下工程措施:

ⅰ. 运输沥青混合料的工具需配有严密覆盖设备,以保温。

ⅱ. 卸料后应用苫布等及时覆盖。

ⅲ. 摊铺宜于上午 9 时至下午 4 时进行,做到"三快,两及时"(快卸料、快摊铺、快搂平,及时找细、及时碾压)。

ⅳ. 施工做到定量定时,集中供料,避免接缝过多。

对于水泥混凝土路面或以水泥砂浆做结合层的块料路面,在冬季施工时应注意提高混凝土(或砂浆)的拌和温度(可用加热水、加热石料等方法);并注意采取路面保温措施,如选用合适的保温材料(常用的有麦秸、稻草、塑料薄膜、锯末、石灰等)覆盖路面。此外,应注意减少单位用水量,控制水灰比在 0.54 以下,混料中加入合适的速凝剂;混凝土搅拌站要搭设工棚,最后可延长养护和拆模时间。

4.5.6　园林铺装质量标准

园路与广场各层的质量要求及检查方法如下：

(1) 各层的坡度、厚度、标高和平整度等符合设计规定。

(2) 各层的强度和密实度符合设计要求，上、下层结合牢固。

(3) 变形缝的宽度和位置、块材间缝隙的大小以及填缝的质量等符合要求。

(4) 不同类型的面层的结合以及图案正确。

(5) 各层表面对水平面或对设计坡度的允许偏差不大于 30 mm。对供排除液体用的带有坡度的面层应做泼水试验，以“能排除液体”为合格。

(6) 块料面层相差两块料间的高度差不大于表 4-13 所示的规定。

表 4-13　各种块料面层相邻两块料的高低允许偏差

块料面层名称	允许偏差/mm
条石面层	2
普通黏土砖、缸砖和混凝土板面层	1.5
水磨石板、陶瓷地砖、陶瓷锦砖、水泥花砖和硬质纤维板面层	1
大理石、花岗石、木板、拼花木板和塑料地板面层	0.5

(7) 水泥混凝土、水泥砂浆、水磨石等整体面层和铺在水泥砂浆上的板块面层以及铺贴在沥表胶结材料或胶黏剂上的拼花木板、塑料板、硬质纤维板面层与基层的结合良好。采用敲击方法检查，无空鼓。

(8) 面层无裂纹、脱皮、麻面和起砂等现象。

(9) 面层中块料行列(接缝)在 5 m 长度内直线度的允许偏差不大于表 4-14 所示的规定。

表 4-14　各类面层块料行列(接缝)直线度的允许偏差

面层名称	允许偏差/mm
缸砖、陶瓷锦砖、水磨石板、水泥花砖、塑料板和硬质纤维板	3
活动地板面层	2.5
大理石、花岗石面层	2
其他块料面层	8

(10) 各层厚度对设计厚度的偏差，在个别地方偏差不大于该层厚度的 10%。在铺设时检查。

(11) 各层的表面平整度，应用 2 m 长的直尺检查。如为斜面，则采用水平尺和样尺检查。各层表面对平面的偏差，不大于表 4-15 所示的规定。

表 4-15　各层表面平整度的允许偏差

<table>
<tr><th>层次</th><th colspan="2">材料名称</th><th>允许偏差/mm</th></tr>
<tr><td>基层</td><td colspan="2">土</td><td>15</td></tr>
<tr><td rowspan="5">垫层</td><td colspan="2">砂、砂石、碎(卵)石、碎砖</td><td>15</td></tr>
<tr><td colspan="2">灰土、三合土、炉渣、水泥混凝土</td><td>10</td></tr>
<tr><td rowspan="3">毛地板</td><td>拼花木板面层</td><td>3</td></tr>
<tr><td>其他各类面层</td><td>5</td></tr>
<tr><td>木格栅</td><td>3</td></tr>
<tr><td rowspan="3">结合层</td><td colspan="2">用沥青玛瑙脂做结合层铺设拼花木板、板块和硬质纤维板面层</td><td>3</td></tr>
<tr><td colspan="2">用水泥砂浆做结合层铺设板块面层以及隔层、填充层</td><td>5</td></tr>
<tr><td colspan="2">用胶结剂做结合层铺设拼花木板、塑料板和硬质纤维板面层</td><td>2</td></tr>
<tr><td rowspan="8">面层</td><td colspan="2">条石、块石</td><td>10</td></tr>
<tr><td colspan="2">水泥混凝土、水泥砂浆、沥青砂浆、沥青混凝土、水泥钢(铁)屑不发火(防爆)、防油渗等面层</td><td>4</td></tr>
<tr><td colspan="2">缸砖、混凝土块面层</td><td>4</td></tr>
<tr><td colspan="2">整体及预制普通水磨石、碎拼</td><td>–</td></tr>
<tr><td colspan="2">整体及预制普通水磨石、碎拼大理石、水泥花砖和木板面层</td><td>3</td></tr>
<tr><td colspan="2">整体及预制高级水磨石面层</td><td>2</td></tr>
<tr><td colspan="2">陶瓷锦砖、陶瓷地砖、拼花木板、活动地板、塑料板、硬质纤维板等面层</td><td>2</td></tr>
<tr><td colspan="2">大理石、花岗石面层</td><td>1</td></tr>
</table>

4.6　园路、铺地工程实例

4.6.1　混凝土铺地

混凝土铺地是最常见的铺地，不仅施工容易，而且经济实惠。在庭园里，除了种植花草树木的地面外，几乎都可以铺设混凝土地面。

调配混凝土时，少量的可以用大的 PE 塑胶桶或用铁板垫底，在其上调配，一边加水一边按比例加入水泥、砂、碎石等材料，搅拌到砂石等均匀调和为止。混凝土铺地的施工顺序如图 4-42 所示。

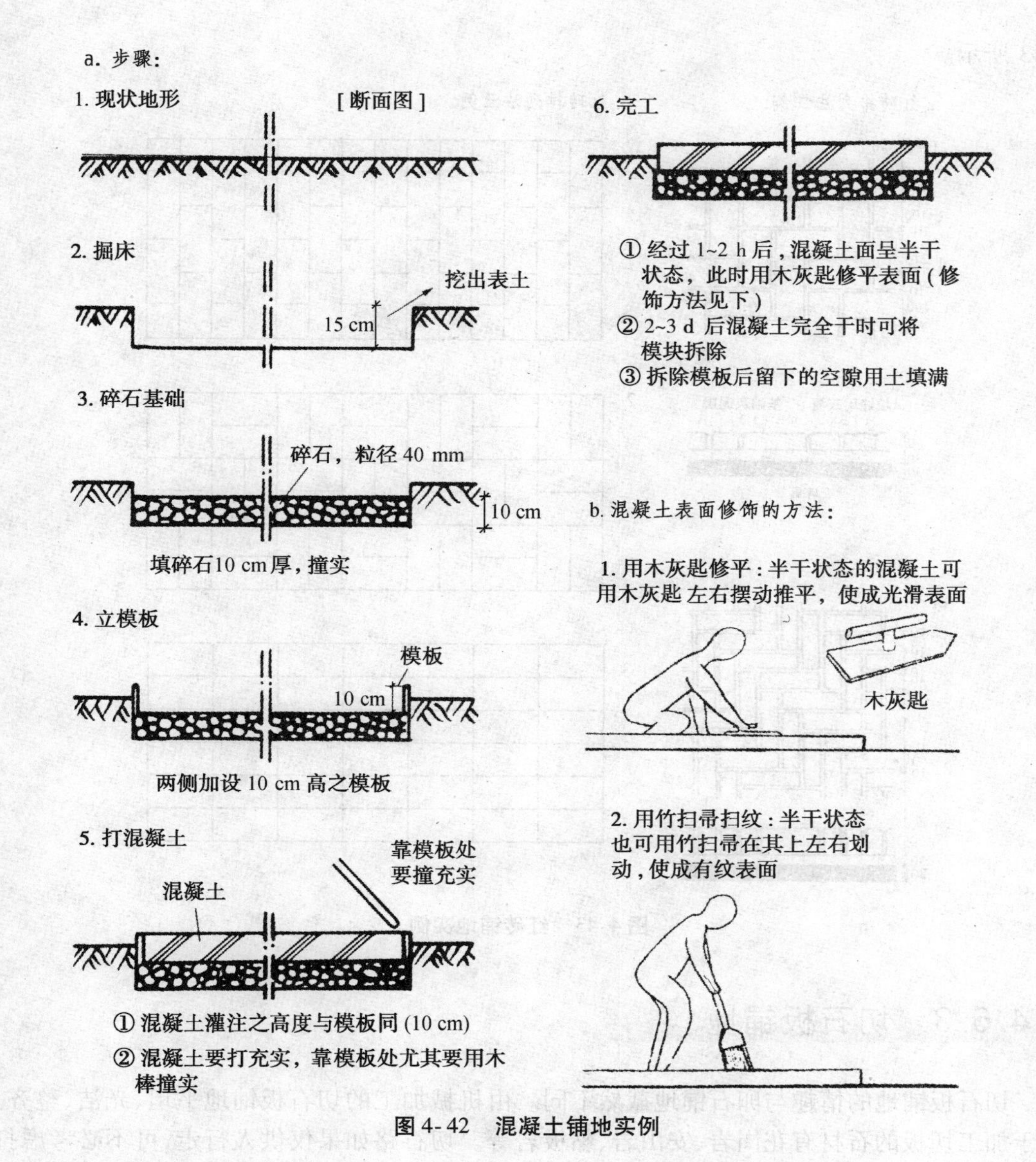

图 4-42　混凝土铺地实例

4.6.2　红砖铺地

红砖的硬度与自然石、混凝土、石板比起来固然差些，并有易磨损的缺点，但以其色彩及易于施工的特点，用于专供行人步行的通道，还算是理想的材料。

用上等的红砖铺成园路时，以橙红色为佳，与绿油油的草坪对比强烈，相互辉映，使庭园的景色清新悦目。烧过头的火砖色泽较深，未烧熟的砖呈黄红色，二者如果以混合作用的方式排列，往往也能独树一帜。但若要求整齐，就要选用颜色、品质均一的标准红砖。

铺红砖之前，先打一层 3 cm 厚的碎石层，铺灰泥之后再开始排放砖块，最后再用 1 份水泥与 3 份砂配成的灰泥填入砖间缝隙，这种填缝用的灰泥不必掺水。红砖排列方法如图

4-43 所示。

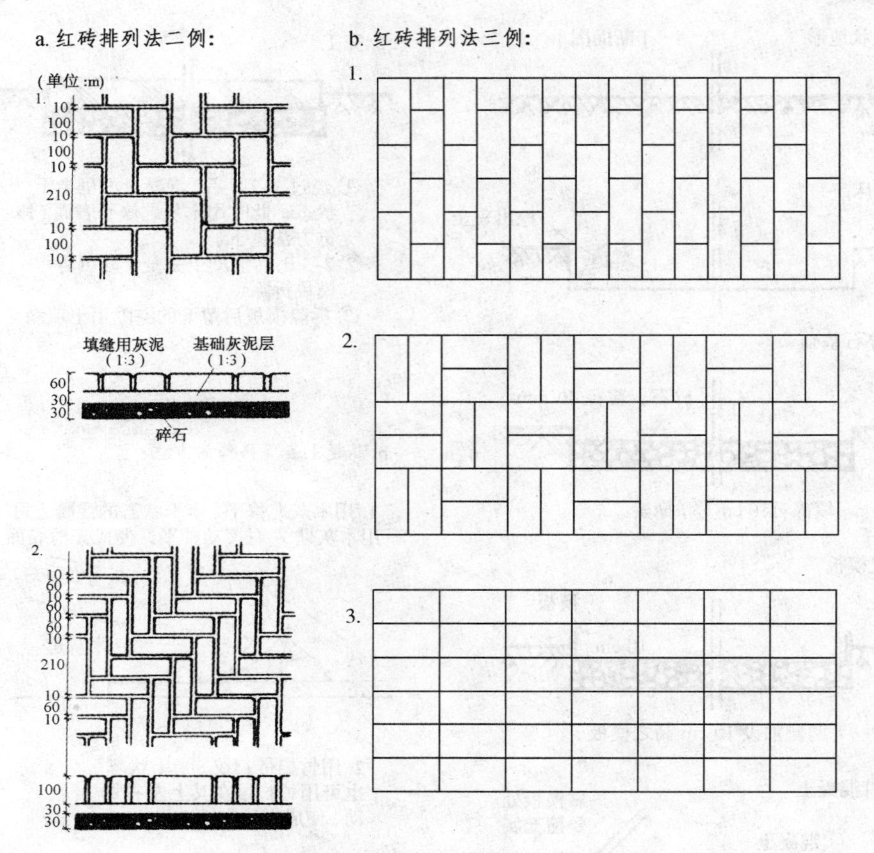

图 4-43　红砖铺地实例

4.6.3　切石板铺地

切石板铺地的情趣与卵石铺地截然不同。由机械加工的切石板铺地平坦、光洁、整齐。适于加工切板的石材有花岗岩、安山岩、黏板岩等。切石路如果仅供人行走,可不必考虑打水泥基础。其施工要点如下:

(1) 掘土前,先估算石板入土的深度和碎石层的厚度,然后开始挖出土壤。

(2) 挖出土壤后,把路基用碎石铺满,并灌入灰泥,使碎石固定。

(3) 安放厚石板,使纵横间隙成直线,石面平整,高度一致,并在石板间灌满灰泥。

(4) 石面上若沾有灰泥,则用刷子洗净。切石板铺地铺设法如图 4-44 所示。

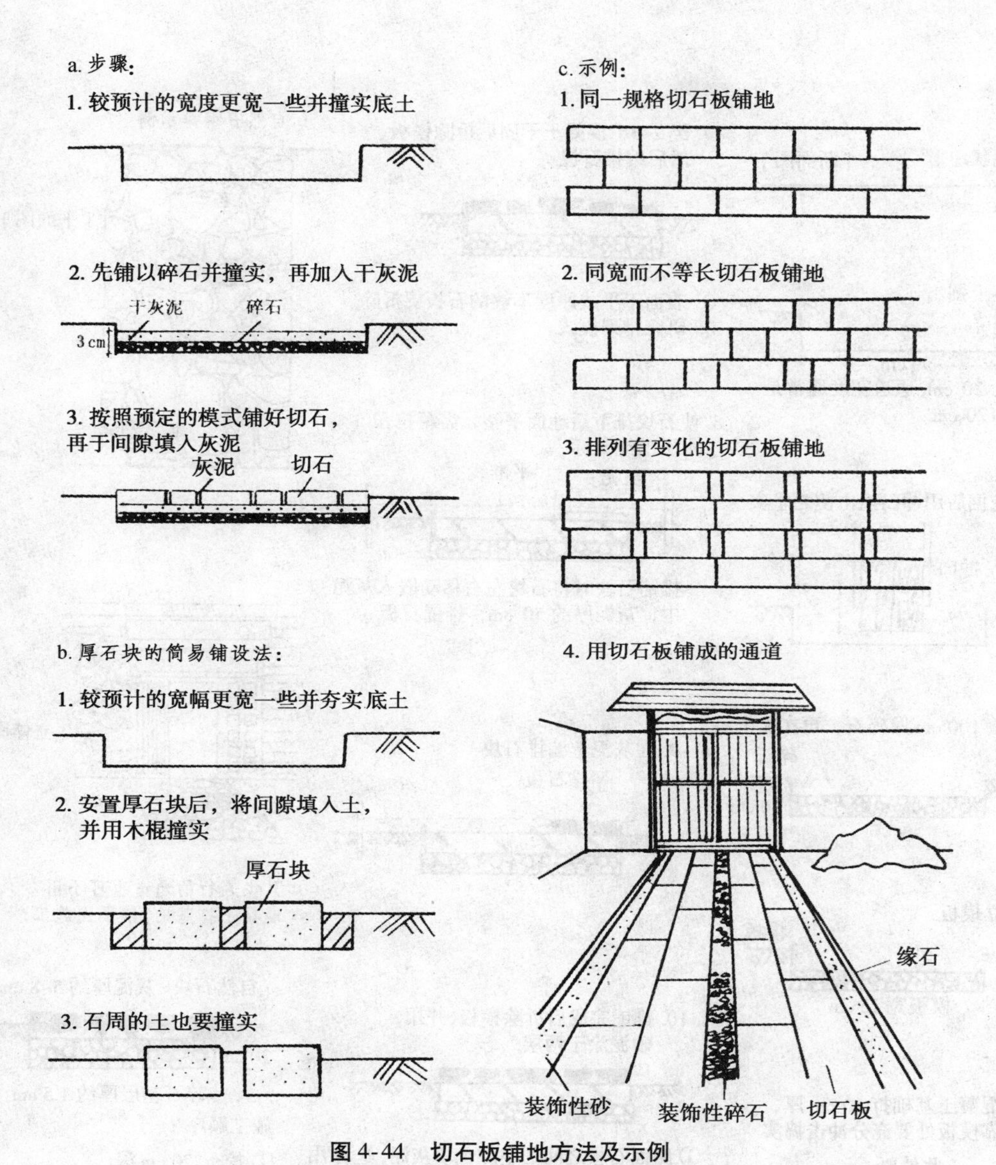

图 4-44　切石板铺地方法及示例

4.6.4　自然石铺地

用自然形状的石块铺地所呈现的风味，与用红砖、水泥砖、瓷砖铺出的工整感觉不同。然而铺地时所用其他材料及施工步骤大致相同。自然石块的形状、大小少有完全相同的，因此编排时要下一番功夫。避免大的集中在一堆，小的在另一堆，而必须使大小石参差排列，这样才显得自然而不造作。至于石质方面虽然适于铺地的自然石种很多，但在铺一块地面时，最好选用同一产地或系统一致的石块，这样才不会有不协调之感。自然石铺地施工的顺序如图 4-45 所示。

a.步骤：

1. 现状地形 [断面图]

2. 将土掘出

20 cm

90 cm

深度 20 cm，通道宽度通常是 60~120 cm

3. 挖掘后用冲臼撞击使之坚实

4. 填 100 cm 厚碎石，再次撞击底土

5. 立模板

模板

模板宽 15 cm

6. 混凝土基础打 10 cm 厚，靠模板处要充分冲击捣实

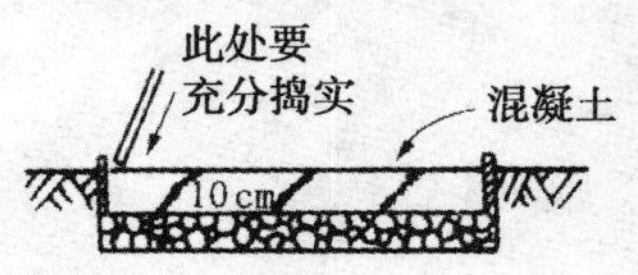

7. 经 2~3d 混凝土干固后拆除模板，然后编排石板

① 表面不平或厚度不够的石板要拆除

② 研究排列模式

8. 使石块排下后地面平整，需藉拉张水平准绳为标

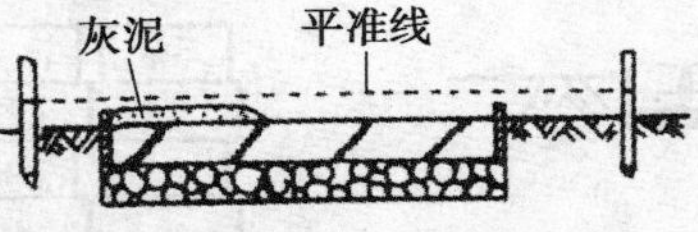

排铺石块时将石块左右移动嵌入灰泥中，灰泥厚约 50 cm，排铺石板

9. 在灰泥上编排石块

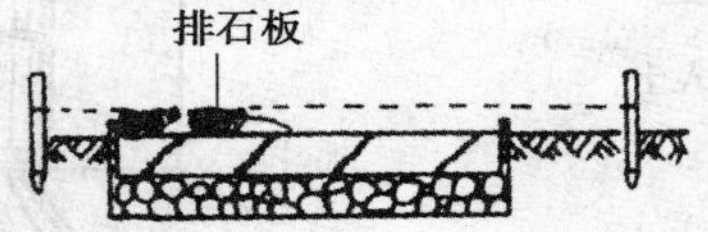

10. 排铺完成后拆除模板，并用砂泥涂于两层

① 路面石板之间的空隙也填灰泥，这种用于填缝的灰泥配方中水泥的分量增加

② 间隙的灰泥干固时，用水冲洗石面

③ 模板的空隙处填土并踏实

b.自然石编排示例：

[平面图]

[立体图]

c.只供人行的通道也可不用混凝土打基础，依下图施工：

碎石基层厚约 1.5 cm

施工顺序：

① 挖土 20 cm 深

② 填砂 15 cm 厚

③ 涂灰泥 5~8 cm，上铺石板

④ 石板间隙再以灰泥填充

图 4-45 自然石铺地实例

4.6.5 步石铺地

步石的质材可大致分为自然石、加工石及人工石、木质等。自然石的选择，以呈平圆形或角形的花岗岩最为普遍。加工石依加工程度的不同，有保留自然外观而略做整形的石块，

有经机械切片而成的石板等，外形相差很大。人工石是指水泥砖、混凝土制平板或砖块等，通常形状工整一致。木质的则如粗树干横切成有轮纹的木椿、竹杆或枕木类等。无论何种材质，最基本的步石条件是：面要平坦、不滑，不易磨损或断裂，一组步石的每块石板在形状和色彩上要类似而调和，不可差距太大。步石的直径可从 30 cm 到 50 cm 不等，厚度在 6 cm 以上为佳。

铺设步石时，石块排列的整体美与实用性要兼备。一般成人的脚步间隔平均是 45 ~ 55 cm，石块与石块间的间距则应保持在 10 cm 左右。步石露出土面高度通常是 3 ~ 6 cm。

铺设时，先从确定行径开始。在预定铺设的地点来回走几趟，留下足迹，并把足迹重叠最密集的点圈画起来，石板就安放在该位置上。经过这样安排的步石才是最实用的。

施工步骤：先行挖土，安置石块，再调整高度及石块间的间距。确定位置后，就可填土，将石块固定。人踏在石面上不出现摇晃，就算大功告成。步石施工的顺序如图 4-46 所示。

4.6.6　鹅卵石铺地

鹅卵石是指直径为 6 ~ 15 cm、形状圆滑的河川冲刷石。用鹅卵石铺设的园路乍看起来稳重而又实用，别具一格。

完全使用鹅卵石铺成的园路往往稍嫌单调。若于鹅卵石间加几块自然扁平的切石，就会出色许多。在组合石块时，要注意石的形状、大小是否调和。特别在与切石板配置时，相互交错形成的图案要自然，切石与卵石的石质及颜色最好避免完全相同，才能显出路面变化的美感。

施工时，因石块的大小、高低不完全相同，为使铺出的路面平坦，必须在路基上下工夫。先将未干的灰泥填入，再把卵石及切石一一填下，将较大的埋入灰泥的部分多些，这样会使路面整齐，高度一致。摆完石块后，再在石块之间填入稀灰泥，填充实后就算完成。卵石排列间隙的线条要呈不规则的形状，千万不要弄成“十”字形或直线形。此外，卵石的疏密也应保持均衡。铺设卵石地面的顺序如图 4-47 所示。

a. 步骤：

1. 先在预摆步石的行径上来回走步，以重复踩到的位置为基准

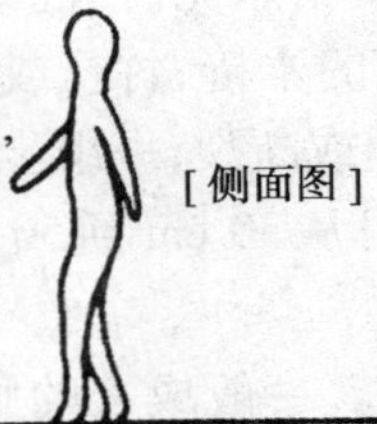

2. 把足迹重复处用石灰撒布作记号

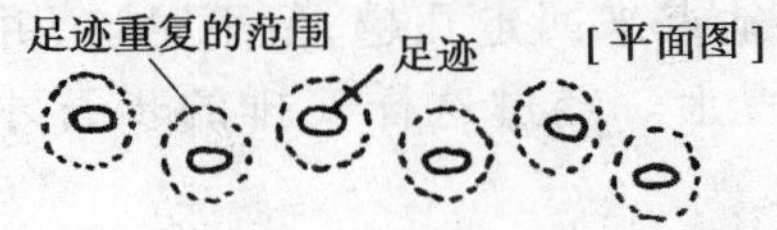

3. 把步石摆在定位之表面，再来往踏于石上，检查步石的间距是否合适，调整位置

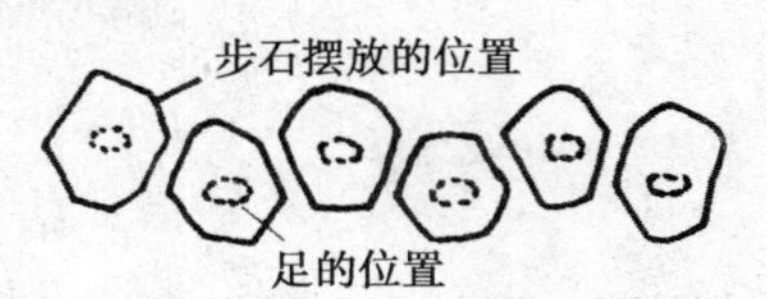

4. 用棒将步石形状描画于地表

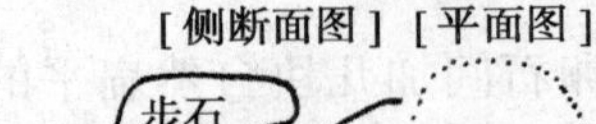

5. 将步石移开，把画形状处的土挖出

6. 挖成的土穴范围较石块大一圈（如平面图所示），把步石放入

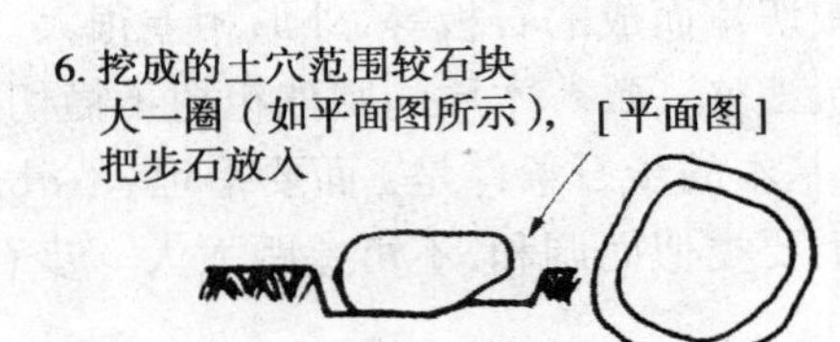

7. 为使踏石稳固，土要填实；最后用水冲洗踏石表面

8. 填入土后步石与周围土的相关位置

b. 步石排列示范：

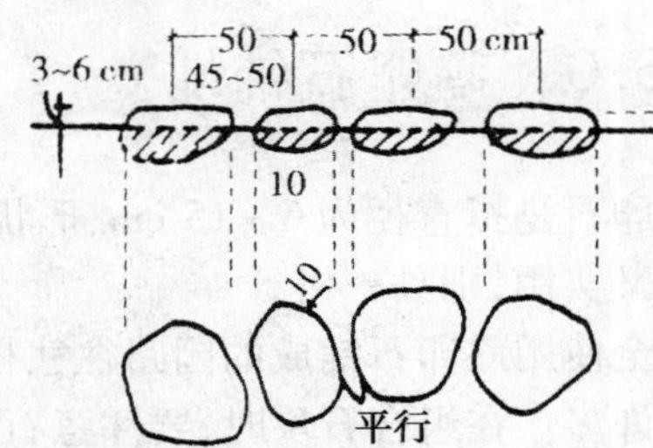

① 踏石高出 3~6 cm
② 间隔约 10 cm
③ 石间距均衡、平行，如下图的的摆法就不平行，不宜采用

④ 每块按步行距离 45~55 cm 排定

c. 步石排列的各种形式：

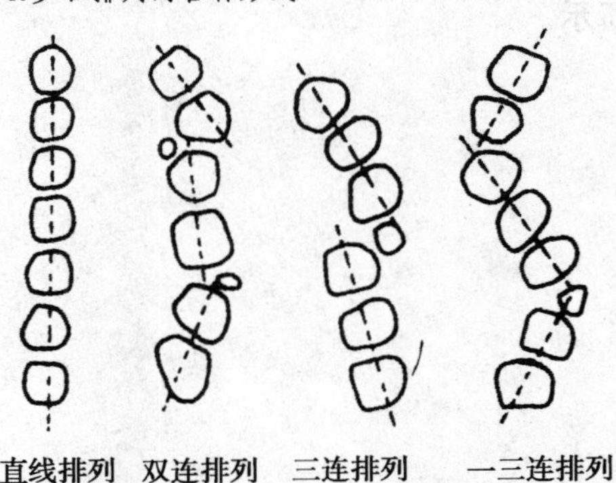

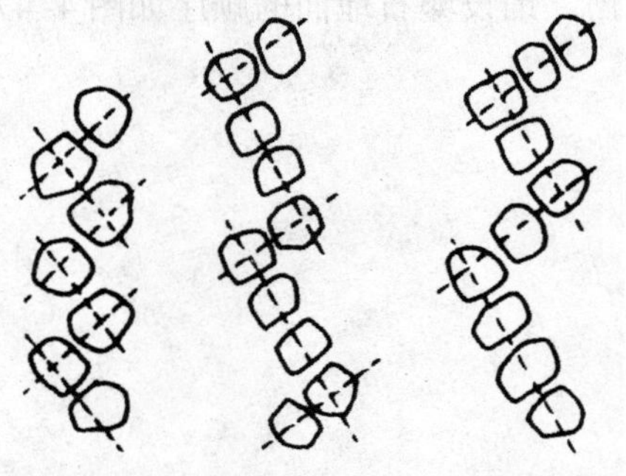

图 4-46　步石铺地实例

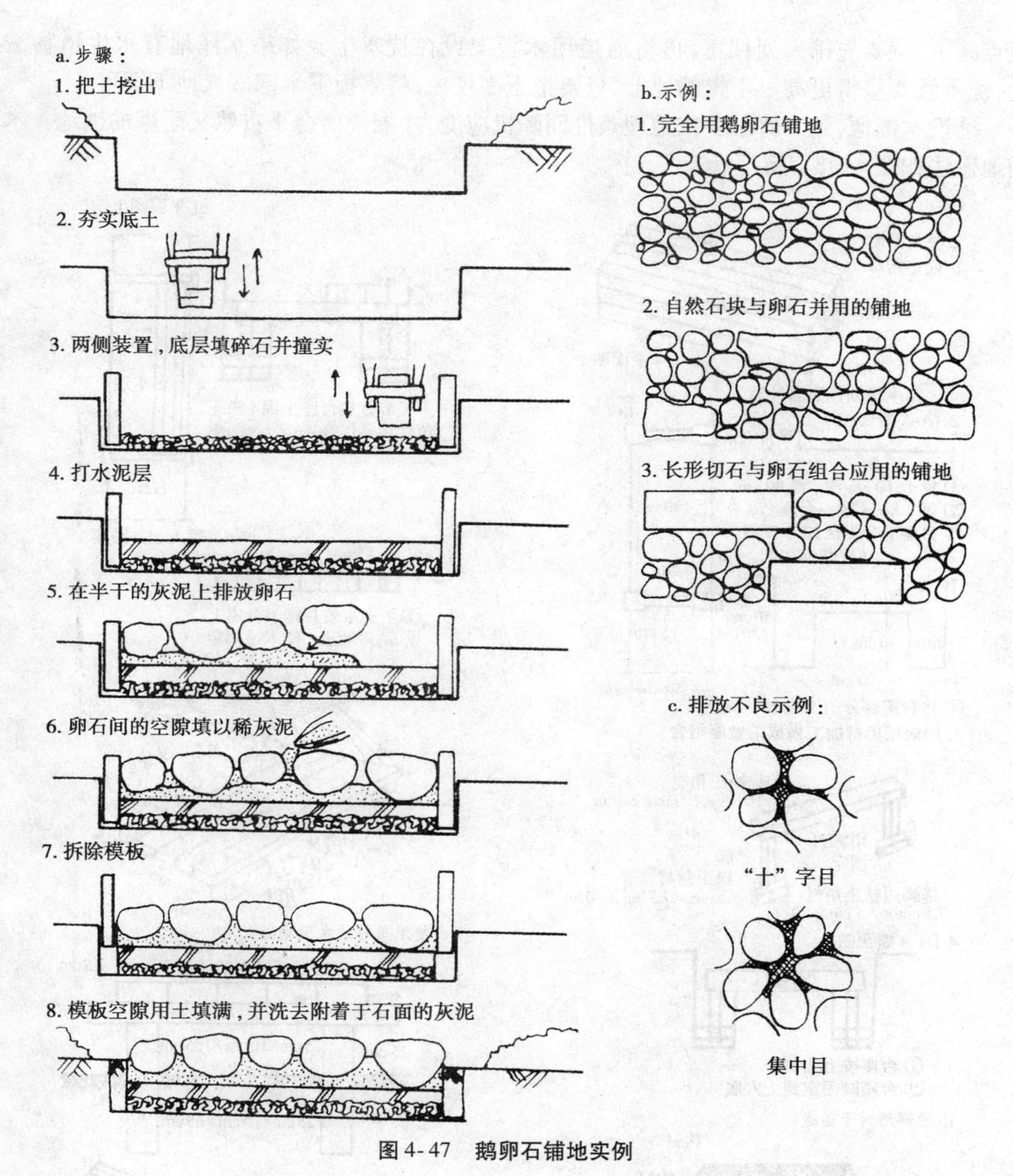

图 4-47　鹅卵石铺地实例

4.6.7　木铺地

木铺地较混凝土铺地要亲切许多，与园中树木花草等景观也更为协调，给人的感觉是自然而富有情趣。用于铺地的木材有正方形的木条、木板，圆形的、半圆形的木桩等。在潮湿近水的场所使用时，宜选择耐湿防腐的木料。

施工前，要对施工地点的潮湿程度进行调查。若湿度不大，可以将木材直接排放。用半圆木桩时，使平面向上，圆面向下，木桩之间用钩钉牢牢钉住，使之连接稳定。如果在潮湿的地点施工,就要先排一列枕木,再将通道用木板架设在枕木上。如果水泽地有水生植物滋生,枕木就要垫得更高。干燥的地上,只要把土表挖松,将木板下半部嵌入地下即可。

铺设木铺地,施工时总要依地理条件而随机应变,才能铺出合乎自然又耐用的铺地。木铺地做法如图 4-48 所示。

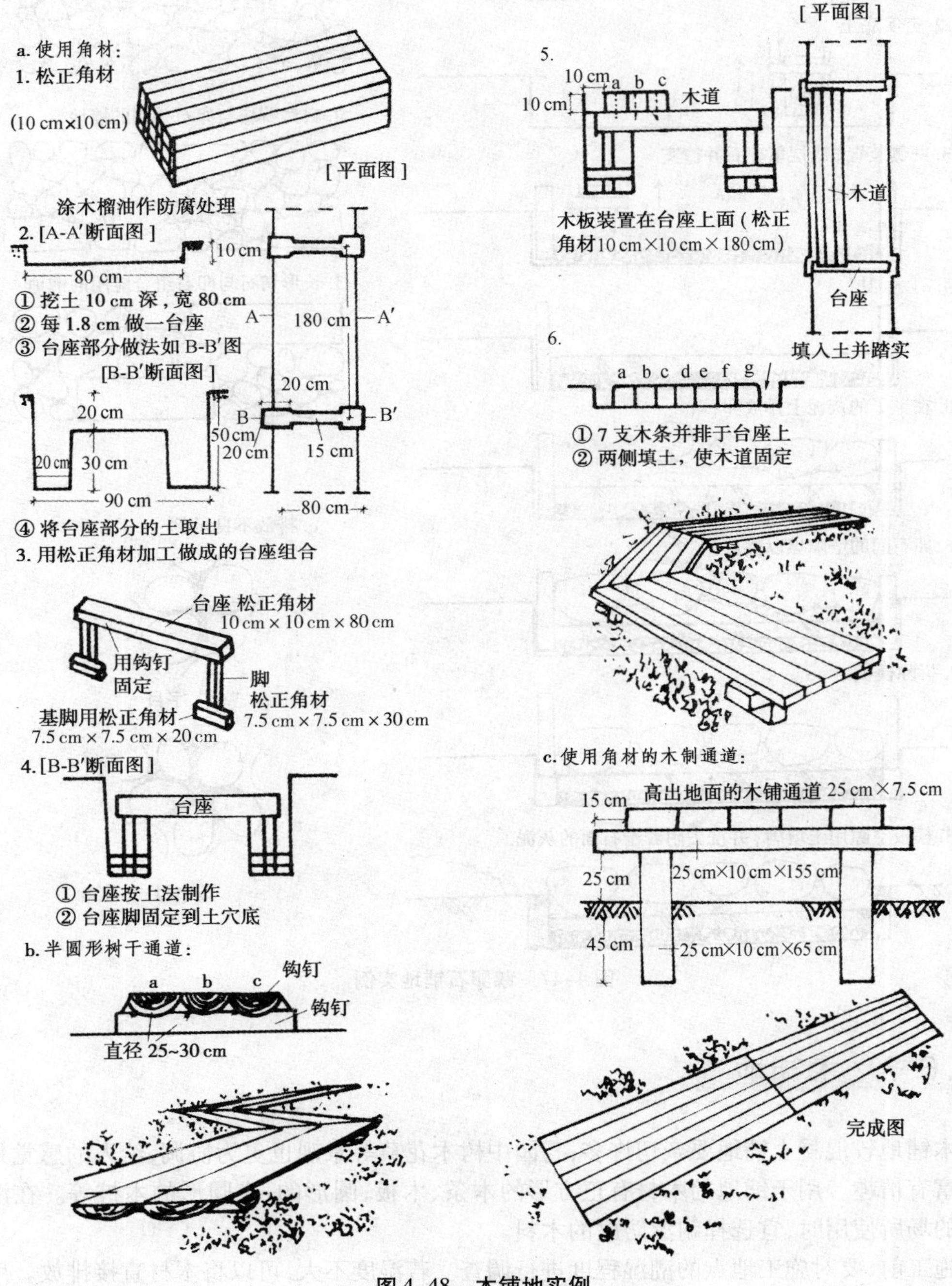

图 4-48 木铺地实例

4.6.8　传统园林中的花街铺地

传统园林中的花街铺地是指以砖瓦为骨、以石填心的做法进行铺地。用规整的砖和不规则的石片、石板、卵石及碎砖、碎瓦、碎瓷片、碎缸片等相结合组成的花街铺地图案精美,色彩丰富,形如织锦,颇为美观。其图案多种多样,精美细腻,色彩丰富,有"人"字纹、席纹、四方灯锦、海棠芝花、攒六方、八角橄榄景、万字、球门、长八方、冰纹梅花、"十"字海棠等(图 4-49)。

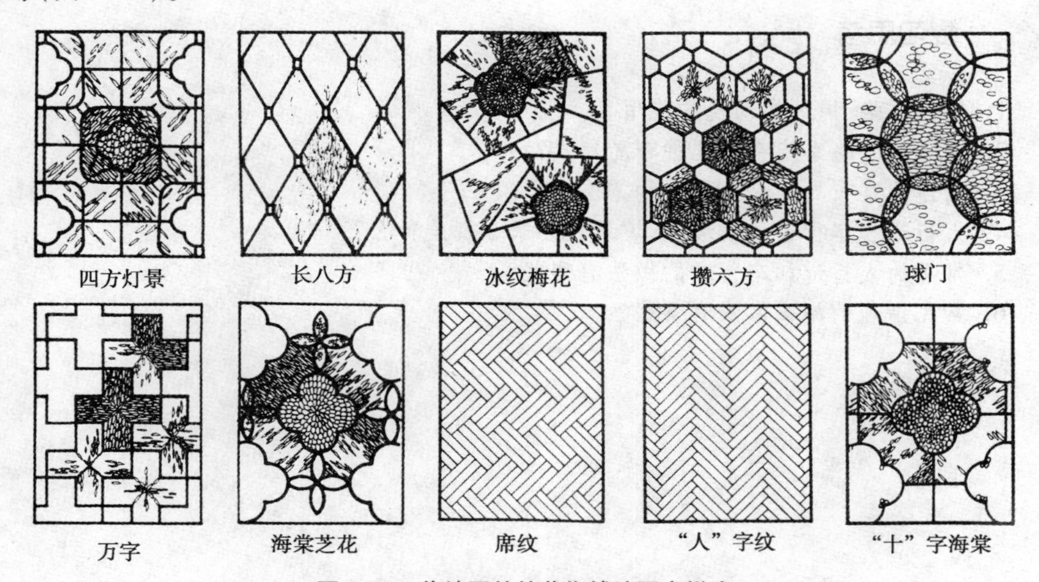

图 4-49　传统园林的花街铺地图案样式

附录　园路、铺地的设计规范

1. 公园的园路、铺地设计规范

见《公园设计规范》(CJJ48—92)

2. 居住区的园路、铺地设计规范

见《城市居住区规划设计规范》(GB50180—93)

3. 其他类型的园路、铺地设计规范

(1) 建筑地面工程施工及验收规范(GB50209—95)

(2) 建筑工程质量验收评定标准(GBJ301—88)

(3) 建筑安装工程质量检验评定统一标准(GBJ300—88)

(4) 沥青路面施工及验收规范(GBJ92—86)

(5) 水泥混凝土路面施工及验收规范(GBJ97—87)

(6) 联锁型路面砖路面施工及验收规程(CJJ79—98)

(7) 固化类路面基层和底基层技术规程(CJJ/T80—90)

(8) 粉煤灰石灰类道路基层施工及规程(CJJ4—97)

(9) 市政道路工程质量检验评定标准(CJJ1—90)

(10) 建筑工程冬期施工规程(CJJ/T80—90)

本章小结

园路、铺地的设计和施工做法是学生必须掌握的专业知识。本章较为详尽地介绍了园路和铺地的一般知识、设计内容、施工技术等,并通过实例有效指导学生设计常见的园路和铺地,同时能绘制园路和铺地的施工图。

复习思考

1. 简述园路、铺地的功能和作用。
2. 常见的园路系统有哪几种布局形式?
3. 简述园路布局的设计原则和方法步骤。
4. 人行道和车行道的横坡、纵坡设计要求分别是什么?
5. 常见的人行道和车行道的做法有哪些?
6. 常见铺地的施工做法有哪些?

第5章 花坛砌体与挡土墙工程

本章导读

本章介绍了花坛的分类、砌体与装饰材料、施工做法，以及挡土墙的材料、结构类型、设计与施工做法等内容。要求学生掌握常见花坛、挡土墙的设计和施工工艺与做法。

花坛虽然不是景观中主导的元素，却是最常见的园林小品，在我们身边的室外环境中随处可见。花坛看似简单，但只要精心构思，匠心独运，与周围环境相谐调，就常常能起到烘托、点缀、衬托、填白等强化景观的作用。而挡土墙则是重要的结构性设施，当相邻的两块地出现较大高差时，或为了在园林局部营造某种障碍性景物或阻挡一览无余的视线时，就需要设置挡土墙。由于挡土墙在园林的立面视觉形象中占有较重的分量，所以在园林设计中应重视对挡土墙的景观设计，以提高园林风景的艺术表现力。

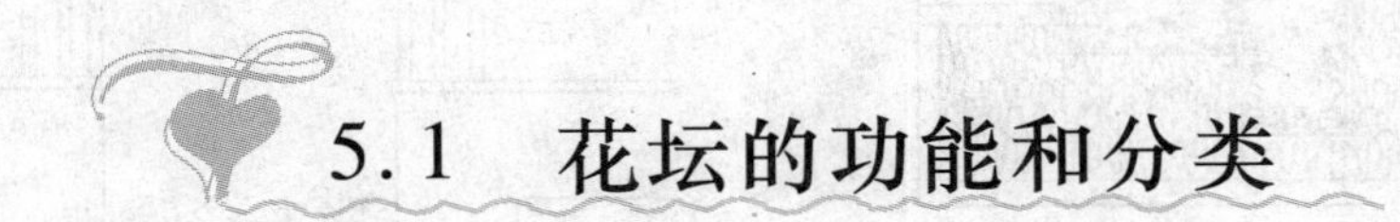

5.1　花坛的功能和分类

5.1.1　花坛的功能

在现代园林中，花坛是庭园组景不可缺少的形式之一，也是最为重要、运用最为广泛的园林建筑小品之一。狭义的花坛是指我们平时所看到的较大的、没有底部的种植池，包括花坛、花池、花台等；而广义的花坛还包括盛放容纳各种观赏植物的箱体式种植容器，如树池、花钵、花盆盒、花盆箱等。

一般来说，花坛等种植容器主要用于植物不能自然生长的场所，如砾石或混凝土地面等。有时为了景观的需要和层次的丰富，也应用于绿地。但是，花坛不应以任意散置的方式，形成低劣的美化效果，而多成簇、成组或成行地布置，或组成连贯的图案，使人们从视觉高度或从高的视点看到这个地面景观。

在现代城市景观和园林绿地中，花坛不仅起着改善环境质量，点缀、烘托景致等作用，还具有组织交通、分割空间、屏障空间等功能，甚至在某些环境中成为主要景观，引人注目。

在游园的入口处，花坛结合花架、景墙等组成景观，可丰富入口环境，使入口处不再单调、乏味。

用花坛来布置广场的入口不仅能突出入口的位置所在，还能美化入口环境，同时起界定广场与外界的作用(图5-1)。

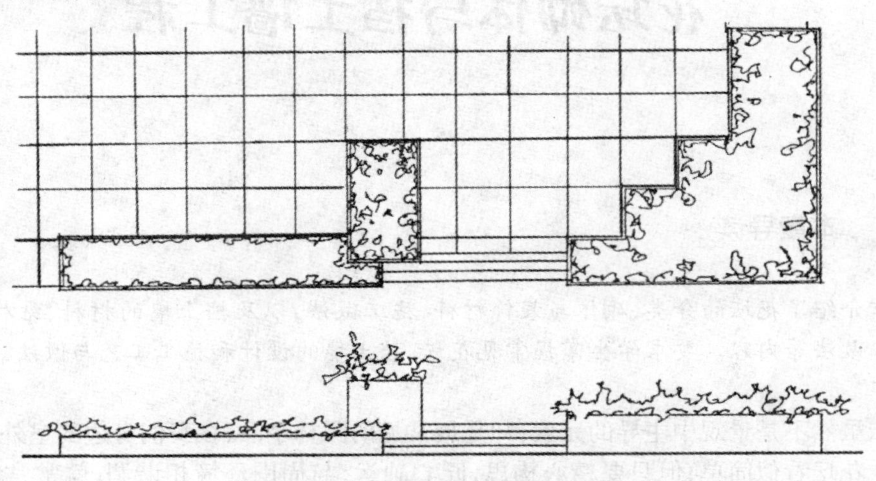

图5-1　花坛的点景、分隔空间作用

在小游园的入口处，设置一组作为障景和对景用的立体花坛，既使入口有景可赏，又不至于一览无遗(图5-2)。

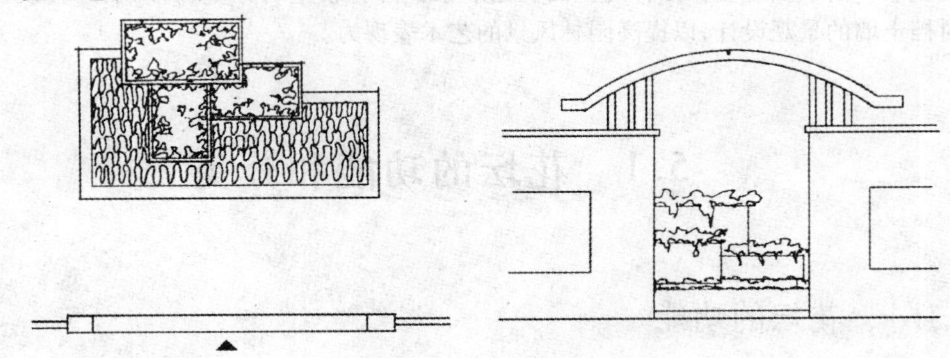

图5-2　花坛的障景、对景作用

在城市道路两侧，各设置一组成行的花坛，可使行人和骑自行车的人各行其道，有效地组织交通，减少碰擦和伤害事故的发生。

在市民广场，用花坛划分出几个幽静的私密性小空间，和嘈杂的环境隔开，成为一个谈话、休息的好去处。

在整个园林景观构图中，花坛不外乎两种作用，即作为主景或配景。不管是作为主景还是配景，花坛与周围的环境及其构图的其他因素之间的关系，都有对比和调和两个方面。

总的来说，花坛在大处应与周围环境统一、谐调，但在细节处应富有变化，使得花坛与环

境既统一，又有变化。

5.1.2　花坛的分类

花坛在城市景观中具有重要的作用，运用极为广泛。其形式也多种多样，并越来越丰富多彩（图 5-3）。

图 5-3　花坛的形式

（1）按是否可以移动分类

① 可移动式花坛：多为预制装配，可以搬卸、堆叠、拼接，移动方便，可以根据需要随意组合，形式丰富多变。如节庆期间的花坛组合，在地形起伏处做成跌落式花坛等。

② 固定式花坛：建成后固定一处，不可变动位置，多为砌筑式花坛和种植穴。其形式多样，造型丰富。在穴上还可加盖卵石、植草砖等或进行镶边，以免被践踏。

（2）按形式分类

① 规整式：规整式花坛简洁大方，造型多样，在现代园林中往往是不可缺少的组景手段，并常常成为局部主景（图 5-4）。

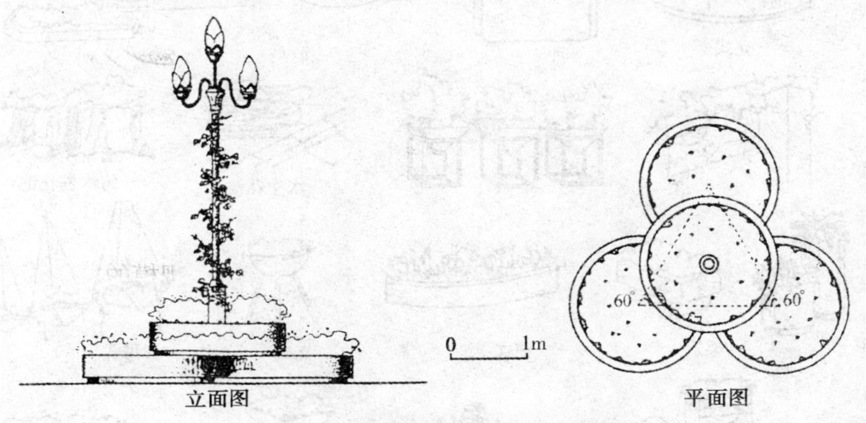

图 5-4　成为局部主景的规整式花坛

② 自然式：自然式花坛自由洒脱，多出现于古典园林之中，以自然山石镶边，有着虽为人作而宛自天成的效果（图 5-5）。

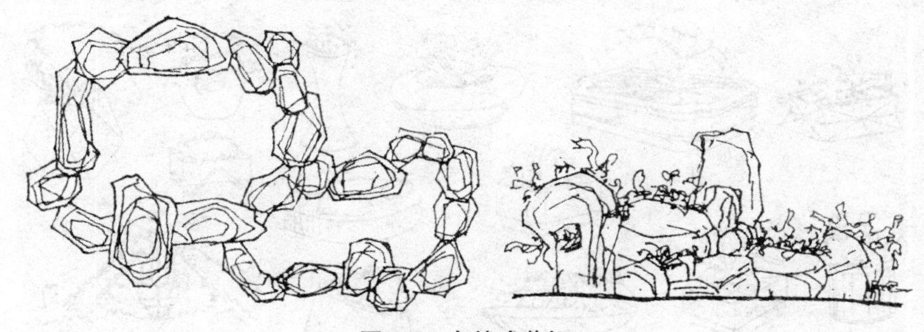

图 5-5　自然式花坛

（3）按组合方式分类

① 独立花坛：独立花坛并不意味着其在构图中是独立或孤立存在的。在艺术构图中，它与构图整体中的其他部分有着血肉的联系。但独立花坛是主体花坛，独立花坛总是作为局部构图的一个主体而存在。独立花坛是静止景观花坛，通常布置在建筑广场中央、街道或道路的交叉口、公园的进出口广场上、小型或大型公共建筑正前方等。独立花坛不能太大，否则会减少或失去艺术感染力，并且其长轴和短轴之比不宜大于 3∶1。其外形平面的轮廓可以是三角形、正方形、长方形、菱形、梯形、五边形、六边形、八边形、半圆形、圆形、椭圆形以

及其他单面对称或多面对称的花式图形。

② 花坛群：当许多个花坛组成一个不能分割的构图整体时，就称为花坛群。花坛群是由许多个体花坛排列组合而成的，花坛和花坛之间为草坪或铺装，有时甚至可以设置花架、座凳等，供游人休息之用。花坛群总是对称的，因为个体花坛的排列组合是有规则的(图 5-6)。

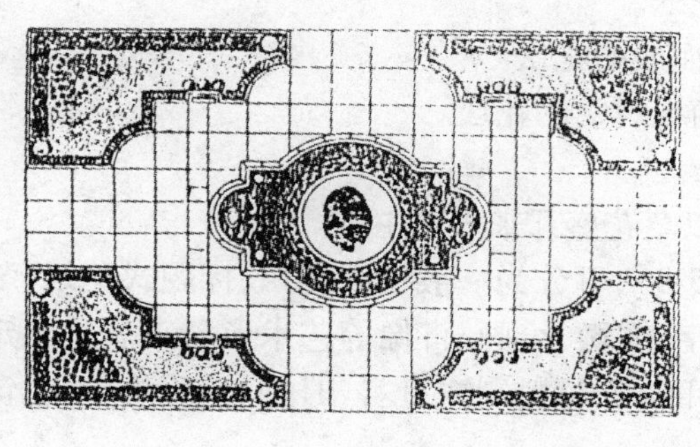
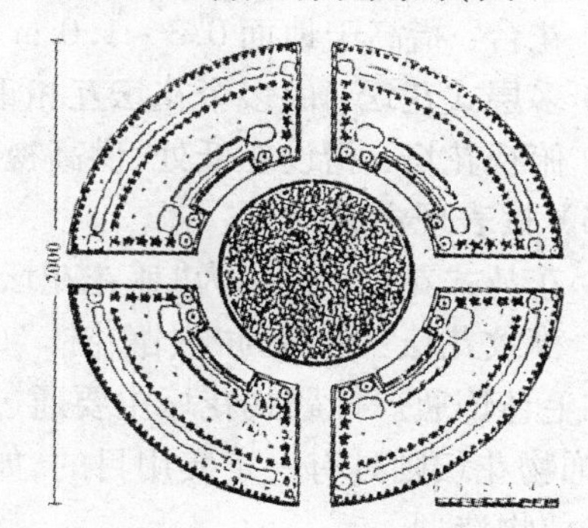

图 5-6 花坛群

③ 花坛组群：由几个花坛群组合成为一个不可分割的构图整体时，这个构图体就称为花坛组群。其气势庞大，多布置在大型建筑广场、大型公共建筑前方或大规模的规则式园林中。

④ 带状花坛：宽度在 1 m 以上、长度比宽度大 3 倍以上的长形花坛，称为带状花坛。带状花坛是连续风景花坛，可以设置在道路中央或作为草坪花坛的镶边、道路两侧的装饰、建筑物墙基的装饰等。

⑤ 连续花坛群：许多个独立花坛或带状花坛，成直线排列成一行，组成一个有节奏、有规律的不可分割的构图整体时，便称为连续花坛群。其多布置在两侧为通路的道路或纵长的铺装广场上，有时也布置在草坪上。

⑥ 与其他功能结合的花坛：指花坛与座凳、隔断、栏杆、扶手、景灯、标志等结合在一起，兼具两项或两项以上功能的花坛。这样组合，使园林小品内容更加丰富，形式更加多样，用于造景的素材更加繁多(图 5-7)。

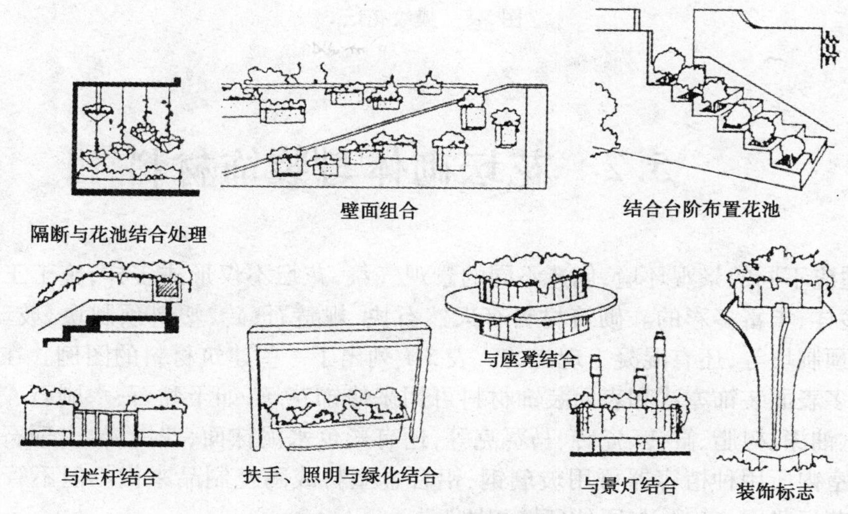

图 5-7 兼有其他功能的花坛

(4) 按空间位置分类

① 平面花坛：指与地面形成的夹角小于30°的花坛。

② 斜面花坛：按自然坡度设置，只有一面可供观赏的花坛。

③ 台阶花坛：在地面坡度大的地段设置的花坛。

④ 花台：指高于地面0.3～1.0 m的花坛。

⑤ 多层式花坛：由多个花坛互相重叠而成的花坛。

⑥ 俯视花坛：指设在低处、供高视点俯视观赏的花坛。

(5) 按表现主题分类

① 花丛式花坛：也称为“盛花花坛”，以草花盛开来表现主题。

② 模纹花坛：也称为“嵌镶花钵”(图5-8)，可分为一般模纹花坛、标题式花坛、装饰物花坛和毛毡饰瓶。标题式花坛主要通过文字、图徽、绘画、肖像等艺术形象来表达一定的主题；装饰物花坛则具有一定实用目的，如运用植物材料制成日晷、时钟、日历等；毛毡饰瓶则是立体植物造型。

③ 盆景式花坛：花坛与观赏点结合，同花木、山石构成一个大盆景。

④ 栽合式花坛：指花丛式和模纹式相结合的花坛。

⑤ 草坪花坛：以草坪为主，配置一些草花、盆花构成的花坛。

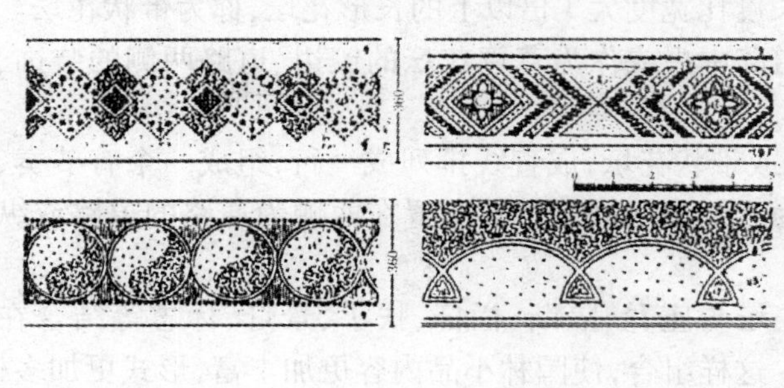
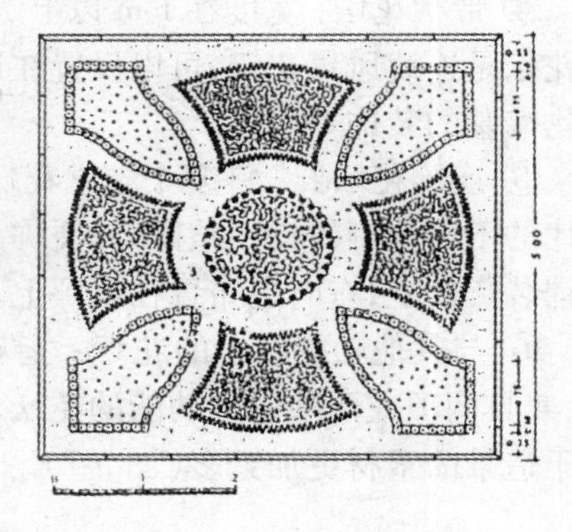

图5-8　模纹花坛

5.2　花坛砌体与装饰材料

为了适应不同的景观环境，创造不同的景观气氛，花坛不仅形式多样，施工工艺和材料也是多种多样、丰富多彩的。砌筑材料有天然石块、规整石、砖、塑料预制块、玻璃砖、耐水砖、混凝土预制块等，还有混凝土现浇的。表5-1列出了一些建筑材料的图例。在结构层外面，还有许多表面装饰方式和表面装饰材料可用来修饰花坛，如干黏石、水刷石、水磨石、黏卵石、水泥、油漆、树脂、缸砖、瓷砖、马赛克等，还有彩色水泥抹面，花岗岩、大理石贴面等手法。此外，室内所用种植容器可用玻璃钢、铝合金型材或陶瓷制品来做。但不管用什么材料，都应使花坛坚固、美观，与所处环境相协调。

表 5-1　常用建筑材料图例

建筑材料	图　例	建筑材料	图　例
砖		砂浆	
块石		木料	
钢筋混凝土		碎石	
素混凝土		素土	

在花坛的建造过程中，常会用到砌体工程。砌体工程与表面装饰对景观视觉影响较大。砌体工程包括混凝土、砌砖和砌石等。这些砌体在园林中被广泛采用，它既是承重构件、围护构件，也是主要的造景元素之一，并且在分隔空间、改变设施的景观面貌、反映地方乡土景观特征等方面得到了广泛而灵活的运用。

花坛边缘的砌体称为边缘石或花坛壁。花坛边缘处理方法很多，一般边缘石有花岗岩、大理石、磷石、砖、条石以及假山等，也可在花坛边缘种植一圈装饰性植物。边缘石的高度一般为 10 ~ 15 cm，不超过 30 cm；宽度为 10 ~ 15 cm。若兼作座凳，则高可增至 45 ~ 50 cm，具体视花坛大小而定。

5.2.1　花坛砌体材料

大多数砌体系指将块材用砂浆砌筑而成的整体。砌体结构所用的块材有烧结普通砖、非烧结硅酸盐砖、黏土空心砖、混凝土空心砖、小型砌块、粉煤灰实心中型砌块、料石、毛石和卵石等；常用的花坛砌体材料有烧结普通砖、料石、毛石、卵石和砂浆等。

(1) 烧结普通砖

① 烧结黏土砖

建筑用砖分烧结砖(主要指黏土砖)和非烧结砖(灰砂砖、粉煤灰砖等)两种。烧结黏土砖是以黏土(包括页岩、煤矸石等粉料)为主要原料，经泥料处理、成型、干燥和焙烧而成的。

普通黏土砖的尺寸为 240 mm × 115 mm × 53 mm，按抗压强度(N/mm^2)的大小分为 MU30、MU25、MU20、MU15、MU10、MU7.5 共六个强度等级。黏土砖就地取材，价格便宜，经久耐用，还有防火、隔热、隔声、吸潮等优点，在土木建筑工程中使用广泛。废碎的砖块还可作为混凝土的集料。烧结黏土砖又分实心砖、空心砖(大孔砖)和多孔砖。无孔洞或孔洞率小于 15% 的砖通称为实心砖，也有些地方比标准尺寸略小些的实心黏土砖，其尺寸为 220 mm × 105 mm × 43 mm。空心砖(大孔砖)和多孔砖是指孔洞率等于或大于 15% 的砖，是为避免普通黏土砖块小、自重大、耗土多的缺点而改进的，符合轻质、高强度、空心、大块的发展方向。

实心黏土砖按生产方法不同分为手工砖和机制砖;按砖的颜色不同可分红砖和青砖。一般来说,青砖较红砖结实、耐碱、耐久性好。根据我国《承重黏土空心砖》(TJl96—75)的规定,黏土空心砖可分为以下三种型号:

Ⅰ. KP1:标准尺寸为 240 mm×180 mm×115 mm。

Ⅱ. KM1:标准尺寸为 190 mm×190 mm×90 mm。

Ⅲ. KP2:标准尺寸为 240 mm×115 mm×90 mm。

其中,KM1 型具有符合建筑模数的优点,但无法与标准砖同时使用,必须生产专门的"配砖"方能解决砖墙拐角、"丁"字接头处的错缝要求;KP1 与 KP2 型则可以与标准砖同时使用。多孔砖可以用来砌筑承重的砖墙,而大孔砖则主要用来砌框架围护墙、隔断墙等承自重的砖墙。

② 其他烧结普通砖

其他烧结普通砖包括烧结煤矸石砖和烧结粉煤灰砖等。前者是以煤矸石为原料烧结而成的,而后者的原料是粉煤灰加部分黏土。它们都是利用工业废料制成的,优点是可以化废为宝、节约土地资源、节约能源。其他烧结普通砖的强度等级与烧结黏土砖相同。

③ 非烧结砖

除烧结普通砖外,还有硅酸盐类砖,简称非烧结砖。它们是由硅酸盐材料压制成型并经高压釜蒸压而成的,有灰砂砖、粉煤灰砖、矿渣硅酸盐砖等种类。灰砂砖是以适当比例的石灰和石英砂、砂或细砂岩,经磨细、加水拌和、半干法压制成型并经蒸压养护而成的。粉煤灰砖是以粉煤灰为主要原料,掺入煤矸石粉或黏土等胶结材料,经配料、成型、干燥和焙烧而成的;其优点是可充分利用工业废渣,节约燃料。非烧结砖强度等级为 MU7.5 ~ MU15,尺寸与标准砖相同。与烧结普通砖相比,硅酸盐类砖耐久性和化学稳定性较差,使用没有黏土砖广。

园林中的花坛、挡土墙等砌体所用的砖须经受雨水、地下水等侵蚀,故多采用烧结黏土实心砖、烧结煤矸石砖等,不宜使用非烧结砖。

(2) 石材

凡是采自地壳、经过加工或未经加工的岩石,统称为天然石材。天然石材根据地质成因,可分为岩浆岩(如花岗岩)、沉积岩(如石灰岩)和变质岩(如大理岩)三大类。石材由于脆性大、抗拉强度低、自重大,石结构的抗震性能差,加之岩石的开采加工较困难、价格高等因素,已较少作为结构材料了。但石材的优点是:抗压强度高,耐久性好。石材的强度等级是根据把石块做成边长为 70 mm 的立方体,经压力机压至破坏后得出的平均极限抗压强度值来确定的,可为 MU200、MU150、MU100、MU80、MU60、MU50 等。石材按其加工后的外形规则程度可分为料石和毛石。

① 料石

料石亦称条石,系由人工或机械开采出的较规划的六面体天然石块,经人工略加凿琢而成,依其表面加工的平整程度不同分为毛料石、粗料石、半细料石和细料石四种。毛料石一般仅稍加修整,厚度不小于 20 cm,长度为厚度的 1.5 ~ 3 倍;粗料石表面凹凸深度要求不大于 2 cm,厚度和宽度均不小于 20 cm,长度不大于厚度的 3 倍;半细料石除表面凹凸深度要求不大于 1 cm 外,其余同粗料石;细料石是经细加工而成的,表面凹凸深度要求不大于

0.2 cm,其余同粗料石。料石常由砂岩、花岗石、大理石等质地比较均匀的岩石开采琢制,至少有一个面的边角整齐,以便互相合缝,主要用于墙身、踏步、地坪、挡土墙等。粗料石部分可选来用于毛石砌体的转角部位,以控制两面毛石墙的平直度。

② 毛石

毛石是指由人工采用撬凿法和爆破法开采出来的不规则石块。由于岩石层理的关系,往往可以获得相对平整的和基本平行的两个面。它适用于基础、勒脚、一层墙体,此外在土木工程中可用做挡土墙、护坡、堤坝等。

(3) 砂浆

砂浆是一种重要的建筑材料,由骨料(砂)、胶结料(水泥)、掺和料(石灰膏、建筑石膏等)和外加剂(如微沫剂、防水剂、抗冻剂)加水拌和而成。当然,掺和料及外加剂是根据需要而定的。砂浆是园林中各种砌体材料中块体的胶结材料,使砌块通过它的黏结形成一个整体;砂浆起到填充块体之间的缝隙、把上部传下来的荷载均匀地传到下面去的作用,还可以阻止块体的滑动。同时因砂浆填满了块材间的缝隙,也减少了透气性,提高了砌体的隔热性和抗冻性等。砂浆应具备一定的强度、黏结力和工作度(或叫流动性、稠度)。砂浆按所用胶凝材料不同可分为水泥砂浆、石灰砂浆、石膏砂浆和水泥混合砂浆等;而按用途分,则可分为砌筑砂浆、抹面砂浆、装饰砂浆和特种砂浆等。砂浆强度是以一组边长为 7 cm 的立方体试块,在标准养护条件下(温度为 20 ℃ ±3 ℃、相对湿度为 90% 以上的环境中)养护 28 d 后测其抗压极限强度值的平均值来划分其等级的。砂浆按抗压强度划分为 M15、M10、M7.5、M5.0、M2.5、M1.0、M0.4 共七个等级。而等级在 M2.5 及以下者,一般不耐冻融。

① 砂浆的类型

Ⅰ. 水泥砂浆:水泥砂浆是由水泥、砂、水拌和而成的,主要用在受湿度大的墙体、基础等部位。水泥砂浆强度高、耐久性好,但其拌和后保水性差,砌筑前会游离出很多的水分,砂浆摊铺在砖面后,这部分水分会很快被砖吸走,使铺砖发生困难,因而会降低砌筑质量。失去一定水分的砂浆必将影响其正常硬化,减少砖与砖之间的黏结,使强度降低。因此,在强度等级相同的条件下,采用水泥砂浆砌筑的砌体强度要比用其他砂浆时低。砌体规范规定,当用水泥砂浆砌筑时,各类砌体的强度应按保水性能好的砂浆砌筑的砌体强度乘以小于 1 的调整系数。

Ⅱ. 混合砂浆:混合砂浆是由水泥、石灰膏、沙子(有的加少量微沫剂以节省石灰膏)等按一定的质量比配制搅拌而成的。它包括水泥石灰砂浆、水泥黏土砂浆等。这类砂浆具有一定的强度和耐久性,且保水性、和易性较好,便于施工,质量容易保证,是一般墙体中常用的砂浆。主要用于地面以上墙体的砌筑。

Ⅲ. 石灰砂浆:它是由石灰膏和沙子按一定比例搅拌而成的。其强度较低,一般只有 0.5 MPa 左右。但作为临时性建筑、半永久性建筑,仍可用做砌筑墙体,但不能用于地面以下或防潮层以下的砌体。

Ⅳ. 防水砂浆:它是在 1 : 3(体积比)水泥砂浆中,掺入水泥质量分数为 3% ~5% 的防水粉或防水剂搅拌而成的,主要用于防潮层、水池内外抹灰等。

Ⅴ. 勾缝砂浆:它是水泥和细砂以 1 : 1 的体积比拌制而成的。主要用在清水墙面的勾缝。

② 组成砂浆的材料

Ⅰ. 水泥：水泥呈粉末状，和适量的水拌和后，即由塑性浆状体逐渐变成坚硬的石状体，是一种水硬性胶凝材料。水泥主要是用石灰石、黏土及含铝、铁、硅的工业废料等辅料经高温烧制、磨细而成的。它具有吸潮硬化的特点，因而在储藏、运输时要注意防潮。

目前我国生产的通用水泥有以下六种：硅酸盐水泥（不掺加混合材料的为Ⅰ型，代号为P·Ⅰ；混合材掺量不超过5%的为Ⅱ型，代号为P·Ⅱ）、普通硅酸盐水泥（简称普通水泥，代号为P·O，混合材掺量为6% ~15%）、混合材掺量>20%的矿渣硅酸盐水泥（简称矿渣水泥，代号为P·S）、火山灰质硅酸盐水泥（简称火山灰水泥，代号为P·P）、粉煤灰硅酸盐水泥（简称粉煤灰水泥，代号为P·F）、复合硅酸盐水泥（简称复合水泥）等。水泥强度是用软练法做成试块后经抗压试验取得的值作为它的标号的。硅酸盐水泥有425、525、625和725四个标号，而普通水泥则有325、425、525和625四个标号，矿渣水泥、火山灰水泥和粉煤灰水泥有275、325、425、525和625五个标号，复合水泥则只有325、425和525三个标号。标号越大，强度越大。水泥按3d强度又分为普通型和早强型，其中有代号R者为早强型水泥。表5-2所示为通用水泥的选用方法。

表5-2　通用水泥的选用方法

混凝土工程特点及所处环境条件			优先选用	可以选用	不宜选用
普通混凝土	1	一般气候环境中	普通水泥	矿渣水泥、火山灰水泥、粉煤灰水泥、复合水泥	—
	2	干燥环境中	普通水泥	矿渣水泥	火山灰水泥、粉煤灰水泥
	3	高湿环境或长期处于水中	矿渣水泥、火山灰水泥、粉煤灰水泥、复合水泥	普通水泥	—
	4	体积厚大	矿渣水泥、火山灰水泥、粉煤灰水泥、复合水泥	普通水泥	硅酸盐水泥
有特殊要求的混凝土	1	要求快硬、高强（>C40）	硅酸盐水泥	普通水泥	矿渣水泥、火山灰水泥、粉煤灰水泥、复合水泥
	2	严寒地区露天、寒冷地区水位升降范围内	普通水泥	矿渣水泥（>325）	火山灰水泥、粉煤灰水泥
	3	严寒地区水位升降范围内	普通水泥（>425）	—	矿渣水泥、火山灰水泥、粉煤灰水泥、复合水泥
	4	要求抗渗	普通水泥、火山灰水泥	—	矿渣水泥
	5	要求耐磨	硅酸盐水泥、普通水泥	矿渣水泥（>325）	火山灰水泥、粉煤灰水泥
	6	受侵蚀性介质作用	矿渣水泥、火山灰水泥、粉煤灰水泥、复合水泥	—	硅酸盐水泥、普通水泥

注：当水泥中掺有黏土质混合材时，则不耐硫酸盐腐蚀。

专用水泥是指专门用于某些工程的水泥。特性水泥是指某种性能较突出的水泥。其品种很多,常见的有快硬硅酸盐水泥、白色硅酸盐水泥、彩色硅酸盐水泥、高铝水泥以及膨胀水泥等。快硬水泥有 325、375、425 三个标号,白色水泥和彩色水泥有 325、425、525、625 四个标号,白色水泥按白度可分为特级(白度≥86%)、一级(白度≥84%)、二级(白度≥80%)和三级(白度≥75%)四个等级,高铝水泥有 425、525、625、725 四个标号。

水泥初凝不得早于 45 min,终凝不得迟于 10 h。水泥的安定性相当重要,用沸煮法检验必须合格。凡不合格者不能使用,否则硬化后会发生裂缝成为碎块而被破坏。因此,对一些水泥厂生产的水泥,必须进行复试,包括安定性检验。水泥和水拌和后,产生化学反应会放出热量,这种热量称为水化热。水化热大部分在水化初期(约 7 d)放出,以后渐渐减少。在浇筑大体积混凝土时,要注意这个问题,防止内外温度差过大引起混凝土裂缝。

Ⅱ. 石灰膏:用生石灰块料经水化和网滤在沉淀池中沉淀热化,贮存后即为石灰膏。要求在池中热化的时间不少于 7 d;沉淀池中的石灰膏应防止干燥、冻结、污染;砌筑砂浆时严禁使用脱水硬化的石灰膏。

Ⅲ. 砂:粒径在 5 mm 以下的石质颗粒,称为砂。砂是混凝土中的细骨料,砂浆中的骨料可分为天然砂和人工砂两类。天然砂是由岩石风化等自然条件作用形成的,可分为河砂、山砂、海砂等。由于河砂比较洁净,质地较好,所以配制混凝土时宜采用河砂。人工砂是由岩石用轧碎机轧碎后筛选而成的。人工砂中细粉、片状颗粒较多,且成本较高,所以只有天然砂缺乏时才考虑用人工砂。一般按砂的平均粒径可将砂分为粗、中、细、特细四类。

将不同粒径的砂子按一定的比例搭配,砂粒之间彼此互相填充使空隙率最小,这种情况就称为良好的颗粒级配。良好的级配可以降低水泥用量,提高砂浆和混凝土的密实度,起到防水的作用。

砌筑砂浆时应采用中砂。使用前要过筛,不得含有草根等杂物。此外,对含泥量亦有控制,如水泥砂浆和强度等级等于或大于 M5 的水泥混合砂浆所用的砂,其含泥量不应超过 5%;而强度等级小于 M5 的水泥混合砂浆所用的砂,其含泥量不应超过 10%。

Ⅳ. 微沫剂:微沫剂是一种增水性的有机表面活性物质,是由松香与工业纯碱熬制而成的。它的掺量应通过试验确定,一般为水泥用量的 $0.5\times10^{-4}\sim1\times10^{-4}$(微沫剂按 100% 纯度计)。它能增加水泥的分散性,使水泥石灰砂浆中的石灰用量减少许多。

Ⅴ. 防水剂:防水剂可与水泥结合形成不溶性材料,填充堵塞砂浆中的孔隙和毛细通路。有硅酸钠类防水剂、金属皂类防水剂、氯化物金属盐类防水剂、硅粉等,应用时要根据品种、性能和防水对象而定。

Ⅵ. 食盐:食盐是作为砌筑砂浆的抗冻剂而用的。

Ⅶ. 水:砂浆必须用水拌和,因此所用的水必须洁净、无污染。若使用河水必须先经化验才可使用。一般以自来水等饮用水来拌制砂浆。

(4) 钢材及钢筋

钢质量的不断提高,使钢材及其与混凝土复合的钢筋混凝土和预应力混凝土成为现代建筑结构的主体材料。在现代建筑工程中,钢等金属材料已由单一的结构材料向着结构、装饰等多功能方向发展,其品种也由单一发展到多品种、多系列以及与有机或无机材料复合的形式。

钢筋混凝土中所用钢筋种类繁多。根据表面状态特征可分为光圆钢筋和带肋钢筋

(L);根据用途可分为钢筋混凝土用热轧钢筋、钢筋混凝土用冷拉钢筋、预应力混凝土用热处理钢筋、冷轧带肋钢筋、冷拔低碳钢丝、预应力混凝土用钢丝及钢绞线等。钢筋混凝土用热轧钢筋分为Ⅰ、Ⅱ、Ⅲ、Ⅳ四个级别,其强度等级代号分别为RL235、RL335、RL400、RL540。冷轧带肋钢筋按抗拉强度分为LL550、LL652和LL800三级。在图纸上通常是用钢筋的规格来表示钢筋的。如"Φ8"是指直径为8 mm的钢筋;"4Φ10"是指四根直径为10 mm的钢筋;"Φ6@150"是指直径为6 mm的钢筋,其间距为150 mm。

(5) 混凝土

混凝土是由胶凝材料、骨料及水按一定比例配合,在适当的温度和湿度下,经一定时间后硬化而成的人造石材。用水泥及砂石材料配制成的混凝土称为普通混凝土。混凝土是用得最多的人造建筑材料和结构材料,但由于混凝土的抗拉强度比抗压强度低得多,所以一般需与钢筋组成复合构件,即钢筋混凝土。为了提高构件的抗裂性,还可制成预应力混凝土。

混凝土按其表观密度的大小可分为以下三种:一是重混凝土,其表观密度大于2 500 kg/m^3,具有防射线的性能,故又称防辐射混凝土。二是普通混凝土,其表观密度为1 950~2 500 kg/m^3,一般多在2 400 kg/m^{3}左右。主要用做各种建筑的承重结构材料。三是轻混凝土,其表观密度小于1 950kg/m^3,按用途可分为结构用、保温用和结构兼保温用等。

混凝土按用途可分为结构混凝土、防水混凝土、耐热混凝土、耐酸混凝土、装饰混凝土、大体积混凝土、膨胀混凝土、防辐射混凝土、道路混凝土等。

混凝土优点极多,具体表现如下:

① 原材料来源丰富,造价低廉。

② 其拌和物具有良好的可塑性。

③ 配制灵活,适应性好。

④ 抗压强度高。

⑤ 与钢筋有良好的黏结力,并且与钢筋的线膨胀系数基本相同,制成钢筋混凝土后,大大扩展了应用范围。

⑥ 耐久性好,耐火性好。

⑦ 生产能耗较低。

但普通混凝土也有不足之处,例如:自重大,比强度小;抗拉强度低;导热系数大,保温隔热性较差;硬化较慢,生产周期长等。

混凝土强度等级分为C7.5、C10、C15、C20、C25、C30、C35、CAO、C45、C50、C55、C60共十二个等级。C7.5~C15主要用于垫层、基础、地坪及受力不大的结构;C15~C25主要用于普通混凝土结构的梁、板、柱、楼梯和屋架等;C25~C30主要用于大跨度结构、耐久性要求较高的结构、预制构件等;C30以上主要用于预应力钢筋混凝土结构、吊车梁及特种结构等。

普通混凝土中水泥、水、砂和石子四种材料的相对比例或每立方米混凝土的材料用量是通过水灰比、用水量和砂率三项参数选定得出的,这就是配合比设计。配合比是根据工程设计要求、施工时的条件以及经济实用的原则,再通过计算查表得出的。表5-3列出了当混凝土表观密度为2 400 kg/m^{3}时其他参数的变动范围。具体配合比可用混凝土配合比选用表查出(表略)。

表 5-3　表观密度为 2 400 kg/m³ 时其他参数的变动范围

参　　数	水 灰 比	用水量 m_w/(kg/m³)	砂率 S_p/%
变动范围	0.4～0.7	160～210	37～39
级　　差	0.01	10	2

5.2.2　花坛表面装饰材料

花坛的栽植床面一般高出地面十几厘米,边缘石用于固定土壤,以防止水土流失和人为践踏。通过装饰可以增加花坛的美观。但花坛边缘的形式要简单,色彩要朴素。花坛表面装饰总的原则是:同园林的风格与意境相协调,色调上或淡雅或端庄,在质感上或细腻或粗犷,与花坛内的花卉植物相得益彰。常用的花坛装饰材料有花坛砌体材料、贴面材料和抹灰材料三大类。

(1) 花坛砌体材料

花坛砌体材料主要是指砖、石块、卵石等。通过选择砖、石的颜色和质感,以及砌块的组合变化,砌块之间勾缝的变化,形成美的外观。石材表面加工通过留自然荒包、打钻路、扁光、钉麻丁等方式可以得到不同的表面效果。

① 勾缝类型

Ⅰ. 齐平:齐平是一种平淡的装饰缝(图 5-9a),雨水直接流经墙面,适用于露天的情况。通常用泥刀将多余的砂浆去掉,并用木条或麻袋布打光。

Ⅱ. 风蚀:风蚀的坡形剖面有助于排水。其上方 2～3 mm 深的凹陷在每一砖行产生阴影线(图 5-9b)。有时将垂直勾缝抹平以突出水平线。

Ⅲ. 钥匙:钥匙是指用窄小的弧线工具压印的更深的装饰缝(图 5-9c)。其阴影线更加美观,但不适用于露天场所。

Ⅳ. 突出:突出是指将砂浆抹在砖的表面(图 5-9d)。它将起到很好的保护作用,并伴随着日晒雨淋而形成迷人的乡村式外观。可以选择与砖块的颜色相匹配的砂浆,或用麻布进行打光。

Ⅴ. 提桶把手:提桶把手的剖面是曲线形的,利用圆形工具获得,该工具是镀锌桶的把手。提桶把手适度地强调了每块砖的形状,而且能防日晒雨淋(图 5-9e)。

Ⅵ. 凹陷:凹陷是利用特制的"凹陷"工具将砖块间的砂浆方方正正地按进去而形成的。强烈的阴影线夸张地突出了砖线(图 5-9f)。此类勾缝只适用于非露天场地。

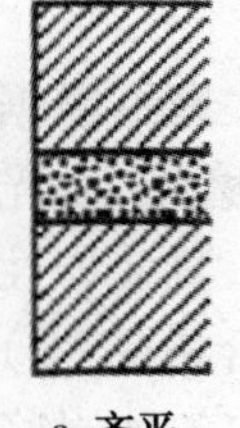

a. 齐平

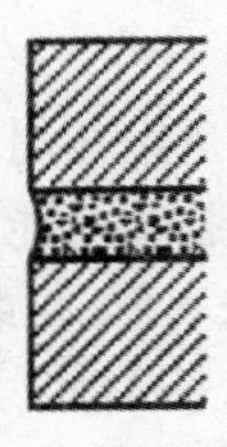

b. 风蚀

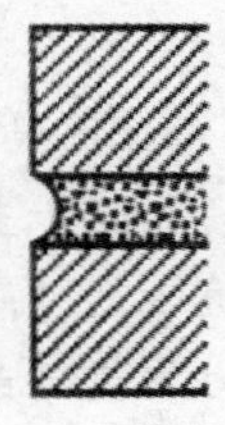

c. 钥匙

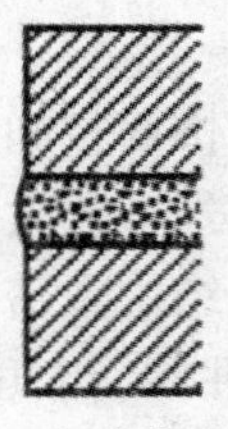

d. 突出

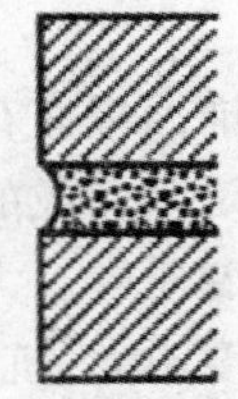

e. 提桶把手

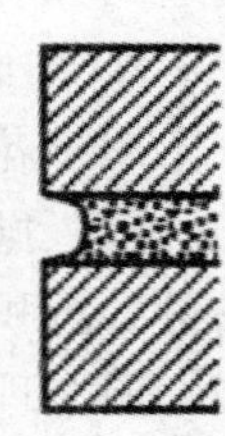

f. 凹陷

图 5-9　砖的勾缝类型

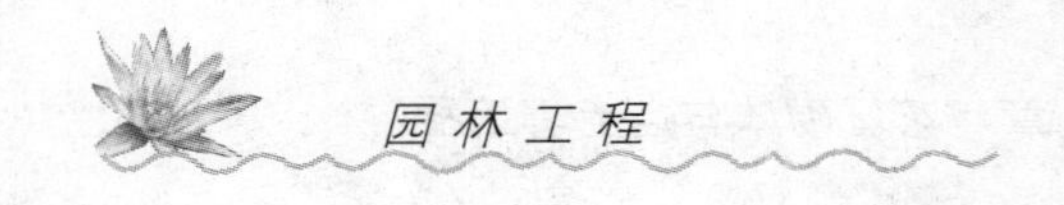

② 勾缝装饰

Ⅰ. 蜗牛痕迹：线条纵横交错，让人觉得每一块石头都与相邻的石头相配。当砂浆还是湿的时候，利用工具或小泥刀沿勾缝方向划平行线，使砂浆更光滑、完整（图 5-10a）。

Ⅱ. 圆形凹陷：利用湿的卵石（或弯曲的管子或塑料水管）在湿砂浆上按入一定深度，使每块石头之间形成强烈的的阴影线（图 5-10b）。

Ⅲ. 双斜边：利用带尖的泥刀加工砂浆，产生一种类似鸟嘴的效果（图 5-10c）。本方法需要专业人士去完成，以求达到美观的效果。

Ⅳ. 刷：指在砂浆完全凝固之前，用坚硬的铁刷将多余的砂浆刷掉的方法（图 5-10d）。

Ⅴ. 方形凹陷：如果是正方形或长方形的石块，最好使用方形凹陷（图 5-10e）。本法需使用专用工具。

Ⅵ. 草皮勾缝：指利用泥土或草皮取代砂浆进行沟缝（图 5-10f）。只有在石园或植有绿篱的清水石墙上才适用本法。要使勾缝中的泥土与墙的泥土相连，以保证植物根系的水分供应。

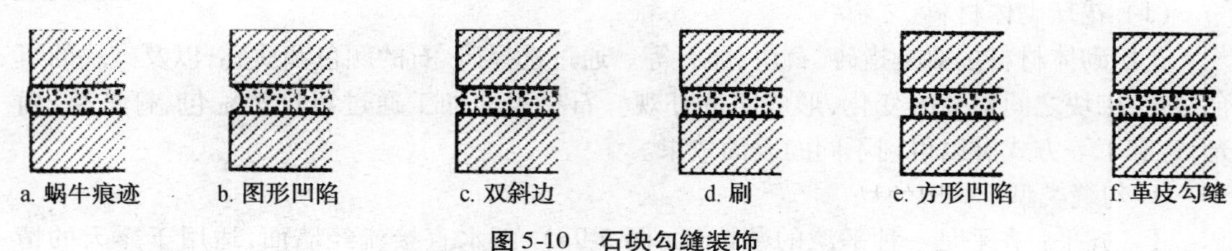

图 5-10　石块勾缝装饰

（2）花坛贴面材料

花坛贴面材料是指镶贴到表层上的一种装饰材料。花坛贴面材料的种类很多，常用的有饰面砖、花岗石饰面板、大理石饰面板、水磨石饰面板和青石板等，园林中还常用一些不同颜色、不同大小的卵石来贴面。

① 饰面砖

适合于花坛饰面的砖有以下三种：

Ⅰ. 外墙面砖（墙面砖）：一般规格有 200 mm × 100 mm × 12 mm、150 mm × 75 mm × 12 mm、75 mm × 75 mm × 8 mm、108 mm × 108 mm × 8 mm 四种，表面分有釉和无釉两种。

Ⅱ. 陶瓷锦砖（马赛克）：它是一种以优质瓷土烧制的片状小瓷砖，可拼成各种图案贴在墙上饰面材料。

Ⅲ. 玻璃锦砖（玻璃马赛克）：它是以玻璃烧制而成的小块贴于墙上的饰面材料，有金属透明和乳白色、灰色、蓝色、紫色等多种花色。

② 饰面板

用于花坛的饰面板有花岗石饰面板和大理石饰面板等，它们是用花岗岩或大理石经锯切、研磨、抛光及切割而成的。建筑上的大理石是广义的，指具有装饰功能，并可磨光、抛光的各种沉积岩和变质岩。大理石结构致密细腻，抗压强度高，吸水率低，耐磨性好，且装饰性强。但大理石硬度不大，抗风化性差。大理石可分为优等品（A）、一等品（B）和合格品（C）三个质量等级。建筑上的花岗岩也是广义的，指具有装饰功能，并可磨光、抛光的各种岩浆岩及少量其他类岩石。花岗岩密度大，结构致密，抗压强度高，吸水率低，材质紧硬，耐久性

好，装饰性强，但不抗火。花岗岩可分为优等品(A)、一等品(B)和合格品(C)三个质量等级。因加工方法及加工程序的差异，饰面板分为下列四种：

Ⅰ. 剁斧板：表面粗糙，具有规则的条状斧纹。

Ⅱ. 机刨板：表面平整，具有相互平行的刨纹。

Ⅲ. 粗磨板：表面光滑、无光。

Ⅳ. 磨光板：表面光亮，色泽鲜明，晶体裸露。

③ 青石板

青石板系水层岩，材质软，较易风化，其材性纹理构造易于劈裂成面积不大的薄片。使用规格一般为长宽 300 ~ 500 mm 不等的矩形块，边缘不要求很直。青石板有暗红、灰、绿、蓝、紫等不同颜色，加上其劈裂后的自然形状，可掺杂使用，形成色彩富有变化而又具一定自然风格的装饰效果。

④ 水磨石饰面板

水磨石饰面板是用水泥(或其他胶结材料)、石屑、石粉、颜料加水，经过搅拌、成型、养护、研磨等工序制成的。色泽品种较多，表面光滑，美观耐用。

(3) 花坛抹灰材料

一般花坛的抹灰用水泥、石灰砂浆等材料，虽然施工简单，成本低，但装饰效果差。比较高级的花坛则用水刷石、水磨石、斩假石、干黏石、喷砂、喷涂及彩色抹灰等，这些材料装饰效果较好。装饰抹灰所用的材料主要是起色彩作用的石碴、彩砂、颜料及白水泥等。

① 彩色石碴

彩色石碴是由大理石、白云石等石材经破碎而成的，用于制作水刷石、干黏石等。要求颗粒坚硬、洁净，含泥量不超过 2%。使用前根据设计要求选择好品种、粒径和色泽，并应进行清洗，除去杂质，按不同规格、颜色、品种分类保洁放置。

② 花岗石石屑

这种石屑主要用于斩假石面层，平均粒径为 2 ~ 5 mm，要求洁净、无杂质和泥块。

③ 彩砂

有用天然石屑的，也有烧制成的彩色瓷粒，主要用于外墙喷涂。其颗粒粒径为 1 ~ 3 mm。要求其色彩稳定性好，颗粒均匀，含泥量不大于 2%。

④ 其他材料

Ⅰ. 颜料：要求用耐碱、耐光晒的矿物颜料，掺量不大于水泥用量的 12%，作为配制装饰抹灰色彩的调刷材料。

Ⅱ. 107 胶：107 胶的主要成分是聚乙烯醇缩甲醛。它是拌入水泥中增加黏结能力的一种有机类胶黏剂。水泥中拌入 107 胶的目的是加强面层与基层的黏结，并提高涂层(面层)的强度及柔韧性，减少开裂。

Ⅲ. 有机硅增水剂：如甲基硅醇钠。它是一种无色透明液体，主要在装饰抹灰面层完成后喷于面层之外，可起到增水、防污作用，从而提高饰面的洁净度及耐久性。也可掺入聚合物水泥砂浆进行喷涂、滚涂、弹涂等。该液体应密封存放，并避免光线直射及长期暴露于空气中。

Ⅳ. 氯偏磷酸钠：它是用于喷漆、滚涂等调制色浆的分散剂，可使颜料均匀分散并抑制水泥中游离成分的析出。一般掺量为水泥用量的 1%。储存时要用塑料袋封闭，做到防潮和防止结块。

装饰抹灰所用材料的产地、品种、批号、色泽应力求相同,做到专材专用。在配合比上要统一计量配料,并达到色泽一致。选定的装饰抹灰面层对其色彩确定后,应对所用材料事先看样定货,并尽可能一次将材料采购齐,以免不同批、次的来货不同而造成色差。所用材料必须符合国家有关标准,如白水泥的白度、强度、凝结时间,各种颜料、107 胶、有机硅增水剂、氯偏磷酸钠分散剂等都应符合各自的产品标准。总之,有些新产品材料在使用前要详细阅读产品说明书,了解各项指标性能,以便于检验及按产品说明要求使用。

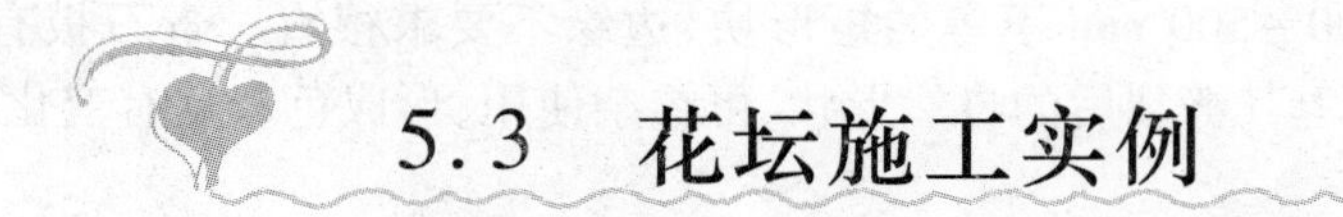

5.3　花坛施工实例

把花坛及花坛群搬到地面,要经过定点放线、砌筑花坛墙体、表面装饰、填土整地、图案放样、花卉栽植等工序。要根据施工复杂程度准备工具,常用工具为皮尺、绳子、木桩、木槌、铁锹、经纬仪等,并按规范要求清理施工现场。

5.3.1　定点放线

根据设计图和地面坐标系统的对应关系,用测量仪器把花坛群中主花坛中心点坐标测设至地面,再把纵横中轴线上的其他中心点的坐标测设下来,连接各中心点即在地面放出了花坛群的纵横线。据此可量出各处个体花坛的中心,最后将各处个体花坛的边线放到地面就可以了。

5.3.2　花坛墙体的砌筑

砌筑花坛墙体是花坛工程的主要工序。放线完成后,开挖墙体基槽。基槽的宽度应比墙体基础宽 10 cm 左右,深度根据设计而定,一般为 12 ~ 20 cm。槽底土面要整齐、夯实,有松软处要进行加固,不得留下不均匀沉降的隐患。在砌基础之前,槽底应做一个 3 ~ 5 cm 厚的粗砂垫层,作基础施工找平用。墙体一般用砖砌筑,高 15 ~ 45 cm,其基础和墙体可用 1 : 2 水泥砂浆或 M2.5 混合砂浆砌 MU7.5 标准砖做成。砌筑好墙体之后,回填泥土将基础埋上,并夯实泥土。再用水泥和粗砂配成 1 : 2.5 的水泥砂浆,对墙抹面,抹平即可,不要抹光;或按设计要求勾砖缝。最后,按照设计用磨制花岗石片、釉面墙地砖等贴面装饰,或者用彩色水磨石、水刷石、斩假石、喷砂等方法饰面。

如果用普通砖砌筑,普通砖墙厚度有半砖、一砖、四分之三砖、一砖半、二砖等。常用砌合方法有一顺一丁、三顺一丁、梅花丁、条砌法等。砖墙的水平灰缝厚度和竖向灰缝宽度一般为 10 mm,但不得小于 8 mm 和大于 12 mm。灰缝的砂浆应饱满,水平灰缝的砂浆饱满度不得低于 80%。实心黏土砖用做基础材料,这是园林中花坛砌体工程中常用的基础形式之一。它属于刚性基础,以宽大的基底逐步收退,台阶式地收到墙身厚度。收退方式应按图纸

实施，一般有等高式大放脚（每两皮一收，每次收退 60 mm）和间隔式大放脚（两层一收和间一层一收交错进行）两种方式。

如果用毛石块砌筑墙体，其基础采用 C7.5 ~ C10 混凝土，厚 6 ~ 8 cm，砌筑高度根据设计而定。为使毛石墙体整体性强，常用料石压顶或钢筋混凝土现浇，再用 1∶1 水泥砂浆勾缝或用石材本色水泥砂浆勾缝作装饰。

有些花坛边缘还有可能设计有金属矮栏花饰，应在饰面之前安装好。矮栏的柱脚要埋入墙内，并用水泥砂浆浇注固定。

5.3.3　花坛种植床整理

在已完成的边缘石圈内进行翻土作业，一面翻土，一面挑选、清除土中杂物。一般花坛土壤翻挖深度不应小于 25 cm。若土质太差，应当将劣质土全清除掉，另换新土填入花坛中。可先填进一层肥效较长的有机肥作为基肥，然后再填入栽培土。

一般的花坛，其中央部分填土应高于边缘部分。单面观赏的花坛，前边填土应低于后边填土。花坛土面应做成坡度为 5% ~10% 的坡面。在花坛边缘地带，土面高度填至填体顶面以下 2 ~3 cm，以后经过自然沉降，土面即降到比缘石顶面低 7 ~ 10 cm 之处，这就是边缘土面的合适高度。花坛内土面一般要填成弧形面或浅锥形面，单面观赏花坛的上面则要填成平坦土面或向前倾斜的直坡面。填土达到要求后，要把上面的土粒整细、耙平，以备植物图案放线，栽种花卉植物。

5.4　挡　土　墙

在园林环境中，建筑、山石、植物、水体四大要素并不能完全满足景观设计所需要的全部视觉和功能要求。一名合格的风景园林师还应知道运用其他设计要素。例如，地形改造中出现相邻的两块地高差较大时，地块之间就需要设置挡土墙，以保证高地和低地之间的正常交接和各自地块形状的相对完整及结构的安全。有时为了在园林局部营造某种障碍性景物或阻挡一览无余的视线，也需要设置一些挡墙。由于挡墙类构筑物在园林的立面视觉形象中占有较重的分量，所以在园林设计中就必须重视对挡墙构筑物的景观设计，以便于进一步提高园林风景的艺术表现力。

广义上讲，园林挡墙应包括园林内所有能够起阻挡作用的以砖石、混凝土等实体性材料修筑的竖向工程构筑物。根据其所处位置和功能作用的不同，可分为挡土墙、驳岸和景墙等。本章主要涉及挡土墙工程。

由自然土体形成的陡坡超过所容许的极限坡度时，土体的稳定性就遭到了破坏，易产生滑坡和塌方。若在土坡外侧修建人工墙体，便可维持稳定，这种在斜坡或一堆土方的底部起抵挡泥土崩散作用的工程结构体，称为挡土墙。园林挡土墙总是以倾斜或垂直的面迎向游人，其对环境视觉心理的影响要比其他景观工程更为强烈，因而，要求设计者和施工者在考虑工程安全性的同时,必须进行空间构思,仔细处理其形象和表面的质感,即仔细处理细部、顶部和底脚,把它作为风景园林硬质景观的一部分来设计、施工。

5.4.1 挡土墙的作用

挡土墙被广泛用于园林环境中,是防止土坡坍塌、承受侧向压力的构筑物,同时还可以起到分隔空间、遮挡视线、丰富景观层次等作用。具体表现在如下几个方面:

(1) 固土护坡,阻挡土层塌落

挡土墙的主要功能是在较高地面与较低地面之间充当泥土阻挡物,以防止陡坡坍塌。当由厚土构成的斜坡坡度超过所允许的极限坡度时,土体的平衡即遭到破坏,容易发生滑坡与坍塌。因此,对于超过极限坡度的土坡,必须设置挡土墙,以保证陡坡的安全。

(2) 节省占地,扩大用地面积

在一些面积较小的园林局部,当自然地形为斜坡地时,要将其改造成平坦地,以便在其上修筑房屋。为了获得最大面积的平地,可以将地形设计为两层或几层台地,这时,上、下台地之间若以斜坡相连接,则斜坡本身需要占用较多的面积,坡度越缓,所占面积越大。如果不用斜坡而用挡土墙来连接台地,就可以少占面积,使平地的面积更大些。可见,挡土墙的使用,能够节约用地并扩大园林平地的面积。

(3) 削弱台地高差

当上下台地地块之间高差过大、下层台地空间受到强烈压抑时,地块之间挡土墙的设计可以化整为零,分作几层台阶形的挡土墙,以缓和台地之间高度变化太强烈的矛盾。所以说,挡土墙还有削弱台地高差的作用。

(4) 制约空间和空间边界

当挡土墙采用两方甚至三方围合的形态布置时,就可以在所围合之处形成一个半封闭的独立空间。有时,这种半闭合空间,能够为园林造景提供具有一定环绕性的良好的外在环境。

(5) 造景作用

由于挡土墙是园林空间内的一种竖向界面,在这种界面上进行一些造型造景和艺术装饰,就可以使园林的立面景观更加丰富多彩,进一步增强园林空间的艺术效果。

(6) 载体作用

挡土墙还可作为园林绿化的一种载体,增加园林绿色空间或作为休息之用。

5.4.2 挡土墙材料及材料要求

(1) 挡土墙材料

古代有用麻袋、竹筐取土,或者用铁丝笼装卵石成“石龙”,堆叠成庭园假山的陡坡,以取代挡土墙,也有用连排木桩插板做挡土墙的。这些土、铁丝、竹木等材料的使用寿命都不长,已逐渐被淘汰。现在多采用石块、砖、混凝土、钢筋混凝土等硬质材料做挡土墙。

① 石块

建造挡土墙所用石块有毛石(或天然石块)(图 5-11)和加工石两种形式。

无论是毛石或加工石,都可用浆砌法和干砌法两种方法来建造。浆砌法是指将各石块用黏结材料粘合在一起的一种方法。干砌法是指不用任何黏结材料将各个石块巧妙地镶嵌成一道稳定砌体的方法。由于重力作用,相邻石头之间相互咬合十分牢固,增加了墙体的稳定性。

图 5-11 卵石挡土墙

② 砖

砖也是挡土墙的建造材料,比起石块,它能形成平滑、光亮的表面。砖砌挡土墙必须用浆砌法。

③ 混凝土和钢筋混凝土

挡土墙的建造材料还有混凝土,既可现场浇筑,也可预制。现场浇筑具有灵活性和可塑性;预制水泥件则有不同大小、形状、色彩和结构标准。从形状或平面布局而言,预制水泥件没有现浇的那种灵活和可塑之特性(图 5-12)。有时为了进一步加固,常在混凝土中加钢筋,成为钢筋混凝土挡土墙,也可分为现浇和预制两种,外表与混凝土挡土墙相同。

图 5-12 预制混凝土砌块挡土墙

④ 木材

粗壮木材也可以做挡土墙,但必须进行加压和防腐处理。用木材做挡土墙的目的是使墙的立面不要有耀眼和突出的效果,特别能与木建筑产生统一感。其缺点是:没有其他材料经久耐用,而且还需要定期维护,以防止受风化和潮湿的侵蚀。木质墙面最易受损害的部位是与土地接触的部分,因此,这部分应安置在排水良好、干燥的地方,尽量保持干燥。实际工程中应用较少。

(2) 挡土墙材料要求

① 石材应坚硬,不易风化;毛石等级 > MU10,最小边尺寸≥15 cm;黏土砖等级≥MU10,一般用于较低的挡土墙。

② 砌筑砂浆标号≥M15,浸水部分用 M7.5;墙顶用 1∶3 水泥砂浆抹面 20 cm 厚。

③ 干砌挡土墙不准用卵石,地震地区不准用卵石砌挡土墙。

5.4.3 挡土墙断面的结构类型

区分挡土墙类型的方法很多。从使用的材料和挡土墙构造断面形式等方面来划分,可分为以下七种类型。

（1）重力式挡土墙

这是园林中常采用的一类挡土墙。它主要借助于墙体的自重来维持土坡的稳定。土壤侧向推力小，在构筑物的任何部分不存在拉应力，通常用砖、毛石和不加钢筋的混凝土建成。如果用混凝土，墙顶端宽度至少应为 20 cm，以便于浇灌和捣实。断面形式有以下三种（图 5-13）。

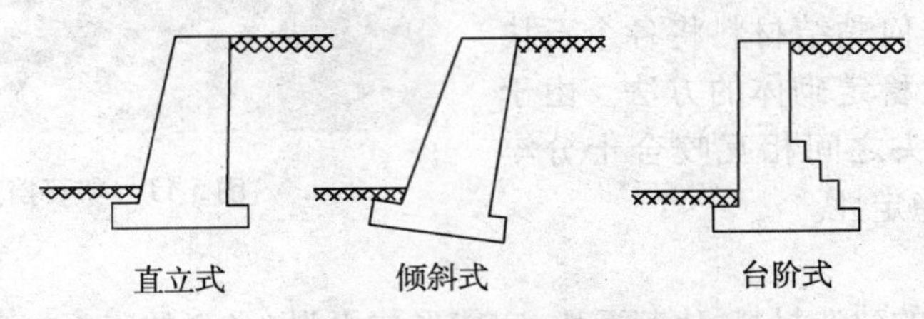

图 5-13　重力挡土墙的断面形式

① 直立式挡土墙：其墙面基本与水平面垂直，允许有 2% ~10% 的倾斜度。直立式挡土墙由于墙背所承受的水平压力大，高度必须控制在几十厘米至两米左右。

② 倾斜式挡土墙：墙背向内倾斜，倾斜坡度在正负 20°左右。这样的挡土墙会使水平压力相对减少，同时墙背坡度与天然土层比较密贴，可以减少挖方量和墙背土的回填量。这种形式的挡土墙常为中等高度。

③ 台阶式挡土墙：对于较高的挡土墙，为了适应不同土层深度土的压力和利用土的垂直压力来增加稳定性，挡土墙墙背下部的内侧常做成台阶状。

（2）半重力式挡土墙

在墙体除了使用少量钢筋以减少混凝土的用量和减少由于气候变化或收缩所引起的可能开裂外，其他各方面都与重力挡土墙类似（图 5-14）。

（3）悬臂式挡土墙

通常做成倒“T”形或“L”形。高度不超过 7 ~9 m 时较经济。断面参考比例见图 5-15。根据设计要求，悬臂的脚可以向墙内外伸出或两面都伸出。如果墙的底脚折入墙内侧，它便处于所支撑的土壤下面，优点是利用上面土壤的压力，使墙体的自重增加。底脚折向墙体外的主要优点是施工方便，但为了稳重应有某种形式的底脚。

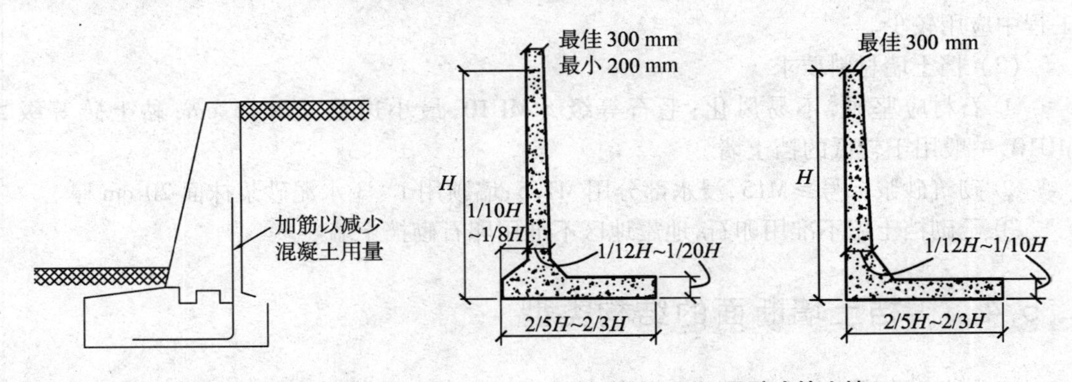

图 5-14　半重力式挡土墙　　**图 5-15　悬臂式挡土墙**

(4) 扶垛式挡土墙

扶垛式挡土墙的普通形式是在基础板和墙面板之间有垂直的间隔支承物。墙的高度通常为 6 ~ 10 m,扶垛间距最大可达墙高的 2/3,最小不小于 2.5 m。扶垛壁在墙后的,称为后扶垛墙(图 5-16);若在墙前设扶垛壁,则叫前扶垛墙。

(5) 木笼挡土墙

木笼挡土墙通常采用 75 : 1 的倾斜度,其基础宽度一般为墙高的 0.5 ~1 倍。在开口的箱笼中填充石块或土壤,可在上面种植花草,极具自然特色。木笼挡土墙基本上属于重力式挡土墙(图 5-17)。

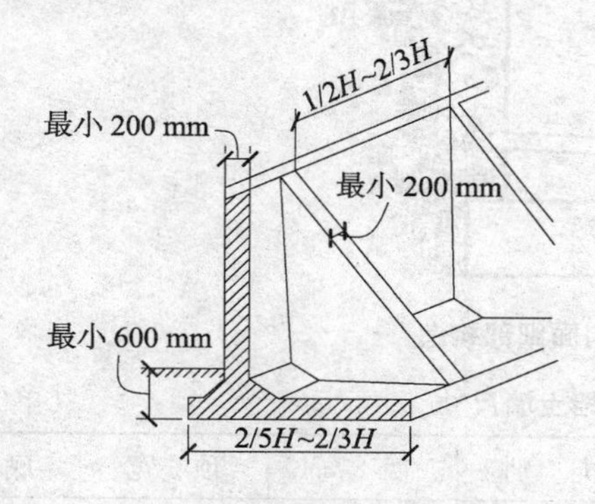

图 5-16　后扶垛挡土墙

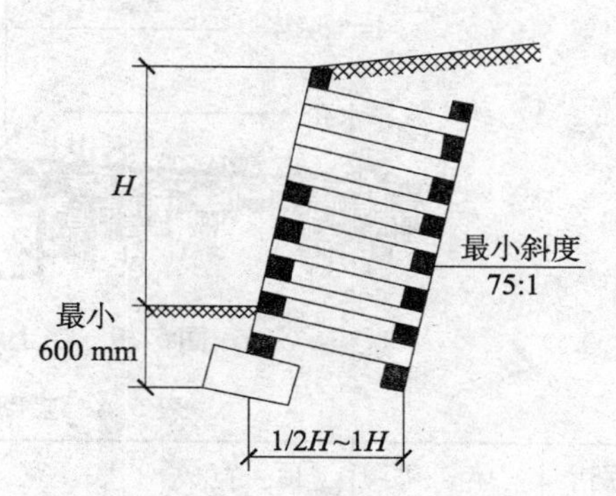

图 5-17　木笼挡土墙

(6) 园林式挡土墙

通常还可将挡土墙的功能与园林艺术相结合,融于花墙、照壁等建筑小品之中。为了施工的便利,园林式挡土墙常做成小型花式的装配式预制砌块,以便于作为基本单元进行图案的构成和花草的种植。砌块一般是实心的,也可做成空心的。但孔径不能太大,否则挡土墙的挡土作用就降低了。这种挡土墙的高度在 1.5 m 以下为宜。用空心砌块砌筑的挡土墙可以在砌块空穴里充填树胶、营养土,并播种花卉或草籽,以保证水分供应;待花草长出后,就可形成一道生趣盎然的绿墙或花卉墙。这种与花草种植结合一体的砌块式挡土墙,通常被称做“生态墙”。

(7) 桩板式挡土墙

将预制钢筋混凝土桩排成一行插入地面,桩后再横向插下钢筋混凝土栏板,栏板相互之间以企口相连接,这就构成了桩板式挡土墙。这种挡土墙的结构体积最小,也容易预制,而且施工方便,占地面积也最小(图 5-18)。

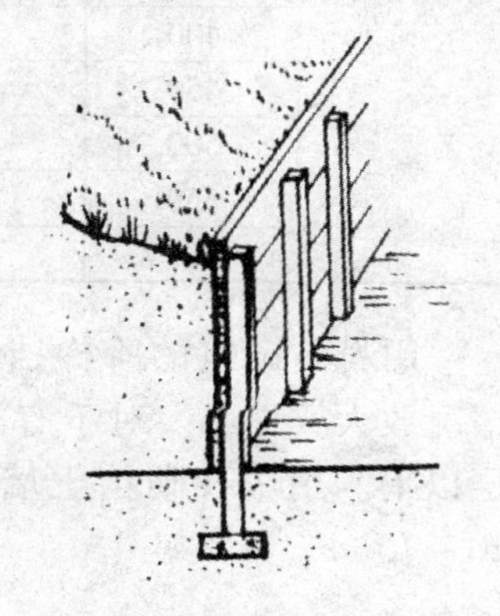

图 5-18　桩板式挡土墙

5.4.4　挡土墙横断面尺寸的确定

(1) 挡土墙剖面的细部构造

挡土墙剖面的细部构造如图 5-19 所示。

(2) 挡土墙横断面尺寸的确定(以重力式挡土墙为例)

挡土墙横断面的结构尺寸常根据墙高来确定墙的顶宽和底宽，表 5-4 可作为参考。至于压顶石和趾墙则需另行酌定。挡土墙的力学计算十分复杂，在此不作详细介绍。实际工作中较高的挡土墙必须经过结构工程师专门计算，确保稳定，方可施工。

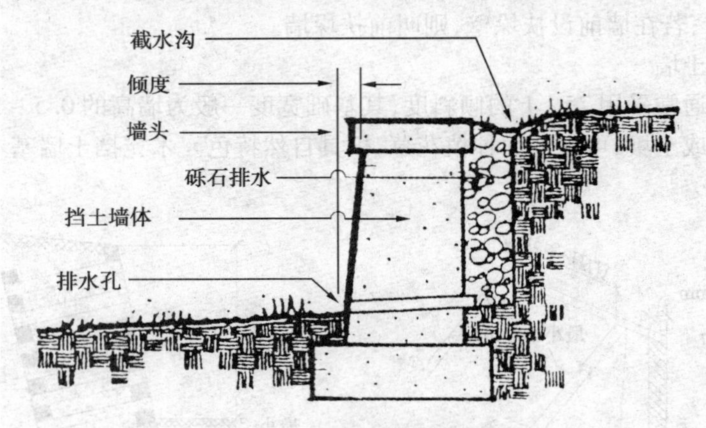

图 5-19　挡土墙的剖面细部构造

表 5-4　浆砌块石挡土墙尺寸　（单位：cm）

类　别	墙　高	顶　宽	底　宽	类　别	墙　高	顶　宽	底　宽
1∶3 白灰浆砌	100	35	40	1∶3 水泥浆砌	100	30	40
	150	45	70		150	40	50
	200	55	90		200	50	80
	250	60	115		250	60	100
	300	60	135		300	60	120
	350	60	160		350	60	140
	400	60	180		400	60	160
	450	60	205		450	60	180
	500	60	225		500	60	200
	550	60	250		550	60	230
	600	60	300		600	60	270

用料石砌筑的阶梯挡土墙如图 5-20 所示。可根据具体情况放大或缩小。对于有滑坡的挡土墙，应把基础挖在滑坡层以下。用块石砌挡土墙时，基础要比条石砌筑的基础深 20～70 cm。

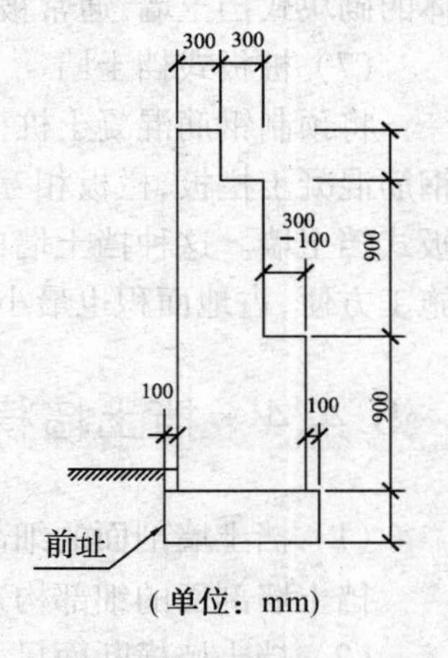

图 5-20　条石阶梯挡土墙

5.4.5　挡土墙的排水处理

（1）挡土墙土坡后的排水处理

挡土墙土坡后的排水处理对维持挡土墙的正常使用有重大影响，特别是雨量充沛和冻土地区。据某山城统计，未作排水处理或即使作了排水处理措施而排水不良者占发生墙体推

移或坍倒事故原因的 70% ~ 80%。

① 墙后土坡排水、截水明沟及地下排水网。在大片山林、游人稀少的地带，根据不同地形和汇水量，设置一道或数道平行于挡土墙的明沟，利用明沟纵坡将降水和地表径流排除，以减少墙后地面渗水（图 5-21）。必要时还要设纵横向暗沟网，以尽快排除地面水和地下水。设置暗沟时应与墙外排水系统接通。

② 地面封闭处理。在墙后地面上，根据各种填土和使用情况可采用不同地面封闭处理来减少地面渗水。在土壤渗透性较大且有没有特殊使用要求时，可作 20 ~ 30 cm 厚夯实黏土层或种植草皮封闭。必要时可用胶泥、混凝土或浆砌毛石封闭。

③ 设置泄水孔。墙身水平方向每隔 2 ~ 4 m 设一个泄水孔，竖向每隔 1 ~ 2 m 也设一个。每层泄水孔应交错设置。泄水孔尺寸在石砌墙中宽度为 2 ~ 4 cm，高度为 10 ~ 30 cm。混凝土墙身可留直径为 5 ~ 10 cm 的圆孔或用毛竹筒排水。干砌石墙可不设墙身泄水孔。

④ 综合排水处理。在墙体后的填土中，用乱毛石做排水盲沟，盲沟宽不小于 50 cm。经盲沟截下的地下水，再经墙身的泄水孔排出墙外。泄水孔一般宽 20 ~ 40 mm，高以一层砖石的高度为准，在墙面水平方向上每隔 2 ~ 4 m 设一个，竖向上则每隔 1 ~ 2 m 设一个。混凝土挡土墙可以用直径 5 ~ 10 cm 的圆孔或用毛竹竹筒作泄水孔。有的挡土墙由于美观上的要求不允许墙面留泄水孔，则可以在墙背面刷防水砂浆或填一层厚度 50 cm 以上的黏土隔水层；并在墙背面盲沟以下设置一道平行于墙体的排水暗沟。暗沟两侧及挡土墙基础上面用水泥砂浆抹面或做出沥青砂浆隔水层，做一层黏土隔水层也可以。墙后积水可以通过盲沟、暗沟再从沟端被引出墙外（图 5-22）。园林中的室内挡土墙也可以这样处理。

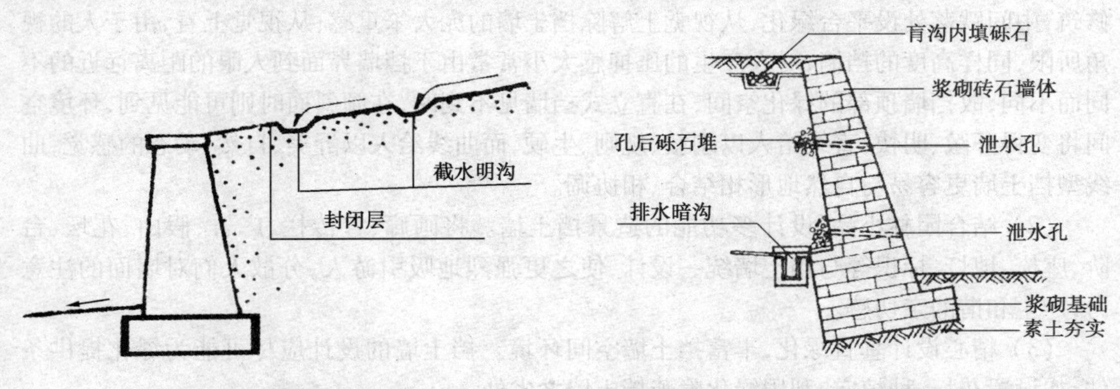

图 5-21　墙后土坡排水明沟　　　图 5-22　挡土墙的综合排水处理

（2）墙前排水处理

在土壤或已风化的岩层上修建的室外挡土墙前，地面应做散水和明沟（或暗沟）排水。必要时还要做灰土或混凝土隔水层，以免地面水浸入地基而影响稳定。明沟距墙底水平距离不小于 1 m 为宜。

（3）其他

利用稳定岩层作护壁处理时，根据岩石情况，应用水泥砂浆或混凝土进行防水处理和保持相互之间较好的衔接。如果岩层有裂缝，应用水泥砂浆嵌缝封闭。当岩层有较大渗水外流时，应特别注意引流，不要作封闭处理。可以结合造景做成天然壁泉。在地下水多、地基较弱的情况下,可用毛石或碎石作过水层地基,以加强地基积水的排除。

5.4.6 条石挡土墙砌筑的基本要求

(1) 地基应在老土层至实土层上。若为回填土层,应把土夯实。

(2) 砌筑砂浆中的水泥、石灰膏、砂(粗砂)之比为1∶1∶5或1∶1∶4。

(3) 墙身应向后倾斜,以保持稳定性。用条石砌筑时,应有丁有顺,注意压茬。

(4) 墙面上每隔3~4 m作一道泄水缝,缝宽20~30 mm。

(5) 引墙顶应做压顶,并挑出6~8 cm,厚度可根据挡土墙高度而定。

5.4.7 挡土墙的美化设计手法

园林挡土墙除必须满足工程特性要求外,更应突出它的"美化空间、美化环境"的外在形式,通过必要的设计手法,打破挡土墙界面僵化、生硬的表现,巧妙地重新安排界面形态,充分运用环境中各种有利条件,把它潜在的"阳刚之美"挖掘出来,设计建造出满足功能、协调环境、有强烈空间艺术感受的挡土墙。

(1) 从挡土墙的形态设计上,应遵循宁小勿大、宁缓勿陡、宁低勿高、宁曲勿直等原则。例如:在土质好、高差在1 m以内的台地,尽可能不设挡土墙而按斜坡处理,以绿化过渡;对于高差较大的台地,挡土墙不宜一次砌筑成,以免造成过于庞大的挡墙断面,而宜分成多阶修筑,中间跌落处设平台绿化,从视觉上解除挡土墙的庞大笨重感;从视觉上看,由于人的视角所限,同样高度的挡墙,对人产生的压抑感大小常常由于挡墙界面到人眼的距离远近的不同而不同,故挡墙顶部的绿化空间,在直立式挡墙见不到时,在倾斜面时则可能见到,环境空间将变得开敞、明快;直线给人以刚毅、规则、生硬,而曲线给人以舒美、自然、动态的感觉,曲线型挡土墙更容易与自然地形相结合、相协调。

(2) 结合园林小品,设计多功能的造景挡土墙。将画廊、宣传栏、广告、假山、花坛、台阶、座椅、地灯、标识等与挡土墙统一设计,使之更强烈地吸引游人,分散人们对墙面的注意力,产生和谐的亲切感。

(3) 精心设计垂直绿化,丰富挡土墙空间环境。挡土墙的设计应尽可能为绿化提供条件,如设置花坛、种植穴,利用绿化隐蔽挡土墙之劣处。

(4) 充分利用建筑材料的质感、色彩,巧于细部设计。质感的造成可分为自然与人工斧凿两种。前者突出粗犷、自然,后者突出细腻、耐看。色彩与材料本身有关,变幻无穷。

5.4.8 挡土墙施工的工艺流程

园林常以砖、石砌筑挡土墙,其施工的工艺流程如图5-23所示。

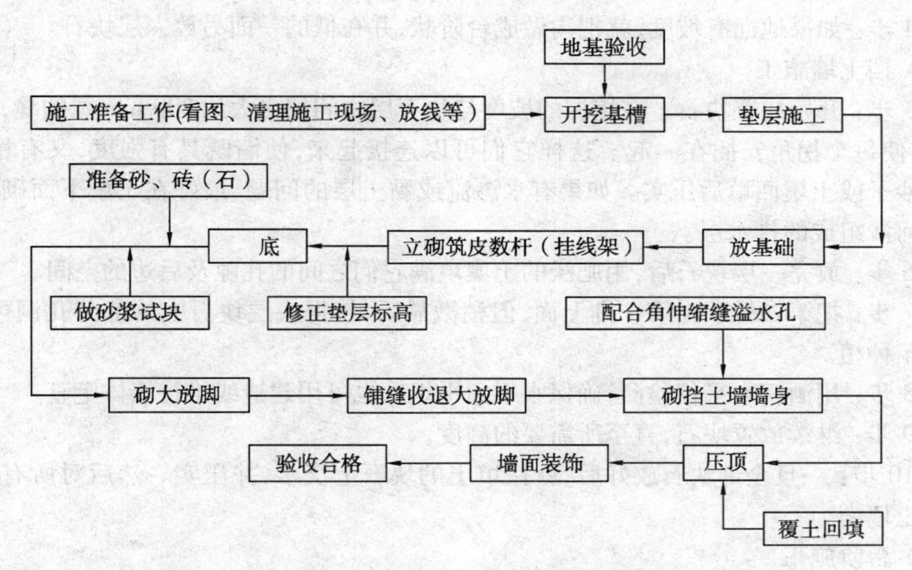

图 5-23　挡土墙施工工艺流程

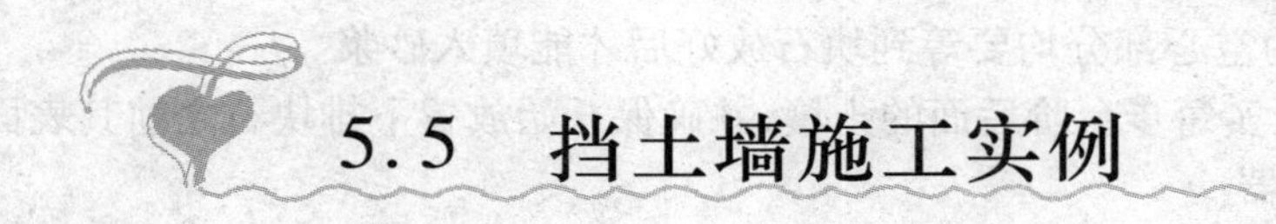

5.5　挡土墙施工实例

5.5.1　材料

(1) 建造一个 6 m 长、1 m 高的挡土墙所需的材料

① 平台块石 84 块,规格为 400 mm × 200 mm × 200 mm。

② 土壤 0.7 m^3。

(2) 建造 6 m 长、0.8 m 宽的台阶和种植地所需的材料

① 平台块石 116 块,规格为 400 mm × 200 mm × 200 mm。

② 水泥 75 kg。

③ 沙子 405 kg。

5.5.2　施工步骤

(1) 准备工作

第 1 步:从挡土墙的开始处挖大约 600 mm 宽、6 m 长的沟,把土壤堆在一边。

第 2 步:如果是渗水良好的黏土,可以重新填充于挡土墙后。否则,就得另外准备 1.2 m^3 的土壤或沙子。

第 3 步:开始放置块石之前,用酒精水平仪检测地面是否平坦。

第4步：如果地面有坡度，就把沟做成台阶状，并在低的一面另放一层块石。

（2）挡土墙施工

第5步：开始放置块石。在挖掘的坡度与块石层之间留出大约200 mm宽的缝，并按角度放置，使每个拐角安插在一起。这样它们可以连接起来，使墙既具有强度，又有稳定性。墙后用沙子或土壤回填后压实。如果有水渗流或黏土层的问题，最好在土壤下面砌一个由碎石和河沙组成的排水层。

第6步：放完一层块石后，用肥沃的土壤填满它们之间的孔隙及后边的空间。

第7步：把第二排放在第一排上面，但稍微靠后，使得底层块石上的部分孔洞可见，完工后用于种植。

第8步：用酒精水平仪检测，确保水平面平坦。也可用建造线维持墙体笔直。

第9步：继续放置块石，直至所需要的高度。

第10步：一旦全部块石放好后，就往填土的块石上浇水，并压实。然后对所有的缝隙可再加土填满。

（3）台阶施工

第11步：台阶可以达到所希望的宽度。若每排4块，宽度是800 mm。因踏面部分重叠20 mm，所以每块块石踏步为380 mm。小坡度上放双排块石也很好，这样台阶可以弯曲。注意，每块块石的空心部分均要等到块石放好后才能填入砂浆。

第12步：压实每步台阶后面的土壤，并确保开始放置下排块石之前其表面绝对水平。

（4）种植容器

第13步：沿着台阶竖直摆放额外的块石长路，并让中空面朝上。必要时，还可把它们堆起来，使块石高于踏步。

第14步：用肥沃的土壤填满石孔制作种植容器。

第15步：若台阶是弯曲的，则踏步的有些部分可能还有缝隙。这时要用砂浆填满或种上地被植物。

第16步：在墙上和台阶的边缘种上抗逆性强的爬藤或攀缘植物。

本章小结

本章较为详尽地介绍了花坛的分类、砌体与装饰材料、施工做法以及挡土墙的材料、结构类型、设计与施工做法等内容，并通过实例使学生掌握常见花坛、挡土墙的设计和施工工艺与做法。

复习思考

1. 常见花坛砌体和装饰材料有哪些？
2. 常见花坛的设计和施工做法有哪些？
3. 常见挡土墙的材料及其要求有哪些？
4. 常见挡土墙的结构类型及其做法有哪些？

第6章 园林假山与石景工程

本章导读

山石是园林艺术中的重要组成要素，无论是古典园林还是现代园林，都得到大量应用，使园林"无园不山，无园不石"，因此，园林假山与石景工程成了中国造园中的一项重要工程。本章主要介绍假山与石景的造型、设计和应用以及假山石景工程施工技艺方法。要求学生能进行简单的园林假山与石景设计，包括园林假山平面布局设计、立面造型设计和假山结构设计。了解假山堆叠常用的石材和工具，掌握假山基础、山脚施工和山体堆叠的施工技术要点。了解园林中目前常见塑石塑山的种类及特点，掌握塑石塑山的施工方法和几种新工艺。

6.1　假山与石景的设计

假山是由人工构筑的仿自然山形的土石砌体，是一种仿造的山地环境。它既可以作为园林内的重要观赏品，也可以作为可憩可游可登攀的园景设施。而石景则是不具备山形但以奇特的怪石形状为审美特征的石质观赏品。石景与假山一样，都是园林中的重要景物形式。

6.1.1　假山、石景的类型与造园作用

在从事假山、石景的创作与施工活动中，必须了解和掌握各种类型假山石景的基本特点和园林应用要求。

(1) 假山与石景的类型

依据不同的标准，可以将假山和石景分出许多不同的类型。

① 假山的类型

假山类型的划分有很多不同的方式，这里只就最常用的堆山材料来介绍其类别。

Ⅰ. 土山：土山是以泥土作为基本堆山材料的一种人工假山。在苏州园林中，以纯土

堆作为景观的山为数不多(在北方园林中则应用较多),而多与山石结合布置,在陡坎、陡坡处可有块石作护坡、挡土墙或磴道,但不用自然山石在山上造景。这种类型的假山占地面积往往很大,是构成园林基本地形和基本景观背景的重要构造因素。苏州拙政园雪香云蔚亭的西北角堆就是实例。

Ⅱ. 带石土山:带石土山的主要堆山材料是泥土,在土山的山坡、山脚点缀有岩石,在陡坎或山顶部分用自然山石堆砌成悬崖绝壁景观,一般还有山石做成的梯级磴道。带石土山可以做得比较高,但其用地面积却比较少,多用在较大的庭园中。苏州园林中此类假山不多,沧浪亭与留园西部的假山均为带石土山,体形较大。

Ⅲ. 带土石山:山石多用在山体的表面,从外观看山体主要是由自然山石造成的,由石山墙体围成假山的基本形状,墙后则用泥土填实。这种土石结合、露石不露土的假山,占地面积较小,但山的特征最为突出,适于营造奇峰、悬崖、深峡、崇山峻岭等多种山地景观。苏州园林中,此类假山的数量占第一位。其结构分为以下几种:

ⅰ. 石壁筑洞,山顶覆薄土,如狮子林假山一类。

ⅱ. 石壁与洞虽用石,而洞窟较少,山顶和山后土层较厚,如艺圃、怡园等皆如此。

ⅲ. 四周及山顶全部用石,但下部无洞,成为整个石包土。这种类型以留园中部池北的假山为代表。

Ⅳ. 石山:其堆山材料主要是自然山石,只在石间空隙处填土配植植物。石山造价较高,堆山规模若比较大,则工程费用十分可观。因此,这种假山一般规模都比较小,主要用在庭院、水池等空间比较闭合的环境中,或者作为瀑布、滴泉的山体应用,如网师园池南的黄石假山。

② 石景的类型

根据石块数量和景观特点,园林石景基本上可以分为子母石、散兵石、单峰石、象形石、石玩石(供石)等五类。

Ⅰ. 子母石:指以一块大石为主,带有几个大小有别的较小石块所构成的一组景物石。母石和子石紧密联系、相互呼应、有聚有散地自然分布于草坪、山坡、水池、树林或路边等(图6-1)。

Ⅱ. 散兵石:无呼应联系的一群自然山石分散布置在草坪、山坡等处,主要起点缀环境、烘托野地氛围的作用,这样的一群或几块山石就叫散兵石(图6-2)。

图6-1　某公园中的子母石

图6-2　某公园中的散兵石

Ⅲ. 单峰石:由形状古怪奇特,具有透、漏、皱、瘦特点的一块大石或一块由若干小石拼

合成的大石独立构成石景,这种石景就是单峰石。如上海豫园的"玉玲珑"、苏州留园的"冠云峰"(图 6-3)、苏州十中校园内的"瑞云峰"、杭州植物园的"绉云峰"、北京颐和园的"青芝岫"、广州海珠花园的"大鹏展翅"、济南趵突泉的"龟石"等,都属于这类石景。

Ⅳ. 象形石:指天生具有某种逼真的动物、器物形象的石景。这种石景十分难得。如果有幸能够获得,布置在园林中,将会引起游人极大的兴趣,如苏州狮子林中的"狮子戏绣球"、"牛吃蟹"和"三角蟾蜍"(图 6-4、图 6-5、图 6-6)都是象形石。

图 6-3 苏州留园中的冠云峰

图 6-4 苏州狮子林中的"狮子戏绣球"

图 6-5 苏州狮子林中的"牛吃蟹"

图 6-6 苏州狮子林中的"三角蟾蜍"

Ⅴ. 石玩石:指形态奇特、精致或质地与色彩晶莹美丽的观赏石,主要供室内陈列观赏,古代也称为"石供"、"石玩"(图 6-7)。

(2) 假山石景的造园作用

假山在中国园林中运用如此广泛并不是偶然的。人工造山都是有目的的。中国园林要求达到"虽由人作,宛自天开"的高超艺术境界。园主为了满足游览活动的需要,必然要建造一些体现人工美的园林建筑。但就园林的总体要求而言,在景物外貌的处理上要求人工美从属于自然美,并把人工美融合到体现自然美的园林环境中去。假山之所以得到广泛的应用,主要原因在于它可以满足这种要求和愿望,在园林中起着多方面的功能和作用。

图 6-7 英德石玩石

① 空间组织作用

利用假山,可以对园林空间进行分隔和划分,将空间分成大小不同、形状各异、富于变化的形态。通过假山的穿插、分隔、夹拥、围合、聚汇,在假山区可以创造出山路的流动空间、山坳的闭合空间、峡谷的纵深空间、山洞的拱穹空间等各具特色的空间形式。假山还能够将游人的视线或视点引到高处或低处,创造出仰视或俯视空间景象的视角条件。从这些情况看来,假山的空间组织作用是明显的。

② 造景与点景作用

假山与石景景观是自然山地景观在园林中的再现。自然界的奇峰异石、悬崖峭壁、层峦叠嶂、深峡幽谷、泉石洞穴、海岛石礁等景观形象,都可以通过假山石景在园林中再现。在庭院中、园路边、广场上、墙角处、水池边甚至屋顶花园等多种环境中,假山和石景还能作为观赏小品,用来点缀风景,增添情趣。

③ 景观陪衬作用

山石还被广泛用于陪衬、烘托其他重要景物。例如,在草坪上的孤植风景树下半埋两三块山石,在园林湖池、溪涧边做山石驳岸,用自然山石做花台的边缘石,或作为其他特置景物的基座石,在亭廊前放置山石与建筑相伴等,都可以很好地陪衬主景。

④ 环境生态作用

园林假山所能提供的生态环境类型比平坦地形要多得多。在假山区,不同坡度、不同坡向、不同光照条件、不同土质、不同通风条件的地方随处可寻,这就给不同生态习性的多种植物都提供了良好的生态条件,有利于提高假山区的生态质量和植物景观质量。

⑤ 实用小品作用

假山石在园林中还有许多实用性表现。用山石砌筑自然式石壁,可代替挡土墙起到挡土作用,并兼有造景意义;以山石做护坡石或地面流水消能石,能够减缓地表径流的速度,减轻水土流失;用山石在水池中、草坪上做成汀步小路,既有造景作用,又满足了散步游览的功能需要;将山石布置在草坪上、树下,可以代替园林桌凳,具有自然别致的使用效果。此外,山石上还可以刻字,作为景名、植物名的标牌石、指引路线的指路石和警示游人的劝诫石等。

总之,假山与石景的造园作用不是单方面的,它既有作为景物应用于造景的一面,又有作为实用小品而发挥使用功能的一面。这一点,在园林中应用假山石景时一定要注意到。

6.1.2　园林石景设计

石景是以山石为材料,作为独立性或附属性的造景布置,主要表现山石的个体美或山石组合体的美。石景体较小,不具备完整的山形特征,主要以观赏为主,但也可结合一些功能方面的作用。

构成石景的材料不多,其结构方式也比较简单,因此石景的造型是比较容易学会的。但要做得特别精良却不易。因为要以少胜多,以简胜繁,以"拳石"观天地,以石形创造精气神,没有巧妙的构思、高超的技巧和洗练的手法是不行的。

(1) 石景的设计形式

在园林工程建设中,将形态独特的单体山山石或几块、十几块小型山石艺术地构成园林小景,叫置石。置石通常所用石材较少,其施工也较简单。但是,因为置石是被单独欣赏的对象,所以对石材的可观性要求较高,对置石平面位置安排、立面强调、空间趋向等也有特别的要求。石景的种类不同,其在造景中的作用也不尽相同。根据造景作用和观赏效果方面的差异,石景可有特置、孤置、对置、群置、散置和作为器设小品等几种布置方式。

① 特置

将形状玲珑剔透、古怪奇特而又比较罕见的大块山石珍品,特意设置在一定基座上供观赏(图 6-8),这种置石方法就叫特置。

图 6-8　苏州农业职业技术学院内的灵璧石

特置的石景在园林中一般作为局部空间的主景或重要配景使用,可布置在庭院中央、十字园路交叉口中心、观赏性草坪中央、游息草坪的一侧、园景小广场中央或一角、园林主体建筑前场地中央或两侧等,也可布置在园林入口内作为对景、在照壁前作为画屏式景物、在屋顶花园作为主景等。总之,特置石景可布置的环境是多种多样的。

② 孤置

孤立独处地布置单个山石,并且山石是直接被放置或半埋在地面上的,这种石景布置方式被称为孤置(图 6-9)。孤置石景与特置石景主要的不同是: 没有基座承托石景,石形的罕见程度及山石的观赏价值都没有后者高。

孤置石景一般能起到点缀环境的作用,常常被当做园林局部地方的一般陪衬景物使用,也可布置在其他景物之旁,作为附属的景物。孤石的布置环境可以在路边、草坪、水边、亭旁、树下,也可以在建筑或园墙的漏窗或取景窗后,与窗口一起构成漏景或框景。在山石材料的选择方面,孤置石的要求并不高,只要石形是自然的,石面是由风化而不是由人工劈裂或

图 6-9　南京瞻园中的孤置"雪浪石"

雕琢所形成的,都可以使用。当然,石形越奇特,观赏价值越高,孤置石的布置效果也会越好。

③ 对置

两个石景布置在相对的位置上,呈对称或者对立、对应状态,这种置石方式被称为对置(图6-10)。两块景石的大小、姿态方向和布置位置,可以对称,也可以不对称。对称的就叫对称对置,不对称的则叫不对称对置。

图 6-10　大假山上的对置石峰

对置的石景可起到装饰环境的配景作用。一般布置在庭院门前两侧、园林主景两侧、路口两侧、园路转折点两侧、河口两岸等环境条件下。选做对置石的材料要求稍高,石形应有一定的奇特性和观赏价值,亦可作为单峰石使用。两块山石的形状不必对称,大小高矮可以一致,也可以不一致。在材料难觅的地方,也可以用小石拼成单峰石形状,但须用两三块稍大的山石封顶,并掌握平衡,使之稳固而无倾倒的隐患。

④ 散置

散置是以若干块山石布置石景时"散漫理之"的做法,即布置成为散兵石景观(图6-11)。其布置方式的最大特点就是山石的分散、随意布置。

采取散置方式,主要是为了点缀地面景观,使地面更具有自然山地的野趣。散置的山石可布置在园林土山的山坡上、自然式湖池的池畔、岛屿上、园路两边、游廊两侧、园墙前面、庭地一侧、风景林地等处。对散置的山石,石形石态的要求不高。可以用普通的自然风化石,在山地中采集到的一般自然落石、崩石都可以使用。

图 6-11　某现代公园中的散置石景

⑤ 群置

若干山石以较大的密度有聚有散地布置成一群,石群内各山石相互联系,相互呼应,关系协调,这样的置石方式就叫群置(图6-12)。在一群山石中可以包含若干个石丛,各个石丛可分别由3、5、7、9块山石构成。一个石丛实际上就是一组子母石。如北京北海琼华岛南山西路山坡上,用房山石"攒三聚五",疏密有致地构成群置的石景,创造出比较好的地面景观,可以算是成功之作。不仅起到护坡固土、减轻水土流失的作用,而且增强了山地地面的崎岖不平感和嶙峋之势。

群置的石景一般用做园林局部地段的地面主景,通过石景的集群来仿造山地环境的氛

图 6-12　日式枯山水庭园中的群置石景

围。因此,这种方式可在园林的山坡、草坪、水边石滩、湖中石岛等环境中应用,还可在砂地上布置小规模的群石,做成日本式的“枯山水”景观。构成群置状态石景的山石材料可以很普通,只要是大小相间、高低不同、具有风化石面的同种岩石碎块即可。

⑥ 山石器设

用自然山石作为室外环境中的家具器设,如石桌凳、石几、石水钵、石屏风等,既有实用价值,又有一定的造景效果。这种石景布置方式,被称为山石器设(图 6-13)。作为一类休息用的小品设施,山石器设宜布置在侧方或后方有树木遮阴之处,如在林中空地、树林边缘地带、行道树下等。除承担一些实用功能之外,山石器设还可用来点缀环境,以增强环境的自然气息。特别是在起伏曲折的自然式地段,山石器设能够很容易和周围的环境相协调;而且它不怕日晒雨淋,不会锈蚀腐烂,可在室外环境中代替铁木椅凳。

图 6-13　古典园林中的石桌

(2) 石景的造型与布置

① 单峰石造型

单峰石主要是天然怪石,因此其造型过程中选石和峰石的形象处理最为重要,其次还要做好拼石和置石基座的安排。

Ⅰ. 选石:一般应选轮廓线凹凸变化大、姿态特别、石体空透的高大山石。用做单峰石的山石,形态上要有“瘦、漏、透、皱”的特点。所谓“瘦”,就是要求山石的长宽比值不宜太小,石形不臃肿,不呈矮墩状,要显得精瘦而有骨力。“漏”,是指山石内要有漏空的洞道空穴,石面要有滴漏状的悬垂部分。“透”,特指山石上能够透过光线的空透孔眼。“皱”,则指山石表面要有天然形成的皱折和皴纹。

Ⅱ. 拼石:如果所选到的山石不够高大或石形的某一局部有重大缺陷,就需要使用同种的几块山石拼合成一个足够高大的单峰石;如果只是高度不够,可按高差选到合适的石材,拼合到大石的底部(不可拼合到顶部),使大石增高;如果是由几块山石拼合成一块大石，则要严格选石，尽量选到接口处形状比较吻合的石材，并且在拼合中特别要注意接缝严密和掩饰缝口，使拼合体完全成为一个整体。拼合成的山石形体仍要符合“瘦、漏、透、皱”的要求。

Ⅲ. 基座设置：单峰石必须固定在基座上，由基座支承它，并且突出地表现它。基座可由砖石材料砌筑成规则形状，常见的是采取须弥座的形式（图6-14）。须弥座是一种具有一定装饰性的基座，其立面形状由上枋、下枋、上枭、下枭、地袱、束腰等上下对称地构成。单峰石直接放在须弥座上刹垫稳当，或者将石底浅埋于须弥座的台面。

基座也可以采用稳实的墩状座石做成（图6-15）。座石半埋或全埋于地表，其顶面凿孔作为榫眼。单峰石的底部应凿成榫头状，以榫头插入灌满水泥砂浆的座石榫眼中，即可牢固地立起来。如果峰石是采取斜立的姿态，为防止倾倒，应将座石顶面偏于一方的部位凿出深槽，槽的后端向后凹进，以便卡住峰石底部；再将峰石底部凿成与座石深槽相适应的形状，然后嵌入深槽中，就可固定起来。在立起峰石时一定要注意，不可使峰石的重心垂线落到座石的边缘以外。

图6-14　须弥座撑

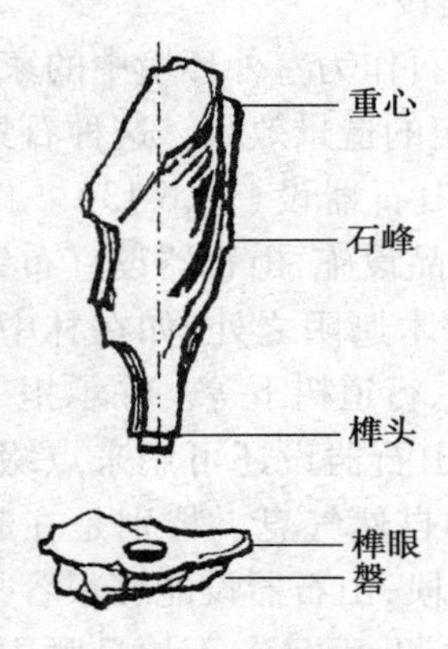

图6-15　座石支撑

Ⅳ. 形象处理：单峰石的布置状态一般应处理为上大下小。上部宽大，则重心高，更容易产生动势，石景也容易显得生动。有的峰石适宜斜立，就要在保证稳定安全的前提下布置成斜立状态；有的峰石形态左冲右突，可以故意使其偏左或偏右，以强化动势。一般而言，单峰石正面、背面、侧面的形状差别很大，正面形状好，背面形状却可能很差。在布置中，要注意将最好看的一面向着主要的观赏方向。背面形状差的峰石，还可以在石后配植观赏性植物，给予掩饰和美化。对有些单峰石精品，可将石面涂成灰黑色或古铜色，并在外表涂上透明的聚氨酯作为保护层，以使石景更有古旧、高贵的气度。对峰石上美中不足的平淡部分，还可以镌刻著名的书法作品或名言警句，使诗、书、石融为一体，更增添了艺术魅力。

② 子母石布置

布置这种石景时最重要的是，保证山石的自然分布和石形、石态的自然性表现。为此，子母石的石块数量最好为单数，要“攒三聚五”，数石成景。所用的石材应大小有别，形状相异，并有天然的风化石面。

子母石的布置应使主石绝对突出，母石在中间，子石围绕在周围。石块的平面布置应按不等边三角形法则处理，即每三块山石的中心点都要排成不等边三角形，要有聚有散，疏密

结合。在立面上,山石要高低错落,其中当然以母石最高。母石应有一定的姿态造型,采取卧、斜、仰、伏、翘、蹲等体态都可以,要在单个石块的静势中体现全体石块共同的生动性。子石的形状一般不再造型,仅利用现成的自然山石布置在母石的周围,要以其方向性、倾向性和母石紧密联系,互相呼应。

子石与母石之间的呼应很重要。呼应能够使石块之间做到"形断气连",是将聚散布置的山石联系成整体的重要手段。呼应的方法很多,常见的如:使子石向母石倾斜或使母石向子石倾斜,展现一种明显的奔趋性,就可以在子母石之间建立呼应关系。这种方式也可应用在子母石的平面布局中。

③ 散兵石布置

布置散兵石与布置子母石最不相同的是,一定要布置成分散状态,石块的密度不能大,各个山石最好相互独立。当然,分散布置不等于均匀布置,石块与石块之间的关系仍然应按不等边三角形处理(图 6-16)。可以这么说:散兵石的布置状态,就是将石间距离放大后子母石的布置状态。

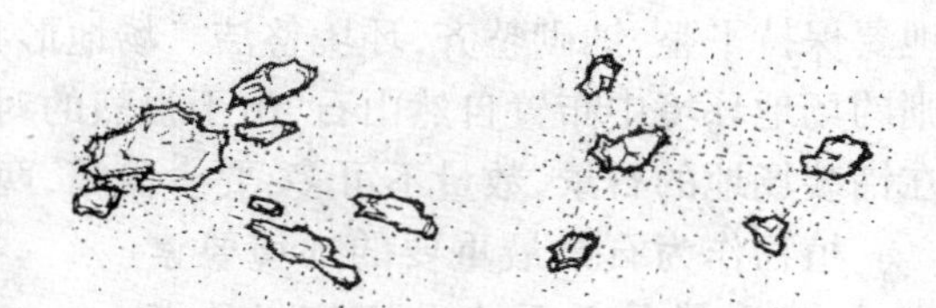

图 6-16 石块与石块之间的关系

在地面布置散兵石,一般应采取浅埋或半埋的方式安置。山石布置好后,应当像是地下岩石、岩层的自然露头,而不要像是临时性放在地面似的。散兵石还可以附属于其他景物而布置,如半埋于树下、草丛中、路边、水边等。

④ 象形石布置

象形石一般不应由人工来塑造或雕琢出,因为人工塑造的山石物象很难做到以假乱真。但略加修整还是可以的,因为修整后往往能使象形的特征更明显和突出。修整后的表面一定要清除加工中所留下的痕迹。

象形石的采挖、运输是一件十分细致的工作。在选到象形石后,要用錾子从底部慢慢地凿槽,凿时用力要均匀,并且要辨清山石的内部层理特点,有针对性地凿,直到使象形石与母岩脱离为止。在运输前,应仔细包扎,将石头保护好。搬动时应轻抬轻放,保证不损坏象形石的薄弱部分。

象形石可以放在草坪上、庭院中或广场上,采取特置或孤置方式都可以,但其周围一般应设置栏杆加以围护。这样做不仅可起到保护石景的作用,而且无形中增加了象形石的珍贵感,使该石景得到很好的突出。

(3) 石景的环境处理

石景与环境之间的关系必须协调,才能达到审美观赏的要求。与环境不协调的石景,无论其本身造型多么好,也不会使人获得美感,反而会使美好的环境受到视觉干扰和破坏。因此,处理好石景与环境的关系是十分必要的。石景的环境要素主要有水体、场地、建筑、植物等。

石景一般都能很好地与水环境相协调。水石结合的景观给人的自然感觉更为强烈。在规则式水体中,石景一般不布置在池边,而常常在池中。但山石却不宜布置在水池正中,而要在池中稍偏后和稍偏于一侧的地方布置。山石高度要与环境空间和水池的体量相称,石景(如单峰石)的高度应小于水池长度的一半。在自然式水体中,石景可以布置在水边,做成山石驳岸、散石草坡岸或山石汀步、石矶、礁石等。山石驳岸在平面上要有凹凸曲折变化,在立面上要有高低起伏变化,不得砌成直线岸墙;在散石草坡岸上,石景主要以子母石、散兵石形式起点缀作用,目的是使草坡岸更加富于自然野趣;山石汀步作为水面上的游览道路,要避免因从水体中部横穿而对等地分割水体空间;石矶和礁石则一般布置在距离岸边不远的水面上,与岸边保持紧密的联系,且石的数量不能太多,在水面上的分布也要力求自然。

在场地中布置石景,其周围空间立面上的景观不可太多,要保持空间的一定单纯性。石景的观赏视距至少要在石高的两倍以上,才能获得最佳观赏效果。场地的铺装面层色彩不宜太多,略有一点浅淡颜色或简单图案即可。地面铺装一定不要与石景争夺视觉注意。场地要保持平整,铺砌整齐,环境整洁。场地形状既可为规则形又可是自然形的。有时,在规则的场地环境中布置自然山石,由于强烈的对比作用,山石显得很突出、很别致。直接布置在铺装场地的石景,数量不可多,要少而精,两三块即可,否则就会有零乱的感觉。

植物作为石景最重要的环境要素之一,与石景的关系十分密切。凡做石景,最好伴以绿化,否则都成了枯石秃峰,没有生气。能够与山势相配合造型的植物种类非常多,除各种树木外,还有花、草、藤、竹等。例如,由竹与石景相配,可构成竹石小景;将芭蕉种在奇石之后,可成为蕉石小景。与此类似的还有苏铁石景、梅石小景、兰石小景、菊石小景等。又如,用络石、常春藤、岩爬藤等依附于峰石生长,还可以用绿色来装饰峰石上部(图 6-17),但藤叶太多时必须疏枝疏叶,以免遮蔽峰石。有的时候,需要将山石完全显露出来,就不宜从立面上对峰石进行绿化。在这种情况下,也必须对峰石下的地面进行绿化,以使石景有一个良好的展示环境。

图 6-17　山石与藤类植物配合造型

园林建筑物或者构筑物也常常成为石景的环境要素。在很多情况下,石景可以利用建筑和围墙等分隔、围合出的独立空间,在空间中占据主景地位,成为该空间中最引人注目的景物。如果在围墙边、照壁前、建筑的山墙前布置石景,更能突出石景的表现,这些墙面是石景最好的背景。常与山石一起组合造景的建筑主要是低层的较小建筑,如亭、廊、榭、轩等(图 6-18)。在组合中的处理方法:当以建筑物为主景时,则以山石为辅,衬托建筑或替代建筑的某些功能,如作为户外楼梯、屏风等;当以叠石为主景时,则以建筑为其提供独立的造景空间。

图 6-18　山石与长廊的结合处理

总而言之，石景与各种环境要素的关系是很密切的。要使石景具有比较好的艺术效果，就要解决好石景与环境的相互协调问题，以保证发挥石景的最大观赏作用。

6.1.3 假山的平面布局与设计

假山的平面设计主要解决假山在平面上的布局、平面轮廓形状的安排和平面各结构要素相互关系的处理等问题。平面设计基本上能够决定假山立面的形状，对假山造景产生全面的影响。因此，必须仔细研究，认真推敲，做好设计。

（1）假山的平面布局

在园林或其他城市环境中布置假山，要坚持因地制宜的设计原则，处理好假山与环境的关系、假山与观赏的关系、假山与游人活动的关系和假山本身造型形象方面的诸多关系。

① 山景布局与环境处理

假山布局地点的确定与假山工程规模的大小有关。大规模的园林假山，既可以布置在园林的中间地带，又可在园林中偏于一侧布置；而小型的假山，则一般只在园林庭院或园墙一角布置。假山最好布置在园林湖池、溪、泉等水体的旁边，使其山影婆娑，水光潋滟，山水景色交相辉映，共同成景。在园林出入口内外、园路的端头、草地的边缘地带等位置上，也都适宜布置假山。

假山与其环境的关系很密切，受环境影响也很大。在一侧或几侧受城市建筑影响的环境中，高大的建筑对假山的视觉压制作用十分突出。在这样的环境中布置假山，一定要采取隔离和遮掩的方法，用浓密的林带为假山区围出一个独立的造景空间来。或者将假山布置在一侧的边缘地带，山上配置茂密的混交风景林，使人们在假山上看不到或很少看到附近的建筑。

在庭院中布置假山时，庭院建筑对假山的影响无法消除。但如果采取一些措施加以协调，可以减轻建筑对假山的影响。例如：在仿古建筑庭院中的假山，可以通过在山上合适处设置亭廊的办法来协调；在现代建筑庭院中，也可以通过在假山与建筑、围墙的交接处配植灌木丛的方式来过渡，以协调二者的关系。

② 主次关系与结构布局

假山布局要做到主次分明，脉络清晰，结构完整。主山（或主峰）虽然不一定要布置在假山区的中部地带，但一定要在假山山系结构核心的位置。主山位置不宜在山系的正中，而应当偏于一侧，以避免山系平面布局呈对称状态。主山、主峰的高度及体量，一般应比第二大的山峰高、大 1/4 以上，要充分突出主山、主峰的主体地位，做到主次分明。

除了孤峰式造型的假山以外，一般的园林假山都要有客山、陪衬山与主山相伴。客山是高度和体量仅次于主山的山体，具有辅助主山构成山景基本结构骨架的重要作用。客山一般布置在主山的左、右、左前、左后、右前、右后等位置上，不宜布局在主山的正前和正后方。陪衬山比主山和客山的体量小了很多，不仅不会对主、客山构成遮挡，反而能够增加山景的前后风景层次，很好地陪衬、烘托主、客山，因此其布置位置可以十分灵活，几乎没有限制。

主、客、陪这三种山体结构部分相互的关系要协调。要以主山作为结构核心，充分突出主山；客山要根据主山的布局状态来布置，与主山紧密结合，共同构成假山的基本结构；陪衬山应当围绕主山布置,但也可少量围绕着客山布置,可以起到进一步完善假山山系结构的作用。

③ 自然法则与形象布局

园林假山虽然有写意型与透漏型等不一定直接反映自然山形的造山类型,但所有假山创作的最终源泉还是自然界的山景资源。即使是透漏型的假山,其形象的原形还是能够在风蚀砂岩或海蚀礁岸中找到。堆砌这类假山的材料,如太湖石、钟乳石等,其空洞形状本身就是自然力造成的。因此,假山布局和假山造型都要遵从对比、运动、变化、聚散的自然景观发展规律,从自然山景中汲取创作的素材营养,并有所取舍、提炼、概括与加工,从而创造出更典型、更富于自然情调的假山景观。这就是说,假山的创作要"源于自然,高于自然",而不能离开自然、违背自然法则。

④ 风景效果及观赏安排

假山的风景效果应当具有丰富的多样性。不仅要有山峰、山谷、山脚景观,而且还要有悬崖、峭壁、深峡、幽洞、怪石、山道、泉涧、瀑布等多种景观,甚至还要配植一定数量的青松、地柏、红枫、岩菊等观赏植物,进一步烘托假山景观。

由于假山是建在园林中,规模不可能像真山那样无限地大,要在有限的空间创造无限大的山岳景观,就要求园林假山具有"小中见大"的艺术效果。"小中见大"效果的形成,要通过创造性地采用多种艺术手法才能实现。如利用对比手法、按比例缩小景物、增加山景层次、逼真地造型、小型植物衬托等方法,都有利于"小中见大"效果的形成。

在山路的安排中,增加路线的弯曲、转折、起伏变化和路旁景物的布置,造成"步移景异"的强烈风景变换感,也能够使山景效果丰富多彩。

任何假山的形象都有正面、背面和侧面之分,在布局中,要调整好假山的方向,让假山正面向着视线最集中的方向。例如,在湖边的假山,其正面就应当朝着湖的对岸;在风景林边缘的假山,也应以其正面向着林外,而以背面朝向林内。确定假山朝向时,还应该考虑山形轮廓,要以轮廓最美的一面向着视线集中的方向。

假山的观赏视距要根据设计的风景效果来考虑。如需要突出假山的高耸和雄伟,则将视距确定在山高的1~2倍距离以上,使山顶成为仰视风景;如需要突出假山优美的立面形象,就应采取山高的3倍以上距离作为观赏视距,使人能够看到假山的全景。在假山内部,一般不刻意安排最佳观赏视距,随其自然。

⑤ 造景功能与观景功能兼顾

假山布局一方面是安排山石造景,为园林增添重要的山地景观;另一方面还要在山上安排一些台、亭、廊、轩等设施,提供良好的观景条件,使假山的造景功能和观景功能兼顾。另外,在布局上,还要充分利用假山的空间组织作用、创造良好生态环境作用和实用小品作用,满足多方面的造园要求。

(2) 假山的平面形状设计

假山的平面形状设计实际上就是对由山脚线所围合成的一块地面形状的设计。山脚线就是山体的平面轮廓线,因此假山平面设计也就是对山脚线的线形、位置、方向的设计。山脚轮廓线形设计在造山实践中被叫做"布脚"。所谓"布脚",就是假山的平面形状设计。在布脚时,应当按照下述方法和注意点进行。

① 山脚线应当设计为回转自如的曲线形状,尽量避免成为直线。曲线向外凸,假山的

山脚也随之向外凸出；向外凸出达到比较远的时候，就可形成山的一条余脉。曲线若是向里凹进，就可能形成一个回弯或山坳；如果凹进很深，则一般会形成一条山槽。

② 山脚曲线凸出或凹进的程度大小可根据山脚的材料而定。土山山脚曲线的凹凸程度应小一些，石山山脚曲线的凹凸程度则可比较大。从曲线的弯曲程度来考虑，土山山脚曲线的半径一般不宜小于 2 m，石山山脚曲线的半径则不受限制，可以小到几十厘米。在确定山脚曲线半径时，还要考虑山脚坡度的大小。在陡坡处，山脚曲线半径可适当小一些；而在坡度平缓处，曲线半径则要大一些。

③ 在设计山脚线过程中，要注意由它所围合成的假山基底平面形状及地面面积大小的变化情况。假山平面形状要随弯就势，宽窄变化，如同自然；而不要成为圆形、卵形、椭圆形、矩形等规则的形状。否则，整个山形就会是圆丘、梯台形，很不自然。设计中，更要注意假山基底面积大小的变化。基底面积越大，假山工程量就越大，假山的造价相应也会增大。所以，一定要控制好山脚线的位置和走向，使假山只需占用有限的地面面积就能造出很有分量的山体来。

④ 设计石山的平面形状时，要注意为山体结构的稳定提供条件。当石山平面形状成直线式的条状时，山体的稳定性最差（图 6-19a）。如果这种山体比较高，则可能因风压过大或其他人为原因而使山体倒塌。况且，这种平面形状必然导致石山成为一道平整的山石墙，石山显得单薄，山的特征反而被削弱了。当石山平面是转折的条状（图 6-19b）或向前向后伸出山体余脉的形状时（图 6-19c），山体能够获得最好的稳定性，而且使山的立面有凸有凹，有深有浅，显得山体深厚，山的意味更加显著。

a. 直条形，不稳定

b. 转折形，较稳定

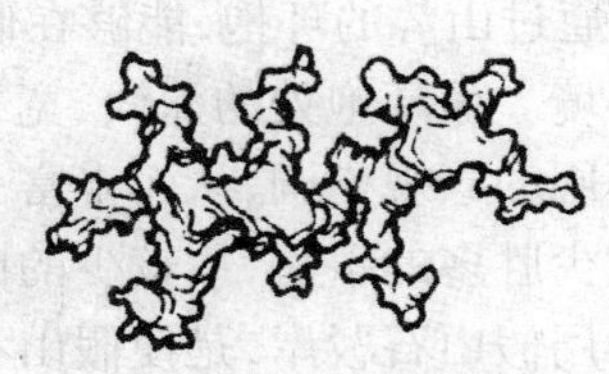

c. 有余脉形，最稳定

图 6-19　石山平面形状与山的稳定性的关系

(3) 假山平面的变化手法

假山立面的造型效果要依靠假山平面的变化处理才能做到。假山平面必须根据所在场地的地形条件而变化，以使假山与环境充分地协调。假山平面设计的变化方法很多，主要有以下几种。

① 转折

假山的山脚线、山体余脉甚至整个假山的平面形状，都可以采取转折的方式造成山势的回转、凹凸和深浅变化（图 6-20a）。转折是假山平面设计中最常用的变化手法。

② 错落

山脚凸出点、山体余脉部分的位置，采取相互间不规则地错开处理，使山脚的凹凸变化显得很自由，破除了整齐的因素。在假山平面的多个方面进行错落处理，如前后错落、左右错落、深浅错落、线段长短错落、曲直错落等，就能够为假山的形状带来丰富的变化效果（图 6-20b）。

③ 断续

假山的平面形状还可以采用断续的方式来加强变化。在保证假山主体部分是一大块连续的、完整的平面图形的前提下，假山前后左右的边缘部分都可以有一些大小不等的小块山体与主体部分断开。断开方式、断开程度的不同和景物之间相互连续的紧密程度不同，就能够产生假山平面形状上的许多变化（图6-20c）。

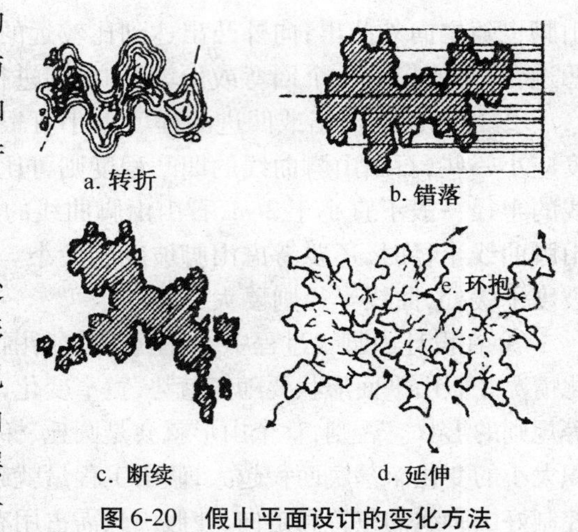

图6-20　假山平面设计的变化方法

④ 延伸

在山脚向外延伸和山沟向山内延伸的处理中，延伸距离的长短、延伸部分的宽窄和形状曲直以及相对两山以山脚相互穿插的情况等，都有许多变化。这些变化，一方面使山内山外的山形更为复杂，另一方面也使得山景层次、景深更具多样性。另外，山体一侧或山后余脉向树林延伸，能够在无形中给人造成山景深不可测、山脉不可穷尽的印象。山的余脉向湖池水中延伸，可以暗示山体扎根很深。山脚被土地掩埋或在假山边埋石，则使石山向地下延伸。这些延伸方式，都可以造成可见或不可见的假山平面变化（图6-20d）。

⑤ 环抱

将假山山脚线向山内凹进，或者使两条假山余脉向前伸出，都可以形成环抱之势（图6-20e）。通过山势的环抱，能够在假山某些局部造成若干半闭合的独立空间，形成比较幽静的山地环境。而环抱处的深浅、宽窄以及平面形状都有很多变化，又可使不同地点的环抱空间具有不同的景观格调，从而丰富了山景的形象。环抱的处理一般都局限在假山区内。还要采用以少胜多的手法，用较少的山石材料，在园林的各个边缘创造出环抱之势。例如，园林水体采用假山石驳岸，是使假山石环抱水体；用假山石砌筑树木花台，是山石对树木的环抱；以断续分布的带石土丘围在草坪四周，是假山环抱草坪构成的盆地等。

⑥ 平衡

假山平面的变化，最终应归结到山体各部分相对平衡的状态上。无论假山平面怎样千变万化，最后都要统一在自然山体形成的客观规律上，这就是多样统一的形式规律。平衡的要求，就是要在假山平面的各种变化因素之间加强联系，使之保持协调。

总之，假山平面布脚的方法是很多的。如果能有针对性地合理运用众多的变化方法，就一定能够成功地设计出假山平面，为山体的立面造型奠定良好的基础。

（4）假山平面图的绘制

在假山设计图的制图方面，目前还没有制定相应的国家标准。所以在制图中，只要能够套用建筑制图标准的，就应尽量套用，以使假山设计图更加规范、科学。下面是绘制假山平面图的几个要点。

① 图纸比例

根据假山规模大小，可选用1∶200、1∶100、1∶50、1∶20。

② 图纸内容

应绘出假山的基本地形，包括等高线、山石陡坎、山路与磴道、水体等。如区内有保留的

建筑、构筑物、树木等地物，也要绘出。然后再绘出假山的平面轮廓线，以及山洞、悬崖、巨石、石峰等的可见轮廓及配植的假山植物。

③ 线型要求

等高线、植物图例、道路、水位线、山石皴纹线等用细实线绘制。假山山体平面轮廓线（即山脚线）用粗实线或间断开裂式粗线绘出；悬崖、绝壁的平面投影外轮廓线若超出了山脚线，其超出部分用粗的或中粗的虚线绘出。建筑物平面轮廓用粗实线绘制。假山平面图内，悬崖、山石、山洞等可见轮廓和其他轮廓线都用标准实线绘制。

④ 尺寸标注

假山的形状是不规则的，因此在设计与施工的尺寸上就允许有一定的误差。在绘制平面图时，许多地方都不好标注，或者为了施工方便而不能标注详尽的、准确的尺寸。所以，假山平面图上主要标注一些特征点的控制性尺寸，如假山平面的凸出点、凹陷点、转折点的尺寸和假山总宽度、总厚度、主要局部的宽度和厚度等。尺寸标注方法按现行《建筑制图标准》的规定。

⑤ 高程标注

在假山平面图上应同时标明假山的竖向变化情况，其方法是：土山部分的竖向变化用等高线来表示；石山部分的竖向高程变化则可用高程箭头法来标出，高程箭头主要标注山顶中心点、大石顶面中心点、平台中心点、山肩最高点、谷底中心点等特征点的高程，这些高程也是控制性的。假山下有水池的，要注出水面、水底、岸边的标高。

假山平面设计图示例如图 6-21 所示。

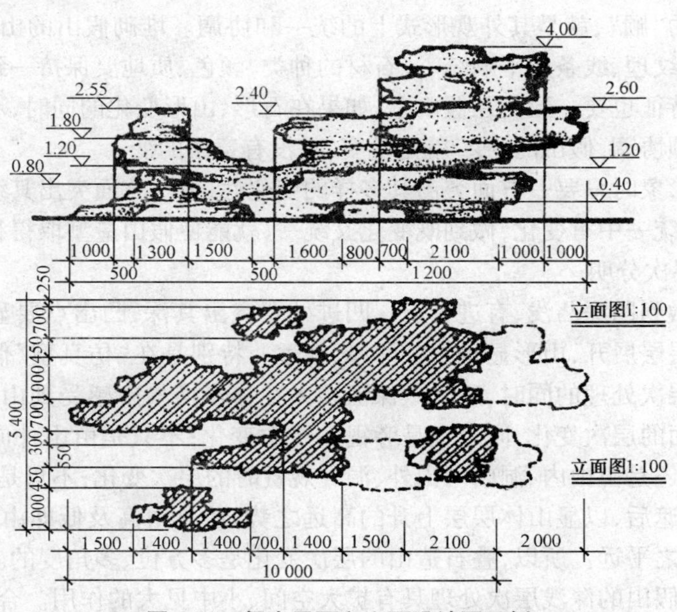

图 6-21　假山平面和立面设计图示例

6.1.4 假山的立面造型与设计

在大规模假山的设计中，首先要进行假山平面的设计，在完成平面设计的基础上再进行立面设计。但在一些小型假山（特别是写意型假山）的设计中，却往往反过来，先设计假山立面，然后再根据立面形象来反推假山的大致投影平面。假山的立面设计主要是解决假山的基本造型问题。

(1) 假山的立面造型

假山的造型主要是解决假山山形轮廓、立面形状态势和山体各局部之间的比例、尺度等关系，可利用下述几方面的规律进行假山造型。

① 变与顺，多样统一

假山造型中的变化性是叠石造山的根本出发点，是假山形象获得自然效果的首要条件。不敢变者，山石拼叠规则整齐，如同砌墙，毫无自然趣味；敢变而不会变者，山石造型如叠罗汉、砌炭渣，杂乱无章，令人生厌，也无自然景致。所以，设计和堆叠假山，最重要的就是既要求变，还要会变和善变。要于平中求变，于变中趋平。用石要有大有小，有宽有窄，有轻有重，并且随机应变地应用多种拼叠技法，使假山造型既有自然之态，又有艺术之神，还有山石景观的丰富性和多样性。

在假山造型中，追求形象变化要有根据，不能乱变，正所谓"万变不离其宗"。变有变的规律，变中要有"顺"，有不变。

假山造型中的"顺"，就是其外观形式上的统一和协调。堆砌假山的山石形状可以千变万化，但其表面的纹理、线条要平顺统一，石材的种类、颜色、质地要保持一致，假山所反映的地质现象或地貌特征也要一致。在假山上，如果在石形、山形变化的同时，不保持纹理、石种和形象特征的平顺协调，假山的"变"就是乱变，是没有章法的变。

在处理假山形象时只要一方面突出其多样的变化性，另一方面突出其统一的和谐性，在变化中求统一，在统一中有变化，做到既变化又统一，就能使假山造型取得很好的艺术效果。

② 深与浅，层次分明

叠石造山要做到凹深凸浅、有进有退。凹进处要突出其深，凸出点要显示其浅，在凹进和凸出中使景观层层展开，山形显得十分深厚、幽远。特别是在"仿真型"假山造型中，在对山体布局作全面层次处理的同时，还必须保证游人在移步换景中感受到山形的种种层次变化。这不只是正面的层次变化，同时也是旁视的层次变化；不只是由山外向山内、洞内看时的深远层次效果，还是由山内、洞内向山外、洞外观赏时的层次变化；不只是由低矮的山前窥山后，使山石前不遮后，以显山体层层上升的高远之势，还是由高及低即由山上看山下的层次变化，以显山势之平远。所以，叠石造山的层次变化是多方位、多角度的。

从上述可见，假山的深浅层次处理具有扩大空间、小中见大的作用。合理运用深浅层次处理方法，能够在有限的空间创造出无限的景观来。

③ 高与低，看山看脚

假山的立基起脚直接影响到整个山体的造型。若山脚转折弯曲，则山体立面造型就有进有退，形象自然，景观层次性好；若山脚平直呆板，则山体立面变化少，山形臃肿，山景平淡

无味。借用一句造山行话，就是要“看山看脚”。意思是说，叠石造山，不仅要注意山体、山头的造型，更要注意山脚的造型。山脚的起结开合、回弯折转布局状态和平坂、斜坡、直壁等造型，都要仔细推敲，结合可能对立面形象产生的影响来综合考虑，力求为假山的立面造型提供最好的条件。

④ 态与势，动静相济

石景和假山的造型是否生动、自然，是否具有较深的内涵表现，还取决于其形状、姿态、状态等外观视觉形式与其相应的气势、趋势、情势等内在的视觉感受之间的联系情况。也就是说，只有态、势关系处理得好的石景和山景，才能真正做到生动、自然，也才能让人从其外观形象中感受到更多的内在东西，如某种情趣、意味、思想和意境等。

在山石与山石之间进行态势关系的处理，能够在假山景观体系内部及假山与环境之间建立起紧密的联系，使景观构成一个和谐的、有机结合的整体，做到山石景物之间的“形断迹连，势断气连”，相互呼应，共同成景。

从视觉感受方面来看，山石景物的“势”可大致分为静势与动势两类。静势的特点是力量内聚，给人以静态的感觉。山石造型中，使景物保持重心低、形态平正、轮廓与皴纹线条平行等状态，都可以形成静势。动势的特点则是内力外射，具有向外张扬的形态。山石景物有了动势，景象就十分活跃与生动。造成动势的方法有：将山石的形态姿势处理成有明显方向性和奔趋性的倾斜状，将重心布置在较高处，使山石形体向外悬出等。

在叠石与造山中，山石的静势和动势要结合起来。要静中生动，动中有静；以静衬托动，以动对比静；同时突出动势和静势两方面的造景效果。

⑤ 藏与露，虚实相生

假山造型犹如山水画的创作，处理景物也要宜藏则藏，宜露则露，在藏露结合中尽量扩大假山的景观容量。“景愈藏，则境界越大”。这句古代画理名言对通过藏景来扩大景观容量的作用，还是说得比较透的。藏景的做法，并不是要将景物全藏起来，而是藏起景物的一部分，其他部分还得露出来，以露出部分来引导人们去追寻、想像藏起的部分，从而在引人联想中就可以扩大风景内容。

假山造景中应用藏露手法的一般方式是：以前山掩藏部分后山，而使后山神秘莫测；以树林掩藏山后而不知山有多深；以山路的迂回穿插自掩，而不知山路有多长；以灌木丛半掩山洞，以怪石、草丛掩藏山脚，以不规则山石墙分隔、掩藏山内空间等。经过藏景处理的假山，虚虚实实，隐隐约约，风景更加引人入胜，景观形象也更加多样化，体现出虚实结合的特点。风景有实有虚，则由实景引人联想，虚景逐步深化，还可能形成意境的表现。

⑥ 意与境，情景交融

园林中的意境是由园林作品情景交融而产生的一种特殊艺术境界，即它是“境外之境，象外之象”，是能够使人觉得有“不尽之意”和“无穷之味”的、“只可意会，难于言传”的特殊风景。

成功的假山造型也可能产生自己的意境。假山意境的形成是综合应用多种艺术手法的结果。这方面有一些规律可寻。第一，如果将假山造型做得高度地逼真，使人进入假山就像进入真实的自然山地一样，容易产生关于真山的意境。所谓“真境逼而神境生”就是这个道理。第二，景物处理简洁、含蓄，只表现主要和重要部分，给人留下联想余地，让人在联想中体验到意境。第三，强化山石景物的态势表现，采用藏露结合、虚实相生的造景方法，都有助于意境的创造。第四，注意在山景中融入诗情画意，以情感人，以意造景。例如：将山谷取名为“涵月谷”或“熏风谷”，让人感到一点诗意；使山亭与青松、飞岩相伴，构成一幅优美动人的天然画图，都可以深化意境表现。第五，增加假山景观的层次，使山景和树景层层展开，景象更加深邃，也可能为意境的产生奠定基础。像这样的意境创造方法应当还有很多，还需要在假山工程实践中进一步发掘和利用。

(2) 假山造型“八忌”

① 忌对称居中

假山的布局，不能在地块的正中；假山的主山、主峰，也不要居于山系的中央位置。山头形状、小山在主山两侧的布置，都不可呈对称状，要避免形成“笔架山”。在同一座山相背的两面山坡，其坡度陡缓程度不宜相同。

② 忌重心不稳

要避免视觉上的重心不稳和结构上的重心不稳。因为前者会破坏假山构图的均衡，给观者造成心理威胁；后者则直接产生安全隐患，可能造成山体倒塌或人员伤害。但是，在石景的造型中，也不能做得四平八稳，没有一点悬险感的石景往往缺乏生动性。

③ 忌杂乱无章

树有枝干，山有脉络。构成假山的所有山石都不要东倒西歪地杂乱布置，要按照一定的脉络关系相互结合成有机的整体，要在变化的山石景物中加强结构上的联系和统一。

④ 忌纹理不顺

要理顺假山、石景的石面皴纹线条。不同山石平行的纹理、放射状的纹理和弯曲的纹理都要相互协调、通顺地组合在一起。即使是石面纹理很乱的山石之间，也要尽量使纹理保持平顺状态。

⑤ 忌“铜墙铁壁”

假山石壁不得砌成像平整的墙面。山石之间的缝隙也不要全都填塞，避免做成密不透风的墙体状。

⑥ 忌“刀山剑树”

相同形状、相同宽度的山峰不能重复排列过多，不能等距排列如刀山剑树般。山的宽度和位置安排要有变化，要有疏有密。

⑦ 忌“鼠洞蚁穴”

假山山洞不宜太矮、太窄、太直，以免影响观赏和游览。假山洞洞道的平均高度，一般应在 1.9 m 以上，平均宽度在 1.5 m 以上。

⑧ 忌“叠罗汉”

假山石上下重叠而又无前后左右的错落变化，被称为“叠罗汉”。这种堆叠方式比较规整，如同叠饼状，在假山和石景造型中都要尽量避免。

上述几方面的造山禁忌实例如图 6-22 所示。

(3) 假山的立面设计方法

在假山立面形象设计中，一般把假山主立面和一个重要的侧立面设计出来即可，而背面及其他立面应根据设计立面的形状在施工现场确定。大规模的假山也有需要设计出多个立

图 6-22　假山与石景造型中的禁忌

面的，可根据具体情况灵活掌握。一般地讲，主立面和重要立面一旦确定，背立面和其他立面也就相应地大概确定了，有变化也是局部的，不影响总体造型。设计假山立面的主要方法和步骤如下。

① 确立意图

在设计之前，要确定假山的控制高度、宽度以及大致的工程量，确定假山所用的石材和假山的基本造型方向。

② 先构轮廓

根据假山设计平面图，或者直接在纸上进行构思和绘草图。构思草图时，应首先确定一个大致的比例，在预定的山高和宽度制约下绘出假山的立面轮廓图。轮廓线的形状，要照顾到预定的假山石材轮廓特征。例如：采用青石、黄石造山，假山立面的轮廓线形应比较挺拔，并有所顿折，给人以坚硬的感觉；采用湖石造山，立面轮廓线就应圆转流畅，回还漂移，给人柔和、玲珑的感受。若假山轮廓线与石材轮廓线保持一致，就方便施工，而且造出的假山更与图纸上的设计形象吻合。

设计中，为了使假山立面形象更加生动自然，要适当地突出山体外轮廓线较大幅度的起伏曲折变化。起伏度大，假山立面形象变化也大，就可打破平淡感。当然，起伏程度还应适当，过分起伏可能会给人矫揉造作的感觉。

在立面外轮廓初步确定之后，为了表明假山立面的形状变化和前后层次距离感，就要在外轮廓图形以内添上山内轮廓线。画内部轮廓线应从外轮廓线的一些凹陷点和转折点落笔，再根据设想的前后层次关系绘出前后位置不同的各处小山头、陡坡或悬崖的轮廓线。

③ 反复修改

初步构成的立面轮廓不一定能令人满意，还要不断推敲考虑并反复修改，直到获得比较令人满意的轮廓图形为止。

在修改中，要对轮廓图的各部分进行研究，特别要研究轮廓的悬挑、下垂部分和山洞洞顶部位在结构上能否做得出，能否保证不发生坍塌现象。要多从力学的角度来考虑，保证有足够的安全系数。对于跨度大的部位，要用比例尺准确量出跨度，然后衡量能否做到结构安全。如果跨度太大，结构上已不能保证安全，就要修改立面轮廓图，减小跨度。在悬崖部分，如果前面的轮廓悬出，那么崖后就应坚实，不再悬出。总之，假山立面轮廓的修改，必须照顾到施工方便和所能提供现实技术条件。

④ 确定构图

经过反复修改，立面轮廓图就可以确定下来。这时，假山各处山顶的高度、山的占地宽度、大概的工程量、山体的基本形象等都已符合预定的设计意图，因此可以进入下一步工作。

⑤ 再构皴纹

在立面的各处轮廓都确定之后，要添绘皴纹线表明山石表面的凹凸、皱折、纹理形状。皴纹线的线形要根据山石材料表面的天然皱折纹理特征绘出，也可参考国画山水画的皴法绘制，如披麻皴、折带皴、卷云皴、解索皴、荷叶皴、斧劈皴等。

⑥ 增添配景

在假山立面适当部分，添画植物。植物的形象应根据所选树种或草种的固有形状来画，可以采用简画法，表现出基本的形态特征和大小尺寸即可。绘有植物的位点，在假山施工中要预留能够填土的种植槽孔。如果假山上还设计有观景平台、山路、亭廊等配景，只要是立面上可见的，就要按照比例关系添绘至立面图上。

⑦ 画侧立面

确定主立面之后，应根据主立面各处的对应关系和平面图所示的前后位置关系，并参照上述方法步骤，对假山的一个重要侧立面进行设计，并完成侧立面图的绘制。

⑧ 完成设计

假山立面设计基本成形后，还要将立面图与平面图相互对照，检查其形状上的对应关系。如有不对应的，要修改平面图；也可根据平面图来修改立面图。平、立面图对应后，即可定稿。最后，按照修改、添画定稿的图形，进行正式描图，并标注控制尺寸和特征点的高程。这样就完成了假山的立面设计。

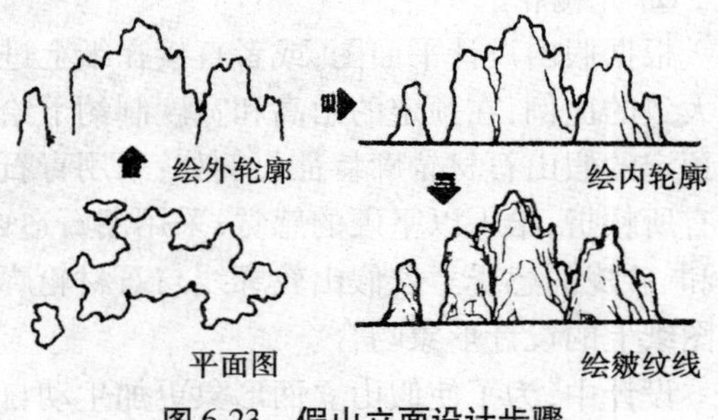

图6-23　假山立面设计步骤

假山立面设计的主要步骤和方法如图6-23所示。

（4）假山立面设计图的绘制

假山立面图的绘制，如能套用现行《建筑制图标准》的，就要按照该标准来绘制；没有标准可套用的，则可按照通行的习惯方法。绘制具体要求如下：

① 图纸比例

应与同一设计的假山平面图比例一致。

② 图纸内容

要绘出假山立面所有可见部分的轮廓形状、表面皴纹，并绘出植物等配景的立面图形。

③ 线型要求

绘制假山立面图形一般可用白描画法。假山外轮廓线用粗实线绘制，山内轮廓以中粗实线绘出，皴纹线的绘制则用细实线。绘制植物立面也用细实线。为了表达假山石的材料质感或阴影效果，也可在阴影处用点描或线描方法绘制，将假山立面图绘制成素描图，则立

体感更强。但采用点描或线描的地方不能影响尺寸标注或施工说明的注写。

④ 尺寸标注

假山立面的方案图,可只标注横向的控制尺寸,如主要山体部分的宽度和假山总宽度等。在竖向方面,则用标高箭头来标注主要山头、峰顶、谷底、洞底、洞顶的相对高程。如果绘制的是假山立面施工图,则横向的控制尺寸应标注得更详细些,竖向也要对立面的各种特征点进行尺寸标注。

假山立面设计图的示例见图 6-21。

6.2 假山的结构设计

假山的基本结构可分为基础、山体和山顶三大部分。在局部假山区域,还有山洞、悬崖等结构。假山结构设计的任务,就是要解决假山各部分的连接关系,并使假山各部分构造成为假山整体。

6.2.1 假山基础设计

堆叠假山和建造房屋一样,必须先做基础,即所谓的"立基"。首先按照预定设计的范围,开沟打桩。基脚的面积和深浅,则由假山山形的大小和轻重来决定。假山基础必须能够承受假山的重压,才能保证假山的稳固。不同规模和不同重量的假山,对基础的抗压强度要求是不相同的。而不同类型的基础,其抗压强度也不相同。

(1) 基础类型

常见的假山基础类型有以下几类。

① 混凝土基础:指采用混凝土浇注而成的基础。这种基础抗压强度大,材料易得,施工方便。由于其材料是水硬性的,因而能够在潮湿的环境中使用,且能适应多种土地环境。目前,这种基础在规模较大的石假山中应用最广泛。

② 浆砌块石基础:指采用水泥砂浆或石灰砂浆砌筑块石做成的假山基础。采用浆砌块石基础便于就地取材,从而降低基础工程造价。基础砌体的抗压强度较大,能适应水湿环境及其他多种环境。这也是应用比较普遍的假山基础。

③ 灰土基础:采用石灰与泥土混合所做的假山基层,就是灰土基础。灰土基础的抗压强度不很高,但材料价格便宜,工程造价较低。在地下水位高、土壤潮湿的地方,灰土的凝固条件不好,应用有困难。但如果在干燥季节施工或通过挖沟排水,改善灰土的凝固条件,在水湿地还是可以采用这种基础的。因为如果灰土在凝固时有比较好的条件,凝固后就不会透水,可以减少土壤冻胀引起的基础破坏。

④ 桩基础:用木桩或混凝土桩打入地基做成的假山基础,即桩基础。木桩基础主要应用在古代假山下;混凝土桩基则是现代假山工程中偶尔有应用的基础形式,主要用在土质疏松或回填土的地方。

⑤ 灰桩基础：指在地面均匀地打孔后再用石灰填满孔洞并压实而构成的一种假山基础形式。桩孔里的石灰吸潮后膨胀凝固，从而使地面变得坚实起来。这种基础施工简便，造价低廉，但耐压强度不高，一般用做小体量假山的简易基础。

⑥ 石钉夯土基础：这也是一种简易基础，是用尖锐的石块密集打入地面，使土壤被挤得紧实，再在其上铺一层素土或灰土夯实而成的。这种基础造价很低，抗压强度也不高，一般作为低山的基础。

（2）基础设计

一般假山基础的开挖深度，以能承载假山的整体重量而不至于下沉，并且能在久远的年代里不变形为原则。同时也必须符合假山工程造价较低且施工简易的要求。假山基础的设计要根据假山类型和工程规模而定。人造土山和低矮的石山一般不需要基础，可直接在地面上堆砌山体。高度在 3 m 以上的石山，就要考虑设置适宜的基础。一般来说，高大、沉重的大型石山，需选用混凝土基础或块石浆砌基础；高度和重量适中的石山，可用灰土基础或桩基础。各种基础的设计示例如图 6-24 所示。

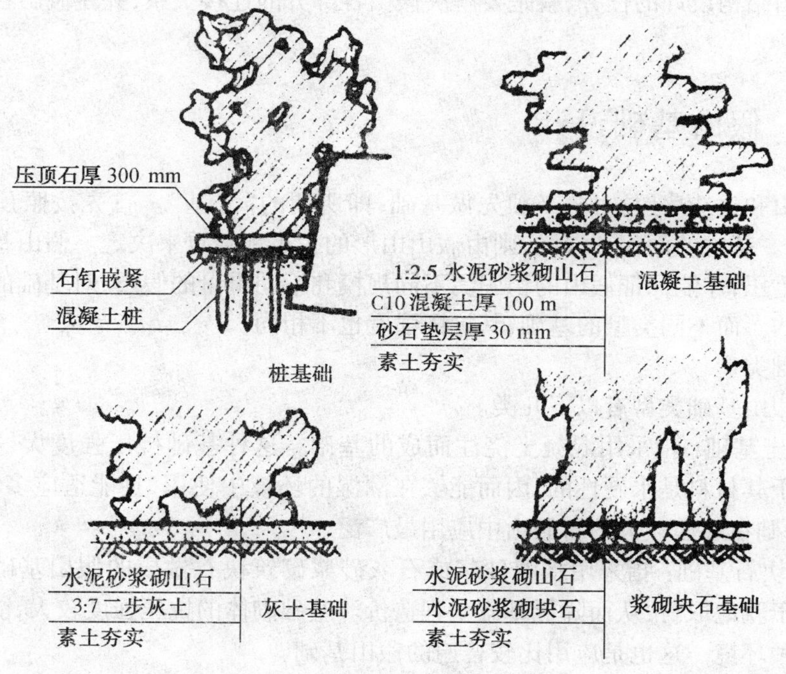

图 6-24　假山基础设计

① 混凝土基础设计

混凝土基础从下至上的构造层次及其材料做法如下：最底下是素土地基，应夯实；素土夯实层之上，可做一个砂石垫层，厚 30 ~ 70 mm；垫层上面即为混凝土基础层。在陆地上，混凝土层的厚度可设计为 100 ~ 200 mm，采用 C15 混凝土，或按 1∶2∶4 ~ 1∶2∶6 的比例用水泥、砂和卵石配成混凝土；在水下，混凝土层的厚度则应设计为 500 mm 左右，强度等级应采用 C20。在施工中，如遇坚实的地基，则可挖素土槽浇注混凝土基础。

② 浆砌块石基础设计

设计这种假山基础，可用 1∶2.5 或 1∶3 的水泥砂浆砌一层块石，厚度为 300 ~ 500 mm；水下砌筑所用水泥砂浆的比例则应为 1∶2。块石基础层下可铺 30 mm 厚粗砂作为找平层，地基应作夯实处理。

③ 灰土基础设计

这种基础的材料主要是用石灰和素土按 3∶7 的比例混合而成的。灰土每铺一层 30 cm 厚，夯实到 15 cm 厚时，则称为一步灰土。设计灰土基础时，要根据假山的高度和体量大小来确定采用几步灰土。一般高度在 2 m 以上的假山，可设计为一步素土加二步灰土；2 m 以下的假山，则可按一步素土加一步灰土设计。

④ 桩基设计

古代多用直径 10 ~ 15 cm、长 1 ~ 2 m 的杉木桩或柏木桩做桩基，木桩下端为尖头状。现代假山的基础已基本不用木桩桩基，只在地基土质松软时偶尔有采用木桩桩基的。做混凝土桩基，先要设计并预制混凝土桩，其下端仍应为尖头状。直径可比木桩基大一些，长度可与木桩基相似，打桩方式也可参照木桩基。

6.2.2　山体结构设计

以下所讲的山体结构，是指假山山体的内部结构。

(1) 结构形式与结构设计

山体内部结构主要有以下四种形式。

① 环透式结构

采用环透结构的假山，其山体孔洞密布，穿眼嵌空，显得玲珑剔透，如图 6-25 所示。这种造型与其造山石材和造山手法相关。环透式假山的石材多为太湖石和石灰岩风化形成的怪石，这些山石的天然形状就是千疮百孔似的。石面多孔洞与穴窝，孔洞多为通透的不规则圆形，穴窝则为锅底状或不规则形状。山石的表面皴纹多环纹和曲线，石形显得婉转柔和。在叠山手法上，为了突出太湖石的环透特征，一般多采用“拱、斗、卡、安、搭、连、飘、扭曲、做眼”等手法。这些手法能够很方便地做出假山的孔隙、洞眼、穴窝和环纹、曲线及通透形象来，其具体的施工做法参见“假山施工”一节。透漏型假山一般采用环透式结构来构造山体。

图 6-25　环透式假山

② 层叠式结构

假山结构若采用层叠式，则假山立面的形象就具有丰富的层次感，如图 6-26 所示。一层层山石叠砌为山体，山形朝横向伸展，或墩实厚重，或轻盈飞动，容易获得多种生动的艺术效果。在叠山方式上，层叠式假山又可分为水平层叠和斜面层叠两种。

图 6-26　层叠式假山

Ⅰ. 水平层叠：每一块山石都采用水平状态叠砌，假山立面的主导线条都是水平线，山石向水平方向伸展。

Ⅱ. 斜面层叠：山石倾斜叠砌成斜卧状、斜升状；石的纵轴与水平线形成一定夹角，角度为 10°～30°，最大不超过 45°。

层叠式假山石材一般为片状的山石，其山形常有“云山千叠”般的飞动感。体形厚重的块状、墩状自然山石也可用于层叠式假山，由这类山石做成的假山山体充实，孔洞较少，具有浑厚、凝重、坚实的景观效果。

③ 竖立式结构

这种结构形式可以造成假山挺拔、雄伟、高大的艺术形象，如图 6-27 所示。山石全都采用立式砌叠，山体内外的沟槽及山体表面的主导皴纹线都是从下至上竖立着的，因此整个山势呈向上伸展的状态。根据山体结构的不同竖立状态，这种结构形式又分直立结构与斜立结构两种。

图 6-27　竖立式假山

Ⅰ. 直立结构：山石全部采取直立状态砌叠，山体表面的沟槽及主要皴纹线都相互平行并保持直立。采取这种结构的假山，要注意山体在立面方向上的起伏变化和平面上的前后错落变化。

Ⅱ. 斜立结构：构成假山的大部分山石都采取斜立状态，山体的主导皴纹线也是斜立的。山石与地平面的夹角为 45°～90°。这个夹角一定不能小于 45°，不然就会成为斜卧状态而不是斜立状态。假山主体部分的倾斜方向和倾斜程度应是整个假山的基本倾斜方向和倾斜程度。山体陪衬部分则可以分为 1～3 组，分别采用不同的倾斜方向和倾斜程度，与主山形成相互交错的斜立状态，这样可增加变化，使假山造型更加具有动态感。

竖立式结构的假山石材，多为条状或长片状的山石，矮而短的山石不能多用。因为长条形的山石更易于砌出竖直的线条。但长条形山石在用水泥砂浆黏合成悬垂状时，要全靠水泥的黏结力来承受其重量。因此，一般要求石材质地粗糙或石面密布小孔，这样的石材用水泥砂浆作黏合材料时的附着力很强，容易将山石黏合牢固。

④ 填充式结构

一般的土山、带土石山和个别的石山,或者在假山的某一局部山体中,都可以采用这种结构形式。这种假山的山体内部是由泥土、废砖石或混凝土材料填充起来的,因此其结构上的最大特点就是填充的做法。按填充材料及其功用的不同,可以将填充式假山结构分为以下三种情况。

Ⅰ. 填土结构:山体全由泥土堆填而成,或者在用山石砌筑的假山壁后或假山穴坑中用泥土填实(图 6-28)。假山采取这种结构形式,既能造出陡峭的悬崖绝壁,又可少用山石材料、降低造价,还能保证假山有足够大的规模,也十分有利于假山上的植物配植。

图 6-28 石包土法填充式假山

Ⅱ. 砖石填充结构:以无用的碎砖、石块、灰块和建筑渣土作为填充材料,填埋在石山的内部或者土山的底部,既可增大假山的体积,又处理了园林工程中的建筑垃圾,一举两得。这种方式在一般的假山工程中都可以应用。

Ⅲ. 混凝土填充结构:有时,需要砌筑的假山山峰又高又陡,在山峰内部填充泥土或碎砖石不能保证结构的牢固,山峰容易倒塌。在这种情况下,就应该用混凝土来填充,使混凝土作为主心骨,从内部将山峰凝固成一个整体。混凝土是采用水泥、砂、石按 1∶2∶4～1∶2∶6 的比例搅拌配制而成的,主要作为假山基础材料及山峰内部的填充材料。混凝土填充的方法是:先用山石将山峰砌筑成一个高 70～120 cm(要高低错落)、平面形状不规则的山石筒体,然后用 C15 混凝土浇注筒中至筒的最低口处。待基本凝固时,再砌筑第二层山石筒体,并按相同的方法浇注混凝土。如此操作,直至峰顶,这样才能够砌筑起结构十分牢固的高高的山峰。

(2) 结构设施及其应用

在上述几类假山结构形式中,有的还需要设置一些起辅助固定作用的内部结构设施,才能保证假山结构的安全稳定。假山内部结构设施的种类较多,但并不是每一座假山都需要很多的内部设施。常见的假山内部结构设施如图 6-29 所示。

① 平稳垫片

采用假山石材的碎片来刹垫假山石底部,可起到固定山石、保持山石平稳的作用,这样一种小型结构设施就是平稳垫片。用做平稳垫片的碎石,应当是质地坚硬、一边薄一边厚的小石片。石片虽小,却起着平衡山石和传递重力的重要作用,是假山结构中不可缺少的重要结构设施,是每一座石假山的施工中都要用到的。垫片的位置要准,要尽可能用最少的垫片

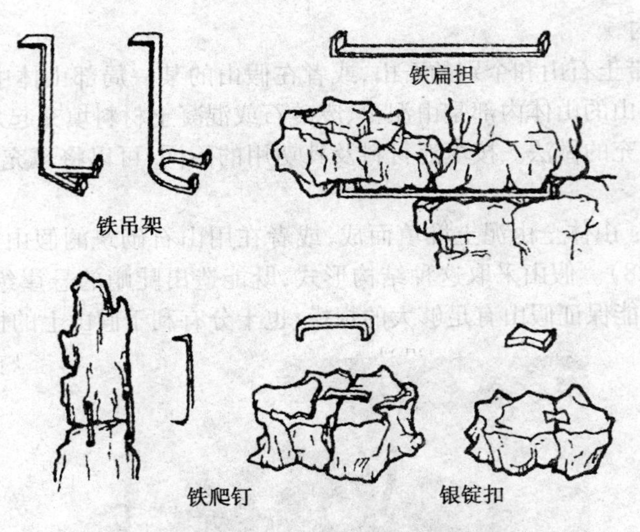

图6-29　假山的内部结构设施

求得稳定。

② 铁吊架

铁吊架是用扁铁条打制的铁件设施，主要用来吊挂坚硬的山石。在假山的陡壁边或悬崖边需要砌筑向外悬出的山石，而山石材料又特别坚硬，不能通过凿洞来安装连接构件，这时就要用铁制吊架来承担结构连接作用。铁吊架安装后被压在吊挂山石的背后和底下，外观上看不见，因此不会影响假山的观瞻。铁吊架可以制成分叉形和马蹄形两种。

③ 铁扁担

铁扁担可以用厚200 mm以上的扁铁条、400 mm×400 mm以上的角钢，或直径30 mm的螺纹钢条来制作，其长度应根据实际需要确定，一般为70～150 mm。这种铁件主要用在假山的悬挑部位和作为假山洞石梁下的垫梁，以加固洞顶结构。如果采用扁铁条做的铁扁担，则铁条两端应成直角上翘，翘头略高于所支承石梁的两端。在假山的崖壁边需要向外悬出山石时，也可以采用铁扁担。欲悬出的山石上应有洞穴，或是质地较软可凿洞，还可以直接将悬石挑于铁扁担的端头。

④ 铁爬钉

铁爬钉是用熟铁制成的，其形状有点像扁铁条做的两端成直角翘起的铁扁担，但短一些，一般长30～50 cm，可根据实际需要订做。另外，可用粗钢筋打制成两端翘起为尖头的铁爬钉，专用来连接质地较软的山石材料。铁爬钉的结构作用主要是连接和固定山石，水平向及竖向连接都可以。现在南方地区在采用水秀石类松质石材造山时，还常用铁爬钉作为连接山石的结构设施。对于硬质山石，一般要先在石面凿两个槽孔，然后再用铁爬钉加以连接。

⑤ 银锭扣

银锭扣由熟铁铸成，其两端成燕尾状，因此也叫燕尾扣。银锭扣有大、中、小三种规格，主要用来连接边缘比较平直的硬质山石。如要连接的山石接口处不平直，应先凿打平整。连接时，先将两块石头接口对着接口，再按银锭扣大小划线并凿槽，使槽形如银锭扣的形状。

然后将铁扣打入槽中，就可将两块山石紧紧连接在一起。

以上所述几种结构设施，在实际施工中都应当与水泥砂浆结合着一起使用。水泥砂浆可以将铁件端头的空隙填满，并将铁件与山石黏合一起，使山石的连接更加牢固，结构更为稳定；铁件被水泥砂浆所包埋，可免于生锈，延长其使用寿命。

6.2.3　山洞结构设计

大型假山一般都要有山洞。山洞可使假山幽深莫测，对于创造山景的幽静和深远境界是十分重要的。通过对假山山洞的设计，使假山洞产生更多的变化，从而更加丰富它的景观内容。

（1）假山山洞的形式

不同的山洞类型具有不同的洞内造型和洞内游览效果。从洞道的构成特点可以将假山山洞分为下述几类。

① 单口洞

只有一个洞口的洞室称为单口洞。这种洞室可设计在假山的陡壁下，作为承担某种实用功能的石室。石室内若有一汪清泉，则景观效果更佳。

② 单洞与复洞

单洞是指只有一条洞道和两个洞口的假山洞；复洞是指有两条并行洞道，或者还有岔洞和两个以上洞口的山洞（即洞旁有洞）。小型假山一般仅做单洞；大型假山可设计为复洞，或者设计为单、复洞相互接续的、时分时合的形式。

③ 单层洞与多层洞

在单层洞内，洞道没有分为上下两层的情况。在多层洞内，洞道从下至上分为两层以上，即洞上有洞。下层洞与上层洞之间由石梯相连。

④ 平洞与爬山洞

平洞是指洞底道路基本为平路的山洞。一般在平坦地面修筑的假山山洞多为平洞。爬山洞则是指洞内道路有上坡和下坡并且坡度较陡的山洞。在自然山坡上建造的假山山洞多为爬山洞，在平地上建造的假山也有做爬山洞的，但工程量比较大。

⑤ 旱洞与水洞

洞内无水的假山洞被称为旱洞；洞内有泉池、溪流的山洞被称为水洞。有的假山洞在洞顶、洞壁有滴水或漫流细水的，也属于水洞。

⑥ 采光洞和换气洞

这是假山山洞内附属的两种小洞，主要是用来采光和通气的。前者多设在光线黯弱洞段的洞壁，一定要做成透光的洞；后者多设在石室、断头岔洞的后部或较长洞道的中段，不一定需要透光。

⑦ 通天洞

通天洞是指一般假山洞内上下相通的竖向山洞。这种洞可以作为采光洞或透气洞，但其洞道更宽大，并设有沿着洞壁盘旋而上的石梯，主要供游人攀登游览，或者供人们从上向下观赏幽深的洞底。在上面的洞口周围和洞壁的石梯边缘，一定要设置栏杆，以保证游览安全。

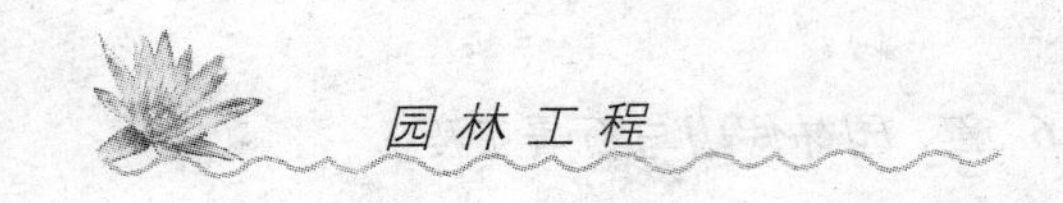

(2) 假山洞的布置

在布置假山洞时，首先应使洞口的位置相互错开，由洞外观洞内，似乎洞中有洞。洞口布置最忌造成山洞直通透亮和从山前一直看到山后。洞口要宽大，不要成"鼠洞蚁穴"状。洞口以内的洞顶与洞壁要有高低和宽窄变化，以显出丰富的层次，这样从洞外向洞内看时，就会有深不可测的观感。洞口的外形要有变化。特别是由黄石做成的洞口，其形状容易显得方正、呆板，不太自然，所以更要注意使洞口形状多一点圆弧线条的变化。但不能过于圆整，否则就不符合黄石的石性。

假山洞的洞道布置，在平面上要有曲折变化，其曲折程度应比一般的园林小路大许多。假山洞道最忌讳被设计成笔直如交通隧道式，而要设计成回环转折、弯弯曲曲的形状。同时，洞道的宽窄也不能如一般园路那样规则一致，要做到宽窄相济，开合变化。洞顶也不得太矮，应在保持一个合适平均高度的前提下，有许多高低变化。

对山洞洞内景观的处理，要注意营造适宜的观赏环境，使游人有可游可居的感觉，而不是为了开辟假山内的通道。如扬州个园黄石秋山的主山洞洞内有采光的窗洞，光线很充足，并设有石桌、石凳、石床、石枕，布置如居室一般，给人以亲切的居家感觉。为了提高观赏性，山洞内不妨设置一些趣味小品，如石灯、石观音、滴漏、泉眼、溪涧等。

总之，山洞的造型变化十分丰富，在设计中完全可以根据具体的环境地形条件，作出创造性的处理。例如，将山洞洞口做在建筑物内、将山洞建于湖边水上再用石桥相连接、将山洞建于半山腰、将山洞做成如同山体自然开裂状等。

(3) 洞壁与洞底设计

洞壁是假山洞的承重结构，其结构形式、布置状态、造型和施工质量等，都对山洞以至整座假山的安全性、观赏性具有重要影响。因此，洞壁的设计一定要认真仔细，不能有差错。

① 洞壁的结构形式

从结构特点和承重分布情况来看，假山洞壁可分为以山石墙体承重的墙式洞壁和以山石洞柱为主、山石墙体为辅而承重的墙柱式洞壁两种形式(图6-30)。

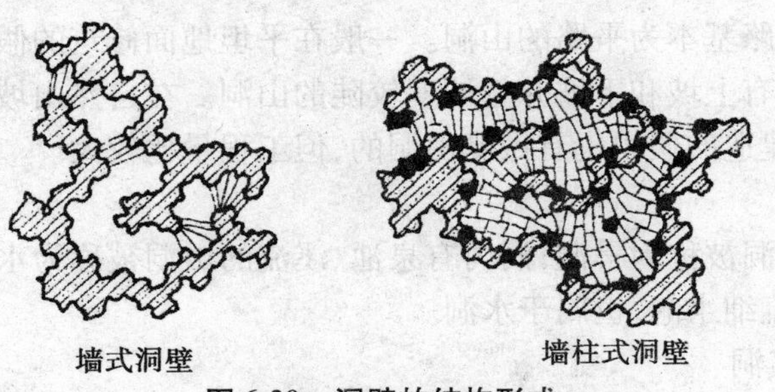

图6-30　洞壁的结构形式

Ⅰ. 墙式洞壁：这种结构形式的山洞是以山石墙体为基本承重构件的。山石墙体是用假山石砌筑而成的不规则山石墙，用做洞壁具有整体性好、受力均匀的优点，但洞壁内表面比较平，不易做出大幅度的凹凸变化，因此洞内景观比较平淡。采用这种结构形式做洞壁，所需石材总量比较多，造价稍高。

Ⅱ. 墙柱式洞壁：由洞柱和柱间墙体构成的洞壁，称为墙柱式洞壁。在这种洞壁中，洞柱是主要的承重构件，而洞墙只承担少量的洞顶荷载，柱间墙可以做得比较薄，所需石材总

量较少,造价可降低一些。而且墙柱式洞壁由于受力比较集中,壁面容易做出大幅度的凹凸变化,洞内景观自然。

② 洞壁的布置与设计

墙式洞壁要根据假山山体所采用的结构形式来设计。如果整个假山山体是采用层叠式结构,那么山洞洞壁石墙也应采用这种结构。山石一层一层不规则地层叠砌筑,直到预定的洞顶高度。相比较而言,墙式洞壁的结构关系要比墙柱式洞壁简单些。墙柱式洞壁的设计关系到洞柱和柱间山石墙两种结构部分。下面专门就这种洞壁形式的设计要点进行介绍。

Ⅰ. 洞柱设计:从位置上看,洞柱有连墙柱和独立柱两种。连墙柱就是洞壁内包含的洞柱,独立柱则是洞内石厅中的支撑柱。连墙柱可用形状质地稍差的山石砌筑,独立柱则应用形状比较好的山石做成,以增加洞内的观赏性。根据洞柱的结构做法来分,洞柱有直立石柱和层叠石柱两种做法。直立石柱是用长条形山石直立起来作为洞柱的,柱底有固定柱脚的座石,柱顶有起连接作用的压顶石。层叠石柱则是用块状山石错落地层叠砌筑而成的,柱脚、柱顶也可以有垫脚座石和压顶石,这两种洞柱的做法如图 6-31 所示。

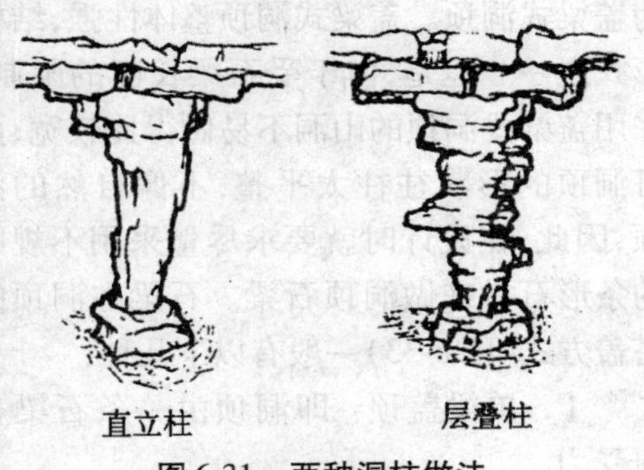

图 6-31　两种洞柱做法

Ⅱ. 柱间墙设计:柱间墙是连接洞柱并起分隔空间作用的自然式山石墙。由于其承重的作用并不重要,因此在布置中比较灵活、方便,而且可以用较小的山石来砌筑成薄墙。为了加强洞壁的凹凸变化,使洞内形象更加自然,柱间墙的设计位置就要有所讲究。洞壁的柱间墙对洞柱的连接有三种方式可选(图6-32)。一是柱间直线连接,这种砌筑墙体最短,但不利于造成洞壁的凹凸变化;二是洞柱内侧连接,其墙体长度有所增加,有利于造成洞壁的凹凸形状;三是洞柱外侧连接,其墙体往往最长,但对于洞壁的凹凸变化可以提供比较好的条件,而且能够在一定程度上扩大洞道空间。洞柱和柱间墙的砌筑要求参差错落,一方面是为了保持洞壁的不规则形状,另一方面则是为了使柱与墙的连接更加紧密,洞壁的整体性更好。

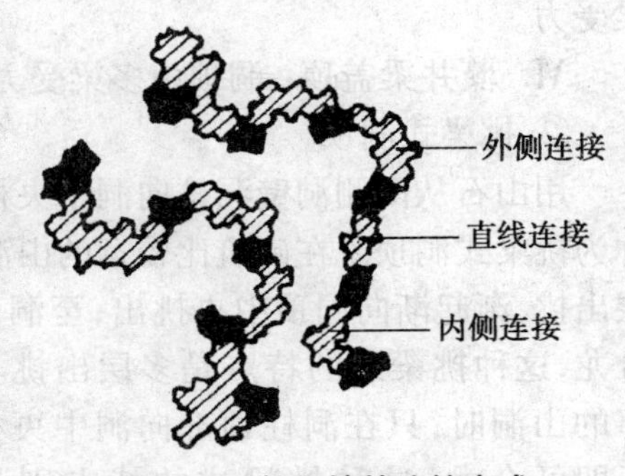

图 6-32　柱间墙的连接方式

③ 洞底设计

在一般地基上,假山洞洞底大多以两步灰土夯实做基础。山洞洞柱的承重量最大,其基础应更加坚实些。洞柱下面可先做成桩基,桩基上面再用两步灰土夯实做成灰土基础。基础的宽度应比柱脚直径宽一倍左右。洞底可铺设不规则石片作为路面,在上坡和下坡处则设置块石阶梯。洞内路面宜有起伏,并随着山洞的弯曲而弯曲。在洞内宽敞处,可在洞底设置一些石笋、石球、石柱,以丰富洞内景观。如果山洞是按水洞形式设计的,则应在洞内适当地点挖出浅池或浅沟,用小块山石铺砌成石泉池或石涧。石涧一般应布置在洞底一侧的边缘,平面形状宜宛转曲折,还可从一侧转到另一侧。

(4) 山洞洞顶设计

由于一般条形假山石的长度有限,大多数条石的长度为 1 ~ 2 m。如果山洞设计为 2 m 左右的宽度,则条石的长度就不足以直接用做洞顶石梁,这就需要采用特殊的方法才能做出洞顶来。因此,假山洞的洞顶结构一般都比洞壁、洞底复杂些。从洞顶的常见做法来看,其基本结构方式有三种,即盖梁式、挑梁式和拱券式。下面分别介绍这三种洞顶结构的设计特点。

① 盖梁式洞顶

假山石梁或石板的两端直接置放在山洞两侧的洞柱上,呈盖顶状,这种结构形式的洞顶称为盖梁式洞顶。盖梁式洞顶整体性强,结构比较简单,也很稳定,因此是造山中最常用的结构形式之一。但是,由于受石梁长度的限制,采用盖梁式洞顶的山洞不易做得比较宽,而且洞顶的形状往往太平整,不像自然的洞顶,因此,在设计时就要求尽量采用不规则的条形石材来做洞顶石梁。石梁在洞顶的搭盖方式(图 6-33)一般有以下几种:

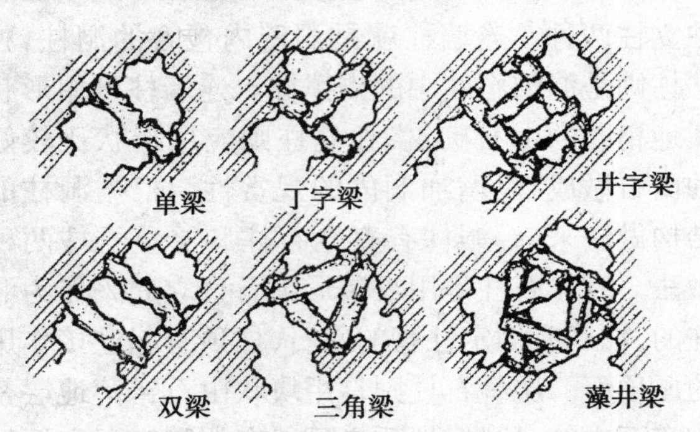

图 6-33　盖梁式洞顶的几种做法

Ⅰ. 单梁盖顶：即洞顶由一条石梁盖顶受力。

Ⅱ. 双梁盖顶：使用两条长石梁并行盖顶,洞顶荷载分布于两条梁上。

Ⅲ. 丁字梁盖顶：由两条长石梁交搭成“丁”字形,作为盖顶的承重梁。

Ⅳ. 三角梁盖顶：三条石梁呈三角形搭在洞顶,由三梁共同受力。

Ⅴ. 井字梁盖顶：二石梁纵向并行在下,另外二石梁横向并行搭盖在纵向石梁之上,多梁受力。

Ⅵ. 藻井梁盖顶：洞顶由多梁受力,其梁头交搭成藻井状。

② 挑梁式洞顶

用山石从两侧洞壁洞柱向洞中央相对悬挑伸出,并合龙做成洞顶,这种结构形式的洞顶称为挑梁式洞顶。在砌筑比较宽的山洞时,用长条形自然山石从叠砌洞柱的中上部开始层层出挑,渐起渐向洞顶中央挑出,至洞顶再用大石压顶合龙,这种挑梁式的特点是多层出挑。在砌筑比较狭窄的山洞时,只在洞柱顶部向洞中央相对挑出一层山石即可合龙,这种挑梁式的特点则是单层出挑(图 6-34)。在砌筑洞顶时,要根据山洞的宽窄来决定是采用单层出挑还是双层出挑或多层出挑。每一块挑石的悬出长度,可为石长的 1/2 ~ 3/5;挑石的头部应略向上仰,其后端则一定要用重石压实;每挑出一层就要压实一层,层层出挑,层层压实,保证洞顶牢固可靠。洞顶的山石之间,一般可用 1 : 2.5 的水泥砂浆作黏合材料,将山石隙缝填实,使洞顶山石紧密地结合成整体。

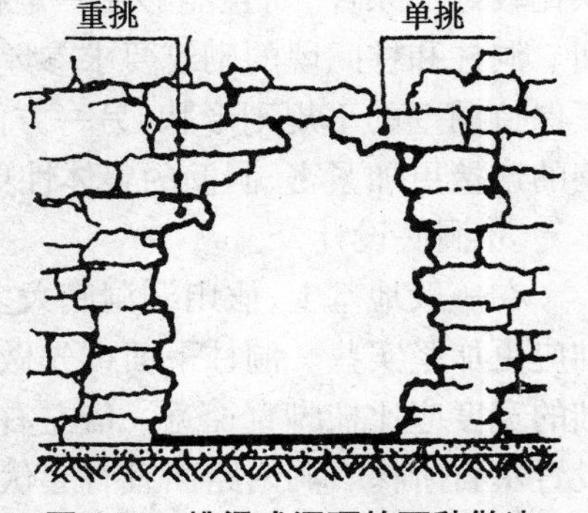

图 6-34　挑梁式洞顶的两种做法

③ 拱券式洞顶

这种结构形式是由清代造山大师戈裕良创造的，多用于较大跨度的洞顶。做法是：用块状山石作为券石，以水泥砂浆作为黏合剂，顺序起拱，做成拱形洞顶（图 6-35）。这种做法也被称做“造环桥法”，其环拱所承受的重力是沿着券石从中央分向两侧相互挤压传递，能够很好地向洞柱洞壁传力，因此不会像挑梁式和盖梁式洞顶那样将石梁压裂，将挑梁压塌。由于做成洞顶的石材不是平直的石梁或石板，而是多块不规则的自然山石，其结构形式又使洞顶洞壁连成一体，因此这种结构的山洞洞顶整体感很强，洞景自然变化，与自然山洞形象相近。在施工过程中，当洞壁砌筑到一定高度后，须先用脚手架搭起操作平台，然后人站在平台上发券，这样既方便操作，同时也容易对券石进行临时支撑，以保证拱券工作质量。

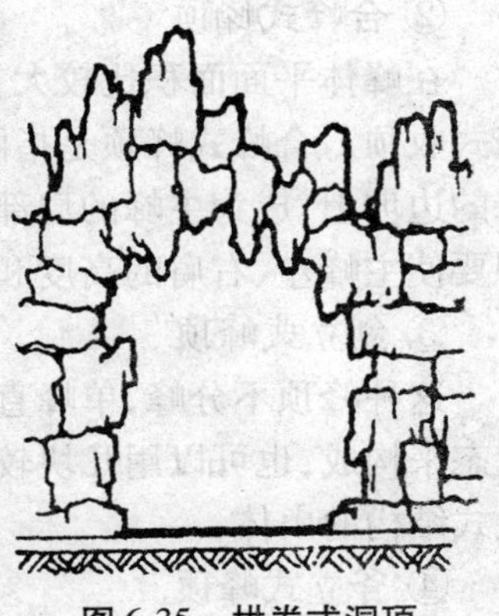

图 6-35　拱券式洞顶

6.2.4　山顶结构设计

山顶是假山立面上最突出、最能集中视线的部位。山顶的设计与施工直接关系到整个假山的艺术形象，因此，对山顶部分精心设计是很有必要的。根据假山山顶造型中常见的形象特征，可将假山顶部的基本造型分为峰顶、峦顶、崖顶和平山顶等四个类型。

(1) 峰顶设计

常见的假山山峰收顶形式有分峰式、合峰式、剑立式、斧立式、流云式和斜立式六种（图 6-36）。

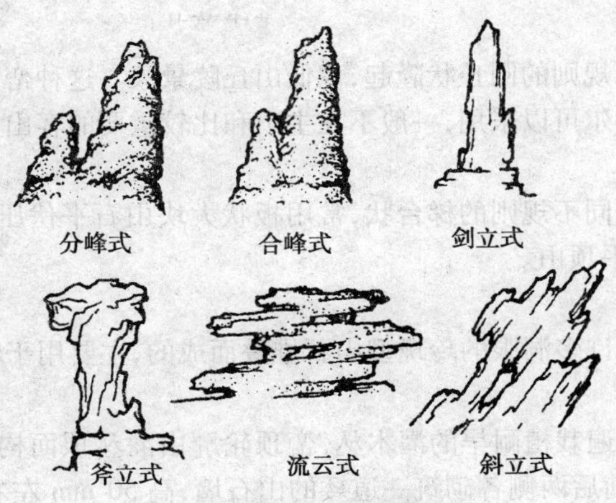

图 6-36　峰顶的几种收顶方式

① 分峰式峰顶

在假山山峰砌筑到预定高度时，如峰体平面面积仍然比较大，就要考虑采用分峰方式收结峰顶。所谓分峰，就是在一座山体上用两个以上的峰头收顶。在处理分峰时，峰头应有高有低、有宽有窄，主峰头要突出。较小的峰头最好用一块形状相宜的大石做出，较大的主峰则可用几块较小山石拼合成峰座,然后再用大石压顶做成峰头。

② 合峰式峰顶

在峰体平面面积比较大且采用分峰法收顶容易削弱山峰雄伟特点的情况下,可采用合峰式收顶。合峰式峰顶是指两个以上的峰顶合并为一个大峰顶,次峰、小峰的顶部融合在主峰的边坡上,成为主峰的肩部。在收顶时,要避免主峰的左、右肩部成为等高宽的对称形状,即要使主峰左、右肩的高度和宽度都不一样。

③ 剑立式峰顶

这种峰顶不分峰,单峰直立,上小下大,挺拔雄伟。这种收峰适宜用条形大石采取直立状态来构成,也可以用几块较小的长形山石直立着横向拼合构成。剑立式峰顶主要用于竖立式结构的山体。

④ 斧立式峰顶

这是一种直立状态的单峰峰顶。其特点是:峰石上大下小,犹如斧立;既有险峻之态,又有安稳之意,静中有动,动中有静。外观上实体性强或透漏性强的假山,都可以按这种峰顶形式设计。

⑤ 流云式峰顶

峰顶横向延伸,轮廓线平而参差不齐,如层云横飞,流霞盘绕,这种收顶形式称为流云式。采用流云式收顶的山峰,其山体必为层叠式结构,否则峰顶与山体就极不协调。

⑥ 斜立式峰顶

这种峰顶峰石斜立,势如奔趋。明显的倾向性和动态感是这种收顶形式的最大特点。很显然,除了在主山周围起陪衬作用的小山峰之外,一般层叠式结构和竖立式结构的山体都不宜采用这种收顶形式。斜立式峰顶最适用于斜立式山体结构的假山。

(2) 峦顶设计

① 圆丘式峦顶

山峦顶部设计为不规则的圆丘状隆起,像低山丘陵景象。这种峦顶的观赏性较差,在假山中的个别小山山顶偶尔可以采用,一般不在主山和比较重要的客山上设计这种峦顶。

② 梯台式峦顶

这种峦顶的形状如同不规则的梯台状,常用板状大块山石平伏压顶而成,顶部虽平,但面积狭小,不足以形成平顶山。

③ 玲珑式峦顶

这种峦顶是用含有许多洞眼的玲珑型山石堆叠而成的,主要用于环透式结构的假山。

④ 灌丛式峦顶

在隆起的山峦上普遍栽植耐旱的灌木丛,峦顶轮廓由灌丛顶面构成。在这种收顶形式的设计中,先要在峦头前后两侧各砌筑一道矮的山石墙,高 50 mm 左右,然后在中间填土栽种灌木。

(3) 崖顶设计

山崖是山体陡峭的边缘部分,其形象与山的其他部分都不相同。山崖既可以作为重要的山景部分,又可以作为登高望远的观景点。不同形状的山崖,有着不同的景观效果,其设计特点也不尽相同(图 6-37)。

图 6-37 山崖的几种结顶方式

① 平坡式崖顶

崖壁直立,崖顶主要由平伏的片状山石在中部作为压顶石,而以矮型的直立山石围在崖边,使整个山崖呈平顶状。

② 斜坡式崖顶

崖壁陡立,崖顶在山体堆砌过程中顺势收结为斜坡状。山崖顶面可以是平整的斜坡,也可以是崎岖不平的斜坡。

③ 悬垂式崖顶

崖顶石向前悬出并有所下垂,致使崖壁下部向里凹进,这种山崖的结顶方式就是悬垂式,或者叫做悬崖式。悬崖顶部的悬出,在结构上常见的是出挑与立石相结合的做法(图 6-38)。为保证结构的稳定,应做到"前悬后压",即在悬挑山石的后端砌筑重石施加重压,使崖顶在力学上保持平衡。

图 6-38 悬崖的结构方式

④ 悬挑式崖顶

崖顶全部以层层出挑方式构成,其结构方式和山体一样,都采用层叠式结构。以这种方式收顶的山崖,也可叫做悬崖。和悬垂式崖顶一样,要做到前悬后压,使悬崖的后部坚实稳定。

(4) 平山顶设计

在中国古代园林中,平顶的假山很常见。庭园假山之下如有盖梁式山洞,其洞顶多是平顶。在现代园林中,为了使假山具有可游可憩的特点,有时也要做一些平顶的假山。

① 平台式山顶

为了利用假山的山顶作为观景场地,可将其设计为平台状。山顶平台的地面常常以与假山同种的片状山石铺地,平台边缘则多用小块山石砌筑成不规则的矮石墙,高度为 30 ~ 70 mm,并以此来代替栏杆。因此,这种平台山顶的平面形状一般是自然式的。另外,也有假山顶平台被设计为规则的方形或长方形的,其平台边缘布置整齐的石雕栏杆,而平台上则设置石桌石凳,作为休息观景的地方。

② 亭台式山顶

如在平台式山顶上设置亭子,就成为亭台式山顶。这种山顶是用来造景、观景和休息的。山顶下面常常是空的,布置有山洞或者石室。设计中要注意使亭柱落在其下面的洞柱上,而不要落在下方悬空之处。

③ 草坪式山顶

大型土假山山脉的中段,有时可以设计为草坪式平顶。因为在山顶和山脊上水土条件比较差,一般植物的生长都会受到较大的影响,但如果培植成平坦的草坪,即可避免这种影响。草坪式平山顶在造山实践中也较常见。

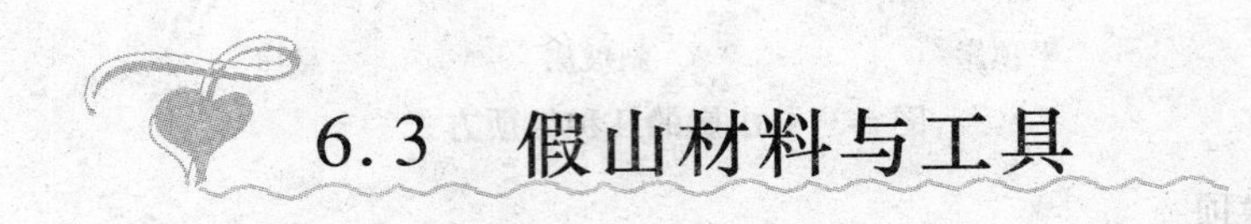

6.3 假山材料与工具

6.3.1 山石种类与应用

假山与石景工程所需的材料主要有假山石材和施工消耗材料两部分。不同种类的材料,其形状、质地、颜色、性能、使用特点和使用效果等都有很不相同的地方。只有了解了这些不同之处,才可能把假山施工工作做好。

(1) 假山常用石材

在古代,对假山石多以产地相称,如产于广东英德县的英石,产于太湖的太湖石等都是如此。还有一些山石则是按地方的习惯名称来称呼的,如苏州的黄石、北京的青石、西南地区的钟乳石、水秀石等。只有少数山石是按岩石学的命名来称呼的,如四川目前所用的云母片石,就是黑云母板岩的岩石。

目前常用的和古代假山中最重要的假山石种类如图 6-39 所示。

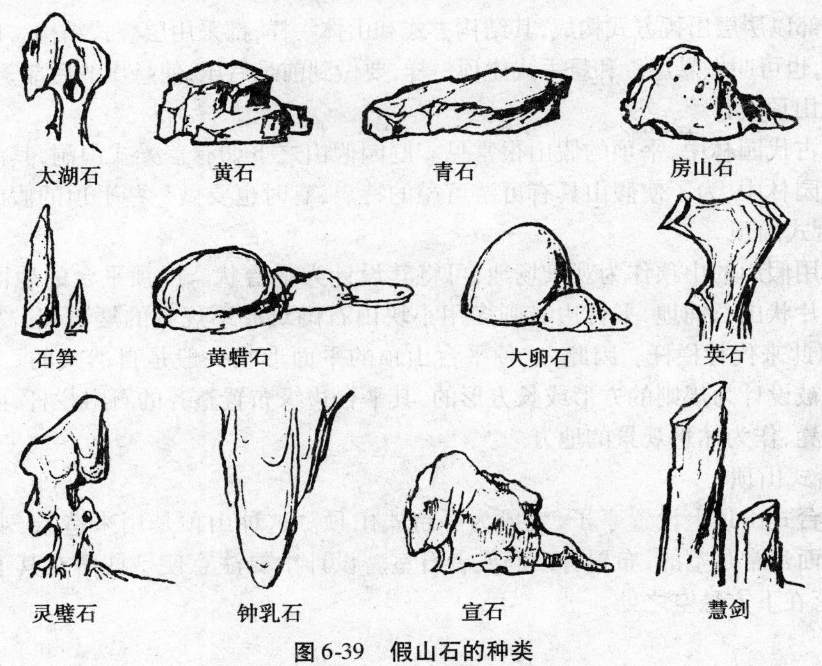

图 6-39　假山石的种类

① 湖石

湖石即太湖石，因原产于太湖一带而得名。它是江南园林中运用最普遍的一种石材。从其质地与颜色方面，又可将湖石分为两种。其中一种产于湖中，为湖相沉积的粉砂岩质地，颜色为浅灰中泛出白色，色调丰润柔和，江南园林和北京园林中的太湖石就是这种石材。另一种产于石灰岩地区的山坡、土中或河流岸边，是石灰岩经地表水风化溶蚀而成的；其颜色多为青灰色或黑灰色，质地坚硬，形状变异。目前各地新造假山所用的湖石，大多属于这一种。

由于水的冲击和溶蚀作用，湖石常被塑造成为具有许多穴、窝、坑、环、沟、孔、洞等变异极大的石形，其外形圆润、柔曲，石内穿眼嵌空、玲珑剔透，断裂之处则呈尖月形或扇形。湖石的这些形态特征，决定了它特别适用于做特置的单峰石和环透式假山。

在不同的地方和不同的环境中生成的湖石，其形状、颜色和质地都有一些差别。下面简单介绍几种湖石。

Ⅰ. 太湖石：真正的太湖石原产于苏州所属太湖中的洞庭西山，据说以其中消夏湾一带出产的太湖石品质最优良。这种石材呈灰白色，质坚而脆；石形玲珑，透、漏特征显著；轮廓柔和圆润，婉约多变；石面环纹、曲线婉转回还，穴窝（弹子窝）、孔眼、漏洞错杂其间，所以石形变异极大。

Ⅱ. 仲宫石：仲宫石呈青灰色，石灰岩质地，质重，坚硬；石体顽夯雄浑，少洞穴；石面细纹不多，且纹理多为竖纹。此石产于山东济南，如济南趵突泉、黑虎泉的假山与叠石都是用的这种石材。

Ⅲ. 房山石：新采的房山石带有泥土的红色，日久石面带灰黑色。此石为石灰岩质地，坚硬，质重，有一定韧性。它像太湖石一样具有涡、穴、沟、环、洞的变化，但多密集的小孔而少大洞，外观比较浑厚、稳实，因此有人称之为北太湖石。房山石主要产于北京房山县大灰厂一带的山上。

Ⅳ. 英德石：英德石又名英石，多为灰黑色，也有的为灰色和灰黑色中含白色晶纹等其他颜色。根据其色泽差异，英石又可分为白英、灰英和黑英。灰英居多而价低；白英和黑英因物稀而为贵，以黑如墨、白如脂者为上品。英石是石灰岩碎块被雨水淋溶和埋在土中被地下水溶蚀所生成的，质地坚硬，脆性较大。石形轮廓多转角，石面形状有巢状、绉状等，绉状又分大绉和小绉，以玲珑精巧者为佳形。英石原产于广东省英德县，但多为盆景用的小块石。现国内石灰岩分布的地区也多有产出，不乏大块者。

Ⅴ. 宣石：宣石又名宣城石、马牙宣。初出土时表面为铁锈色，经刷洗过后，时间久了就转为白色；或在灰色山石上有白色的矿物成分，有如皑皑白雪盖于石上，具有特殊的观赏价值。扬州个园的冬山就是采用这种山石来象征冬季的雪景，效果很好。此石极坚硬，石面常有明显棱角，皴纹细腻且多变化，线条较直，产于安徽省宁国县。

Ⅵ. 灵璧石：此石产于安徽省灵璧县。因出于土中，石表常沾红泥，渍满，须刮洗方显本色。灵璧石本色为灰色，甚为清润，质地亦脆，叩之铿然有声。石面有坳坎的变化，石形亦千变万化，但其眼少，有宛转回折之势，须藉人工以全其美。一般多用来顿置几案，作为盆景石玩，不作叠山大用。

除上述六种之外，还有一些知名的假山石材。如：宜兴张公洞、善卷洞一带山中所产的宜兴石、南京附近的龙潭石和青龙山石等都属湖石。近年来,安徽巢湖又出产一种湖石,该石于灰中稍带红土所渍之红黄色,体态居于太湖石和房山石之间。

② 黄石

黄石因色黄而得名,一般为陈茶黄色,色多较深,属于一种黄色的细砂岩。质重、坚硬,形体浑厚沉实、拙重顽夯,且具有雄浑、挺括之态。采下的单块黄石多呈方形或长方墩状,少有极长或薄片状者。黄石的节理接近于相互垂直,所形成的石面具有棱角锋芒毕露、棱面明暗对比、立体感比较强的特点,无论掇山、理水都能发挥其石形的特色。其轮廓呈带形折转状,或缩进或挑出,均呈相互垂直的带形节理变化,所以在国画中常把这类山石的皴法称为"折带皴"。黄石给人以方整、稳重和顽夯感,是堆叠大型石山常用的石材之一。其产地很多,以江苏省常熟市之虞山所产最著名。

③ 青石

青石属于水成岩中呈青灰色的细砂岩,质地纯净而少杂质。由于是沉积而成的岩石,石内就有一些水平层理。水平层的间隔一般不大,所以石形大多为片状,而有"青云片"的称谓。石形也有一些块状的,但成厚墩状者较少。这种石材的石面有相互交织的斜纹,不像黄石那样一般是相互垂直的直纹。青石在北京园林假山叠石中很常见,在北京西郊洪山口一带都有出产。

④ 石笋石

石笋石又称白果笋、虎皮石、剑石,颜色多为淡灰绿色、土红灰色或灰黑色。质重而脆,是一种长形的砾岩岩石。石形修长呈条柱状,立于地上即为石笋,顺其纹理可竖向劈分。石柱中含有白色的小砾石,如白果般大小。石面上"白果"未风化的,称为龙岩;若石面砾石已风化成一个个小穴窝,则称为凤岩。石面还有不规则的裂纹。大多数石笋石都有三面可观,仅背面光秃无可观,用于竹林中作竖立配置,有"雨后春笋"般的景观效果。如扬州个园的春山(竹石春景)就用的是石笋石。这种石材产于浙江与江西交界的常山、玉山一带。

⑤ 钟乳石

钟乳石多为乳白色、乳黄色、土黄色等颜色。质优者洁白如玉,可作石景珍品;质色稍差者可作假山。钟乳石质重,坚硬,是石灰岩被水溶解后又在山洞、崖下沉淀生成的一种石灰华。石形变化大,常见的形状有石钟乳、石幔、石柱、石笋、石兽、石蘑菇、石葡萄等。石内较少孔洞,石的断面可见同心层状构造。这种山石的形状千奇百怪,石面肌理丰腴,用水泥砂浆砌假山时附着力强,山石结合牢固,山形可根据设计需要随意变化。钟乳石广泛出产于我国南方和西南地区,只要是地下水丰富的石灰岩山区,就出产钟乳石。

⑥ 水秀石

水秀石又名砂积石、崖浆石、连州石、透水石、吸水石、芦管石、麦秆石等。此石黄白色、土黄色至红褐色,质较轻,粗糙,疏松多孔。石内常含草根、苔藓及枯枝化石和树叶印痕等。石面形状变化大,多有纵横交错的树枝、草秆化石和杂骨状、粒状、蜂窝状等凹凸形状。水秀石是石灰岩的砂泥碎屑随着富含溶解状碳酸钙的地表水被冲到低洼地、山崖下而沉淀、凝结、堆积下来的一种次生岩石,也属于石灰华一类。由于石质不硬,容易进行雕琢加工,也容易用铁爬钉打入石面而固定山石,因此施工十分方便。其石质有一定的吸水性,对植物的生长也很有利。因此,这种石材也是一种很好的假山材料。水秀石的出产地与钟乳石相同。

⑦ 云母片石

云母片石呈青灰色或黑灰色，具云母光泽；质较重，结构较致密，但石材硬度低，容易锯截和雕凿加工。石面平整，可见黑云母鳞片状构造。石形为厚度均匀的长条形板状，板状山石略加斧凿即可成为锋芒挺秀、气宇轩昂的立峰峰石。此石属变质岩的一种，主要由黑云母组成，是由黏土岩、粉砂岩或中酸性火山岩经变质作用而生成的，在地质学上叫黑云母板岩。云母片石产于四川汶川县至茂县一带。

⑧ 大卵石

产于河床之中的大卵石，有多种岩石类型，如花岗石、砂岩、流纹岩等。石材的颜色种类很多，白、黄、红、绿、蓝各色都有。由于水流的冲击和相互摩擦作用，石之棱角被磨去而变成卵圆形、长圆形或圆整的异形。这类石头由于石形浑圆，不易进行石间组合，因此一般不用做假山石，而用在园路边、草坪上、水池边作为石景或石桌石凳，也可在棕树、蒲葵、芭蕉、海芋等植物的下面配成景石与植物小景。卵石主要产于山区河流的下游地区。

⑨ 黄蜡石

黄蜡石呈灰白、浅黄、深黄等色，有蜡状光泽，圆润光滑，质感似蜡。石形圆浑如大卵石状，但并不为卵形、圆形或长圆形，而多为抹圆角有涡状凹陷的各种异形块状，也有呈长条状的。此石以石形变化大而无破损、无灰砂、表面滑若凝脂、石质晶莹润泽者为上品，即石形要“皱、透、溜、哞”。蜡石属变质岩的一种，主要由酸性火山岩和凝灰岩经热液蚀变而成，在某些铝质变质岩中也有产出。此石宜条、块配合使用，若与植物一起组成庭园小景，则更有富于变化的景观组合效果。黄蜡石主要分布在我国南方各地。

了解了假山石材，便可以按掇山的目的、意境和艺术形象要求来斟酌采用何种山石。如要雄浑、豪放、磅礴之山，则当以黄石为材；若需纤秀、轻盈、宛转之态，则以湖石类为宜。

（2）假山辅助材料

堆叠假山所用的辅助材料主要是指在叠山过程中需要消耗的一些结构性材料，如水泥、石灰、砂石及少量颜料等。

① 水泥

水泥浆体一般能在空气中和水中硬化，属于水硬性胶结材料。在园林工程中应用最广的是普通硅酸盐水泥和矿渣复合水泥。在假山工程中，水泥需要与砂石混合，配成水泥砂浆和混凝土后再使用。

② 石灰

石灰是以碳酸钙为主要成分的普通石灰石烧制而成的，是一种古老的建筑胶结材料。由于石灰的原料来源广，生产工艺简单，使用方便，成本低廉，并具有良好的建筑性能，所以目前仍是一种常用的建筑材料，也是假山施工的必要材料。生石灰在运输或贮存时，应避免受潮，以防生石灰吸收空气中的水分而自行熟化，然后又在空气中碳化而失去胶结能力。所以，一般应将石灰在化灰池中化成石灰浆而存放待用，随用随取。在古代，假山的胶结材料就以石灰浆为主，再加进糯米浆，使其黏合性能更强。而现代的假山工艺中已改用水泥作为胶结材料，石灰则一般是以灰粉和素土按 3∶7 的配合比配制成灰土，作为假山的基础材料。

③ 砂石

砂是水泥砂浆的原料之一，可分为山砂、河砂、海砂等，其中以含泥少的河砂、海砂质量最好。在配制假山胶结材料时,应尽量用粗砂。由粗砂配制而成的水泥砂浆与山石质地要接近一些,有利于削弱人工胶合痕迹。假山混凝土基础和混凝土填充料中所用的石材主要是直径为 2 ~7 cm 的小卵石和砾石。假山工程对这些石料的质量没有特别的要求,只要石面无泥即可;但以表面光滑的卵石配制而成的混凝土和易性较好。

④ 颜料

在一些颜色比较特殊的山石的胶合缝口处理中,或在以人工方法用水泥材料塑造假山和石景的时候,往往要使用颜料来为水泥配色。需要准备什么颜料,应根据假山所采用山石的颜色而定。常用的水泥配色颜料有:炭黑、氧化铁红、柠檬铬黄、氧化铬绿和钴蓝等。

6.3.2 假山施工工具

传统的假山施工主要采用手工工具,在较大石材的安装中则利用杠杆原理架设木杆吊架作为起重设备。由于假山施工过程不同于一般的建筑工程,在施工过程中还要进行构思与再创造,做做停停的情况很普遍,所以现代也还是以手工工具为主,而机械化施工只作为辅助的施工方式。

(1) 施工机械与操作

假山工程的施工机械主要是吊装大石的机械设备,其他施工机械则很少使用。在大规模假山的基础工程中,有可能需要使用推土机和电动打夯机来推土堆山、整平地基和夯实基础。在工程量比较大的施工阶段,如在混凝土基础工程施工中,如有条件,也可以使用混凝土搅拌机来提高工效。在山石的短距离转运中,如果需要加快工程进度,还可以准备一台铲车,帮助转运较大的山石。在一些大型假山石吊装工程中常用的机械设备有如下几种。

① 吊车

在大型假山工程中,为了增强假山的整体感,常常需要吊装一些巨石,因此配备一台吊车还是必要的。如果不能保证有一台吊车在施工现场随时待用,也应做好用车计划,在需要吊装巨石的时候临时性地租用吊车。一般的中小型假山工程和起重质量在 1 t 以下的假山工程,都不需要使用吊车,而用其他方法起重。

② 吊称起重架

这种杆架是由一根主杆和一根臂杆组合而成的可作大幅度旋转的吊装设备。架设这种杆架时,先要在距离主山中心点适宜位置的地面挖一个深 30 ~50 cm 的浅窝,然后将直径 150 mm 以上的杉杆直立其上作为主杆。主杆的基脚用较大的石块围住压紧,不许移动;杆的上端则用大麻绳或 8 号铅丝拉向周围地面上的固定铁桩并拴牢绞紧。铅丝每 2 ~4 根一股,用 6 ~8 股铅丝均匀地分布在主杆周围。固定铁桩的直径应在 30 mm 以上,长 50 cm 左右,其下端为尖头,朝着主杆的外方斜着打入地面,只留出顶端供固定铅丝。然后在主杆上部适当位置吊拴直径在 120 mm 以上的臂杆。这种杆架是利用杠杆作用的原理吊起大石并安放到合适的位置的(图 6-40a)。

③ 起重绞磨机

在地上立一根杉杆,杆顶用四根大绳拴牢,每根大绳各由一人从四个方向拉紧并服从统一

指挥，既扯住杉杆，又能随时作松紧调整，以便吊起山石后能作水平方向移动。在杉杆的上部还要拴一个滑轮，再用一根大绳或钢丝绳从滑轮穿过，绳的一端拴吊着山石，另一端穿过固定在地面的第二滑轮，与绞磨机相连。通过转动绞磨，就可以将山石吊起来（图 6-40b）。

④ 手动铁链葫芦（铁辘轳）

手动葫芦简单实用，是假山工程必备的一种起重设备。使用这种工具时，也要先搭设起重杆架。可用两根结实的杉杆，将其上端紧紧拴在一起，再将两杉杆的柱脚分开，使杆架构成一个三角架。然后在杆架上端拴两条大绳，从前后两个方向拉住并固定杆架，绳端可临时拴在地面的石头上。将手动的铁链葫芦挂在杆顶，就可用来起重山石。起吊山石的时候，可以通过拉紧或松动大绳和移动三角架的柱脚来移动和调整山石的平面位置，使山石准确地吊装到位（图 6-40c）。

除了大石采用机械设备进行吊装之外，多数中小山石还是要以人抬肩扛的方式进行安装。因此，在熟悉简单机械吊装设备的同时，还要熟悉一般的手工工具的应用。

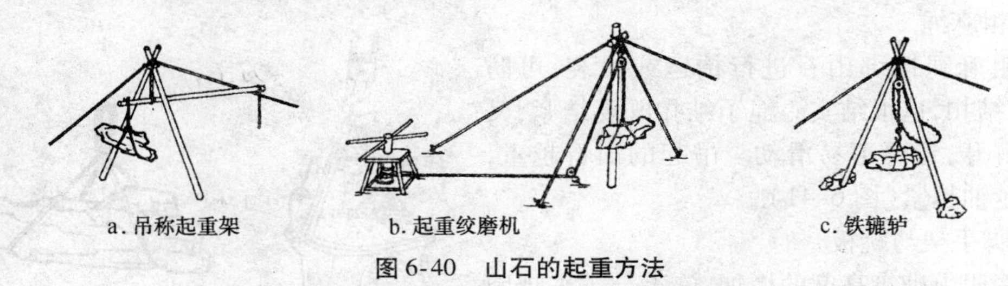

图 6-40　山石的起重方法

（2）手工工具与材料

① 琢镐（小山子）

琢镐是一种“丁”字形的小铁镐。镐铁一端是尖头，可用来凿击需整形的山石；另一端是扁的刃口，如斧口状，可砍、劈加工山石；中间有方孔，装有木制镐把。

② 铁锤

铁锤主要用于敲打修整石形或在稳固山石时打刹平稳垫片。最常用的锤是单手锤，应当多准备几把；其次，还要准备一个长把大锤，用来敲打大石。

③ 钢钎

将直径 30 ~ 40 mm、长 1 ~ 1.4 m 的钢筋下端加工成尖头状，即为大钢钎。大钢钎主要用来撬大石、插洞和做其他工作，一般应准备 2 ~ 5 根。

④ 錾子

錾子也是用粗钢筋制作而成的。要准备 4 ~ 8 根，每根长 300 ~ 500 mm，直径 16 ~ 20 mm，下端做成尖头。錾子实际上就是小钢钎，在山石上开槽打洞以及撬动山石进行位置微调时都要用到。

⑤ 钢丝钳与断线钳

在用铅丝捆扎山石时，要用钢丝钳剪断和扭扎铅丝。在假山完工后，要用断线钳剪除露在山石外面的铅丝。

⑥ 竹刷

在用水泥砂浆黏合山石之前，需要将山石表面的泥土刷洗干净。竹刷是洗石所需的工具,还可用于山石拼叠时水泥缝的扫刷。在水泥未完全凝固前扫刷缝口,可以使缝口干净些,形状更接近石面的纹理。

⑦ 砖刀

砖刀在砌筑山石中主要用来挑取水泥砂浆,或用来撬动山石进行位置上的微调。

⑧ 小抹子

小抹子为山石拼叠缝口抹缝的专用工具。

⑨ 钢筋夹、支撑棍

钢筋夹和支撑棍可用于临时性支撑、固定山石,以方便拼接、叠砌假山石,并有利于做缝。待混凝土凝固或山石稳固后,再拆除支撑物。

⑩ 镀锌铅丝

一般需要准备8号与10号两种规格的镀锌铅丝,可根据假山工程量大小而确定铅丝准备量。铅丝主要用于施工中捆扎固定山石,特别是悬垂在高位的山石。

⑪ 粗麻绳

用粗麻绳捆绑山石进行抬运或吊装,可防滑,易打结扣,也很结实。绳子结扣既要结紧,又要容易解开,还要不易滑动。吊起的山石越重,绳扣就越抽越紧(图6-41)。

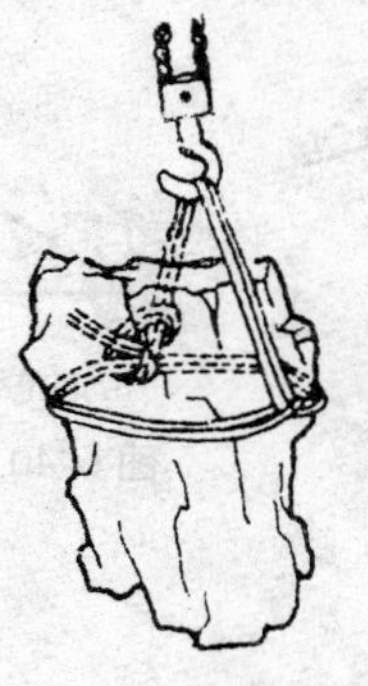

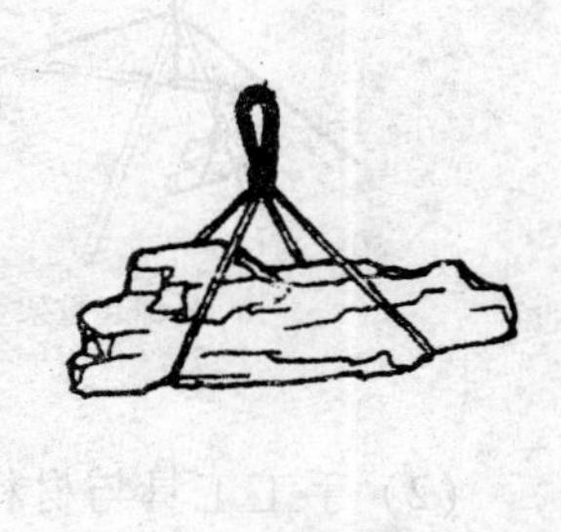

图6-41 山石的吊、栓方法

⑫ 脚手架与跳板

随着假山砌筑高度的增加,施工会越来越困难,达到一定高度,就要搭设脚手架和跳板,才能继续施工。此外,做较大型的拱券式山洞时,也必须有脚手架和跳板辅助操作。几种常用工具如图6-42所示。

1:大钢钎;2:錾子;3:榔头;4:琢镐;5:大铁锤;6:灰板;7:砖刀;8:柳叶抹

图6-42 几种假山工具

除了上述常用的工具和材料以外,一般还要准备用来铲土砂和调制水泥砂浆或混凝土的灰铲、装小石垫石的箩筐、装砂运土的撮箕、抬山石的木杠,以及灰桶、铁勺、水管、锄头、铁镐、扫帚、木尺、卷尺、工作手套等。

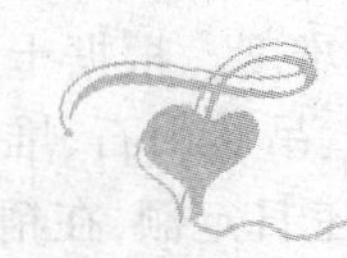

6.4 假山工程施工

假山施工是具有明显再创造特点的工程活动。在大中型假山工程中,一方面要根据假山设计图进行定点放线和随时控制假山各部分的立面形象及尺寸关系,另一方面还要根据所选用石材的形状、皴纹特点,在细部的造型和技术处理上有所创造,有所发展。有些小型的假山工程和石景工程甚至并不进行设计,而是直接在施工时临场发挥,一面施工一面构思,直至完成假山作品的艺术创造。

6.4.1 施工前的准备

在假山施工开始之前,需要做好一系列的准备工作,才能保证工程施工的顺利进行。施工准备主要包括备料、场地准备、人员准备及其他工作。

(1) 施工材料的准备

① 山石备料

要根据假山设计意图,确定所选用的山石种类,最好到产地直接对山石进行初选,初选的标准可适当放宽。石形变异大的、孔洞多的和长形的山石可多选些;石形规则、石面非天然生成而是爆裂面的、无孔洞的矮墩状山石可少选或不选。在运回山石过程中,对易损坏的奇石应给予包扎防护。山石材料应在开工之前全部运进施工现场,并将形状最好的石面向上放置。山石在现场不要堆起来,而应平摊在施工场地周围待选用。如果假山设计的结构形式以竖立式为主,则需要长条形山石比较多。在长形石数量不足时,可以在地面将形状相互吻合的短石用水泥砂浆对接在一起,成为一块长形山石留待选用。山石备料的数量多少,应根据设计图估算出来。为了适当扩大选石的余地,在估算的吨位数上应再增加 1/4 ~ 1/2 的吨位数,这就是假山工程的山石备料总量。

② 辅助材料准备

水泥、石灰、砂石、铅丝等材料也要在施工前全部运进施工现场堆放好。根据假山施工经验,以重量计,水泥的用料量可按山石用料量的 1/15 ~ 1/10 准备,石灰的用量应根据具体的基础设计情况进行推算,砂的备料量可为山石的 1/5 ~ 1/3,铅丝用量可按每吨山石 1.3 ~ 5kg 准备。另外,还要根据山石质地的软硬情况,准备适量的铁爬钉、银锭扣、铁吊架、铁扁担、大麻绳等施工消耗材料。

③ 工具与施工机械准备

首先应根据工程量的大小,确定施工中所用的起重机械。准备好杉杆与手动葫芦,或者杉杆与滑轮、绞磨机等;做好起吊特大山石的吊车使用计划。其次,要准备足够数量的手工工具。

(2) 假山工程量估算

假山工程量一般以设计的山石实用吨位数为基数来推算,并以工日数来表示。采用的山石种类、假山造型和砌筑方式的不同,都要影响工程量。由于假山工程的变化因素太多,每工日的施工定额也不容易统一,因此准确计算工程量有一定难度。根据十几项假山工程施工资料统计的结果,包括放样、选石、配制水泥砂浆及混凝土、吊装山石、堆砌、刹垫、搭拆脚手架、抹缝、清理、养护等全部施工工作在内的山石施工平均工日定额,在精细施工条件下应为每工日 0.1 ~0.2 t,在大批量粗放施工情况下则应为每工日 0.3 ~0.4 t。

(3) 施工人员的配备

假山工程施工人员主要分三类,即施工工长、技工和普通工。对各类人员的基本要求如下。

① 施工工长

施工工长即假山工程专业的主办施工员,也有人称之为“假山相师”,在明、清代则曾被叫做“山匠”、“山石匠”、“张石山、李石山”等。假山工长要有丰富的叠石造山实践经验和主持大小假山工程施工的能力,具备一定的造型艺术知识和国画、山水画理论知识,并且对自然山水风景有较深的认识和理解。其本身也应当熟练掌握假山叠石的技艺,是懂施工、会操作的技术人才。在施工过程中,施工工长负有全面的施工指挥职责和施工管理职责,从选石到每一块山石的安放位置和姿态的确定,他都要在现场直接指挥。对每天的施工人员调配、施工步骤与施工方法的确定、施工安全保障等管理工作,也需要他亲自做出安排。假山施工工长是假山施工成败的关键人员,一定要选准人。每一项假山工程,只需配备一名这样的施工员,一般不宜多配备,否则施工中难免会出现认识不一致、指挥不协调的情况,以致影响施工进度和质量。

② 技工

这类人员应当是掌握山石吊装技术、调整技术、砌筑技术和抹缝修饰技术的熟练技术工人,他们应能及时、准确地领会工长的指挥命令,并带领几名普通工进行相应的技术操作,操作质量能达到工长的要求。假山技工的配备数量应根据工程规模的大小来确定。中小型工程配 2 ~5 名即可,大型工程可以多达 8 名左右。

③ 普通工

普通工应当具有基本的劳动者素质,能正确领会施工工长和假山技工的指挥意图,按技术示范要求进行正确的操作。在普通工中,至少要有 4 名体格强健和能够抬重石的工人。普通工的数量在每施工日中不得少于 4 人。工程量越大,人数相应越多。但是,由于假山施工具有特殊性,工人人数太多容易造成窝工或施工相互影响的现象,所以宁愿拖长工期,也要减少普通工人数。即使是特大型假山工程,最多也只需配备 12 ~16 人。

6.4.2 山石材料的选用

山石的选用是假山施工中一项很重要的工作,其主要目的就是将不同的山石选用到最合适的位点,组成最和谐的山石景观。选石工作在施工开始直到施工结束的整个过程中都在进行,需要掌握一定的识石和用石技巧。

(1) 选石步骤

首先,要选主峰或孤立小山峰的峰顶石、悬崖崖头石、山洞洞口用石,选到后分别做上记

号,备用。其次,选留假山山体向前凸出部位的用石和山前山旁显著位置上的用石以及土山山坡上的石景用石等。最后,将一些重要的结构用石选好,如长而弯曲的洞顶梁用石、拱券式结构所用的券石、洞柱用石、峰底承重用石、斜立式小峰用石等。

其他部位的用石则在叠石造山施工中随用随选,用一块选一块。总之,山石选择的步骤要求是:先头部后底部、先表面后里面、先正面后背面、先大处后细部、先特征点后一般区域、先洞口后洞中、先竖立部分后平放部分。

(2) 山石尺度的选择

在同一批运到的山石材料中,石块有大有小,有长有短,有宽有窄,在叠山选石中要分别对待。假山施工开始时,对于主山前面比较显眼位置上的小山峰,要根据设计高度尽量选用大石,以削弱山石拼合峰体时的琐碎感。在山体的凸出部位或容易引起视觉注意的部位,也最好选用大石。而假山山体中段或山体内部以及山洞洞墙所用的山石则可小一些。

大块的山石中,墩实、平稳、坚韧的还可用做山脚的底石,而石形变异大、石面皴纹丰富的山石则应用于山顶作为压顶的石头。较小的、形状比较平淡而皴纹较好的山石一般可用在假山山体中段。

山洞的盖顶石和平顶悬崖的压顶石,应采用宽而稍薄的山石。层叠式洞柱的用石或石柱垫脚石,可选矮墩状山石;竖立式洞柱、竖立式结构的山体表面用石,最好选用长条石。特别是需要在山体表面做竖向沟槽和棱柱线条时,更要选用长条状山石。

(3) 石形的选择

除了作石景用的单峰石外,并不要求每块山石都具有独立而完整的形态。山石形状的挑选根据应是山石在结构方面的作用和石形对山形样貌的影响情况。假山自下而上可以分为底层、中腰和收顶三部分,这三部分在选择石形方面有不同的要求。

假山的底层山石位于基础或桩基盖顶石之上。这一层山石的石形主要应为顽夯、墩实的形状。选一些块大而形状高低不一、具有粗犷形态和简括皴纹的山石,可以适应在山底承重和满足山脚造型的需要。

中腰层山石在视线以下者,即地面上 1.5 m 高度以内的,其单个山石的形状也不必特别好,只要能够与其他山石组合造出粗犷的沟槽线条即可。石块体量也不必很大,一般的中小山石相互搭配使用就可以了。在 1.5 m 以上高度的山腰部分,应选形状有些变异,石面有一定皱褶和孔洞的山石。因为这种部位比较能引起人的注意。

假山的上部和山顶部分、山洞口的上部以及其他比较凸出的部位,应选形状变异较大、石面皴纹较美、孔洞较多的山石,以加强山景的自然特征。

形态特别好且体量较大的、具有独立观赏形态的奇石,可用以“特置”为单峰石,作为园林内的重要石景。

片块状的山石可考虑作石榻、石桌、石几及磴道用,也常选来作为悬崖顶、山洞顶等的压顶石。

山石因种类不同而形态各异,对石形的要求也要因石而异。人们常说的奇石要具备“透、漏、瘦、皱”的石形特征,主要是对湖石类或单峰石的形状要求,因为只有湖石才具有涡、环、洞、沟的圆曲变化。

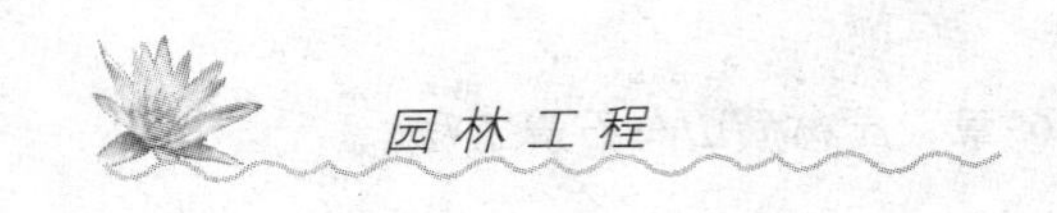

(4) 山石皴纹的选择

石面皴纹、皱褶、孔洞比较丰富的山石，应当用在假山表面；石形规则、石面形状平淡无奇的山石，可作为假山下部和内部的用石。

作为假山的山石和作为普通建筑材料石材的最大区别就在于是否有可供观赏的天然石面及皴纹。“石贵有皮”就是说，假山石若具有天然“石皮”即天然石面和天然皴纹就是可贵的，是做假山的好材料。

叠石造山要求脉络贯通，而皴纹是体现脉络的主要因素。“皴”指较深、较大块面的皱褶，而“纹”则指细小、窄长的细部凹线。“皴者，纹之浑也。纹者，皴之现也”即是说的这个意思。山皴的纹理脉络清楚，如国画中的披麻皴、荷叶皴、斧劈皴、折带皴、解索皴等，纹理排列比较顺畅，主纹、次纹、细纹分明，反映了山地流水切割地形的情况。石皴的纹理则既有脉络清楚的，也有纹理杂乱不清的，如一些种类山石纹理与乱柴皴、骷髅皴等相似的，就是脉络不清的皴纹。在假山选石中，要求同一座假山的山石皴纹最好是同一种类。如果采用了折带皴类山石的，则以后所选用的其他山石也要是如同折带皴的；选了斧劈皴的假山，一般就不要再选用非斧劈皴的山石。只有统一采用同种皴纹的山石，假山整体上才能显得协调完整。

(5) 石态的选择

在山石的形态中，形是外观的形象，而态却是内在的形象。形与态是一种事物的两个无法分开的方面。山石的一定形状，总会表现出一定的精神态势。例如：瘦长形的山石给人以有骨力的感觉；矮墩状的山石给人以安稳、坚实的印象；石形、皴纹倾斜的，让人感到运动；石形、皴纹平行垂立的，则让人感到宁静、安祥、平和。因此，为了提高假山造景的内在形象表现，在选择石形的同时，还应当注意到其态势、精神的表现。

传统的品评奇石标准中，多见以“丑”字来概括“瘦、漏、透、皱”等石形石态特点的。这个“丑”字，既指石形，又概括了石态。石的外在形象如同一个人的外表，而内在的精神气质则如同一个人的心灵。因此，在假山施工选石中特别强调“观石之形，识石之态”，要透过山石的外观形象看到其内在的精神、气势和神采。

(6) 石质的选择

质地的主要因素是山石的比重和强度。如作为梁柱式山洞石梁、石柱和山峰下垫脚石的山石，就必须有足够的强度和较大的密度。而强度稍差的片状石，就不能选用在这些地方，但可以用来做石级或铺地。外观形状及皴纹好的山石，有的是风化过度的，其受力性能很差，就不宜选用在受力部位。

影响质地的另一因素是质感，如粗糙、细腻、平滑、多皱等，都要匠心筛选。同样一种山石，其质地往往也有粗细、硬软、纯杂、良莠之分。比如同是钟乳石，有的质地细腻、坚硬、洁白、晶莹、纯然一色，而有的却粗糙、松软、颜色混杂；在黄石中，也有质地粗细和坚硬程度的不同。选石时，一定要注意不同石块之间在质地上的差别，质地差别大的山石不宜选用在同一处所。

(7) 山石颜色的选择

叠石造山也要讲究山石颜色的搭配。不同类的山石固然色泽不一，而同一类的山石也有色泽的差异。“物以类聚”是一条自然法则，在假山选石中也要遵循。原则是：将颜色相

同或相近的山石尽量选用在一处，以保证假山在整体的颜色效果上协调统一；在假山的凸出部位可以选用石色稍浅的山石，而在凹陷部位则应选用颜色稍深者；在假山下部可选颜色稍深的山石，而上部则要选色泽稍浅的。

山石颜色的选择还应与所造假山区域的景观特色联系起来。例如，北京颐和园内昆明湖东北隅有向西建筑，在设计中立意借取陶渊明“山气日夕佳”之句，而取名为“夕佳楼”。为了营造意境氛围，夕佳楼前选用红黄色的房山石做成假山山谷。当夕阳西下时，晚霞与山谷两相辉映，夕阳佳景很是迷人；即使没有夕阳的映衬，红色的山谷也像是有夕阳西照，仍能让游人深深地体会到夕佳楼的意境。扬州个园以假山和置石来反映四时变化：春山选用高低不一的青灰色石笋石置于竹林之下，以点出青笋破土的景观主题；夏山则用浅灰色太湖石做水池洞室，并配植常绿树，有夏荫泉洞的湿润之态；秋山为突出秋色而选用黄石；冬山又为表现皑皑白雪而别具匠心地选用白色的宣石。这种在叠石造山中对山石颜色的选择处理方式，是值得我们借鉴的。

6.4.3　假山基础施工

假山施工第一阶段的程序依次是定位与放线、基础施工和做山脚部分。做好山脚后才进入第二阶段，即山体、山顶的堆叠阶段。为了在施工程序上安排更合理，可将主山、客山和陪衬山的施工阶段交错安排。即先做主山第一阶段的基础和山脚工程，接着做其第二阶段的工作，当假山山体堆砌到一定高度，需要停几天等待水泥凝固时，开始客山或陪衬山的第一阶段基础和山脚的施工。几天后，又停下客山等的施工而转回到主山继续施工。下面主要介绍一下假山定位、放线和基础施工工作。

(1) 假山定位与放线

首先在假山平面设计图上按 5 m×5 m 或 10 m×10 m(小型的石假山也可用 2 m×2 m)的尺寸绘出方格网，在假山周围环境中找到可以作为定位依据的建筑边线、围墙边线或园路中心线，并标出方格网的定位尺寸。

按照设计图方格网及其定位关系，将方格网放大到施工场地的地面。在假山占地面积不大的情况下，方格网可以直接用白灰画在地面；在占地面积较大的大型假山工程中，也可以用测量仪器将各方格交叉点测设至地面，并在点上钉下坐标桩。放线时，用几条细绳拉直连上各坐标桩，就可表示出地面的方格网。

以方格网放大法，用白灰将设计图中的山脚线在地面方格网中放大绘出，把假山基底的平面形状(也就是山石的堆砌范围)绘在地面上。假山内有山洞的，也要按相同的方法在地面绘出山洞洞壁的边线。

最后，依据地面的山脚线，向外取 50 cm 宽度绘出一条与山脚线相平行的闭合曲线，这条闭合线就是基础施工的边线。

(2) 基础施工

除非设计中要求开挖基槽外，一般情况下，假山基础施工可以不用开挖地基而直接将地基夯实后就做基础层，这样既可以减少土方工程量，又可以节约山石材料。

将地基土面夯实后，再按设计要求摊铺和压实基础的各结构层。如果是做桩基础，可以

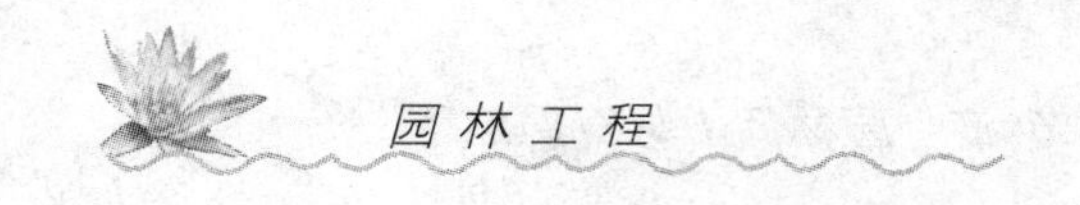

不夯实地基，而直接打下基础桩。

打桩基时，桩木按梅花形排列，称“梅花桩”。桩木的相互间距约为20 cm。桩木顶端可露出地面或湖底10~30 cm，其间用小块石嵌紧嵌平，再用平正的花岗石或其他石材铺一层在顶上，作为桩基的压顶石。或者，不用压顶石而用一步灰土平铺并夯实在桩基的顶面，做成灰土桩基也可以。混凝土桩基的做法和木桩桩基一样，也有在桩基顶上设压顶石与设灰土层的两种做法。

如果是灰土基础的施工，则要先开挖（也可不挖）基槽。基槽的开挖范围按地面绘出的基础施工边线确定。基槽挖深一般为50~60 cm。挖好基槽后，将槽底地面夯实，再铺填灰土做基础。灰土基础所用石灰应选新出窑的块状灰，在施工现场浇水化成细灰后再使用。灰土中的泥土一般就地采用素土，泥土应整细，干湿适中，土质黏性稍强的比较好。灰、土应充分混合，每铺一层（一步）就夯实一层。顶层夯实后，一般还应将表面找平，使基础的顶面成为平整的表面。

浆砌块石基础施工的基槽宽度也和灰土基础一样，要比假山底面宽50 cm左右。基槽地面夯实后，可用碎石、3∶7灰土或1∶3水泥干砂铺在地面做一个垫层。垫层之上再做基础层。做基础用的块石应为棱角分明、质地坚实、大小不一的石材，一般用水泥砂浆砌筑。用水泥砂浆砌筑块石可采用浆砌与灌浆两种方法。浆砌就是用水泥砂浆挨个地拼砌，灌浆则是先将块石嵌紧铺装好，然后用稀释的水泥砂浆倒在块石层上面，并促使其流动灌入块石的每条缝隙中。

混凝土基础的施工也比较简便。首先挖掘基础的槽坑，挖掘范围按地面的基础施工边线，挖槽深度一般可按设计的基础层厚度，但在水下做假山基础时，基槽的顶面应低于水底10 cm左右。基槽挖成后夯实底面，再按设计做好垫层。然后按照基础设计所规定的配合比，将水泥、砂和卵石搅拌配制成混凝土，浇注于基槽中并捣实铺平。待混凝土充分凝固硬化后，即可进行假山山脚的施工。

完成基础施工后，就可进行第二次定位放线，即在基础层的顶面重新绘出假山的山脚线，同时，在绘出的山脚平面图中找到主峰、客山和其他陪衬山的中心点，并在地面做出标志。如果山内有山洞，还要将山洞每个洞柱的中心位置找到并打下小木桩标出，以便于山脚和洞柱柱脚的施工。

6.4.4 假山山脚施工

假山山脚直接落在基础之上，是山体的起始部分。俗话说：“树有根，山有脚。”山脚是假山造型的根本，山脚的造型对山体部分有很大的影响。山脚施工的主要内容是拉底、起脚和做脚三部分。这三个方面的工作是紧密联系在一起的。

（1）拉底

所谓拉底，就是在山脚线范围内砌筑第一层山石，即做出垫底的山石层。

① 拉底的方式

假山拉底的方式有满拉底和周边拉底两种。满拉底就是在山脚线的范围内用山石铺满一层，这种拉底的做法适宜规模较小、山底面积也较小的假山，或在北方冬季有冻胀破坏地

方的假山。周边拉底则是先用山石在假山山脚沿线砌一圈垫底石,再用乱石碎砖或泥土将石圈内全部填起来,压实后即成为垫底的假山底层。这一方式适用于基底面积较大的大型假山。

② 山脚线的处理

拉底形成的山脚边线也有两种处理方式,即露脚和埋脚。

露脚即在地面直接做起山底边线的垫脚石圈,使整个假山就像是放在地上似的;这种方式可以减少山石用量和用工量,但假山的山脚效果稍差一些。埋脚是将山底周边垫底山石埋入土下约 20 cm 深,可使整座假山像从地下长出来似的;在石边土中栽植花草后,假山与地面的结合就更加紧密、更加自然。

③ 拉底的技术要求

首先,要注意选择合适的山石来做山底,不得用风化过度的松散的山石。其次,拉底的山石底部一定要垫平、垫稳,保证不能摇动,以便于向上砌筑山体。第三,拉底的石与石之间要紧连互咬、紧密地扣合在一起。第四,山石之间要不规则地断续相间,有断有连。第五,拉底的边缘部分要错落变化,使山脚线弯曲时有不同的半径,凹进时有不同的凹深和凹陷宽度,尽量避免山脚的平直和浑圆形状。

(2) 起脚

在垫底的山石层上开始砌筑假山,就叫“起脚”。由于起脚石直接作用于山体底部的垫脚石,所以要选择和垫脚石一样质地坚硬、形状安稳实在、少有空穴的山石材料,以保证能够承受山体的重压。

除了土山和带石土山之外,假山的起脚安排宜小不宜大,宜收不宜放。起脚一定要控制在地面山脚线的范围内,宁可向内收一点,也不能向突出于山脚线外、大于上部分准备拼叠造型的山体。即使因起脚太小而导致砌筑山体时的结构不稳,还可以通过补脚来加以弥补。如果起脚太大,砌筑山体时易造成山形臃肿、呆笨,没有一点险峻的态势,而且不容易补救。因为如果通过打掉一些起脚山石来改变臃肿的山形,就极易使山体结构因震动而松散,给整座假山埋下倒塌的隐患。

起脚时,定点、摆线要准确。先选出山脚突出点所需的山石,并将其沿着山脚线先砌筑上,待多数主要的凸出点山石都砌筑好了,再选择和砌筑平直线、凹进线处所用的山石。这样,既保证了山脚线按照设计而成弯曲转折状,避免山脚平直的毛病,又使山脚突出部位具有最佳的形状和最好的皴纹,增加了山脚部分的景观效果。

(3) 做脚

做脚,就是指用山石砌筑成山脚。它是在假山的上面部分山形山势大体完工以后,紧贴起脚石外缘部分拼叠山脚,以弥补起脚造型不足的一种操作技法。所做的山脚石虽然无需承担山体的重压,但必须根据主山的上部形态来造型,既要表现出山体如同从地下自然生长出来的效果,又要特别增强主山的气势和山形的完美。

① 山脚的造型

假山山脚的造型应与山体造型结合起来考虑,要根据山体的造型采取相应的造型处理方法,使整个假山的形象浑然一体,完整且丰满。山脚可以做成以下几种形式。

Ⅰ. 凹进脚:山脚向山内凹进(图 6-43a),随着凹进的深浅宽窄不同,脚坡做成直立、陡坡或缓坡都可以。

Ⅱ. 凸出脚：山脚向外凸出(图6-43b)，其脚坡可做成直立状或坡度较大的陡坡状。

Ⅲ. 断连脚：山脚向外凸出，凸出的端部与山脚本体部分似断似连(图6-43c)。

Ⅳ. 承上脚：山脚向外凸出，凸出部分对着其上方的山体悬垂部分，起着均衡上下重力和承托山顶下垂之势的作用(图6-43d)。

Ⅴ. 悬底脚：局部地方的山脚底部做成低矮的悬空状，与其他非悬底山脚构成虚实对比，以增强山脚的变化(图6-43e)。这种山脚最适于用在水边。

Ⅵ. 平板脚：片状、板状山石连续地平放山脚，做成如同山边小路一般的造型(图6-43f)。平板脚可突出假山上下的横竖对比，使景观更为生动。

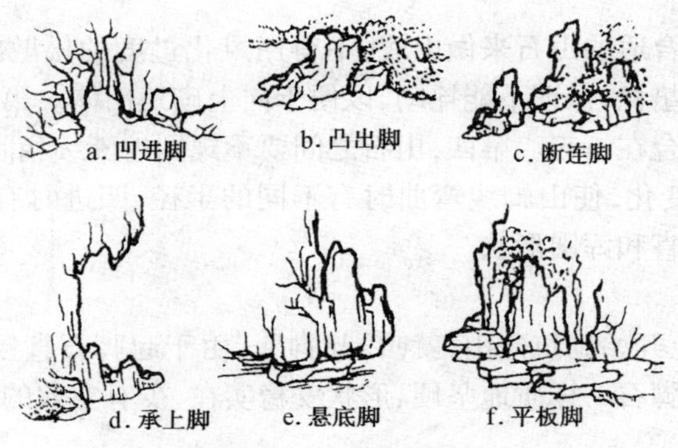

图6-43　山脚的造型

不论采用哪种造型做山脚，山脚在外观和结构上都应当是山体向下的延续部分，与山体是不可分割的整体。即使是采用断连脚、承上脚的造型，也要形断迹连，势断气连，在气势上连成一体。

② 做脚的方法

山脚可以采用点脚法、连脚法或块面脚法三种做法。

Ⅰ. 点脚法：该法主要运用于具有空透型山体的山脚造型。所谓点脚，就是先在山脚线处用山石做成相隔一定距离的点，点与点之上再用片状石或条状石盖上，这样，就可在山脚的一些局部造出小的洞穴，加强了假山的深厚感和灵秀感(图6-44a)。如扬州个园的湖石山所用的就是点脚做脚法。在做脚过程中，要注意点脚的相互错开和点与点间距离的变化，不要造成整齐的山脚形状。同时，还要考虑到脚与脚之间的距离与今后山体造型用石时的架、跨、券等造型相吻合、相适宜。点脚法除了直接作用于起脚空透的山体造型外，还常用于如桥、廊、亭、峰石等的起脚垫脚。

Ⅱ. 连脚法：指用做山脚的山石依据山脚的外轮廓变化成曲线状起伏连接，使山脚具有连续、弯曲的线形(图6-44b)。一般的假山常用这种方法处理山脚。采用这种山脚做法，主要应使做脚的山石以前错后移的方式呈不规则的错落变化。

Ⅲ. 块面脚法：这种山脚也是连续的，但与连脚法不同的是：坡面脚要使做出的山脚线呈现大进大退的形象，山脚突出部分与凹陷部分各自的整体感都要很强，而不像连脚法那样小幅度地曲折变化(图6-44c)。块面脚法一般用于起脚厚实、造型雄伟的大型山体，如苏州

耦园主山就是起脚充实成块面状的。

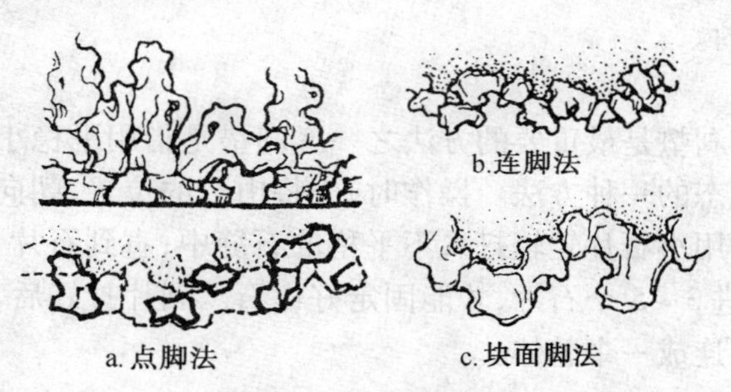

图 6-44　三种做脚方法

山脚施工质量的好坏对山体部分的造型有直接影响。山体的堆叠施工除了要受山脚质量的影响外,还要受山体结构形式和叠石手法等因素的影响。

6.4.5　山体堆叠施工

假山山体的施工主要是通过吊装、堆叠、砌筑操作来完成的。由于假山可以采用不同的结构形式,因此山体施工可相应采用不同的堆叠方法。而在基本的叠山技术方法上,不同结构形式的假山也有一些共同的地方。下面就对这些相同的和不同的施工方法作一些介绍。

(1) 山石的固定与衔接

在叠山施工中,不论采用哪种结构形式,都要解决山石与山石之间的固定与衔接问题,而这方面的技术方法在任何结构形式的假山中都是通用的。

① 支撑

将山石吊装到山体的一定位点,经过位置、姿态的调整,将山石固定在一定的状态后,就要先进行支撑,使山石临时固定下来。支撑材料以木棒为主,以木棒的上端顶着山石的某一凹处,木棒的下端则斜着落在地面,并用一块石头将棒脚压住(图 6-45a)。一般每块山石都要用 2 ~4 根木棒支撑,因此,工地上最好多准备一些长短不同的木棒。此外,铁棍或长形山石也可以作为支撑材料。用支撑固定方法主要是针对大而重的山石,这种方法对后续施工操作会有一些阻碍。

② 捆扎

为了将调整好位置和姿态的山石固定下来,还可采用捆扎的方法。捆扎方法比支撑方法简便,而且对后续施工操作基本没有阻碍。这种方法最适宜体量较小山石的固定,对体量特大的山石则还应辅以支撑方法。山石的捆扎固定一般采用 8 号或 10 号铅丝。用单根或双根铅丝做成圈,套上山石,并在山石的接触面垫上或抹上水泥砂浆后再进行捆扎。捆扎时铅丝圈先不必收紧,可适当松一点;然后用小钢钎(錾子)将其绞紧,使山石无法松动(图 6-45b)。

③ 铁活固定

对质地比较松软的山石,可以将铁爬钉打入两块相连接的山石上,使两块山石紧紧地抓在一起(图 6-45c),每个连接部位打入 2 ~3 个铁爬钉。对质地坚硬的山石,要先在地面用银锭扣连接好后，再作为一整块山石用在山体上。在山崖边安置坚硬山石时，使用铁吊架也能达到固定山石的目的。

④ 刹垫

山石固定方法中，刹垫是最重要的方法之一。刹垫是指用平稳小石片将山石底部垫起来，使山石保持平稳状态的一种方法。操作时，先将山石的位置、朝向、姿态调整好，再把水泥砂浆塞入石底，然后用小石片轻轻打入不平稳的石缝中，直到石片卡紧为止（图6-45d）。一般在石底周围要打进3~5个石片，才能固定好山石。刹片打好后，再用水泥砂浆把石缝完全塞满，使两块山石连成一个整体。

⑤ 填肚

山石接口部位有时会有凹缺，使石块的连接面积缩小，也使连接的两块山石之间成断裂状，没有整体感。这时就需要"填肚"。所谓填肚，就是用水泥砂浆把山石接口处的缺口填补起来，直至与石面平齐（图6-45e）。

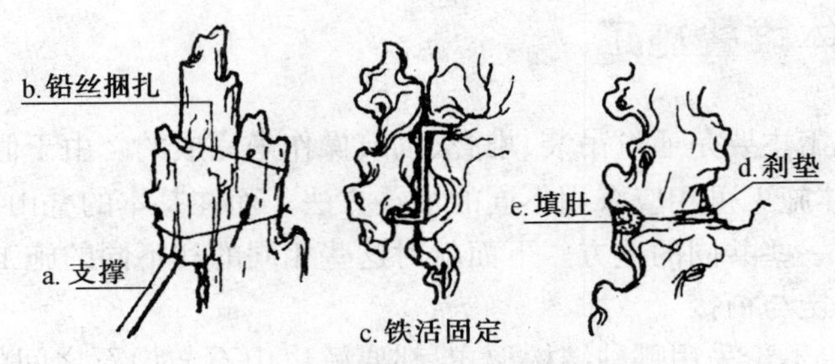

图6-45　山石衔接与固定方法

掌握了上述山石固定与衔接方法后，就可以进一步了解假山山体堆叠的技术方法。山体的堆叠方法应根据山体结构形式来选用。例如：若山体结构是环透式或层叠式，就常用"安、连、飘、做眼"等叠石手法；如果山体结构是竖立式，则要采用"剑、拼、垂、挂"等砌筑手法。

(2) 环透与层叠手法

环透式结构与层叠式结构的假山在叠石手法上基本是一样的（图6-46）。下述13种叠石手法，在这两种结构的假山施工中都可以采用。

① 安

将一块山石平放在一块至几块山石之上的叠石方法就叫做"安"。这里的"安"字又有安稳的意思，即要求平放的山石要稳，不能被摇动，石下不稳处要用小石片垫实刹紧，所安之石一般应选择宽形石或长形石。"安"的手法主要用在要求山脚空透或在石下需要做眼的地方。根据安石下面支承石的多少，这种手法又分为以下三种形式。

Ⅰ．单安：把山石安放在一块支承石上面，叫做单安。

Ⅱ．双安：以两块支承石做脚而安放山石的形式，叫做双安。

Ⅲ．三安：将安石平放在三块分离的支承石之上就叫三安。三安手法也可用于设置园林石桌、石凳。

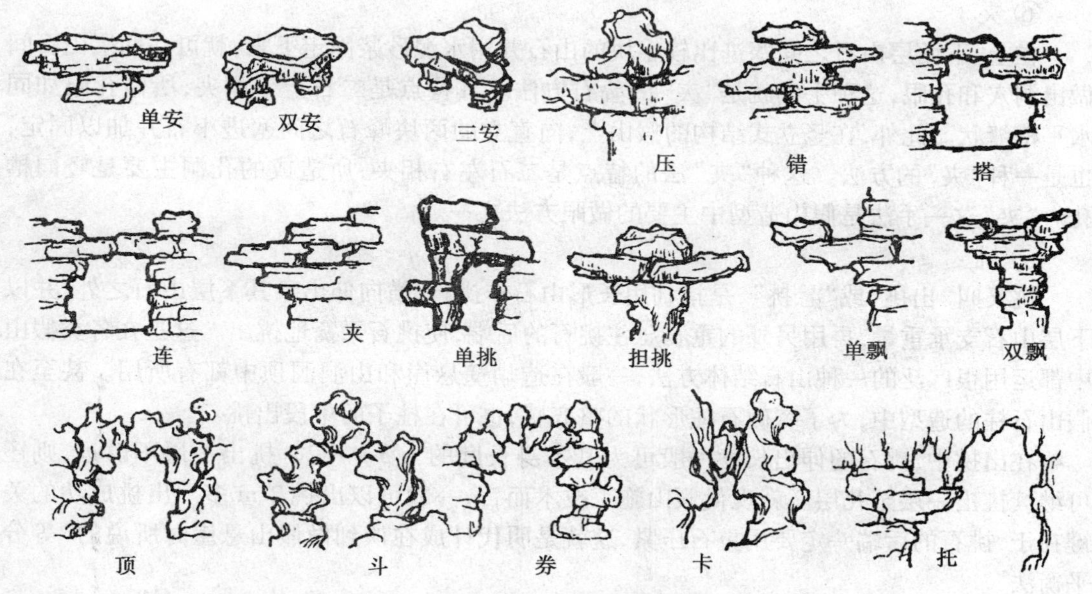

图 6-46 环透与层叠叠石手法

② 压

为了稳定假山悬崖或使出挑的山石保持平衡，用重石镇压悬崖后部或出挑山石的后端，这种叠石方法就叫"压"。压的时候，要注意使重石的重心位置落在挑石后部适当地方，使其既能压实挑石，又不会因压得太靠后而导致挑石翘起或翻倒。

③ 错

"错"是指错落叠石，即上石和下石采取错位相叠，而不是平齐叠放。"错"的手法可以使层叠的山石更多变化，叠砌体表面更易形成沟槽、凹凸和参差的形体特征，使山体形象更加生动自然。根据错位堆叠方向的不同，"错"的手法又分以下两种形式：

Ⅰ. 左右错：指山石向左右方向错位堆叠。它能强化山体参差不齐的形状表现。

Ⅱ. 前后错：指山石向前后方向错位堆叠。它可以使山体正面和背面更有皱褶感，更富于凹凸变化。

④ 搭

用长条形石或板状石跨过其下方两边分离的山石并盖在分离山石之上的叠石手法称为"搭"。"搭"的手法主要应用在假山上做石桥和对山洞作盖顶处理。所用的山石形状一定要用不规则的、自然形状的长形石。

⑤ 连

平放的山石与山石在水平方向上衔接，就叫"连"。相连的山石在其连接处的茬口形状和石面皴纹要尽量相互吻合，做到严丝合缝最理想。但在多数情况下只能要求基本吻合，不太吻合的缝隙处应当用小石填平。吻合的目的不仅在于求得山石外观的整体性，更主要是为了在结构上浑然一体。要做到拍击衔接体一端时，在另一端也能传力受力。茬口中的水泥砂浆一定要填塞饱满，接缝表面应随着石形变化而变化，抹成平缝，使山石完全连成整体。

⑥ 夹

在上、下两层山石之间塞进比较小块的山石并用水泥砂浆固定下来，就可在两层山石间做出洞穴和孔眼，这种手法就是“夹”的叠石方法。其特点是二石上下相夹，所做孔眼如同水平槽缝状。此外，在竖立式结构的假山上，向直立的两块峰石之间塞进小石并加以固定，也是一种“夹”的方法。这种“夹”法的特点是二石左右相夹，所造成的孔洞主要是竖向槽孔。“夹”这一手法是假山造型中主要的做眼方法之一。

⑦ 挑

挑又叫“出挑”或“悬挑”，是指利用长形山石作挑石，横向伸出于其下层山石之外，并以下层山石支承重量，再用另外的重石压住挑石的后端，使挑石平衡地挑出。这是在各类假山中都运用很广泛的一种山石结体方法，一般在造峭壁悬崖和山洞洞顶中都有所用。甚至在假山石柱的造型中，为了突破石柱形状的整齐感，也可在柱子的中段出挑。

在出挑中，挑石的伸出长度一般可为其本身长度的1/3～1/2。挑出一层不够远，则还可继续挑出一层至几层。就现代假山施工技术而言，一般可以出挑2 m多。出挑成功的关键在于，挑石的后端一定要用重石压紧，这就是明代计成在谈到做假山悬崖时所说的“等分平衡法”。

根据山石出挑具体做法的不同，我们可以把“挑”的手法分为三种，即单挑、重挑和担挑。单挑是指只有一层山石出挑。重挑是指有两层以上的山石出挑，做悬崖和悬挑式山洞洞顶时都要采用重挑方法。担挑是指由两块挑石在独立的支座石上背向着从左、右两方挑出，其后端由同一块重石压住。在假山石柱顶上和山洞内的中柱顶上，常常需要采用担挑手法。

⑧ 飘

当出挑山石的形状比较平直时，在其挑头置一小石如飘飞状，可使挑石形象变得生动些，这种叠石手法就叫“飘”。“飘”的形式也有两种，即单飘和双飘。在挑头只设置一块飘石的做法，叫单飘；在平放的山石上，于其两个端头各放置一块飘石的做法，叫双飘。采用双飘手法时，一定要注意两块飘石要有对比，不能成对称状。

⑨ 顶

立在假山上的两块山石，相互以其倾斜的顶部靠在一起，如顶牛状，这种叠石方法叫做“顶”。“顶”的做法主要用于一般孔洞。

⑩ 斗

用分离的两块山石的顶部，共同顶起另一块山石，如同争斗状，这就是“斗”的叠石手法。“斗”的方法也常用在假山上做透穿的孔洞，是环透式假山最常用的叠石手法之一。

⑪ 券

“券”是指用山石作为券石起拱做券，所以也叫“拱券”。正如清代假山艺匠戈裕良所说，做山洞“只将大小石钩带联络，如造环桥法，可以千年不坏。要如真山洞壑一般，然后方称能事”。用自然山石拱券做山洞，可以像真山洞一样。如现存苏州环秀山庄之湖石假山即出自戈氏之手。其中环、岫、洞皆为拱券结构，至今已经历200多年，依然稳固，不塌不毁。可见，“券”法确实是假山叠石的一个好方法。

⑫ 卡

在两个分离的山石上部，用一块较小的山石插入二石之间的楔口而卡在其上，从而达到

将二石上部连接起来，并在其下做洞的目的。可将这种叠石手法称为“卡”。在自然界，山上崩石被下面山石卡住的情况也很多见，如云南石林的“千钧一发”石景、泰山和衡山的“仙桥”山景等。卡石重力传向两侧山石的情况和券拱相似，因此，在力学关系上比较稳定。“卡”的手法运用较为广泛，既可用于石景造型，又可用于堆叠假山。承德避暑山庄烟雨楼旁的峭壁假山以卡石收顶做峰，无论从造型还是从结构上看都比较稳定、自然。

⑬ 托

从下端伸出山石，去托住悬、垂山石的做法，称为“托”。例如，南京瞻园水洞的悬石，在其内侧视线不可及处有从石洞壁上伸出的山石托住洞顶悬石的下端，采用的就是“托”法。

(3) 竖立叠石手法

竖立式假山的结构方法与环透式、层叠式假山相差较大，因此其叠石手法的相通之处就要少一些，常见的手法有剑、榫、撑、接、拼、贴、背、肩、挎、悬、垂等(图 6-47)。

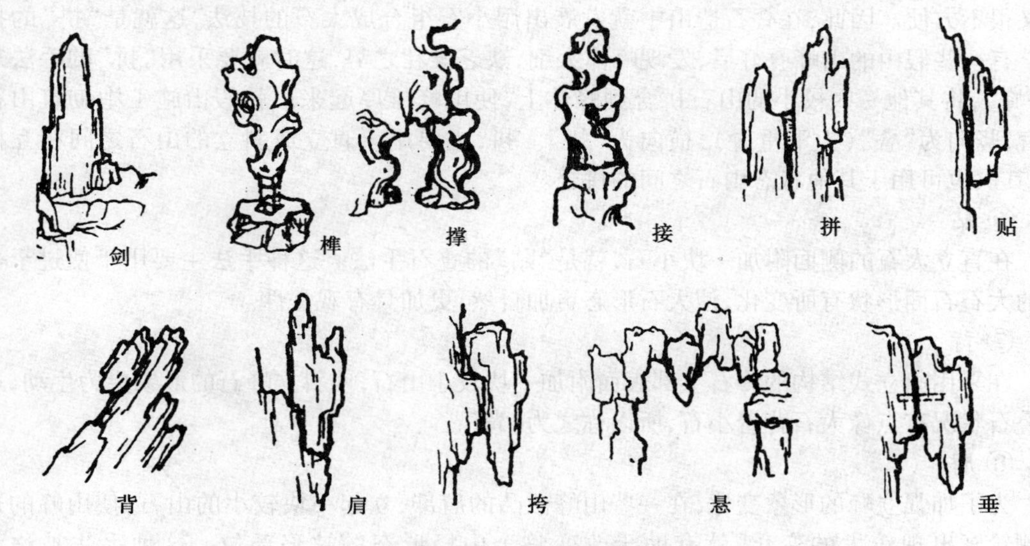

图 6-47　假山竖叠技法

① 剑

用长条形峰石直立在假山上，作为假山山峰的收顶石或作为山脚、山腰的小山峰，使峰石直立如剑，挺拔峻峭，这种叠石手法被叫做“剑”。在同一座假山上，采用“剑”法布置的峰石不宜太多，太多则显得如“刀山剑树”般，应力求避免。剑石相互之间的布置状态应该多加变化，要大小有别、疏密相间、高低错落。采用石笋石作为剑石，是江南园林中比较常见的做法。有个别地方在湖石假山上也用石笋石作为剑石，因石质差别太大，就很不协调，效果不是很好。

② 榫

将木作中做榫眼的方法用于石作，利用在石底石面凿出的榫头与榫眼相互扣合，将高大的峰石立起来。这种方法被称为“榫”，多用来竖立单峰石，做成特置的石景；也有用来立起假山峰石的，如北京圆明园紫碧山房的假山即是如此。

③ 撑

撑,又有称做“戗”的,是指在重心不稳的山石下面用另外的山石加以支撑,使山石稳定并在石下造成透洞的一种叠石方法。支撑石要与其上的山石连接成整体,融入整个山体结构中,而不能为支撑而支撑,显现出支撑的人为性特点。

④ 接

短石连接为长石称为“接”,山石之间竖向衔接也称为“接”。二石的接口平整时可以相接,接口虽不平整但二石的茬口凸凹相吻合者,也可相接。如平斜难扣合,则用打刹相接。上下茬口互咬是很重要的,这样可以保证接合牢固而没有滑移的可能。接口处在外观上要依皴连接,至少要分出横竖纹来。一般是同纹相接,在少有的情况下,横竖纹间亦可相接。

⑤ 拼

假山如全用小石叠成,则山体显得琐碎、零乱;而全用大石叠山,在转运、吊装、叠山过程中又很不方便。因此,在叠石造山中就发展出用小石组合成大石的技法,这就是“拼”的技法。有一些假山的山峰叠好后,发现峰体太细,缺乏雄壮之势,这时就要采用“拼”的手法来“拼峰”,将其他一些较小的山石拼合到峰体上,使山峰雄厚起来。就假山施工中砌筑山石而言,竖向为“叠”(上下重叠),横向为“拼”。拼,主要用于直立或斜立的山石之间相互拼合,其次也可用于其他状态山石之间的拼合。

⑥ 贴

在直立大石的侧面附加一块小石,就是“贴”的叠石手法。这种手法主要用于使过于平直的大石石面形状有所变化,使大石形态更加自然,更加具有观赏性。

⑦ 背

在采用斜立式结构的峰石上部表面附加一块较小山石,使斜立峰石的形象更为生动,这种叠石状况有点像大石背着小石,所以称之为“背”。

⑧ 肩

为了加强立峰的形象变化,在一些山峰微凸的肩部,立起一块较小的山石,使山峰的这一侧轮廓出现较大的变化,就有助于改变整个山峰形态的缺陷部位。这种手法被称为“肩”。

⑨ 挎

在山石外轮廓形状单调而缺乏凹凸变化的情况下,可以在立石的肩部挎一块山石,犹如人挎包一样。这种方法被称为“挎”。挎石要充分利用茬口咬压,或借上面山石的重力加以稳定,必要时在受力处用钢丝或其他铁活进行辅助稳定。

⑩ 悬

在下面是环孔或山洞的情况下,使某山石从洞顶悬吊下来,这种叠石方法即为“悬”。在山洞中,随处做一些洞顶的悬石,能够很好地增加洞顶的变化,使洞顶景观就像石灰岩溶洞中倒悬的钟乳石一样。设置悬石,一定要将其牢固嵌入洞顶。若恐悬之不坚,也可在视线看不到的地方附加铁活稳固设施,如南京瞻园水洞之悬石就是这样的。黄石和青石也可用做“悬”的结构成分,但其自然的特征大不相同。

⑪ 垂

使山石从一块大石的顶部侧位倒挂下来,形成下垂结构状态的叠石手法,称为“垂”。

“垂”与“悬”的区别在于：后者为中悬，前者为侧垂。与“挎”的区别在于以倒垂之势取胜。“垂”的手法往往能够造出一些险峻状态，因此多被用于立峰上部、悬崖顶、假山洞口等处。

熟练地运用上述环透、层叠和竖立式的叠石手法，完全可以创造出许许多多峻峭挺拔、优美动人的假山景观。用这些叠石手法堆叠山石，还要同时结合着进行石间胶结、抹缝等操作，才能真正将山体砌叠起来。

6.4.6　山石胶结与植物配植

除了山洞之外，假山内部叠石时只要使石间缝隙填充饱满，胶结牢固即可，一般不需进行缝口表面处理。但在假山表面或山洞的内壁砌筑山石时，却要边砌石边构缝，并对缝口表面进行处理。在施工完成后，还要在预留的种植穴内栽种植物，以绿化假山和陪衬山景。

(1) 山石胶结与构缝

山石之间的胶结是保证假山牢固和维持假山一定造型状态的重要工序。石间胶结所用的结合材料，古代和现代是不同的。

① 古代假山胶结材料

在石灰发明之前，古代已有假山的堆造，但其构筑很可能是以土带石，用泥土堆壅、填筑来固定山石；也可能用刹垫法干砌、用素土泥浆湿砌。到了宋代以后，假山结合材料就以石灰为主了。用石灰作胶结材料时，为了提高石灰的胶合性能与硬度，一般都要在石灰中加入一些辅助材料，配制成纸筋石灰、明矾石灰、桐油石灰和糯米浆拌石灰等。纸筋石灰凝固后硬度和韧性都有所提高，且造价相对较低；桐油石灰凝固较慢，造价高，但黏接性能良好，凝固后很结实，适用于小型石山的砌筑；明矾石灰和糯米浆石灰的造价较高，凝固后的硬度很大，黏接牢固，是多数假山所使用的胶合材料。

② 现代假山胶结材料

现代假山施工已不用明矾石灰和糯米浆石灰等作为胶合材料，而基本上全用水泥砂浆或混合砂浆来胶合山石。水泥砂浆是由普通灰色水泥和粗砂按 1∶1.5～1∶2.5 的比例加水调制而成的，主要用来黏合石材、填充山石缝隙和为假山抹缝。有时，为了增加水泥砂浆的和易性和对山石缝隙的充满度，可以在其中加入适量的石灰浆，配成混合砂浆。但混合砂浆的凝固速度不如水泥砂浆的快，因此在需要加快叠山进度的时候，就不宜使用混合砂浆。

③ 山石胶结面的刷洗

在进行胶结之前，应当用竹刷刷洗并且用水管冲洗，将待胶合的山石石面刷洗干净，以免影响胶结质量。

④ 胶结操作的技术要求

山石胶结的主要技术要求是：水泥砂浆要在现配现用，不要使用隔夜后已有硬化现象的水泥砂浆砌筑山石。最好在待胶结的两块山石的胶结面都涂上水泥砂浆后，再相互贴合与胶结。两块山石相互贴合并支撑、捆扎固定好了，还要用水泥砂浆把胶合缝填满，不留空隙。

山石胶结完成后，自然就在山石结合部位构成了胶合缝。胶合缝必须经过抹缝处理，才能增强假山的艺术效果。

（2）假山抹缝处理

一般只要采用柳叶形的小铁抹即“柳叶抹”作为工具，再配合手持灰板和盛水泥砂浆的灰桶，就可以进行抹缝操作。

抹缝时，应使缝口的宽度尽量窄些，不要让水泥浆污染缝口周围的石面，以尽量减少人工胶合痕迹。对于缝口太宽处，要用小石片塞进填平，并用水泥砂浆抹光。抹缝的缝口形式一般采用平缝和阴缝两种。阳缝因露出水泥砂浆太多，人工胶合痕迹明显，在假山抹缝中一般不用。

平缝由于表面平齐，能够很好地将被黏合的两块山石连成整体，且不增加缝口宽度，所露出的水泥砂浆比较少，有利于减少人工胶合痕迹。在两块山石采用“连”、“接”或数块山石采用“拼”的叠石手法，需要强化被胶合山石之间的整体性，对层叠式假山竖向缝口抹缝或竖立式假山横向缝口抹缝等都要采用平缝形式。

采用阴缝的优点是：不易显露缝口的水泥砂浆，而且有时还可被当做石面的皴纹或皱褶。在抹缝操作中，缝口内部一定要用水泥砂浆填实，填至距缝口石面约 5 ~ 12 mm 处即可将凹缝表面抹平抹光。缝口内部若不填实，则山石有可能胶结不牢，严重时可能导致倒塌。在需要增加山体表面的皴纹线条或在假山表面特意留下裂纹及层叠式假山横向抹缝或竖立式假山竖向抹缝等情况下，可采用阴缝形式。

（3）胶合缝表面的处理

假山所用石材如果是灰色、青灰色山石，则在抹缝完成后直接用扫帚将缝口表面扫干净，这样会使水泥缝口的抹光表面不再光滑，从而更加接近石面的质地。对于采用灰白色湖石砌筑的假山，要用灰白色石灰砂浆抹缝，以使色泽相似；采用灰黑色山石砌筑的，可在抹缝的水泥砂浆中加入炭黑，调制成灰黑色浆体后再抹缝；采用土黄色山石砌筑的，则应在水泥砂浆中加进柠檬铬黄；采用紫色、红色的山石砌筑的，可以利用铁红把水泥砂浆调制成紫红色浆体再用来抹缝等。

除了采用与山石同色的胶结材料抹缝处理可以掩饰胶合缝之外，还可以采用砂子和石粉来掩盖胶合缝。通常的做法是：抹缝之后，在水泥砂浆凝固硬化之前，马上用与山石同色的砂子或石粉撒在水泥砂浆缝口面上，并稍稍摁实，水泥砂浆表面就可粘满砂子。待水泥完全凝固硬化之后，再用扫帚扫去浮砂，即可得到与山石色泽、质地基本相似的胶合缝缝口，而这种缝口很不容易引起人们的注意，完全可以达到掩饰人工胶结痕迹的目的。采用砂子掩盖缝口时，灰色、青色的山石要用青砂，灰黄色的山石要用黄砂，灰白色的山石则应用灰白色的河砂。采用石粉掩饰缝口时，则要用同种假山石的碎石锤成的石粉。这样虽然要多费一些工时，但由于石质、颜色完全一致，掩饰的效果良好。

（4）假山上的植物配植

在假山施工完成后，要用植物来美化假山、营造山林环境和掩饰假山上的某些缺陷。在假山山体设计时就应将种植穴的位置考虑在内，并在施工中预留下来。

种植穴是假山上预留的一些孔洞，专用来填土栽种假山植物，或者作为盆栽植物的放置点。假山上的种植穴形式很多，常见的有盆状、坑状、筒状、槽状、袋状等，可根据具体的假山局部环境和山石状况灵活地确定种植穴的设计形式。穴坑面积不用太大，只要能够栽种中小型灌木即可。

假山上不宜栽植树体高大、叶片宽阔的树种，应选用植株高矮适中、叶片狭小的植物，以便在对比中形成小中见大的效果。假山植物应以灌木为主。一部分假山植物要具有一定的耐旱能力，因为假山上部种植穴内能填进的土壤很有限，容易变得干燥。山脚下配植麦冬草、沿阶草等草丛，用茂密的草丛遮掩一部分山脚，可以增加山脚景观的表现力；崖顶配植一些下垂的灌木如迎春花、金钟花、蔷薇等，可以丰富崖顶的景观；山洞洞口的一侧配植一些金丝桃、棣棠、金银木等半掩洞口，可使山洞显得深不可测；假山背面多栽种一些枝叶浓密的大灌木，可以掩饰假山上的某些缺陷，同时还能为假山提供背景依托。

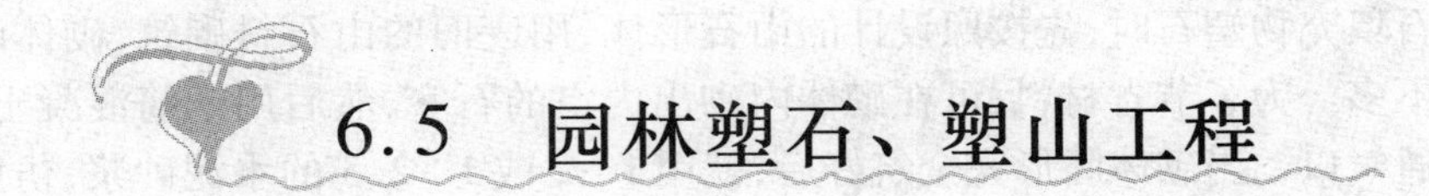

6.5　园林塑石、塑山工程

6.5.1　塑石、塑山在园林中的应用

在现代园林中，为了降低假山石景的造价和增强假山石景景物的整体性，常常运用混凝土、玻璃钢、有机树脂等现代材料和石灰、砖、水泥等非石材料进行塑石、塑山。塑石、塑山可省采石、运石之工，造型不受石材限制，体量可大可小，适用于山石材料短缺的地方和施工条件受到限制或结构承重条件受限的地方，如室内中庭、主题乐园等。塑石、塑山还具有施工期短和见效快等优点，因而在园林中得到了广泛应用。其缺点在于：混凝土硬化后表面有细小的裂纹、表面皴纹的变化不如自然山石丰富以及使用期不如石材长等。

6.5.2　常见塑石、塑山的种类及特点

(1) 塑石、塑山种类

根据材料的不同，塑石、塑山可分为两类。一是砖骨架塑山，即以砖作为塑山的骨架，适用于小型塑山及塑石；二是钢骨架塑山，即以钢材作为塑山的骨架，适用于大型假山。

(2) 园林塑石、塑山的特点

① 方便：塑石、塑山所用的砖、水泥等材料来源广泛，取用方便，可就地解决，无需采石、运石。

② 灵活：塑石、塑山在造型上不受石材大小和形态的限制，可完全按照设计意图进行造型。

③ 省时：塑石、塑山的施工期短，见效快。

④ 逼真：好的塑山无论是在色彩还是质感上都能取得逼真的石山效果。

由于塑山所用的材料毕竟不是自然山石，因而在神韵上还是不及石质假山，同时使用期限较短，需要经常维护。

6.5.3 塑石、塑山的施工方法

(1) 砖骨架塑山

① 施工程序

基础放样→挖土方→浇混凝土垫层→砖骨架→打底→造型→面层批荡(批荡：面层厚度抹灰,多用砂浆)及上色修饰→成型。

② 施工要点

采用砖石填充物塑石时,先按照设计的山石形体,用废旧的山石料砌筑,砌体的形状与设计石形差不多。为了节省材料,可在砌体内砌出内空的石室,然后用钢筋混凝土板盖顶,留出门洞和通气口。当砌体胚形完全筑好后,就用1:2或1:2.5的水泥砂浆,仿照自然山石石面进行抹面。以这种结构形式做成的塑石,石内有空心的,也有实心的。

(2) 钢骨架塑山

① 施工程序

基础放样→挖土方→浇混凝土垫层→焊接钢骨架→做分块钢架,铺设钢丝网→双面混凝土打底→造型→面层批荡及上色修饰→成型。

另外,对于大型置石及假山,还需做钢筋混凝土基础并搭设脚手架。

② 施工要点

钢骨架即钢筋铁丝网塑石构造。先按照设计的岩石或者假山形体,用直径12 mm左右的钢筋编扎成山石的模胚形状,作为其结构骨架,钢筋的交叉点最好用电焊焊牢,然后用铁丝网罩在钢筋骨架外面,并用细铁丝紧紧地扎牢。接着就用粗砂配制1:2的水泥砂浆,从石内、石外两面进行抹面。一般要抹2~3遍,使塑石的石壳总厚度达到4~6 cm。采用这种结构形式的塑石作品,石内一般是空的,不能受到猛烈撞击,否则山石容易遭到破坏。

③ 施工过程

Ⅰ. 基架设置

可根据山形、体量和其他条件选择基架结构,如砖基架、钢架、混凝土基架或者是三者的结合。坐落在地面的塑山要有相应的地基处理,坐落在室内的塑山则必须根据楼板的构造和荷载条件作结构计算,包括地梁和钢材梁、柱和支撑设计等。基架将自然山形概括为内接的几何形体的桁架,作为整个山体的支撑体系,并在此基础上进行山体外形的塑造。施工中应注意对山体外形的把握,因为基架一般都是几何形体。施工中应在主基架的基础上加密支撑体系的框架密度,使框架的外形尽可能接近所设计的山体形状。

Ⅱ. 铺设钢丝网

砖基架可设或不设钢丝网。一般型体大者必须设钢丝网。钢丝网要选易于挂泥的材料,并将钢丝网与基架绑扎牢固。钢丝网根据设计模型用木锤和其他工具加工成型,使之成为最终的造型形状。

Ⅲ. 打底及造型

若为砖骨架,骨架完成后一般以M7.5混合砂浆打底,并在其上进行山石皴纹造型;若为钢骨架,则应先抹白水泥麻刀灰二遍,再堆抹C20豆石混凝土(坍落度为0~2),然后进行山石皴纹造型。

Ⅳ. 面层批荡及上色修饰

先循成型的山石皴纹抹 1∶2.5 的水泥砂浆找平层,然后用石色水泥浆进行面层抹灰,最后抹光修饰成型。

石色水泥浆的配制方法主要有以下两种:一种是采用彩色水泥配制而成,如塑黄石假山时以黄色水泥为主,配以其他色调。此法简便易行,但色调过于呆板和生硬,且颜色种类有限。另一种方法是在白水泥中掺加色料。此法可配成各种石色,且色调较为自然逼真,但技术要求较高,操作较为繁琐。色浆配合比见表 6-1。

表 6-1　色浆配合比表

材料/用量/仿色	白水泥	普通水泥	氧化铁黄	氧化铁红	硫酸钡	108 胶	黑墨汁
黄石	100		5	0.5		适量	适量
红色山石	100		1	5		适量	适量
通用石色	70	30				适量	适量
白色山石	100				5	适量	

(3) 塑石、塑山施工注意事项

① 石面形状的仿造是一项需要精心施工的工作。由于山的造型、皴纹等的表现要靠施工者的手上功夫,因此对操作者的个人修养和技术要求很高。

② 在配制彩色水泥砂浆时,颜色应比设计的颜色稍深一些,待塑成山石后其色度自然会稍稍变淡,接近设计所要求的颜色。

③ 石面不能用铁抹子抹成光滑的表面,而应该用木制的砂板,将石面抹成稍粗糙的磨砂表面,这样更接近天然石质。

④ 石面的皴纹、裂缝、棱角应按所仿造岩石的固有棱缝来塑造。如模仿的是水平的砂岩岩层,那么石面的皴裂及棱纹在横的方向上就多为比较平行的横向线纹或水平层理,竖向上则一般是仿岩层自然纵裂形状;裂缝既有垂直的也有倾斜的,变化就多一些。如果是模仿不规则的块状巨石,那么石面的水平或垂直皴纹裂缝就应比较少,而更多的是不太规则的斜线、曲线、交叉线形状。

⑤ 假山内部钢骨架及一切外露的金属等均应涂防锈漆,且以后每年补涂一次。

⑥ 给排水管道最好预埋在混凝土中,且一定要做防腐处理。

⑦ 砂浆拌和必须均匀,随用随拌,存放时间不宜超过 1 h。初凝后的砂浆不能继续使用。

⑧ 施工时不必做得太细致。山顶轮廓线渐收的同时可将色彩变浅,以增加山体的高大和真实感。

⑨ 应注意青苔和滴水痕的表现,时间久了,还会自然地长出真的青苔。

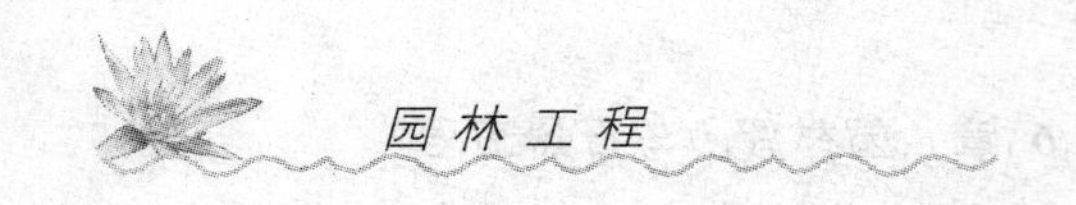

6.5.4 塑石、塑山新工艺

(1) FRP 工艺

FRP 是玻璃纤维强化树脂(fiber glass reinforced plastics)的简称。它是由不饱和聚酯树脂与玻璃纤维结合而成的一种质量轻、质地韧的复合材料。不饱和聚酯树脂由不饱和二元羧酸与一定量的饱和二元羧酸、多元醇缩聚而成。在缩聚反应结束后,趁热加入一定量的乙烯基单体配成黏稠的液体树脂,俗称"玻璃钢"。FRP 工艺的优点在于:成型速度快,质薄而轻,刚度好,耐用,价廉,方便运输,可直接在工地施工,适用于易地安装的塑山工程。存在的主要问题是:树脂液与玻纤的配比不易控制,对操作者的要求高;劳动条件差,树脂溶剂为易燃品;工厂制作过程中有毒和气味;玻璃钢在室外强日照下,受紫外线的影响,易导致表面酥化,使用寿命为 20 ~ 30 年。

FRP 塑山施工程序为:泥模制作→翻制石膏→玻璃钢制作→模件运输→基础和钢骨架制作→玻璃钢(预制件)元件拼装→修补打磨→上漆→成品。

① 泥模制作

按设计要求足样制作泥模。一般在一定比例(多用 1 : 15 ~ 1 : 20)的小样基础上制作。泥模制作应在临时搭设的大棚(规格可为 50 m × 20 m × 10 m)内进行。制作时要避免泥模脱落或冻裂。因此,温度过低时要注意保温,并在泥模上加盖塑料薄膜。

② 翻制石膏

一般采用分割翻制,这主要是考虑翻模和今后运输的方便。分块的大小和数量根据塑山的体量来确定。其大小以人工能搬动为宜。每块要按一定的顺序标注记号。

③ 玻璃钢制作

玻璃钢原料采用 191 号不饱和聚酯及固化体系,一层纤维表面毯和五层玻璃布,以聚乙烯醇水溶液为脱模剂。要求玻璃钢表面硬度大于 34,厚度为 4 cm,并在玻璃钢背面粘配 $\Phi 8$ 的钢筋。制作时注意预埋铁件以供安装固定之用。

④ 基础和钢框架制作

基础用钢筋混凝土,基础厚大于 80 cm,双层双向由 $\Phi 18$ 配筋,C20 预拌混凝土。框架柱梁可用槽钢焊接,柱距 1 m × (1.5 ~ 2.0) m。必须确保整个框架的刚度与稳定。框架和基础用高强度螺栓固定。

⑤ 玻璃钢预制件拼装

根据预制大小及塑山高度先绘出分层安装剖面图和立面分块图。要求每升高 1 ~ 2 m 就绘一幅分层水平剖面图,并标注每一块预制件四个角的坐标位置与编号,对变化特殊之处要增加控制点。然后按顺序由下往上逐层拼装,做好临时固定。全部拼装完后,由钢框架伸出的角钢悬挑固定。

⑥ 打磨、上漆

拼装完毕,接缝处用同类玻璃钢补缝、修饰、打磨,使之浑然一体。最后用水清洗,罩上土黄色玻璃钢油漆即成。

(2) GRC 工艝

GRC 是玻璃纤维强化水泥(glass fiber reinforced cement)的简称。它是将抗碱玻璃纤维加入到低碱水泥砂浆中硬化后产生的高强度复合物。随着时代科技的发展,20 世纪 80 年代在国际上就出现了用 GRC 造假山,它为假山艺术创作提供了更广阔的空间和可靠的物质保证,为假山技艺开创了一条新路,使其达到“虽为人作,宛自天开”的艺术境界。GRC 工艺的应用如图 6-48 所示。

图 6-48　某大酒店入口塑石假山

这种塑石具有如下优点:

① 用 GRC 造假山石,石的造型、皴纹逼真,具岩石坚硬润泽的质感,模仿效果好。

② 用 GRC 造假山石,材料自身质量轻,强度高,抗老化且耐水湿,易进行工厂化生产,施工方法简便、快捷、造价低,可在室内外及屋顶花园等处广泛使用。

③ GRC 假山造型设计、施工工艺较好,可塑性大,可满足造型上的特殊要求,加工成各种复杂型体;若与植物、水景等配合,可使景观更富于变化和表现力。

④ GRC 造假山可利用计算机进行辅助设计,结束过去假山工程无法做到石块定位设计的历史,使假山不仅在制作技术而且在设计手段上取得了新突破。

⑤ 具有环保的特点,可取代真石材,减少对天然矿产及林木的开采。

GRC 假山元件的制作主要有两种方法,即席状层积式手工生产法和喷吹式机械生产法。现就喷吹式工艺简介如下:

① 模具制作:根据生产“石材”的种类、模具使用的次数和野外工作条件等选择制模材料。常用模具的材料可分为软模(如橡胶膜、聚氨酯模、硅模等)和硬模(如钢模、铝膜、GRC 模、FRP 模、石膏模等)。制模时应以选择天然岩石皴纹好的部位为本和便于复制操作为条件,脱制模具。

② GRC 假山石块的制作:将低碱水泥与一定规模抗碱玻璃纤维以二维乱向的方式同时均匀、分散地喷射于模具中,凝固成型。在喷射时应边吹射边压实,并在适当的位置预埋铁件。

③ GRC 的组装:将 GRC“石块”元件按设计图进行组装,焊接牢固,修饰,做缝,使其浑

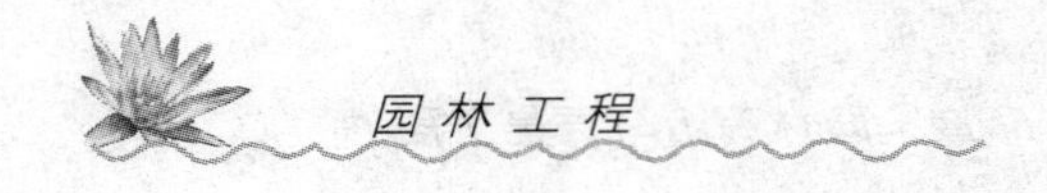

然一体。

④ 表面处理：其目的是使“石块”表面具憎水性，产生防水效果，并具有真石的润泽感。

GRC 塑山生产工艺流程如图 6-49 所示。

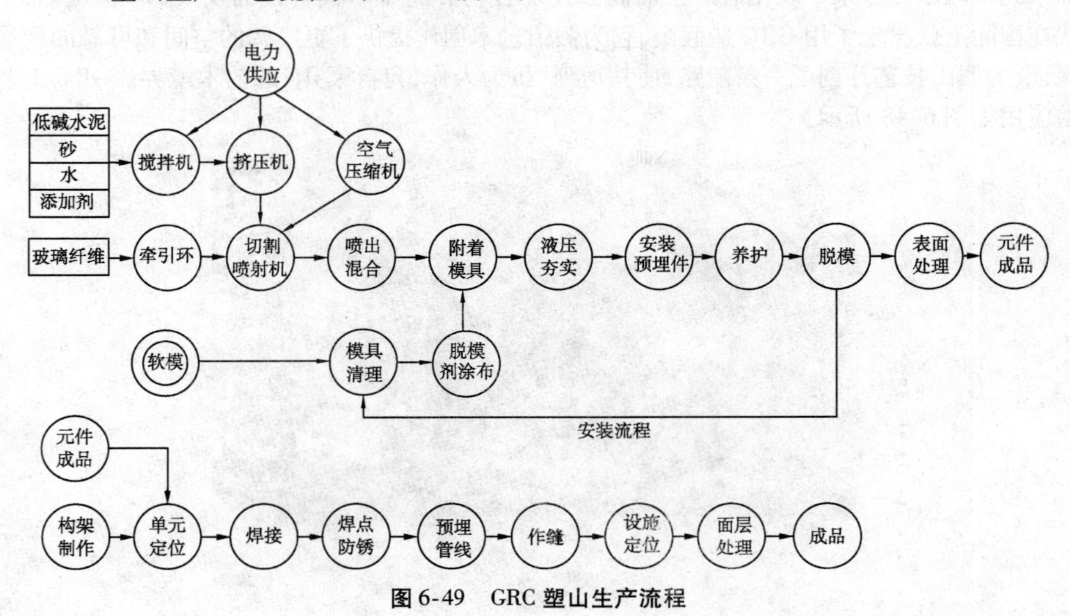

图 6-49　GRC 塑山生产流程

（3）临时塑石施工

临时用塑石体量要求不大，耐用性要求也不高，质量轻，便于移动，因此往往应用于某些临时展览会、展销会、节庆活动地、商场、影剧院等场所。

① 主要施工工具与材料

主要施工工具与材料见表 6-2。

表 6-2　临时塑石施工工具与施工材料

项目	材料名称	用途
框架材料	白泡沫、砖、板条、大块煤渣等	基础构架
胶黏材料	白水泥、普通水泥、白胶、骨胶	胶黏泡沫
固定材料	竹签、回形针、细铁丝	加固构件
上色材料	红墨水、碳素墨水、氧化铁红、氧化铁黄、红黄广告色等	配色
主要工具	小桶、灰批、羊毛刷、割纸刀、手推车等	用于制作
其他	电吹风	快速风干

② 工艺过程

设计绘图→泡沫修形→加固胶黏→抹灰填缝→上色装饰→晾干保护。

③ 施工方法

Ⅰ. 根据设计意图，确定主景面，选择石体大小。

Ⅱ. 将泡沫逐一修形,并正确对形,满意后可用固定件固定,注意编号。

Ⅲ. 将所有泡沫修形后,组合在一起,再次与设计立面图、效果图比较,直至符合要求。用细铁线加固定型,并于缝中加入胶黏剂。

Ⅳ. 稍稳定后用白水泥浆(视景石色彩需要确定是用白水泥还是普通水泥)抹灰 3 ~ 5 遍,直到看不见泡沫为止。待干后(通常 3 h。如需急用,可用电吹风吹干)再进入下一道工序。

Ⅴ. 按设计要求配好色彩,无论哪种色彩均要加入少量红墨水和黑墨水作为色彩稳定剂。上色时,用羊毛刷蘸色料后在离塑石构件 20 ~ 30 cm 处用手或铁件轻弹毛刷,使色料均匀撒于石上。要求轻弹色满,色点分布均匀,不得有大块及"流泪"现象。

Ⅵ. 上完色后,应将景石置于室外(天气好)晾干。

④ 技巧点

Ⅰ. 要熟悉园林常用景石(如黄石、湖石、英石、黄蜡石等)的性状特点。

Ⅱ. 修整泡沫时要与所塑石种相像。

Ⅲ. 配色要认真细致,做到色彩饱满。

Ⅳ. 弹色手轻,落点均匀。

案例分析

某私家庭园黄石假山工程实例

图 6-50 至图 6-64 是某私家庭园中的黄石假山施工过程照片分析,计用石 130 吨,工期约两个月。

图 6-50　挖水池及做基础(深 80 cm)

图 6-51　既是基础也是池底。其做法是：先夯实地平，再平铺约 6 cm 厚的一层石子，夯实，用钢筋扎成网状

图 6-52　将钢筋网下口用 2 cm 左右的小石块垫高，使之腾空，然后开始倒混凝土，并振动铺实

图 6-53　待混凝土凝固后即在混凝土上用砖砌出池边大形

图 6-54　同时安排进出水管

图 6-55　用水泥砂浆粉好水池内壁，保证不会漏水

图 6-56　先定好大面起脚石

图6-57　再从靠墙里口堆叠，以就外口大面山石高度，这是因为外口一旦拼叠成形，则内里石料无法搬进拼叠

图6-58　里外同时加高拼叠

图6-59　先造出里口低处洞形

图 6-60　如有挑出山石应临时打撑稳定

图 6-61　先从山形的主体处继续加高拼叠

图 6-62　再从山形的副高处加高拼叠

图 6-63　山形下部空洞形渐出

图 6-64　空洞形状已成整体，然后在其洞顶的上部继续拼叠造型，待主山造型大致完成以后，才可以根据主山的造型处理山前驳岸等延伸山石形态，最后回填山上预先留出的土坑，配以绿化苗木，全山完成。

本章小结

本章主要介绍了园林假山与石景平面布局、立面造型和假山结构的设计方法以及目前市场上假山堆叠常用的石材和工具，要求能识读常见的假山设计图纸，并根据环境进行简单的假山设计和石材的搭配。要求熟悉并掌握假山工程的施工工艺，能制订合理的假山施工现场管理方案，指导技术人员进行现场施工。

复习思考

1. 按照堆山材料不同，假山可分为哪些类型？
2. 园林石景可分为哪些类型？
3. 园林假山与石景有什么区别？
4. 根据造景作用和观赏效果，园林中石景的布置形式有哪些？
5. 如何做好园林石景的环境处理？

6. 简述假山的平面形状设计中需注意哪些事项。
7. 简述园林假山造型的注意事项。
8. 简述园林假山基础设计的几种形式。
9. 园林假山山体内部的结构形式主要有哪几种?
10. 园林假山的山洞形式有哪些?
11. 简述园林假山洞顶基本结构方式的设计特点。
12. 园林假山常用的石材有哪些?
13. 简述园林假山堆叠的辅助材料的种类和使用方法。
14. 常用的假山施工机械和手工工具有哪些?
15. 简述园林假山的基础施工技术要点。
16. 简述园林假山的山体堆叠施工技术要点。
17. 简述现代园林中常见的塑石塑山的种类及特点。
18. 简述塑石塑山的施工工艺要点。

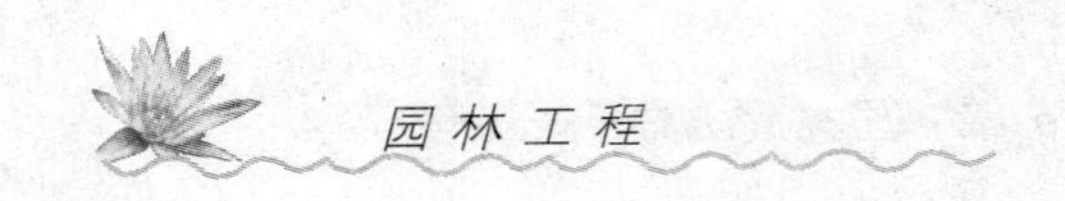

第7章 园林绿化工程

本章导读

通过本章的学习，要求能识读常见绿化施工图纸并按图施工，掌握常见园林植物的栽植技术和栽植后的养护管理技术，尤其是大树移植技术和提高大树移植成活的措施和关键技术。熟悉一般绿化施工的技术规程，掌握按图施工的方法和技术。能够组织一般绿化工程的施工和竣工验收。熟悉大型绿地项目施工组织管理的过程及内容，能制订施工现场管理方案，指导管理人员实施大型绿地现场施工。

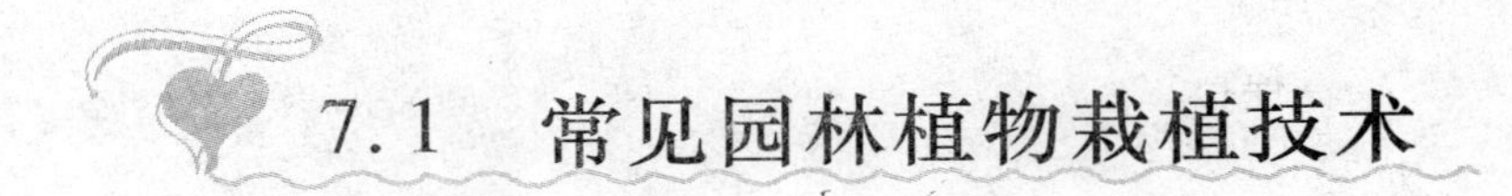

7.1 常见园林植物栽植技术

7.1.1 园林植物栽植原理

园林植物在栽植过程中，由于掘苗时根部受到损伤，即使是苗圃中经多次移植的苗木，也不可能起掘全部根系，仍会有大量的吸收根留在原土壤中，这样就降低了根系对水分和营养物质的吸收能力。特别是根系先端的须根大量丧失，使得根系不能满足地上部所需的水分和营养物质的供给。另外，根系被控离原生长地后容易干燥，使树体内水分由茎叶移向根部，当茎叶水分损失超过生理补偿点时，即干枯、脱落，芽亦干缩。因此，让新栽的植物与环境建立密切的联系，及时恢复植物体内以水分代谢为主的生理平衡是栽植成活的关键。一般来说，栽植时，发根能力和再生能力强的植物容易成活；幼、青年期以及处于休眠期的植物容易成活；充足的土壤水分和适宜的气候条件成活率高。另外，严格的科学栽植技术和高度的责任心可以弥补许多不利因素的影响，从而大大提高栽植成活率。

(1) 适树适栽

首先，必须了解植物的生态习性及其对栽植地区生态环境的适应能力，要有成功的引种试验和成熟的栽培养护技术。适树适栽原则的最简便做法就是，选用性状优良的乡土树种

作为骨干树种。其次，可利用栽植地的局部特殊小气候条件，突破原有生态环境的局限性，满足新引入植物的生长发育需求。例如，可筑山引水，设立外围屏障，改土施肥，变更土壤性质，束草防寒，增强植物抗寒能力。第三，对根系怕积水的植物，如雪松、广玉兰、桃树、樱花等，可采取抬高栽植深沟降渍或预埋抽水管等措施。

(2) 适时栽植

根据植物的特性和栽植地区的气候条件，选择适宜的栽植时期。一般落叶树种多在秋季落叶后或春季萌芽前进行，因为此期树体处于休眠状态，受伤根系易恢复，栽植成活率高。常绿树种，在南方冬暖地区多为秋植，在冬季严寒地区常因秋季干旱造成"抽条"而不能顺利越冬，故以新梢萌发前春植为宜，在春旱严重地区可选择雨季栽植。

(3) 适法适栽

园林植物的栽植尽量带土球进行。对于一些常绿小苗及落叶树种进行裸根栽植时，也应尽量保持根系的完整，骨干根不可太长，尽量多带侧根、须根，栽植前的根部保湿和栽植后的灌溉工作也十分重要。

7.1.2　园林植物栽植要领

园林绿化工程中，能否掌握树木栽植的要领，是影响树木栽植成活率的关键。栽植要领主要有以下几个方面。

(1) 冠根修剪

树木栽植前，树冠必须经过不同程度的修剪，以减少树体水分的散发，保持树势平衡，利于苗木成活。修剪量在保持原树形的前提下，依不同树种及景观要求有所不同。珍贵树种的树冠宜尽量保留，少剪。修剪时剪口应平而光滑，并及时涂抹防腐剂，以防水分蒸发、剪口冻伤及病虫危害。裸根树木在栽植之前，还应对根系进行适当修剪，主要是将断根、劈裂根、病虫根和卷曲过长的根剪去。

(2) 挖穴种植

树木栽植时，要检查树穴的挖掘质量，并根据树体的实际情况，给以必要的修整。树穴深浅的标准可以定植后树体根颈部略高于地表面为宜。忌水湿树种如雪松、广玉兰等，常行露球种植，露球高度约为土球竖径的 1/4 ~ 1/3。带草绳或稻草之类易腐烂土球的树木，如果包扎材料用量较少，入穴后就不一定要拆除；如果包扎材料用量较多，可在树木定位后剪除一部分，以免其腐烂时发热而影响树木根系的生长。

栽植时，取混好肥料的一半填入坑中，培成丘状，将裸根树木放入坑内，务必使根系均匀分布在坑底的土丘上（珍贵树种或根系欠完整的树木应采取根系喷布生根激素等措施）。然后将另外一半掺肥表土分层填入坑内，每填一层土都要踏实，同时将树体稍稍上下提动，使根系与土壤密切接触。最后将心土填入植穴，直至填土略高于地表面。带土球树木必须在踏实穴底土层后置入种植穴，再填土踏实。假山或岩缝间种植时，应在种植土中掺入苔藓、泥炭等保湿透气材料。绿篱成块状模纹群植时，应由中心向外循序退植。坡式种植时，应由上向下种植。大型块植或不同彩色丛植时，宜分区分块种植。树木栽植时，应注意将树冠丰满完好的一面朝向主要的观赏方向，如入口处或主行道。若树冠高低不匀，应将低冠面

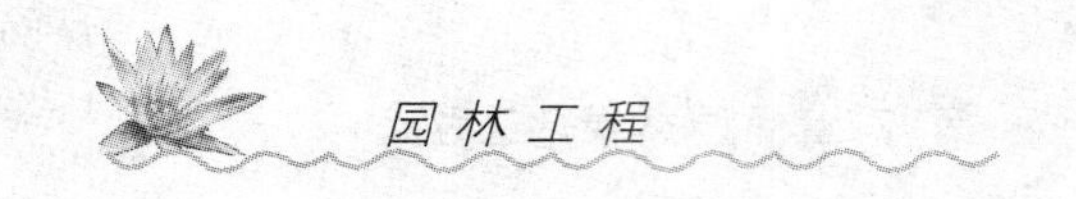

朝向主面，高冠面置于后向，使之有层次感。在行道树等规则式种植时，如树木高矮参差不齐、冠径大小不一，应预先排列种植顺序，形成一定的韵律或节奏，以提高观赏效果。如树木主干弯曲，应将弯曲面与行列方向一致，加以掩饰。对人员集散较多的广场、人行道，种植树木后，种植池周围应铺设透气护栅。

（3）灌水施肥

灌水施肥是提高树木栽植成活率的主要措施，特别在春旱少雨、蒸发量大的北方地区尤需注意。“树木成活在于水，生长快慢在于肥”讲的就是这个道理。树木栽植后，应在略大于种植穴直径的周围，筑成高 10～15 cm 的灌水土堰，堰应筑实，不得漏水。坡地可采用鱼鳞穴式种植。对新植树木，应在当日浇透第一遍水，以后可根据具体情况及时补水。北方地区种植后浇水不少于三遍。黏性土壤，宜适量浇水；根系不发达的树种，浇水量宜较多；肉质根系树种，浇水量宜少；秋季种植的树木，浇足水后可封穴越冬；干旱地区或遇干旱天气时，应增加浇水次数；干热风季节，应对新发芽放叶的树冠喷雾，宜在上午 10 时前和下午 3 时后进行。浇水时应防止因水流过急而裸露根系或冲毁围堰，造成跑漏水。浇水后出现土壤沉陷，致使树木倾斜时，应及时扶正、培土；浇水渗下后，应及时用围堰土封树穴，注意不得损伤根系。

在干旱地区或干旱季节，种植裸根树木应采取根部喷布生根激素、增加浇水次数及施用保水剂等措施，种植针叶树时可在树冠喷布聚乙烯树脂等抗蒸腾剂。对排水不良的种植穴，可在穴底铺 10～15 cm 厚的砂砾或铺设渗水管、盲沟，以利于排水。竹类定植、填土分层压实时，靠近鞭芽处应轻压；栽种时不能摇动竹杆，以免竹蒂受伤脱落；栽植穴应用土填满，以防积水引起竹鞭腐烂；最后覆一层细土或铺草，以减少水分蒸发；用薄膜包裹母竹断梢口，防止因积水造成梢口腐烂。

（4）树体裹干

栽植灌木后，因土壤松软沉降，树体极易发生倾斜、倒伏现象。一经发现，须立即扶正。扶树时，可先将树体根部背斜一侧的土挖开，再将树体扶正，还土踏实。特别对带土球树体，切不可强推猛拉，来回晃动，以致土球松裂，影响树体成活。树木栽植后，因灌水根际土壤下沉出现坑洼不平现象时，常绿乔木和干径较大的落叶乔木须进行裹干，即用草绳、麻布、蒲包、苔藓等材料严密包裹主干和比较粗壮的分枝，达到保湿和保温的效果。裹干处理的目的有三点：一是避免强光直射和干风吹袭，减少树干、树枝的水分蒸发；二是贮存一定量的水分，使枝干经常保持湿润；三是调节枝干温度，减少夏季高温和冬季低温对枝干的伤害。目前，有些地方采用塑料薄膜裹干，此法在树体休眠阶段使用的效果较好，但在树体萌芽前应及时撤换。因为塑料薄膜透气性能差，不利于被包裹枝干的呼吸作用，尤其是高温季节，内部热量难以及时散发而引起的高温会灼伤枝干、嫩芽或隐芽，对树体造成伤害。树干皮孔较大而蒸腾量显著的树种如樱花、鸡爪槭等，以及大多数常绿阔叶树种如香樟、广玉兰等，栽植后宜用草绳等包裹缠绕树干达 1～2 m 高度，以提高栽植成活率。有时采取先草绳后麻布双层包裹，效果更佳。为增加景观效果，裹干高度应尽量保持一致。

（5）固定支撑

栽植胸径在 10 cm 以上的树木时，特别是栽植季节有大风的地区，植后应立支架固定，以防冠动根摇，影响根系恢复。但要注意支架不能打在土球或骨干根系上。裸根苗木栽植

常采用标杆式支架，即在树干旁打一杆桩，用绳索将树干缚扎在杆桩上，缚扎位置宜在树高1/3或2/3处，支架与树干间应衬垫软物。带土球苗木常采用扁担式支架，即在树木两侧各打入一杆桩，杆桩上端用一横担缚联，将树干缚扎在横担上完成固定。三角桩或“井”字桩的固定作用最好，且有良好的装饰效果，在人流量较大的市区绿地行道树中常用。固定支撑时，支撑朝向应保持一致。成片规则式栽植竹类和小乔木时，宜采用“十”字交叉绑扎固定。

7.1.3 园林植物的反季节栽植技术

根据植物生存生长发育规律，传统的栽植树木时间是从3月中旬至5月初或者从10月中旬至11下旬，此间是正常季节。随着城市建设速度的加快，对园林绿化施工提出了新的要求。在实际施工过程中，往往由于工期限制或其他特殊要求，非栽植季节植树的情况时有发生，绿化要打破季节限制，克服不利条件，进行非正常季节施工。夏季的高温炎热、冬季的极端低温与根系休眠缺乏再生能力，都会造成移植困难。为解决非正常季节绿化施工中遇到的难点，我们可以从以下几个方面严格把关，从而尽可能提高种植成活率。

(1) 种植材料的选择

非种植季节由于气候环境相对恶劣，对种植植物本身的要求就更高了，在选材上要尽可能地挑选生长旺盛、根系发达、无病虫害的苗木。

(2) 种植前的土壤处理

非正常季节的苗木种植土必须保证足够的厚度、土质肥沃、疏松，透气性和排水性好。种植和播种前应对该地区的土壤理化性质进行化验分析，采取相应的消毒、施肥和客土等措施。

(3) 苗木的运输和假植

大苗在非正常季节种植时，假植是很重要的。这里推荐一种经济适用的假植方法，即夏季施工硬容器法。具体方法是：提前创造条件在休眠期断根，种植在容器（如木箱、柳竹筐、花盆）中养护，以促进须根的生长。在生长季节，也就是施工时，根据容器情况，不脱离或脱容器栽植下地。其特点是：可靠性大，管理简单，可操作性强。

(4) 种植穴和土球直径

在非正常季节种植苗木时，土球大小以及种植穴尺寸必须达到并尽可能超过标准的要求。对含有建筑垃圾、有害物质的土壤，均须放大树穴，清除废土，换上种植土，并及时填好回填土。在土层干燥地区，应于种植前清穴。挖穴、槽后，应适当施入腐熟的有机肥。

(5) 种植前修剪

种植非正常季节的苗木前，应对枝叶视品种进行不同程度的短截，加大修剪量；对水分易挥发的苗木，剪口较大时，还要涂保护剂，以减少叶面的呼吸和蒸腾作用。

(6) 苗木种植

在非种植季节种植落叶植物时，应根据不同情况，对苗木进行强修剪，剪除部分侧枝，保留的侧枝也应疏剪或短截，并保留原树冠的三分之一，相应地加大土球体积。可摘叶的摘去部分叶片，但不得伤害幼芽。夏季浇水次数要较正常栽植增多，对树冠喷雾和树干保湿，必要时结合进行遮阴处理；冬季进行防风防寒处理。作堰后应及时浇透水，待水渗完后复土，第二天再作堰浇水,封土。浇透三次水后视泥土干燥情况决定是否及时补水。对排水不良的种植穴,可在穴底铺设10~15 cm厚的砂砾或铺设渗水管、盲沟,以利于排水。大规格苗木进场时间以早、晚为主,尽量随到随栽,移植时间选择在阴天或遮光条件下有利于成活。种植时有条件的可通过喷洒发芽抑制剂和蒸发抑制剂,抑制发芽,减少叶面水分的蒸发,并可结合施用生根粉APT3号(浓度1 000 ppm)。

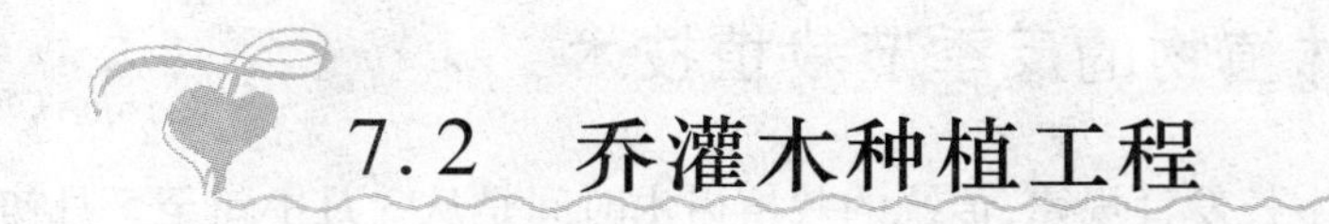

7.2 乔灌木种植工程

7.2.1 施工图纸的识读

(1) 绿化设计图纸规范

① 一般规定

Ⅰ. 图纸幅面要符合国家制图标准的规定。

Ⅱ. 各工程图纸必须采用国家规定的统一图例。

Ⅲ. 图纸比例:平面图一般采用1∶500;绿地面积超过15公顷时,总平面图可采用1∶1 000,施工图必须是1∶500的分幅拼图;局部平面图采用1∶200或1∶100;详图用1∶10~1∶50,一般采用1∶20。

Ⅳ. 绿地设计中不同工程的平面图可按具体情况适当合并。简单的绿地也可只绘制种植设计图。

Ⅴ. 建筑物、构筑图以及机电工程一律按各工程的图纸要求绘制。

② 总平面图

Ⅰ. 总平面图必须明确标明道路、红线及绿地范围。

Ⅱ. 图上要绘制坐标方格,并注明坐标基线(纵横两向)的系连依据。

Ⅲ. 图上要准确绘制道路、地坪、水体、种植范围,以及各种建筑物、构筑物的地理位置和外形,并注明建筑物的名称。

Ⅳ. 以虚线绘制原有或已填没的河道、池塘、防空洞以及废弃道路等的位置。

③ 种植设计图

Ⅰ. 乔灌木配置图:图上应标明种植位置、树种、株数及规格。乔灌木配置图可合并绘制或分别绘制。

Ⅱ. 主景点立面图或透视图。

Ⅲ. 花境、模纹花坛详图。

Ⅳ. 植物材料表。

Ⅴ. 绿地远期效果图(植物成长后的种植平面图):注明逐年抽稀移植的植物。

④ 竖向设计图

Ⅰ. 设计标高可用等高线或方格表示,或二者并用。

Ⅱ. 注明各方格点原有标高及设计标高。

Ⅲ. 各等高线高差要相同;等高线可间隔用不同粗细线条表示。

Ⅳ. 陡坡处要注明挡土墙位置、长度及截面代号。

Ⅴ. 图上要标明挖土及填土范围,并注明挖填土方量。

Ⅵ. 图上要绘制排水系统进水口位置。

Ⅶ. 图上要标注土方平衡量。

(2) 绿化施工图的类型

① 总平面图

Ⅰ. 应以详细尺寸或坐标标明各类园林植物的种植位置、构筑物、地下管线、外轮廓。

Ⅱ. 施工总平面图中要注明基点、基线。基点要同时注明标高。

Ⅲ. 为了减少误差,整形式平面要注明轴线与现状的关系;自然式道路、山丘种植要以方格网为控制依据。

Ⅳ. 注明道路、广场、台承、建筑物、河湖水平、地下管沟上层、山丘、绿地和古树根部的标高,它们的衔接部分亦要作相应的标注。

Ⅴ. 图的比例尺为 1∶100 ~ 1∶500。

② 平面图

Ⅰ. 在图上应按实际距离尺寸标出各种园林植物品种、数量。

Ⅱ. 标明与周围固定构筑物和地上地下管线的距离。

Ⅲ. 平面图是施工放线的依据。

Ⅳ. 自然式种植可利用方格网控制距离和位置,方格网有 2 m×2 m ~ 10 m×10 m,方格网与测量图的方格线在方向上尽量一致。

Ⅴ. 现状保留树种,如属于古树名木,则要单独注明。

Ⅵ. 图的比例尺为 1∶100 ~ 1∶500。

③ 立面、剖面图

Ⅰ. 在竖向上标明各园林植物之间的关系、园林植物与周围环境及地上地下管线设施之间的关系。

Ⅱ. 标明施工时准备选用的园林植物的高度、体型。

Ⅲ. 标明与山石的关系。

Ⅳ. 图的比例尺为 1∶20 ~ 1∶50。

④ 地形设计图

大多绿化设计项目,除现状地形有起伏外,还需营造人工地形,创造自然效果。图纸上通常用等高线来表示地形。给等高线标注上数值,便可为用地表示出地形的高低陡缓。对于某一特定点的高程,常用标高点"+"符号,配有相应的数值表示,数值常为小数。

(3) 绿化施工图纸的识读

绿化施工图纸是指导施工、进行植物栽植的直接依据。其内容包括种植定位、种植标注、植物名录表以及种植说明。施工图中首先要确定的是种植点的位置(图 7-1),通过种植点来规定植物的位置、种植密度、种植结构、种植范围及种植形式。在一张种植施工图中,往往会同时表达几种或几十种植物。如果图形运用过于复杂,几种图形重叠在一起,就很难分

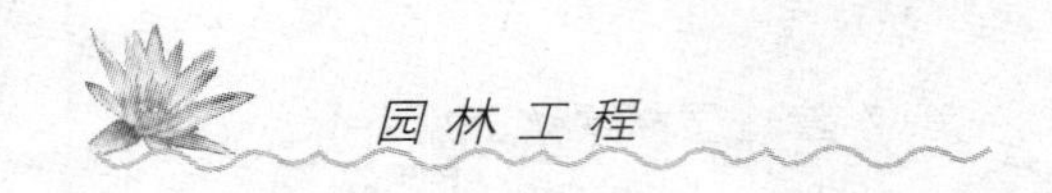

清各层植物，造成种植点不清晰，给施工带来许多麻烦。因此，要求代表植物符号的图形简单，符号的种类尽量少。乔木和灌木的符号只有针叶树和阔叶树之分，它们在图纸上的尺寸大小由其所表示的植物成年冠幅大小而定，品种区分则通过文字标注进行表达（图7-2）。

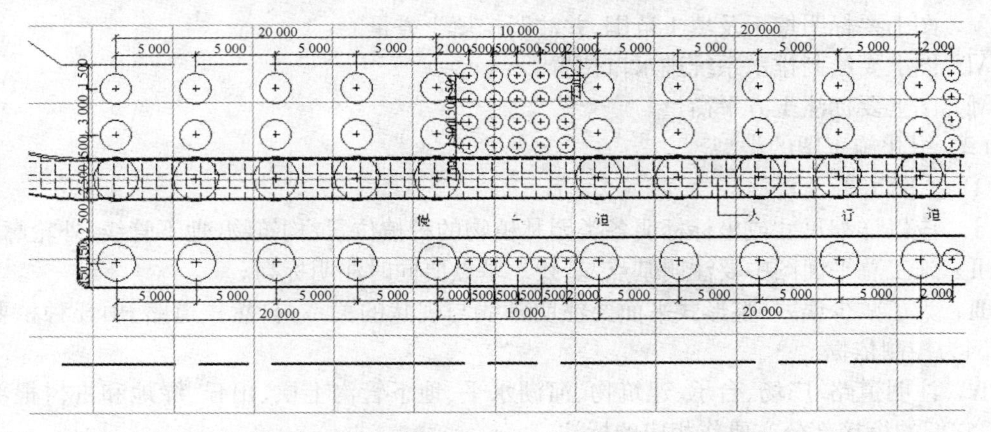

图7-1　某开发区某路段标准段绿化施工图（种植定位）

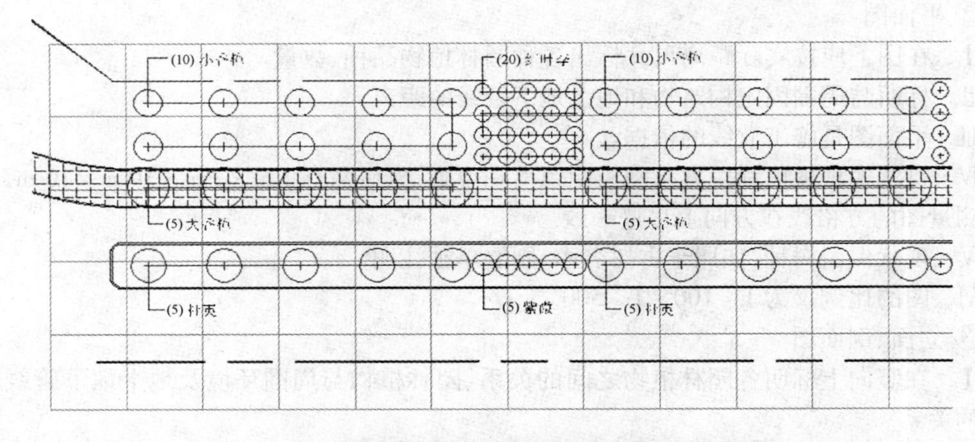

图7-2　某开发区某路段标准段绿化施工图（种植标注）

片植、丛植的灌木、地被、花卉及草坪，可先绘制种植外轮廓线，然后进行不同图形的填充，通过文字标准表达或通过图形填充的不同图例来识别（图7-3）。

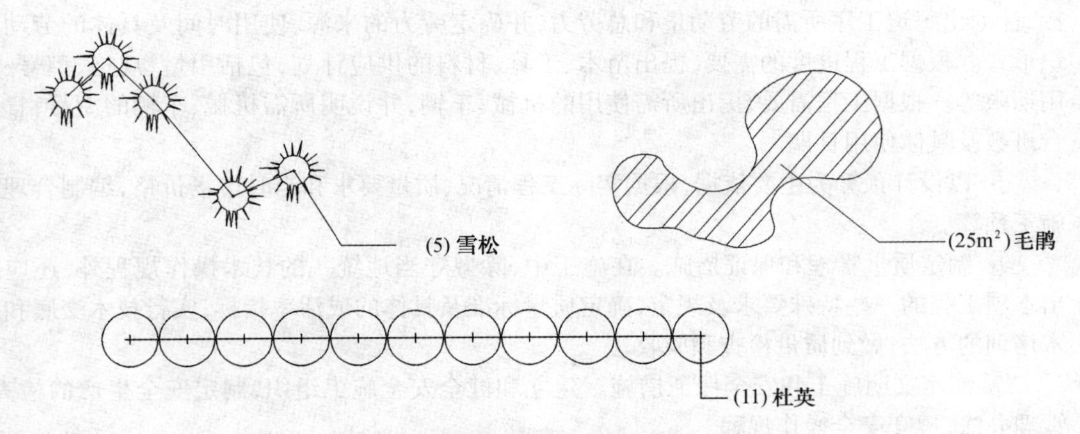

图 7-3　绿化施工图的几种基本表达方式

种植密度及种植方式在植物名录表(表 7-1)备注中加以说明。大型绿化施工图中,常将乔木、灌木、草坪和地被等种植施工图分开来表达。当施工图中植物种类较少时,所有植物可直接用不同图例进行表达。种植说明是绿化施工图纸中的重要组成部分,它是对植物种植施工要求的详细论述。

表 7-1　植物名录表

编　号	名　称	规　　格	单位(株或 m^2)	数　量	备　注
1	香　樟	胸径 15 cm、高 6 m	株	30	移栽、全冠
2	毛　鹃	高 30 cm、蓬 30 cm	m^2	20	25 株/m^2

7.2.2　主要施工工序

施工前应确定施工方法,包括主要研究项目的施工进度如何确定和控制、各道工序之间如何衔接、材料如何供应、施工力量如何调配、工程质量如何把关等。有了明确的施工方法,就可指导施工单位按照施工方法规定的要求,完成各自应做好的每项工作。例如:技术管理部门应做好技术管理和技术培训,以保证工程质量;后勤供应部门应按期供应质量好、品种规格合适的工具、材料、机械等;劳动管理部门应按期调配好劳动力,并做好思想政治工作;财务部门应按计划提供经费等。各个部门虽然有了明确的分工,还要密切配合,通力协作,确保施工任务按期完成,并达到理想的施工效果。

(1) 施工现场准备

① 了解工程概况和特点,以及对该工程有利和不利的条件。明确施工的范围、工程量和预算投资等。

② 确立施工的组织机构,设立职能部门及其职责范围和负责人,并制定有关的制度和要求。

③ 合理安排施工总进度和单项任务进度。

④ 拟订劳动力计划、材料工具供应计划和机械运输计划。根据工程任务量及劳动定

额,计划出每道工序所需的劳动量和总劳力,并确定劳力的来源、使用时间及具体的劳动组织形式。根据工程进度的需要,提出苗木、工具、材料的供应计划,包括用量、规格、型号、使用期限等。根据工程需要,提出所需使用的机械、车辆,并说明所需机械、车辆的型号,日用台班数及具体使用日期。

⑤ 以设计预算为主要依据,根据实际工程情况、质量要求和当时市场价格,编制合理的施工预算。

⑥ 制定质量管理和保证措施。在施工中,除遵守当地统一的技术操作规程外,还应提出本项工程的一些特殊要求及规定,确定质量标准及具体的成活率指标;实行技术交底和技术培训的方法;做到质量检查和验收。

⑦ 制定文明施工和安全保证措施。建立和健全安全施工组织,制定安全生产的检查、管理办法;遵守安全操作规程。

(2) 施工图纸交底

首先要熟悉、审查施工图纸和有关的设计资料,确保施工按照设计图纸的要求顺利地进行,达到建设单位的要求和实际效果。通过审查发现设计图纸中存在问题和错误时,应及时与设计方联系,或由监理单位转告设计方,经设计方修改,并得到建设单位认可签字后方可进行施工。除了要掌握有关拟建工程的书面资料外,还应进行拟建工程的实地勘测和调查,获得有关数据的第一手资料。另外,还应及时、准确地编制施工图预算和施工预算,有效控制施工各项成本支出,为工程项目实施经济核算提供有力的依据。

(3) 土方造型平整

根据设计地形图对施工场地进行土方的挖运和回填。绿化地的整理不只是简单的清掉垃圾、拔掉杂草,该作业的重要性在于为树木等植物提供良好的生长条件,保证根部充分伸长、维持活力、吸收养料和水分。因此尽量在施工中不要使用重型机械碾压地面。确需机械化作业整地时,机械离开下地时要边退边挖松已压实的土壤,保证根系充分伸长和维持良好的通气性和透水性,避免土壤板结,并确保排水性和透水性。铺植草坪、地被或撒播草籽的土壤,更要细匀疏松。大块绿地要考虑排水坡度,根据苗木习性和设计要求处理地形。喜干则堆土,喜湿则低洼,各得其所。城市道路广场两侧的绿地要略低于人行道 8 ~ 10 cm,花坛与树池也应低于挡土墙 10 cm 左右,以免浇水时溢上人行道。道路两侧较宽的林带有条件的可在外缘挖深 2 m 左右的排水沟,平时可蓄水浇树抗旱,雨天可排水泄洪。为了保证花草树木的良好生长,种植或播种前应对该地区的土壤理化性质进行化验分析,采取相应的消毒、施肥和客土等措施,土壤 pH 值最好控制在 5.5 ~ 7.0 或根据所栽植物对酸碱度的喜好作出调整。整地是绿化的首要一环,绝不能马虎。园林植物生长所必需的最低种植土层厚度还应符合表 7-2 所示的规定。

表 7-2 园林植物最低种植土层深度

植被类型	草本花卉	草坪地被	小灌木	大灌木	浅根乔木	深根乔木
土层厚度/cm	30	30	45	60	90	150

(4) 施工定点放线

依据施工图,先放出规则式种植点线,后放出自然式种植点线;先放乔木,后放灌木,再

放地被和草坪。确定具体的定点、放线方法(包括平面和高程),注明标记,保证栽植位置和品种准确无误,符合设计图纸要求。

(5) 按苗木规格挖穴

挖掘种植穴、槽前,应向有关单位了解地下管线和隐蔽物埋设情况。种植穴、槽的大小,应根据苗木根系、土球直径和土壤情况而定。必须垂直下挖,使上口和下底相等。在土层干燥地区,应于种植前浸穴。挖穴、槽后,应施入腐熟的有机肥作为基肥。

(6) 苗木采购运输

保证种植材料根系发达,生长茁壮,无病虫害,规格及形态符合设计要求;播种用的草坪、草花、地被植物种子发芽率均达 90% 以上方可使用。

确定具体树种的掘苗、包装方法。如哪些树种带土球,及土球规格、包装要求;哪些树种裸根掘苗,保留根系规格等。确定运苗方法,如用什么车辆和机械、行车路线、遮盖材料和方法及押运人。长途运苗还要提出具体要求。

苗木在运输途中受风吹后易失水、受损伤,因此苗木上要加遮盖;车上要固定好苗木,使它不易移动;在装卸车时,应轻吊轻放,不得损伤苗木和造成散球;下地后最好能及时种植,因其他原因不能在几天内种植的,要假植。存放 2 天以上的,要在苗木上盖好稻草或塑料薄膜,保持树干枝叶湿润;不带土球的根系要使泥浆上保持水分;冬天还要注意防冻、保暖。

(7) 苗木进场验收

将苗木运至施工现场后,应根据土球大小、树高、冠幅、枝下高、干径等五个量化指标进行质量验收。质量符合采购要求的,予以收下;不符合采购要求的,应作退货处理。

(8) 苗木修剪整形

确定各种树苗的修剪方法(乔木应先修剪后种植,绿篱应先种植后修剪)、修剪的高度和形式及要求等。

① 乔木类修剪规定

Ⅰ. 具有明显主干的高大落叶乔木：应保持原有树形,适当疏枝;对保留的主侧枝应在健壮芽上短截,可剪去枝条 1/5 ~ 1/3。

Ⅱ. 无明显主干、枝条茂密的落叶乔木：对干径 10 cm 以上者,可疏枝保持原树形;而干径为 5 ~ 10 cm 者,可选留主干上的几个侧枝,保持原有树形,进行短截。

Ⅲ. 枝条茂密、具圆头型树冠的常绿乔木：可适量疏枝。枝叶集生于树干顶部者,可不修剪。具轮生侧枝的常绿乔木用做行道树时,可剪除基部 2 ~ 3 层轮生侧枝。

Ⅳ. 常绿针叶树：不宜修剪,只剪除病虫枝、枯死枝、生长衰弱枝、过密的轮生枝和下垂枝。

Ⅴ. 用做行道树的乔木：定干高度宜大于 3 m,第一分枝点以下的枝条应全部剪除,分枝点以上枝条酌情疏剪或短截,并保持树冠原型。

Ⅵ. 珍贵树种：树冠宜作少量疏剪。

② 灌木及藤蔓类修剪规定

Ⅰ. 枝条茂密的大灌木：可适量疏枝。

Ⅱ. 分枝明显、新枝着生花芽的小灌木：应顺其树势适当强剪,促生新枝,更新老枝。

Ⅲ. 用做绿篱的灌木：可在种植后按设计要求整形修剪。苗圃培育成型的绿篱,种植后应加以整修。

Ⅳ. 攀缘类和蔓性苗木：可剪除过长部分。攀缘上架苗木可剪除交错枝、横向生长枝。

③ 苗木修剪质量规定

Ⅰ. 剪口应平滑，不得劈裂。

Ⅱ. 枝条短截时应留外芽，剪口应距留芽位置至少 1 cm。

Ⅲ. 修剪直径 2 cm 以上的大枝及粗根时，必须削平截口并涂防腐剂。

(9) 苗木假植定植

裸树苗木自起苗开始暴露时间不宜超过 8 h。若当天不能种植，应进行假植。带土球小型花灌木运至施工现场后，应紧密排码整齐。若当日不能种植，应喷水保持土球湿润。珍贵树种和非种植季节所需苗木，应在合适的季节起苗并用容器假植。要确定假植地点、方法、时间、养护管理措施等。种植时确定不同树种和不同地段的种植顺序、是否施肥（如需施肥，应确定肥料种类、施肥方法及施肥量）、苗木根部消毒的要求与方法。

树木种植应符合下列规定：

① 种植的树木应保持直立，不得倾斜，并注意观赏面的合理朝向。

② 种植绿篱的株行距应均匀。

③ 种植带土球树木时，必须拆除不易腐烂的包装物。

④ 对珍贵树种应采取树冠喷雾、树干保湿和树根喷布生根激素等措施。

⑤ 种植时，根系必须舒展，填土应分层踏实，种植深度应与原种植线一致。竹类可比原种植线深 5 ~ 10 cm。

⑥ 种植裸根树木时，应将种植穴底填土呈半圆土堆，置入树木填土至 1/3 时，应轻提树干使根系舒展，并充分接触土壤，随填土分层踏实。

⑦ 带土球树木必须踏实穴底土层，而后置入种植穴，填土踏实。

⑧ 绿篱成块种植或群植时，应由中心向外顺序退植；坡式种植时，应由上向下种植；大型块植或不同彩色丛植时，宜分区、分块种植。

(10) 树体裹干支撑

确定是否需要立支柱及立支柱的形式、材料和方法。种植大乔木是一定需要支撑的。树大招风，新种的大树根基不牢，容易在台风、大雨过后倒掉。大树的支撑支点要均衡，支撑物要能够经受足够的风力。一般采用单撑、扁担撑、三角支撑或四角支撑等支撑方式（图 7-4）。成片的林子也可以搭支撑，把它们用竹竿互相绑扎成横向的架子，共同抵御风力。

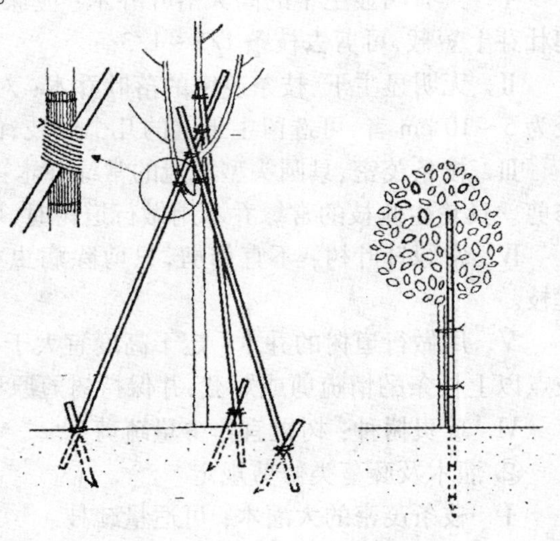
图 7-4　支撑方式

支撑固定应符合下列规定：

① 种植后应在略大于种植穴直径的周围筑成高 10 ~ 15 cm 的灌水土堰，堰应筑实，不得漏水。坡地可采用鱼鳞穴式种植。

② 对新植树木,应在当日浇透第一遍水,以后根据情况及时补水。

③ 黏性土壤宜适量浇水;根系不发达树种的浇水量宜较多,肉质根系树种的浇水量宜少。

④ 秋季种植的树木,浇足水后可封穴越冬。

⑤ 干旱地区或遇干旱天气时,应增加浇水次数。干热风季节,应对新发芽放叶的树冠喷雾,宜在上午 10 时前和下午 3 时后进行。

⑥ 浇水渗下后,应及时用围堰土封树穴。再筑堰时,不得损伤根系。

⑦ 在人员集散较多的广场、人行道种植树木后,种植池应铺设透气护栅。

⑧ 种植胸径在 10 cm 以上的乔木,应设支柱固定。支柱应牢固,绑扎树木处应夹垫物,绑扎后的树干应保持直立。

⑨ 种植攀缘植物后,应根据植物生长的需要进行绑扎或牵引。

(11) 栽后养护管理

① 养护管理的意义和内容

园林植物被植下后能否成活和生长良好,尽快达到设计所要求的色、香、美均佳的目的和效果,在很大程度上取决于养护管理水平。为了使园林树木生长旺盛、苍翠欲滴、浓荫覆盖和花香四溢,必须根据树木的年生育进程和生命周期的变化规律,适时地、经常地、长期地进行养护管理,为各个年龄期的树木生长创造适宜的环境条件,使树木长期维持较好的生长势,预防早期转衰,延长绿化效果,并发挥其他多种功能效益。俗语说:"三分种植,七分养护。"可见,养护管理工作十分重要。

园林树木的养护管理工作必须一年四季不间断地进行。养护措施包括中耕除草、施肥、灌溉排水、整形修剪、防风防寒、防治病虫害,以及大树、果树的补洞、更新和复壮等,应根据不同的树种、物候期和特定要求适时进行。如刚定植的大树或一般花灌木,要求根据树种连续灌水 3 ~5 年,以保证树木栽植成活(北方干旱地区应更长些)。管理措施包括看管围护、绿地的清扫保洁等园务管理工作。

② 养护管理的阶段划分

树木养护管理工作应根据树木的生长规律和生物学特性结合当地的气候条件进行。全国各地气候相差悬殊,养护管理工作阶段的划分应根据本地情况而定。通常按一年四季分为冬季、春季、夏季、秋季四个阶段。

Ⅰ. 冬季(12 月份至次年 2 月份):冬季气温很低,植物基本进入休眠期。此期间主要进行植物的整形修剪、深施基肥及防寒、防治病虫害等工作。另外,还应加强机具检修和养护,进行全年工作总结,制订来年工作计划。

Ⅱ. 春季(3 至 5 月份):春季气温逐渐回升,植物陆续解除休眠,进入萌发生长发芽阶段。此期间主要是撤除防寒措施,进行表灌,以补充土壤水分,对植物进行施肥,为其萌发生长创造适宜的水、肥条件。同时进行常绿绿篱和春花植物的花后修剪。春季也是病虫害防治的关键时刻。

Ⅲ. 夏季(6 至 8 月份):夏季气温较高,光照时间长,光量大,南北方雨水都较充沛,是植物生长发育的旺盛时期,也是需水、肥最多的时期。此期应多施以氮为主的追肥和腐熟的有机肥料。夏末应及时停施氮肥,改施以磷、钾为主的肥料。这样既保证了树木长枝发叶所需的氮素,又保证了开花结实所需的磷和钾。另外,夏季蒸腾量大,干旱时要及时灌水,水涝时要及时

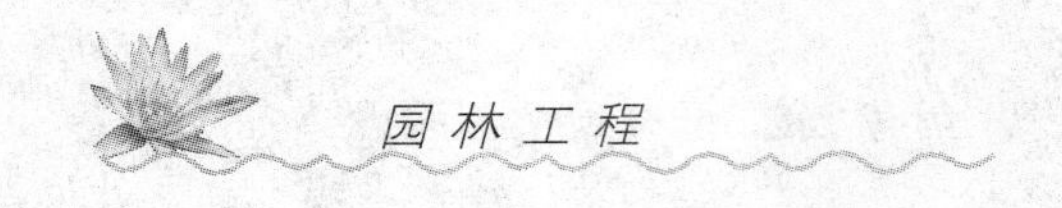

排水和抽水。此期间也是杂草旺长季节,晴天中耕除草以保持景观效果也十分重要。

Ⅳ. 秋季(9至11月份):秋季气温开始下降,降水减少,因此要防秋旱,及时灌水。秋季植物生长减缓,向休眠期过渡,因此要开始全面整理园容和绿地,伐除死树枯枝;对花灌木、绿篱进行整形修剪和杂草清除;在落叶后封冻前,进行防寒、灌封冻水、深翻施基肥等处理。

③ 养护技术

Ⅰ. 灌溉

对新植树木和从前定植树木,都应根据一年内各个物候期需水特点和当地气候土壤内水分含量的变化规律,进行适时适量灌溉。通常每年2~6次。灌溉与施肥常结合进行。在我国北部地区,入冬前需灌冬水,提高土壤温度;在盐碱地区,宜采用小水灌透的原则,灌水量以水分浸润根系分布层为宜(若灌水过多,与地下水位相接,会产生返碱和返盐现象,对树木产生伤害)。

灌溉方法很多,有沟灌、漫灌、树盘灌溉、喷灌、滴灌等。树木群植、片植时,宜采用沟灌和漫灌;单株树木独立灌溉时,采用树盘灌溉;对大面积草地或苗圃机械化作业时,常采用喷灌;大树、特形树和珍贵树木移植时,通过安装水管进行喷雾和滴灌。

另外,夏季灌溉宜在早晚进行,冬季灌水应在中午前后进行。灌前应先中耕松土,灌后扒平复土。

Ⅱ. 排水

在北方多雨季节(通常为7、8、9月份)和南方梅雨季节以及地势低洼处的雨水较多时期,要做好表层排水和树穴排水,以防涝害。排水主要通过地面坡度进行地表径流自然排水。对特殊地块在地表开挖明沟排水和在地下埋设管道或筑暗沟进行排水。一般在土方工程设计中就应考虑好地形和坡度,提倡自然排水,这样既不影响景观,又节约成本。

Ⅲ. 施肥

肥料按营养元素不同可分为氮肥、磷肥、钾肥,以及各种微量元素肥料。氮肥可促进长枝叶生长,磷、钾肥有助于开花结果。故以观叶为主的行道树、庭荫树等乔木,春季宜增施氮肥,而以观花、赏果为主的花灌木则在花前花后侧重于施磷、钾肥,当然两者也要相辅相承,互相补充。另外,树木生长季节应施速度肥作为追肥,易被快速吸收利用;休眠季节应施迟效肥作为基肥,经过一段时间腐熟之后才能被吸收。

施肥方式分为土壤施肥和根外施肥两种。土壤施肥有环状施肥、放射状施肥、穴施及全面施肥等方法。施肥深度由根系分布层的深浅而定,一般为20~50 cm。在树木生长期内,为解决某一元素的缺乏,或促花保果,可采取根外施肥法。将肥料配成溶液状喷洒在树木的叶子和枝条上,营养元素由气孔进入植株,供树木利用。当然,施肥要选晴天且土壤干燥时进行。每年施基肥1次,追肥1~2次以上,肥量依植株大小而定。

Ⅳ. 整形与修剪

整形、修剪是一项十分重要的养护管理措施。整形是指将植物体按人为意愿整理或盘曲成各种特定的形状与姿态,满足观赏方面的要求;修剪是指将树体器官的某一部分疏删或短截,达到调节树木生长或更新复壮的目的。一般整形需要通过修剪来实现。

Ⅴ. 防寒

园林树木因冬季低温而造成落叶、枯梢或全株死亡,或早春树木萌发后因晚霜和寒潮袭击

而枯萎，这些现象统称为冻害或寒害。所以，入冬前应做好各种防寒措施，以预防冻害的发生。

除了加强栽培管理、增强树木的抗寒能力外，北方地区封冻前要灌冻水后堆土防寒，保护根颈和根系；用稻草或草绳包裹树干，用石灰水加盐或石灰水加石硫合剂将树干涂白；搭建风障；清除树冠及枝条上的积雪，在树根周围堆雪以防土壤冻结。

Ⅵ. 其他日常养护管理

为了使园林树木生长健壮，园林绿地保持良好的整体景观，除了以上养护管理外，还要进行日常中耕除草，加强土壤保水、透气和增温效果。在我国东南沿海地区，要注重防风，选择合适季节进行补洞补缺。另外，在树木病虫害发生季节，及时防治病虫害也是养护管理工作中的一项十分重要的工作。坚持贯彻“防重于治”的方针和“综合防治”的原则，并做到“治早、治小和治了”，从而保护树木不受病虫的危害。

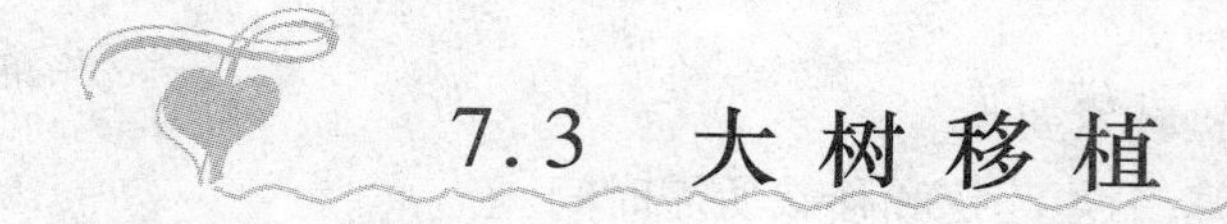

7.3　大树移植

7.3.1　大树移植基本原理

(1) 大树收支平衡原理

正常生长的大树，根和叶片吸收养分(收入)与树体生长和蒸腾所消耗的养分(支出)基本能达到平衡。也只有养分收入大于或等于养分支出时，才能维持大树生命或促进其正常生长发育。

(2) 起挖移栽对大树收支平衡的影响

大树根被切断后，吸收水分和养分的能力严重减弱，甚至丧失，在移栽成活并长出大量新生根系之前，树体对养分的消耗(支出)远远大于自身对养分的吸收合成(收入)。此时，大树养分收支失衡表现为叶片萎蔫，严重时枯缩，最后导致大树死亡。根据大树养分收支平衡原理，利用当今先进的移植技术和移植养护品来弥补这种不平衡性，可大大提高成活率。

(3) 起挖后满足大树收支平衡的具体方法

① 增加大树“收入”的措施：起挖前 3 ~4 天进行充分灌水；向树体喷水或叶面肥，增加树体养分；运输途中给树体输液，挂输液吊袋或吊瓶；待移栽后输液，挂输液吊袋或吊瓶。

② 减少大树“支出”的措施：操作时，要防止损伤树皮，避免切口撕裂，对受损的树皮和切口进行消毒、对树皮尽快植皮和对伤口尽快涂膜和敷料，以防止病菌侵入，减少水分和养分散失；除去移栽前的所有新梢嫩枝，合理修剪；包裹保湿垫(树干用无纺麻布垫、铺垫、草绳等包扎，对切口罩帽)；运输途中和移植后搭建遮阴蓬进行遮阴；起挖后喷施抑制蒸腾剂，以减少水分蒸发。

③ 大树近似生境原理

生境是指光、气、热等小气候条件和土壤条件(土壤酸碱度、养分状况、土壤类型、干湿度、透气性等)。如果把生长在酸性土壤中的大树移植到碱性土壤，把生长在寒冷高山上的大树移入气候温和的平地，其生态环境变化大，会影响移植成活率。因此，移植地生境条件最好与原生长地生境条件近似。移植前，如果移植地和原生地太远，海拔高差大，应对大树原植地和定植地的土壤气候条件进行测定，根据测定结果尽量使定植地满足原生地的生境条件，以提高大树移植成活率。另外，大树品种的不同也会直接影响移植成活率。

(4) 移植季节

一般情况下，春、秋季节移植大树成活率高，其中以早春季节为最佳。因为早春季节树体蒸腾作用弱，气温相对较低，土壤湿度大，有利于受损根系的愈合和再生；且移植后发根早，成活率高。从移植天气来看，以阴天无雨、晴天无风的天气为佳。

7.3.2 夏季大树移植注意事项

(1) 夏季移植大树关键技术要点

① 增大土球，适当重剪，缩短起挖和移栽所需时间。

② 使用先进的现代移植养护品。

③ 运用先进的大树移植运输方法。

④ 重视过程，重视细节。

(2) 提前断根有利于移栽成活

为了提高移植成活率，可提前以树干胸径 4 ~ 5 倍为半径画圆开沟断根，断根 1 ~ 2 个月后即可起挖。如提前 1 ~ 3 年内断根，成活率更高。

7.3.3 大树移植方法及处理

(1) 大树带土球移植技术

① 起挖前准备

起挖前准备好主要工具及吊车和运输车。如条件允许，对于冠形过大的大树可先进行适当修剪，主要剪去内堂枝、病虫枝和不需要的老枝、弱枝(图 7-5)，以减少树冠量，便于吊装运输，减少养分的消耗。

图 7-5　大树修剪

② 起挖大树技术要点

Ⅰ. 起挖时以树干为中心,比计算出的土球大 3 ~ 5 cm 画圆。

Ⅱ. 顺着所画圆向外开沟挖土,沟宽 60 ~ 80 cm。

Ⅲ. 土球高度一般为土球直径的 60% ~ 80%。

Ⅳ. 对于细根,可用利铲或铲刀直接铲断。

Ⅴ. 粗大根必须用手锯锯断,切忌用其他工具强行弄断或撕裂。

Ⅵ. 土球基本成形后将土球修整光滑,以利于包扎。

Ⅶ. 土球修整到 1/2 时逐渐向里收底,收到 1/3 时,在底部修一平底,整个土球呈倒圆台形。起挖大树的一般步骤如图 7-6 所示。

a. 起挖前可根据情况进行拉绳或吊缚,以保安全

b. 土球直径一般为大树胸径的8~10倍

c. 开沟,沟宽一般为60~80 cm

d. 土球高度一般为土球直径的60%~80%

e. 可用利铲或铲刀直接铲断细根,注意不损伤裂根

f. 对高大的粗根,待吊车吊缚后再用锋利的手锯锯断,以防撕裂根皮和树倒伤人

图 7-6　起挖大树的一般步骤

③ 土球修整关键技术要点

Ⅰ. 尽量保持土球的完整性,不松散。

Ⅱ. 修到土球一半高度时,向里收至直径的1/3。

Ⅲ. 削平土球边缘,使之平滑,以便于捆扎草绳。

Ⅳ. 最终整个土球应呈倒圆台形。

土球修整过程如图7-7所示。

对土球修“毛边”,以利于包扎

修好后的倒圆台形土球

图7-7 土球修整

④ 根部处理关键技术要点

Ⅰ. 用根动力①号稀释200倍喷施根部,可诱导大树快速生根。

Ⅱ. 用根腐灵稀释600倍喷施土球消毒,防止根腐烂。

Ⅲ. 喷整个土球,着重喷根切面及须根系。

⑤ 捆扎土球关键技术要点

Ⅰ. 树基部扎草绳、钉护板,以保护树干。

Ⅱ. “打腰箍”,一般扎8~10圈草绳。

Ⅲ. 草绳捆扎要求松紧适度、均匀。

捆扎土球的过程如图7-8所示。

a. 在大树基部捆扎草绳60~80 cm高

b. 在捆好的草绳上钉护板，以保护树

c. “打腰箍”，扎8~10圈草绳

d. 采用桔子式和鸡罩笼式包扎土球

e. 捆扎时力求均匀，并用力拉紧，土球“肩部”草绳应陷入土中

f. 捆扎好的“倒圆台”形土球

图 7-8　捆扎土球的过程

⑥ 起吊大树关键技术要点

Ⅰ. 切断粗大根：在断根前必须先用吊车扶定。

Ⅱ. 确定起吊部位：根据树冠和土球重量确定起吊部位，应使大树的重心在起吊部位下方。

Ⅲ. 起吊部位防破损处理：在起吊部位扎 60 ~ 70 cm 高的草绳，在草绳上钉同样高度、均匀分布的木板。

Ⅳ. 起吊：将钢绳的挂钩或软带紧紧地套牢在木板上。（注意：吊树时要防止钢绳断裂。）

起吊大树的过程如图 7-9 所示。

a. 在起吊部位捆扎草绳，钉板护树
（注意：操作人员必须系安全带）

b. 在起吊部位套牢钢索

c. 注意起吊安全，慢慢小心转移至开阔地，以便于装车运输

d. 装车运输前，对过大的树冠作适当修剪和内拉处理

图 7-9　起吊大树的过程

⑦ 装车运输关键技术要点

Ⅰ. 吊装时应尽量避免损树伤皮和碰伤土球。

Ⅱ. 装车时应用软绳，以保护树皮。

Ⅲ. 装车时要小心轻放，在土球的下方垫软物（如原生土或草绳），以防弄散土球。

Ⅳ. 树干与后车板接触处必须由软木支撑。

Ⅴ. 车箱内土球两侧用软木或沙袋支垫。

Ⅵ. 运输途中树冠应高于地面，防止枝冠受损，并注意防止树枝伤人损物。

Ⅶ. 路况不好时，应缓慢小心行驶。

（提醒：“人怕伤心，树怕伤皮”。）

装车运输过程如图 7-10 所示。

a. 装车前在起吊部位系结实软绳

b. 小心起吊装车，在土球下方垫软物

c. 树干下垫软木和软垫（草绳、草捆或软橡胶皮均可）垫树干

d. 用软绳使土球牢牢固定，两侧垫软木沙袋，以防滚动

e. 小心运输，车速控制在20 km/h左右，对于长距离运输的大树，应不断喷水和插上树动力瓶输液，以补充养分和水分

图 7-10　装车运输

⑧ 移栽定植及处理步骤如图 7-11 所示。

a. 提前1周挖好树穴，成上小下大的“锅底穴”

b. 用土壤消毒剂对土坑消毒

c. 运输进场

d. 为减少枝叶消耗，应适当修剪，并考虑冠形

e. 对枝叶和树干整株喷抑制蒸腾剂，以减少水分蒸发

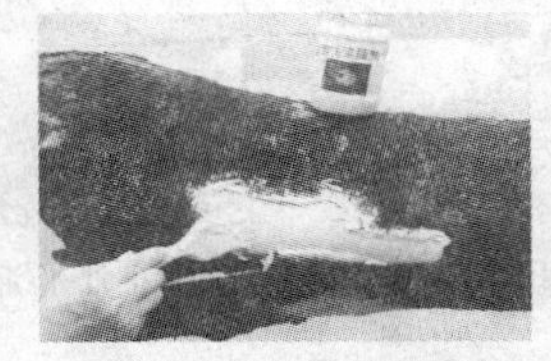

f. 对伤口进行消毒防腐涂膜处理，或用植皮敷料保护

g. 起吊大树入坑，准备栽植

h. 将大树吊移至预定栽植地

i. 选定朝向放树，并将树摆直

j. 除去草绳等土球包裹物，以防积水沤根烂根

k. 分层填土夯实，下层土颗粒细，上层粗，以利于透气

l. 填土至2/3时浇水。如发现有空洞，捣实，并堆土成丘状，越夏时土球覆土厚度应保持在5cm左右

m. 支撑与拉杆稳固树

n. 定植浇定根水时加入根动力②号

o. 定植后立即活给树体补充生命平衡液

p. 在树干中上部或一级主枝插上树动力，以激活细胞活力，促芽促长

q. 用树动力并结合补充生命平衡液，促进早发芽，树势恢复快

r. 用树动力并结合用施它活促进早发芽，使树势恢复快

图 7-11 移栽定植及处理

(2) 裸根移植

裸根移植适用于秋末落叶乔木树种和主根发达、须根少、难带土球的树种。移植时期一般选在开始落叶后至早春萌芽前。裸根移植的步骤如下。

① 重剪

移植前对树冠进行重修剪。修剪时尽量保留主要分枝，锯截粗枝时应避免拉裂，修剪时

锯面应光滑平整，锯后用锋利的刨刀刨光，然后用涂膜剂处理切口或涂上敷料并罩帽。

② 挖掘

裸根移植大树时一般以距树干 40 ~ 50 cm 远为半径的圆外开沟挖掘。挖掘深度应视根系情况，挖到根系分布层以下即可。在挖掘过程中，遇粗根时用手锯锯断，不能强行铲除，以免拉裂根系。挖倒大树后，能带土的尽量带土，并用草绳包好根部土球。操作过程中，尽量避免损伤树皮和须根，特别是切根后的毛细根必须带护心土（又称宿土）。

③ 栽植

一般情况下，栽植穴比根的幅度和深度大 20 ~ 30 cm，穴底施基肥。先对在运输过程中受损的枝条进行修剪，用根动力和根腐灵对根部和根接触的穴底及周围进行喷施处理后，把大树移入穴内，平衡放下，使根系摆平、舒展，然后用栽植土填入树穴。特别在根系空隙处，要仔细填满，填至一半时，将树干轻轻上提或摇动，使栽植土与根系紧密结合，夯实后浇水。待水完全下渗后再加土，加至高出地面 10 ~ 15 cm 即可围堰灌水。

(3) 反季节移植

① 提高反季节移栽大树成活率的措施

Ⅰ. 缩短起挖栽植时间，尽量在挖掘当天栽植。

Ⅱ. 起挖前 3 ~ 4 天向树体浇一次水，以补足树体养分和水分。这样做也利于起挖出完整的土球，保持土球尽可能大(8 ~ 10 倍胸径)，少伤根。

Ⅲ. 修剪量适当加大，并将切口尽快涂抹愈伤涂膜剂。

Ⅳ. 修剪后尽快喷施抑制蒸腾剂（图 7-12），并在运输途中和移栽过程中一直挂上输液袋或瓶，持续不断地补充水分和养分。这是反季节移植尤其是夏天高温季节移植的必备措施。

Ⅴ. 起挖土球后和移栽时向土球喷根动力①号和根腐灵。

Ⅵ. 夏季应防止土壤过湿和积水，以免造成烧根和影响根呼吸，并采取保湿遮阴措施，可加强向树体喷水保湿；浇水喷水要避开高温时段。

Ⅶ. 采取新的移植措施，如板箱移植和容器移植、超大土球移植等方法。

起挖后运输时喷抑制蒸腾剂，以减少水分散失

图 7-12　喷洒抑制蒸腾剂

（注：大树反季节移植主要指在 5 ~ 9 月份的高温季节移植。）

② 反季节板箱移植法简介

有时根据市政规划需要移动一些特大树、名木古树，为了确保这些名贵大树 100% 成活，常采用板箱移植法进行短距离运输到栽植地。

Ⅰ. 掘树

树体根部土台大小的确定是以树冠正投影为标准（也有按树干胸径的 8 ~ 10 倍确定），取方形。以树干为中心，比应留土放大 10 cm 画一正方形。铲去表土，在四周挖宽 60 ~ 80 cm 的沟，沟深与留土台高度相等(80 ~ 100 cm)，土台下部尺寸比上部尺寸小 5 ~ 10 cm，土台侧壁略向外突，以便装箱板将土台紧紧卡住。挖好土台后，先上四周侧箱板，然后上底板。土台表面比箱板高出 2 ~5 cm(以便起吊时下沉),固定好方形箱板,用钢绳将树体固定,防止树体偏斜和土球松动,然后起吊、装车、外运(若距离近,地势平,也可采用底部钢管滚动式平移,用卷扬机拉,用推土机或挖掘机在后面推)。

Ⅱ. 栽植

栽植穴每侧距木箱 20 ~30 cm、穴底比木箱深 20 ~25 cm,穴底放腐熟有机肥、填栽填土,厚约 20 cm,中央凸起呈馒头状。将树体吊入栽植穴后,扶正树体并用支架支撑。若箱土紧实,可先拆除中间一块底板。入穴后拆除底板和下部的四周箱板,填土至 1/3 深时,拆除上板和上部四周的箱板,填土至满。填土时每填 20 ~30 cm 就压实一次,直至夯实填平。箱板常用钢板制作,一般不选用木板。上底板时常用掏空法和顶管法。

③ 反季节容器移植法简介

树体被移植前生长在事先做好的容器中,连同原生长的容器一起移植到移栽地的方法,称容器移植法。此法简便,成活率可达 100%,不受季节限制(图 7-13)。

图 7-13　容器移植

7.3.4　大树日常养护管理技术

大树在移植后 1 ~3 年内日常养护管理很重要。尤其是移植后的第 1 年,主要管理养护工作包括喷浇水、排水、树干包扎、保湿防冻、搭棚遮阴、剥芽除嫩梢、病虫防治等。

(1) 输液与浇水

栽植后立即浇一次水,2 ~3 天后第二次浇水,1 周后第三次浇水,以后视土壤情况可适当延长间隔时间,每次浇水都要做到"干透、浇透"。表土干后要及时进行中耕,以利于土球底部的湿热散出,以免影响根系呼吸。除正常浇水外,在夏季高温季节还应经常向树体缠绕的草绳或保湿垫喷水,一般每天浇 4 ~5 次,早晚各喷水 1 次,中午高温前后 2 ~3 次,每次喷水以"喷湿但不滴水、不流水"为度,使根部土壤保持湿润状态即可。

现代先进的养护技术是以给大树吊注输液为主。输液最大的优点是不会造成根部积水。因为常规浇水法很难控制水量,易造成水的浪费和根部积水,使用吊注输液可节水、节工、节能达 90% 以上。

(2) 捆扎保湿

对树皮呈青色或皮孔较多的树种以及常绿树种,应将主干和近主干的一级主枝部分用草绳或保湿垫缠绕(图 7-14),以减少水分蒸发,同时也可预防干体日灼和冬天防冻,但所缠的草绳不能过紧和过密,待第二年秋季可将草绳解除。

(3) 搭棚遮阴

夏季气温高,树体蒸腾作用强,为了减少树体水分散失,应搭建遮阴棚以减弱蒸腾作用,并防强烈的日晒(图 7-15)。注意:高温天气在运输途中和栽植养护时大树遮阴不能过严,

更不能密封，也不能直接接触树体，必须与树体保持 50 cm 的距离，保证棚内空气流通，以免影响成活率。

同时，利用现代先进的蒸腾抑制技术（抑制蒸腾剂）来减弱树体的蒸腾作用，防止水分过度蒸发。

图 7-14　捆扎保湿

图 7-15　搭棚遮阴

（4）支撑拉绳固树

树大招风。大树被移植后，为了防止大风吹摇树干或吹歪树身，常采用立支撑杆（一般呈“品”字形三杆支撑）和拉细钢绳（呈“品”字形三方拉树，并注意系安全标识物）的方法稳固（图 7-16）。若采用支撑杆，支撑点一般选在树体的中上部 2/3 处，支撑杆底部应入土 40 ~ 50 cm 深。

（5）剥芽除萌除梢

对萌芽能力较强的树木，移植后应定期、分次进行剥芽除萌、除嫩梢（切忌一次完成），以减少养分消耗，及时除去基部及中下部的萌芽，控制新梢在顶端 30 cm 范围内发展成树冠（图 7-17）。有些大树移植后发芽是在消耗自身的养分，是一种假成活的现象，应及时判断是否为假成活并采取相应措施。

图 7-16　支撑拉绳固树

图 7-17　剥芽除萌除梢

(6) 防冻防寒解害

在冬季霜冻时期,可用防冻垫(无纺麻布、塑料膜、草绳)包裹树干及主枝,以减弱霜冻对大树的影响,防止大树受冻(图7-18)。注意:塑料膜包扎只能在寒冷的冬季使用,待气温回升平稳在5℃以上时,应立即去除包裹物。

现代先进的、更有效的防冻措施是对树干及主枝刷"冻必施",并结合全株喷施(重点喷幼嫩组织)。

图7-18 树干包裹防冻

(7) 促进根部土壤透气

大树根部良好的土壤通透条件,能够促进伤口的愈合和促生新根。大树栽植过深、土球覆土过厚、土壤黏重、根部积水等因素会使根部透气性差,抑制根系的呼吸,这样根就无法从土壤中吸收养分、水分,导致植株脱水萎蔫,严重的出现烂根死亡。为防止根部积水,改善土壤通透条件,促进生根,可采取以下措施。

① 设置通气管:在土球外围5 cm处斜放入6~8根PVC管(图7-19),管上要打许多小孔,以利于透气。平时注意检查管内是堵塞。

② 换土地:对于透气性差,易积水板结的黏重土壤(如黏壤土),可在土球外围20~30 cm处开一条深沟,开沟时尽量不要造成土球外围一圈的保护土震动掉落,然后将透气性和保水性好的珍珠岩填入沟内,填至与地面相平(图7-20)。

③ 挖排水沟:对于雨水多、雨量大、易积水的地区,可横纵深挖排水沟,沟深至土球底部以下,且要求沟排水畅通。

图7-19 开排水沟,并设置PVC通气管6~8根,以利于通气

图7-20 挖环状沟,填入珍珠岩,改善土壤通透性

7.3.5 大树移植成活的常见问题

(1) 大树"假活假死"现象

"假活":树体靠自身养分发了芽,但没有走根,一段时间后,树体养分被耗尽,芽出现枯

缩死亡，这种现象被称为“假活”现象。因此，不能以“出新芽”来判断大树是否成活。

“假死”：树体养分比较充足，但既没出芽，也没走根，因而误认为树已死亡，这种现象被称为“假死”现象。出现“假死”现象的树，只要后期补足养分和水分，并保持根部良好的生根条件（透气、防积水等），辅以促成活技术和大树移栽养护品，如根动力、树动力、吊针输液等，就可能出芽生根（图 7-21）。如果不及时采取措施，就有可能成为真正的死树。

移栽后“假活”的银杏树

养分耗尽未走根，树体“回芽”死亡

通过检查大树移栽后是否发出新生根系来判断大树是否成活

图 7-21　“根”才是判断大树成活的根本

（2）大树栽植养护误区

① 因怕散球而不松解草绳等土球包裹物

栽植时如果不解掉包扎土球所用的草绳等包裹物，填土就不紧实，还会因草绳积水造成沤根烂根。过段时间用手摇树干会发现土球晃动的，说明带草绳栽植，土不易填紧而生根困难。刨个土洞会发现根系变为黑褐色、腐烂、有恶臭味，说明草绳积水引发烧根（图 7-22）。为了不散球，且要解除包裹物，建议在回填土至 2/3 时再用小刀解除草绳，这样既保持了土球的完整性，又不散球。

② 表土干燥或树出现萎蔫就多浇水

“南方的大树是淹死的，而不是干死的”。在大树栽植养护中经常会遇到土球上面的表土干燥和树出现萎蔫现象，就误认为根部缺水而频繁或大量浇水，结果发现水浇得越多，树就萎蔫得越快，甚至死亡。移栽的大树由于断了大量的根，根系活性差，吸水困难，根部水分过多反而会抑制根系呼吸，严重的导致烂根（图 7-23）。

表土干燥不一定表明根部缺乏水分，有可能是栽植土壤过于黏重，土球底部的湿热难以散发，土壤含水量还比较高，应该做到浇水后及时耕松土，以利于透气。

图 7-22　栽植后发现根槽腐烂，重新解除上部草绳

图 7-23　浇水过多导致烂根

树出现萎蔫的原因很多，有可能是土壤干燥缺水所致，也有可能是根部大量积水，或是栽植过深、土球覆土过多、土过于紧实、透气性差，还有可能是树冠过大、消耗过多引起的，应该在找到原因后再进行针对性的处理。

③ 怕大树倒伏就深栽或多填土

大树再生能力差，根切口愈合慢，需要良好的土壤通透条件，宜浅穴栽植。不能因为树体高大易倾倒就深栽。大树栽得过深会使根系呼吸受阻，且根部的湿热很难散出，伤口愈合慢，不易生根，严重的会导致根系变黑腐烂。

土球表土如填得过多，浇水就不易浇得透，且浇水后土壤容易板结，影响透气（图 7-24）。

图 7-24　填土过多的大树

④ 怕影响观赏效果就少修剪或不修剪

大树移植时根系受损严重，需要进行修剪。不能因为要求达到立竿见影的绿化景观效果和较高的观赏性就少修剪或不修剪，因为修剪是调节树势平衡的重要措施之一，通过有效、合理的修剪，能够使地上部分的枝叶消耗与地下部分根系的吸收达到平衡。不同的树要根据树种的萌芽力和成枝力来进行修剪，要根据不同的栽植季节、不同的气候条件、不同的树体规格大小及立地状况和所采取的栽植养护措施、提供的技术保证等进行修剪，不要不剪或盲目修剪。对于成枝力、萌芽力强的树种如杨柳、梧桐等，可采用“抹头”的方法重修剪；对于成枝力和萌芽力较强的枝种如樟树、桂花、榆树等，可采取截枝式修剪，保留一级主枝，其余的剪掉，对于萌芽力和成枝力弱的树种如松柏等，采取全株式修剪，主要剪去细弱枝、病虫枝、老枝老叶，适量的修剪还能刺激发芽，促成活。

⑤ 树出现问题后不去找准原因就用药，药不对症就认为药有问题

影响大树成长的因素比较多。例如：树栽得过深不走根，根部积水烂根，栽植时填土不紧实，遇水后土壤下陷，根与土壤脱离，晾根，根不能从土壤中吸收到养分、水分；树冠量大对树体自身的水分消耗过多，脱水萎蔫；树干钻蛀性害虫阻断养分、水分的运输等。所以不能完全希望用药来达到很高的成活率，应该在用药之前做好栽植各个过程的细节处理，找到树

体出现不良反应的原因，做到对症用药，及时用药。

⑥ 不提前预防，树出现问题才用药

栽后应加强养护管理和提供促进成活的技术处理措施，在日常养护中应该做到：栽后立即综合用药预防，使用促进快速生根的生长物质，利用吊袋输液提供大树生长的生命平衡物质和促进芽、根的生长动力物质，及采用抑制蒸腾技术减弱蒸腾作用，这样及早、及时补充树体生长所需的养分、水分，并减少树体水分的散失，成活率才会大大提高。

⑦ 一味追求景观效果，深栽或围堰

栽植时，为了避免土球露于地面而影响景观效果就深栽；或是栽后为了提高观赏性，在根基部围方形的水泥堰，致使土球表面覆土过多、过厚，影响根部土壤的透气性，且易使根部积水，抑制了根系的呼吸，造成树体脱水萎蔫或根系腐烂死亡。因此，在追求景观效果的同时，更重要的是保证大树的成活，可根据立地条件、树种及树体规格的大小适时栽植，并在栽植前设置好排水管及通气管，且所填的土质要求有较好的透气和透水功能，如拌有珍珠岩、有机质的沙土，并按一定的比例混匀使用，平时注意根部附近不积水，浇水后要求中耕松土，保持根部土壤良好的透气性。

（3）大树移栽后常出现的问题及解决对策

① 叶失绿、无光泽，芽不萌动，新枝出现萎缩（图7-25）。这些表现说明植株失水。为了防止树体失水萎蔫，可以通过以下措施来增加树体的水分，减弱树体蒸腾作用，减少水分的散失。

Ⅰ. 向叶面和树干喷水保湿。在喷叶片时，重点喷叶片的背面，且所喷水要求雾化状要高，以避免根部积水，喷雾时以喷湿不滴水为度，一天可喷 5 ~ 7 次，保持空气较高的湿度，防止水分的过度散失。

Ⅱ. 向树体输液。用无线充电电钻在根颈部打孔，根据人体输液的原理用吊袋吊注，能及时、持续不断地给树体补充养分、水分。

图 7-25　树体脱水，叶片失绿萎蔫

Ⅲ. 加强修剪。可通过枝条回缩修剪来集中树势，减少枝冠对水分的消耗，保持树体水分平衡。

Ⅳ. 搭建遮阳网。

Ⅴ. 用草绳裹干至一级主枝。

Ⅵ. 向树体喷施抑制蒸腾剂，减弱树体的蒸腾作用，减少水分的散失。

② 叶黄，手摇动树干出现落叶。这一表现说明根部水分过多，应及时排水。排水措施如下：

Ⅰ. 深挖沟：在土球外围横纵深挖排水沟，且沟比土球底部至少深出 30cm，并保持沟内排水畅通（图 7-26）。

图 7-26　开侧沟排水，防止积水

Ⅱ. 设置PVC管:在土球外围5 cm处放置6~8根直径10 cm的PVC管,且在管上打许多小孔,经常检查管内的积水情况。一旦发现积水,立即用水枪将管内积水抽出(图7-27)。这样既检查了积水情况,又能改善土壤的透气性,利于生根(图7-28)。

图7-27 用水枪将管内的水抽出

图7-28 积水过多,影响根系呼吸,应及时打PVC管排气,促进透气

③ 移栽后出现大量落叶。这多是由于留枝过多,植物水分供应不足所致。应及时修剪或剥芽。

④ 枝叶干枯却不落。此种情况下,应对植物进行特殊抢救处理,对土壤含水量、pH值、理化性状等进行分析检测。如果是土质污染所致,则需要更换新土。例如,建筑工地栽树,树坑内水泥、砖块等滞留过多会影响土壤的酸碱性;又如,使用污染的河水浇树会造成土壤严重污染,致使树体中毒。应根据大树濒危程度进行强修剪和加强叶面喷水;或用800~1 000倍的稀施美,也可用0.3%~0.5%的尿素或磷酸二氢钾等进行叶面施肥,每隔15~20天喷一次,以促进叶片恢复正常。

⑤ 整株叶片出现萎蔫,树势衰弱。这种情况可能是由于根部积水烂根或出现空洞,造成根系晾根萎缩及栽植过深抑制根系呼吸,根系无法从土壤中吸收养分、水分所致。具体检查方法如下:在土球外围掏个土洞,逐步向里检查根系情况。如发现根系腐烂,用手锯将腐烂根切掉,直至剪出新生组织为止。然后用根动力①号200倍稀释液喷在剪口处,或用根动力①号200倍稀释液、根动力②号和根腐灵一起浇灌,以消毒、杀菌、促生根。如发现空洞,应及时填土捣实后回填土,覆土厚度为5 cm左右。

7.4 绿化工程竣工验收

绿化工程施工环节较多,为了保证施工质量,做到以预防为主,全面加强质量管理,必须加强施工材料(种植材料、种植土、肥料)的验收,强调中间工序验收的重要性。因为有的工序属于隐蔽性质,如挖种植穴、换土、施肥等,待工程完工后已无法进行检验。竣工验收是建设工程的最后一环,是全面考核园林建设成果、检验设计和工程质量的重要步骤,也是园林建设转入对外开放及使用的标志。

7.4.1　明确竣工验收的范围

根据国家现行规定，所有建设项目按照上级批准的设计文件所规定的内容和施工图纸的要求全部建成。

7.4.2　做好竣工验收的准备工作

竣工验收的准备工作主要有整理技术资料、绘制竣工图纸，并应符合归档要求、编制竣工决算。工程竣工后，施工单位应进行施工资料整理，作出技术总结，提供有关文件，提前1周向验收部门提请验收。提供有关文件如下：① 土壤及水质化验报告；② 工程中间验收记录；③ 设计变更文件；④ 竣工图及工程预算；⑤ 外地购入苗检验报告；⑥ 附属设施用材合格证或试验报告；⑦ 施工总结报告。

7.4.3　竣工验收时间规定

（1）新种植的乔木、灌木、攀缘植物，应在满一个年生长周期后方可验收。

（2）地被植物应在当年成活后，郁闭度达到80%以上再进行验收。

（3）花坛种植的一、二年生花卉及观叶植物，应在种植15 d后进行验收。

（4）春季种植的宿根花卉、球根花卉，应在当年发芽出土后进行验收。秋季种植的应在第二年春季发芽出土后验收。

7.4.4　绿化工程质量验收规定

（1）乔、灌木的成活率达到95%以上，珍贵树种和孤植树成活率为100%。

（2）强酸性土、强碱性土及干旱地区，各类树木成活率不低于85%。

（3）花卉种植地无杂草、无枯黄，各种花卉生长茂盛，种植成活率达到95%。

（4）草坪无杂草、无枯黄，种植覆盖率达到95%。

（5）绿地整洁，表面平整。

（6）种植的植物材料的整形修剪符合设计要求。

（7）绿地附属设施工程的质量验收符合《建筑安装工程质量检验评定统一标准》GBJ301的有关规定。

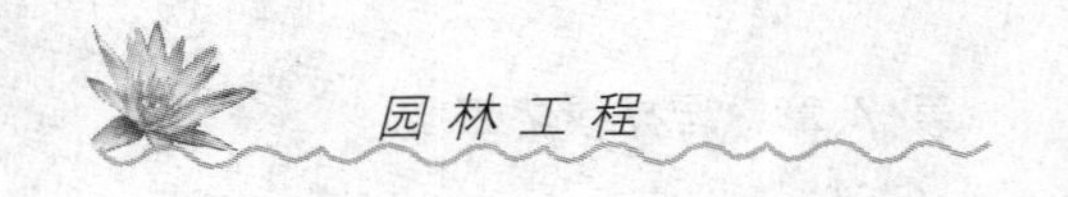

7.4.5 竣工验收后，填报竣工验收单

绿化工程竣工验收单

工程名称： 工程地址：

绿地面积(平方米)：

开工日期： 竣工日期： 验收日期：

树木成活率(%)：

花卉成活率(%)： 草坪覆盖率(%)：

整洁及平整：

整形修剪：

附属设施评定意见：

全部工程质量评定及结论：

验收意见：

施工单位	建设单位	绿化质检部门
公章：	公章：	公章：
签字：	签字：	签字：

7.4.6 组织项目竣工验收

工程项目全部完工后，经过单项验收，符合设计要求，并具备竣工图表、竣工决算、工程总结等必要的文件资料，由项目建设单位向负责验收的单位提出竣工验收申请报告，由验收单位组织相应的人员进行审查、验收，作出评价。对不合格的工程不予验收，对工程遗留问题则应提出具体意见，限期完成。

7.4.7 确定对外开放日期

项目验收合格后，及时移交使用部门并确定对外开放时间，以尽早发挥项目的经济效益与社会效益。

7.5 园林绿化工程施工案例分析

7.5.1 工程概况

本工程为苏州农业职业技术学院校园环境景观改造工程、工程主要施工内容包括硬景

部分和绿化部分。硬景部分包括水体开挖、驳岸砌筑、假山堆叠、广场及园路铺设、花架、木亭、景墙、园桥等内容。绿化部分包括大小乔木、灌木种植，以及草皮和水生植物的种植。施工顺序为先硬景部分后绿化部分。本案例主要介绍绿化部分的施工。

7.5.2　施工准备

(1) 施工管理人员配备

① 管理及技术人员配备

针对本工程时间紧、任务重，又是老校区改造工程、难度大的特点，公司专门成立该景观工程项目部。委派经验丰富的项目经理全面负责项目施工，配备园林景观工程师、质检员、安全员、材料员、采购员等。

组建强有力的项目部，作为本工程项目的管理机构，全面负责本项目从开工到完工全过程的施工管理、质量技术和安全管理。项目经理是本工程施工项目上的全权代表，对作业层担负管理与服务的职能，以确保工程质量与工期要求。

项目经理：负责整个工程的统筹，包括合同的执行、监督及安排，设计变更的指导，施工的总指挥。

园林景观工程师：负责整个绿化工程的施工安排与执行监督，在项目经理不在场的情况下，全权代表项目经理处理一切事务。负责工程施工中的技术业务、监督施工质量及图纸的解释变更、竣工图的制作。

质检员：负责工程所需的苗木质量。

材料员：负责整个工程的材料采购和施工机械的供给，后勤的各种协调工作。

安全员：负责整个工程的施工安全检查、督导及水电等相关部分的工作联系，保证施工安全。

施工队长：负责施工队的管理及施工人员的调配。

② 其他准备工作

Ⅰ. 项目部成员会审图纸，全面领会整个工程景观设计思想及景观特征，全面、详细地了解图纸中的工程说明，做到心中有数。

Ⅱ. 根据施工图纸，结合预算项目，统计各项施工项目数量表。

Ⅲ. 制订材料计划表，将工程所需苗木名称、规格和预计数量列表。

Ⅳ. 制订施工进度计划表，用于控制施工进度和调度工人及材料。

Ⅴ. 开工前实地勘察，了解施工现场环境、交通、运输及施工人员食宿等情况，核对施工空间与设计图纸有无误差。

Ⅵ. 施工前对土壤进行化学分析，对不合格土壤采取改良和客土等相应措施完善土壤理化性质。

③ 协调工作

Ⅰ. 工程开工后，每周召开工作协调会，及时解决施工中产生的矛盾；上报业主安排工作的误差情况；汇报下周的工程作业计划；提出对业主和协作单位的配合要求。

Ⅱ. 业主与监理召开的工程协调会一般由项目经理及施工负责人参加，协商解决重大问题,以便工程顺利进行。

Ⅲ. 施工工程中自觉配合、服从业主和监理单位对工程施工的监督,共同把好质量关。

7.5.3 施工顺序

(1) 编制说明

本工程进度计划是按正常的绿化施工进度进行编排的。

(2) 本工程主要施工阶段

① 准备期

绿化苗木、有机肥料的选择及准备,园林机械、车辆及护树设施等的准备。

② 施工期

根据施工图纸及现场情况,将施工期分为几个阶段,每个阶段的施工起止日期按《施工进度计划表》进行。

③ 养护期

根据合同竣工后,进入养护期,按《绿化养护作业指导书》进行养护,以保证苗木成活。

(3) 绿化施工主要程序及技术要求

① 清理场地

对施工场地内所有垃圾、杂草杂物等进行全面清理。

② 场地平整

严格按设计标准和景观要求,土方回填平整至设计标高,对场地进行翻挖,草皮种植土层厚度不低于30 cm,花坛种植土层厚度不低于40 cm,乔木种植土层厚度不低于70 cm,破碎表土整理成符合要求的平面或曲面,按图纸设计要求进行整势整坡工作,直至标高符合要求。有特殊情况的要与业主共同商定处理。

③ 放线定点

根据设计图比例,将设计图纸中各种树木的位置布局反映到实际场地,保证苗木布局符合实际要求。实际情况与图纸发生冲突时,在征得监理同意的前提下,作适当调整。

④ 挖种植穴和施基肥

乔木种植穴以圆形为主,花灌木采用条形穴。种植穴比树木根球直径大30 cm左右。施基肥按作业指导书进行。

⑤ 苗木规格及运输

选苗时,苗木规格与设计规格误差不得超过5%,按设计规格选择苗木。乔木及灌木土球用草绳、蒲包包装,并适当修剪枝叶,防止水分过度蒸发而影响成活率。

⑥ 苗木种植

按《苗木种植作业指导书》要求进行,乔木须立保护桩固定。苗木种植按大乔木→中、小乔木→灌木→地被→草皮的顺序施工。

⑦ 种植浇灌

无论何种天气、何种苗木,栽后均须浇足量的定根水,并喷洒枝叶以保湿。

⑧ 施工后的清理

对施工后形成的垃圾及时清理外运,保证绿地及附近地面清洁。

7.5.4　主要施工方案及技术措施

(1) 平整场地工序

① 施工工具

需配置挖土机、推土机、运输车、吊车、铁锹、铲子、锄头、手推车等施工工具。

② 施工内容

施工员负责平整场地的面积范围。用上述机械、工具对不符合设计要求的坡地进行平整、高坡削平、低塘填平。对特殊场地,如草坪地,应具备适宜的排水坡度,以 2.5% ~3% 为宜,边缘应低于路道牙 3 ~5 cm。对场地翻挖、松土厚度不低于 50 cm。条件不允许时,保证草坪种植土厚不低于 30 cm,花坛种植土厚不低于 40 cm,且将泥块击碎。对低位花坛,应高于所在地面 5 ~10 cm,以符合苗木种植要求。

③ 检查项目

检查项目包括场地平整度、清除杂物杂草程度及松土质量。

(2) 定点放线工序

① 施工工具

需配置锄头、锤子、皮卷尺、木桩、线、石灰等施工工具和材料。

② 工作内容

对照图纸,用上述工具在平整的工程场地上采用方格法对乔灌木、地被、草皮、小品等进行定点放线。对于规则式灌木图案花坛,做到放线准确,压线种植,图案清晰明了。绿篱开沟种植沟槽的大小按设计要求和土球规格而定。

③ 检查项目

施工图定点放线尺寸应准确无误,按公司质量检查标准进行检查验收,并记档。

(3) 挖植穴工序

① 施工工具

包括锄头、铲子、铁锹等。

② 工作内容

根据定点放样的标线、树木土球的大小确定植穴的规格,一般树穴的直径比规定的土球直径要大 20 ~30 cm。对于花坛、绿篱的植穴按设计要求确定放线范围或植穴的形状,绿篱以带状为主,花坛以几何形状为主,在花坛、绿篱周边须留 3 ~5 cm 宽、3 ~5 cm 深的保水沟,翻挖、松土的深度为 15 ~30 cm。

③ 检查内容

苗木的规格质量、植穴质量、杂物和石块的清理度,按公司相关的质量标准检查验收,并记档。

④ 注意事项

注意设计施工图与现场具体情况的结合,对不能按设计要求进行施工的地方,提出合理建议。

(4) 下基肥工序

① 施工工具

包括锄头、铲子等。

② 工作内容

Ⅰ. 基肥种类：有机肥、复肥、有机复混肥。

Ⅱ. 有机肥用量：草坪、花坛的基肥量宜控制在 10 kg/m^2 左右。

乔灌木基肥用量与土球直径的关系如下：

土球直径/cm	10	20	30	40	50	60	70	80	90	100	110	120
基肥量/kg	10	20	30	50	65	80	90	100	150	180	220	250

Ⅲ. 施肥方法：与泥土混匀，回填树穴底部；草坪、花坛散施深翻 30 cm，使土肥充分混匀。

③ 检查项目

检查基肥是否与泥土混匀(防止烧根)，及回填土高度是否符合要求(以免树木晃动)。按公司质量检查标准检查验收，并记档。

④ 注意事项

基肥应沤熟，与泥土混匀，以防烧根。

(5) 苗木种植工序

① 施工工具

包括锄头、铲子、护树桩、木板、吊车等。

② 苗木规格施工顺序

按大乔木→中、小乔木→灌木→地被→草坪的顺序施工。

③ 工作内容

Ⅰ. 苗木修剪

在种植苗木之前，为减少树木体内水分的蒸发，保持水分代谢平衡，使新栽苗木迅速成活和恢复生长，必须及时剪去部分枝叶。修剪时应遵循各种树木的自然形态特点，在保持树冠基本形态的前提下，剪去萌枝、病弱枝、徒长枝及重叠过密的枝条，适当剪、摘去部分叶片。

Ⅱ. 种植土有关要求

对乔、灌木类，根据苗木土球和树穴的直径大小，并在此基础上加填土 20 ~ 30 cm 来确定种植土量。

Ⅲ. 各类土球及树穴规格

土球直径(cm)20、30、40、50、60、70、80、90、100、110、120 所对应的树穴直径(面直径×底直径×深) 分别为 40×30×30、50×40×40、60×50×50、80×60×60、90×70×70、100×80×80、110×90×90、120×100×100、130×100×110、140×120×120、150×130×130。

Ⅳ. 种植土的土质要求

土壤杂物及废弃物污染程度不致影响植物的正常生长，酸碱度适宜。建议采用无大面积不透水层的黄壤土作为种植土。

Ⅴ. 乔木种植

护树桩、支架：由于回填的种植土疏松，新栽树木容易歪斜、倒伏，因此行道树必须设立护树桩保护。护树桩一般以露出地面 1.5 ~ 1.7 m 为适宜。护树桩统一靠非机动车道方向绑扎。其他护树支架用竹子、木桩等，一般采用三角支撑法。

种植要求：先将树木放入树穴，把生长好的一面朝外，栽直看齐后，垫少量的土固定球根，填肥泥混合土至树穴的一半，用铁锹将土球四周的松土插实，至填满压实。最后开窝淋定根水。在高温反季节栽植时，必须做好准备，合理安排程序，务必做到随起挖、随运、随栽植。环环紧扣，尽可能缩短施工时间，栽植后及时淋水，并经常对叶面喷水。高温强阳时要采取防日灼措施，以提高苗木成活率。

大树种植：用吊车等机械栽植时，需专人负责指挥，且注意施工安全。栽植完后，必须用木棍支撑大枝条，以稳定树木的原有树姿。

Ⅵ. 保水圈

乔灌木栽植完毕，均须在树木周围挖保水圈，直径以 60 ~ 80 cm 为宜。灌木保水圈直径 40 ~ 60 cm、深 3 ~ 5 cm 为宜。

Ⅶ. 花坛种植程序

独立花坛应按由中心向外的顺序种植；斜坡下的花坛按由上向下的顺序种植。不同品种的花坛苗混种时，先栽高的品种，后栽矮的品种。

Ⅷ. 铺草坪

铺草坪前，先施放底肥。铺草时，草块与泥土要紧密连接，清除草块杂草。完工后，每天喷水养护。

④ 检查项目

检查项目包括护桩整齐度、苗木是否歪斜、方向是否美观统一及草皮是否密实。按公司的质量标准检查记录。

(6) 淋定根水工序

① 工具配置

须配置胶管、增压水泵等施工工具。

② 工作内容

对刚栽植的苗木淋定根水，要求将水管插入植穴中，慢灌至植穴面塌陷、保水圈积水为止。每天喷水一次，直至植物成活方可减少淋水次数。

③ 检查项目

检查淋定根水的次数、量与苗木是否扶正，并对检查结果进行记录。

④ 注意事项

一定要淋透定根水。

(7) 场地清理工序

① 工具

包括机动车、水车、铲子、扫把等。

② 工作内容

整个工作完成后，清理场地泥土、枝叶、杂物，并用水车冲洗路面，保持现场整洁。

③ 检查项目

检查场地清洁度。按公司相关质量检查标准进行检查,并记录。

7.5.5 施工进度计划

本工程进度计划是按照前紧后松的工作原则进行编制的,以保证施工过程中有足够的弹性时间处理不可预见的特发情况。

7.5.6 苗木进场计划

苗木进场计划按照正常施工进度、施工区段安排编制。

7.5.7 工期保证措施

(1) 苗木生产基地可提供较丰富的苗木资源,同时拥有长期的苗木合格供货商,随时可以供应所需工程苗木。苗源的解决是保证按期完工的关键。

(2) 制订科学、高质、高效的施工管理计划和编制工程进度表,用于指导工程的实施,并在实施中检查计划和进度完成情况,及时作出纠正和改善。

(3) 各部门紧密配合:项目部安排好工地的工作,至少提前 1 周准备下一阶段施工所需的苗木清单;苗木生产部和采购部根据清单及时供苗;施工队根据工程量及进度及时调整人数;公司机械部及时供应运输车、洒水车、园林机械设备;质量技术部协助相关部门做好施工质量的检查与监督工作,需对设计作出变动和调整时,及时发出修改通知单,并同监理、业主、设计单位达成一致意见;后勤部门做好施工队员的伙食、饮水、夏季防暑降温工作。除台风或暴雨等危及人身安全的情况下外,实行全天候施工。非季节性种植,当某种树木不适宜高温期施工时,可能会要求更换树种或推迟栽植时间,从而影响工期,出现此类情况时须与业主联系协商解决。

7.5.8 质量保证措施

(1) 苗木质量

所有苗木先按设计要求选好,经业主及施工监理认可方可种植。

(2) 起苗包装

按设计要求及种植生长特性挖出符合规格的根球,并用草绳包扎好,尽量保留原叶。特殊的大树在起苗前要作特殊处理,并留圃缓苗。

(3) 其他质量保证措施

设专业资料员,建立工程档案制度,各项技术资料及时归档;坚持各工序交接班验收制度,道道工序把关,消除隐患。对各项隐蔽项目严格执行隐蔽工程验收制度。加强各分部、项工程质量的自检、互检、交接检,做好质量评定。

7.5.9　文明施工保证措施

(1) 安全管理目标

按照苏州市有关文明施工各项要求,保持良好的施工环境,做到文明施工,安全施工。

(2) 施工现场“四牌一图”

“四牌”是指工程概况牌、安全生产标语牌、安全生产纪律牌、工地主要负责人名称。

“一图”是指工地总平面布置图。

(3) 工地设清洁工,及时清理生产、生活垃圾,保持施工和生活区的整洁。

(4) 落实卫生专职管理人员和保洁人员,落实门前岗位责任制。

(5) 按照设计地形图铺设施工便道,两侧设排水明沟,并保持经常畅通。

(6) 现场周转材料、设备堆放必须按总平面布置图所示位置堆放,并且堆放整齐,堆放高度不超过 1.8 m。

(7) 所有进场材料必须进行标识,注明名称、品种、规格及检验和试验情况。

(8) 施工临时用电的布置按总平面图规定架空,杆子用干燥园木或水泥杆上设角铁横担,用绝缘子架设。

(9) 施工用电管理必须由取得上岗证的电工担任,严格按操作规程施工,无特殊原因及保护措施,不准带电工作,正确使用个人劳保用品。

(10) 本工程所有机械设备一律采用接地保护和现场重复接地保护。

(11) 配电箱一律选用标准箱,挂设高度 1.4 m 箱前左、右 1 m 范围内不准放置物品,门锁应完好、灵活,按规定做好重复保护接地。

(12) 移动电箱的距离不大于 30 m,做到一机一闸保护。

7.5.10　责任期的养护管理及回访制度

(1) 健全组织,加强管理力度,健全组织网络

项目部要从思想上高度重视,绿化工程师随时进行巡查,注意观察苗木、草坪的生长情况,遇到问题经认真研究分析,及时采取措施。健全管护工作,组织网络,配足人力,落实责任,确保万无一失,为苗木、草坪的生长创造良好环境。

(2) 切实做好水的管理工作

夏、秋季风雨强度大,对苗木、草坪会造成一定影响。项目部一方面做好积水排放工作,下雨后及时排除积水,另一方面做好高温干旱时浇水或叶面喷雾工作,确保苗木、草坪生长不受影响。

(3) 做好病虫害防治工作

夏、秋季是病虫害的高发季节,因此,对病虫害的防治决不掉以轻心。对苗木和草坪注意观察,及时发现,及时防治,对症下药,把握用量,以提高防治效果。

(4) 认真做好清除杂草工作

夏季气候对杂草生长有利,如不及时清除,必将影响草坪生长。为此,要积极组织人力、

物力，增加清除杂草频率，做到不等、不靠、不攀比，力求除早、除小、除了，确保草坪覆盖，同时将杂草运到指定地点并做好现场卫生。

（5）精心做好整形修剪工作

夏季修剪是苗木、草坪管理不可缺少的措施之一。苗木修剪在晴天露水干后进行，剪除病枝、短截长枝，注意修去徒长枝，修剪株形。为了控制草坪生长，保证草坪质量，需要定期进行剪割，以保证草坪的观赏效果。

（6）加强巡视，责任落实到人，对缺损的植物及时进行修复。项目部领导要加强监督，确保完成各项养护任务。

（7）工程竣工后，每3个月对业主进行一次回访，请客户填写回访单，及时处理业主提出的意见，争取客户最大的满意度。

附录1：绿化施工的相关术语

1. 绿化工程：树木、花卉、草坪、地被植物等的植物种植工程。

2. 种植土：理化性能好，结构疏松、通气，保水、保肥能力强，适宜于园林植物生长的土壤。

3. 客土：将栽植地点或种植穴中不适合种植的土壤更换成适合种植的土壤，或掺入某种土壤以改善土壤的理化性质。

4. 种植土层厚度：植物根系正常发育生长的土壤深度。

5. 种植穴（槽）：为种植植物而挖掘的坑穴。坑穴为圆形或方形的称种植穴，长条形的称种植槽。

6. 规则式种植：按规则图形对称配植，或排列整齐成行的种植方式。

7. 自然式种植：株行距不等，且不对称的自然配植形式。

8. 土球：指挖掘苗木时，按一定规格切断根系，保留土壤呈圆球状，加以捆扎包装的苗木根部。

9. 裸根苗木：挖掘苗木时根部不带土或带宿土（即起苗后轻抖根系保留的土壤）。

10. 假植：苗木不能及时种植时，将苗木根系用湿润土壤临时性填埋的一种措施。

11. 修剪：在种植前，对苗木枝干和根系所进行的疏枝和短截。对枝干的修剪称修枝，对根的修剪称修根。

12. 定干高度：乔木从地面至树冠分枝处即第一个分枝点的高度。

13. 树池透气护栅：护盖树穴、避免人为践踏、保持树穴通气的铁篦等构筑物。

14. 鱼鳞穴：指为了防止对树木浇水时水土流失，在山坡陡地筑成的众多类似鱼鳞状的土堰。

15. 浸穴：种植前的树穴灌水。

附录2：养护管理的有关术语

1. 树冠：树木主干以上集生枝叶的部分。

2. 花蕾期：植物从花芽萌动到开花前的时期。

3. 叶芽：形状较瘦小、先端尖、能发育成枝和叶的芽。

4. 花芽：形状较肥大、略呈圆形、能发育成花或花序的芽。

5. 不定芽：在枝条上没有固定位置，重剪或受刺激后会大量萌发的芽。

6. 生长势：指植物的生长强弱，泛指植物生长速度、整齐度、茎叶色泽、植株茁壮程度、分蘖或分枝的繁茂程度等。

7. 行道树：栽植在道路两旁并构成街景的树木。

8. 古树名木：树龄达百年以上或珍贵稀有、具有重要历史价值和纪念意义以及重要科研价值的树木。

9. 地被植物：植株低矮(50 cm 以下)、用于覆盖园林地面的植物。

10. 分枝点：乔木主干上开始出现分枝的部位。

11. 主干：指乔木或非丛生灌木地面上部与分枝点之间的部分。主干上承树冠，下接根系。

12. 主枝：自主干生出、构成树型骨架的粗壮枝条。

13. 侧枝：自主枝生出的较小枝条。

14. 小侧枝：自侧枝上生出的较小枝条。

15. 春梢：初春至夏初萌发的枝条。

16. 园林植物养护管理：指对园林植物所采取的灌溉、排涝、修剪、防治病虫、防寒、支撑、除草、中耕、施肥等技术措施。

17. 整形修剪：用剪、锯、疏、捆、绑、扎等手段使树木长成特定形状的技术措施。

18. 冬季修剪：自秋冬至早春植物休眠期内进行的修剪。

19. 夏季修剪：在夏季植物生长季节进行的修剪。

20. 伤流：树木因修剪或其他创伤而造成伤口处流出大量树液的现象。

21. 短截：指在枝条上选留几个合适的芽后将枝条剪短，以达到减少枝条、刺激侧芽萌发新梢的目的。

22. 回缩：在树木 2 年以上生枝条上剪截去一部分枝条的修剪方法。

23. 疏枝：将树木的枝条贴近着生部或地面剪除的修剪方法。

24. 摘心、剪梢：将树木枝条剪去顶尖幼嫩部分的修剪方法。

25. 施肥：在植物生长和发育过程中，为补充所需的各种营养元素而采取的肥料施用措施。

26. 基肥：指在植物种植或栽植前施入土壤或坑穴中作为底肥的肥料。基肥多为充分腐熟的有机肥。

27. 追肥：植物种植或栽植后为弥补植物所需各种营养元素的不足而追加施用的肥料。

28. 返青水：为使植物正常发芽生长，在土壤化冻后对植物所进行的灌溉。

29. 冻水：为使植物安全越冬，在土壤封冻前对植物所进行的灌溉。

30. 分级养护管理：指根据园林绿地所处位置的重要程度和养护管理水平的高低而将园林绿地的养护管理分成不同等级。由高到低分为特级养护管理、一级养护管理、二级养护管理等三个等级。

本章小结

本章主要介绍了园林植物栽植成活的原理,以及园林植物栽植技术和植后养护管理技术特别是大树移植和反季节栽植所采取的一些有效措施。要求做到适树适栽、适时栽植和适法适栽。“三分种,七分管”,植物栽植后的养护管理更显重要,充分认识到养护管理工作是一项长期的、动态的和保持良好稳定绿化景观效果的重要工作内容,力争做到管养结合,管养适法,管养到位。识读常见绿化施工图纸是前提,按图施工是关键,熟悉一般绿化施工的技术规程,掌握按图施工的方法和技术。按照绿化施工的工序,施工前确保定点和放线工作的准确无误,避免重复栽植所造成的人力、物力和财力的损失和浪费。做好苗木的运输和特殊情况下的假植工作,力争全面提高工程质量和景观效果。能够组织一般绿化工程的施工和竣工验收。熟悉大型绿地项目施工组织管理的过程及内容,能制订施工现场管理方案,指导管理人员实施大型绿地现场施工。

复习思考

1. 如何理解和掌握园林植物栽植的原理?
2. 为了提高园林植物栽植成活率,可采取哪些有效措施?
3. 在城市绿化建设进程中,你是怎样看待植物的反季节栽植的?
4. 什么是整形修剪?其目的和意义何在?
5. 简述植物栽植后养护管理工作的意义和内容。
6. 绿化施工图纸的内容包括哪些部分?
7. 绿化施工前应做好哪些准备工作?
8. 简述绿化施工的主要工序。
9. 为了提高大树移植成活率,要注意和采取哪些有效措施?
10. 夏季移植大树有哪些注意事项?
11. 大树移植后要掌握哪些日常养护管理技术?
12. 什么是大树移植“假活假死”现象?
13. 施工阶段的主要任务有哪些?
14. 什么是绿化工程竣工验收?
15. 怎样做好竣工验收的准备工作?
16. 绿化工程质量验收应符合哪些要求?
17. 大型绿化建设中,如何进行有效的施工管理?

第8章 亭廊、花架、墙垣、栏杆工程

本章导读

本章介绍了亭廊、花架、墙垣、栏杆的相关知识，以及亭廊、花架、墙垣、栏杆的设计内容和施工技术。要求学生掌握并能够在实践中有效指导进行常见亭廊、花架、墙垣、栏杆的设计，同时能绘制一般的施工图。

公园、绿地中的亭榭、游廊属于园林建筑。花架其实是园林建筑的一种变化形式，因为独立的花架与亭榭十分相似；而条形的花架则是游廊的变体；在西方古典园林中还有绿廊、绿亭等称呼，其处理方法也与建筑非常接近。墙垣和栏杆确切地说应该是建筑的细部。然而因它们的体量不是太大，故也被统称为园林小品或建筑小品。

由于亭榭、游廊、花架、墙垣及栏杆等造型优美、变化丰富，常常起到美化环境的作用，所以这些设施常被视为公园绿地最为基本、也极为重要的构成要素。

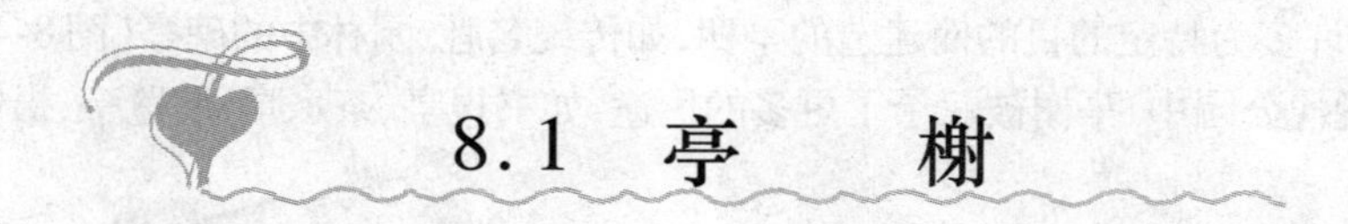

8.1 亭　榭

“亭者，停也”。亭是供人作短暂休息、逗留的建筑物，最初被置于大路之旁，故有“十里一长亭，七里一短亭”。后被广泛用在园林中，其数量最多，几乎可以说无园不亭。榭其实并不是特定的建筑类型，而是依据所处的位置而定。古人以为，“榭者，籍也。籍景而成者也。或水边或花畔，制亦随态”。所以，在现代公园绿地中，也有将规模较大的临水的茶室、展厅称做“榭”的。这里所述主要指一些小型建筑，其意义与亭十分接近，故也可称其为“亭榭”（图 8-1、图 8-2）。

图 8-1　亭榭近观

图 8-2　亭榭远观

8.1.1　亭榭的功能与作用

园林之中，亭榭是为数最多的建筑物之一，其作用可以概括为两个方面，即“观景”和“景观”。

从亭榭的原义说，它是供人休息的建筑。在园林中，亭榭也常作为游人停留、小憩的场所，并可以避免日晒、雨淋，这是亭榭的最基本功能。

然而，与原始亭榭含义稍有不同的是：亭榭除了为游人提供休息场所外，还要考虑游人的游览需要。因为游园与赶路不同，人们在赶路途中的休息主要为了恢复体力，而游园之时，观览四周景致有时较休息更为重要，所以园林中的亭榭要结合园林的地形、环境来建造。如山巅立亭榭，要能俯瞰全园；山腰建亭榭，则须前景开阔，以利于眺望；水际置亭榭，应可以远观对岸的洲渚堤桥（图 8-3）；小园设亭榭，虽然未必周览全园，也须让一部分有特色的园景展现于前。

在园景构成中，亭榭与其他园林建筑一样，常会成为视线的焦点，所以亭榭的设置常被当做重要的点景手段。由于亭榭造型优美、形式多变，因而山巅水际、花间竹里若置一亭榭，往往会凭添无限诗意。

此外，还有许多为特定的目的而建造的亭榭，如传统名胜、园林中的碑亭（图 8-4）、井亭、纪念亭、鼓乐亭等；现代公园中，亭榭被赋予了更多的用途，如书报亭、茶水亭、展览亭、摄影亭等。

图 8-3　水际亭榭

图 8-4　碑亭

8.1.2　亭榭的类型与形式

亭榭是园林中造型最为丰富的一种建筑小品。其形式变幻，多不胜数，大致可以分为传统样式和现代样式两大类。

(1) 传统亭榭

我国历史悠久、地域广袤，即便是普遍使用的木构建筑，不同时期、不同地区具有各自独特的建筑技术传统，致使亭榭构造形成了较大的差异。一般来说，北方的造型粗壮、风格雄浑，而南方的体量小巧、形象俊秀。如今较为常见的是北方园林的清式亭榭和以江南园林为代表的苏式亭榭。

传统亭榭的平面有方形、圆形、长方、六角、八角、三角、梅花、海棠、扇面、圭角、方胜、套方、十字等诸多形式(图 8-5)；屋顶亦有单檐、重檐、攒尖、歇山、十字脊、"天方地圆"等样式。其中方形、圆形、长方、六角、八角为最常用的基本平面形式，其余都是在这基础上经过变形与组合而成的。同样，最常见的屋顶形式为攒尖和歇山，一些较为复杂的也都是由简单屋顶组合而成的。如承德避暑山庄的莺啭乔木亭，方形的平面增添了四出抱厦，形成了"亞"字形平面，其屋顶为两个歇山十字相交，形成了"十字脊"，而抱厦的屋面呈歇山形，于是整个屋顶便显得十分华丽而复杂。

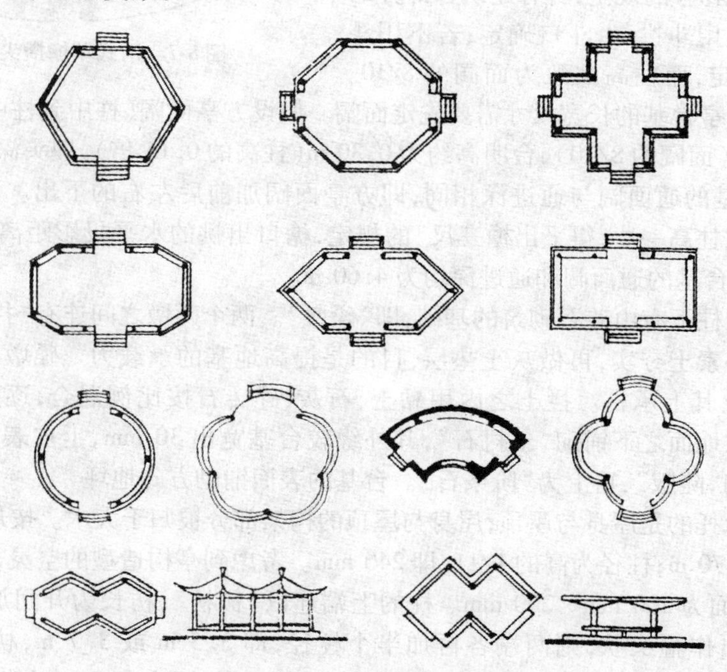

图 8-5　传统亭榭的平面形式

(2) 现代亭榭

随着现代建筑的发展，出现了许多新型的结构形式。它们也常常被用于园林，使园林建筑变得更加丰富多彩。现代亭榭(图 8-6)也有使用网架结构、板式结构、悬挑结构、薄壳结构、张力结构的，但运用最多的是使用钢筋混凝土建造的板式亭榭、蘑菇亭榭等。相对而言，亭榭因体量不大,其平面大多较为简单,一般以圆形、方形为多,但由于采用了新型结构,也有其他较为复杂的平面。同样因采用了特殊的结构,它里面的造型也变化多端。

图 8-6 现代亭榭

8.1.3 亭榭的基本构造

亭榭的形式多变。只要能把握数种基本形式,在实践中注意观察,悉心琢磨,就能举一反三,建造出各种风格的亭榭。

(1) 清式单檐攒尖方亭(图 8-7)

传统建筑通常都由台基、屋身和屋顶三部分组成。清式单檐攒尖方亭之下也有一个方正平直的台基。台基从形式上是方亭的基座,在结构上是方亭的基础,所以台基分成地面以上部分(称“台明”)和埋入地下部分(称“埋头”)。

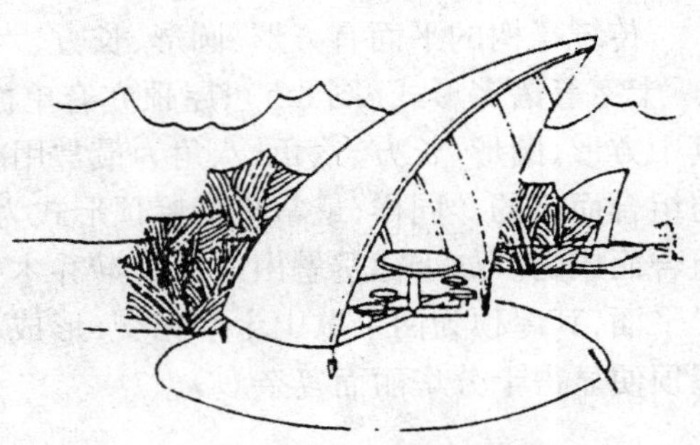

图 8-7 清式单檐攒尖方亭

按清《营造则例》的规定,所有建筑各部分的比例尺寸如果使用斗拱,由斗口确定;若不用斗拱,则由檐柱确定,而柱高大致为面阔的 8/10。清式单檐攒尖方亭台基的长宽尺寸需要先定面阔。假设方亭面阔(柱中到柱中)为 3.30 m,则柱高为 2.7 m(面阔的 8/10),台明高约为 0.30 m(柱高的 0.15 倍),埋头深亦为 0.30 m。因为是方亭,台基的通面阔与通进深相同,即方亭面阔加前后左右的下出。下出为出檐的 8/10,按“出檐按柱高一丈,得平出檐三尺”的规定,檐口出挑的水平投影距离是 0.81 m,下出为 0.65 m,则台基的通面阔和通进深均为 4.60 m。

台基内部在柱下有由砖石砌筑的基础,即“磉墩”。两个磉墩之间连有“拦土墙”。磉墩和拦土之下先将素土夯实,再做灰土垫层,目的是提高地基的承载力。磉墩之上砌一块方石,称“柱顶石”,其上承柱。拦土之内用黏土、石灰、碎砖石按比例混合,逐层铺垫、夯实。台基的四周先在地面之下铺砌“土衬石”,其外缘较台基宽出 30 mm,上皮表面略高于外地坪。土衬石上砌“陡版”,再上为“阶条石”。台基的表面铺砌方砖地坪。

台基之上承托的是屋身与屋顶,屋身与屋顶的构架部分被归于大木。按规定,柱高为面阔的 8/10,即 2.70 m;柱径为高的 1/11,即 240 mm。考虑到亭构造型的空灵,可选 200 mm。若用方柱,其断面为 200 mm × 200 mm。柱的上端连以“额枋”,枋长为开间加一个柱径,做榫。若枋端伸出作箍头状,则两端各再加半个柱径,即 3.5 m 或 3.7 m,枋高于柱径,即 200 mm;厚为高的 8/10,即 160 mm。额枋上面为“额垫板”,因为四面垫板等高,故又称“平水垫板”。垫板长按面阔减去一个柱径,即 3.10 m;高为柱径的 6/10,即 120 mm;厚为高的 1/6,约为 20 mm。垫板之上为檐檩,檩长同箍头枋,即 3.70 m;檩径为柱径的 8/10,即 160 mm。柱与檩相交处各安放“角云”一件,其下皮位于额枋上皮,45°斜出,角云长为三个檩径的1.414倍,即 680 mm;高为垫板高加檩径半分,即 200 mm;厚同柱径,为 200 mm。四根

额枋与四柱相连，上承四棵搭交檐檩，至此第一层框架架构完成。

檐檩之上架“抹角梁”，开始构架第二层框架的构架。四根抹角梁搁于檐檩之上，与檐檩呈 45°相交，梁端位于檐檩的中心。抹角梁长为面阔的 0.707 倍加两端的出榫，约为 2.50 m。高由“举架”确定，一般方亭檐檩到金檩的举架用五举，也就是如果檐檩和金檩的水平投影距离为 1 的话，垂直投影距离定为 0.5。那么面阔 3.30 m 时，金檩的举高约为 0.41 m，抹角梁的高度为 330 mm，厚与檐檩同，为 160 mm。抹角梁上架交圈搭接的四根金枋，上承交圈搭接的四棵金檩，金檩直径为檐檩的 9/10，即 140 mm；长为面阔的一半，两端各加 1.5 倍檩径做搭交榫，即 2.13 m；金枋长与金檩同，断面高为 100 mm，厚 70 mm。方亭四角于金檩和檐檩叉口内搭“老角梁”，老角梁的水平投影长度为 1/4 面阔加 2/3 出檐，乘以 1.414，再加两个椽径，后尾加一个半檩径做榫；高为三个椽径，即 150 mm；厚两个椽径，即 100 mm。老角梁上承“仔角梁”，仔角梁的水平投影长度为 1/4 面阔加出檐，乘以 1.414，再加两个椽径，即3.46m。高和厚与老角梁相同。

方亭的中心为“雷公柱”，上端连四棵“由戗”到金檩叉口内。由戗长为 1/4 面阔乘以举高再乘以 1.414，加两端出榫长，方亭上部举架为九五举，故长为 1.40 m，高、厚同老角梁。雷公柱径按椽径四份半，即 220 mm，高与由戗相等，即 1.40 m。如果方亭不做天花吊顶，雷公柱下端悬空，并雕成垂花柱形；若用天花，则在前后金檩上架“太平梁”，雷公柱立于太平梁上。

方亭屋面的木基层主要是椽子和望板。椽子分为正身椽、飞椽、翼角椽和翘飞椽等。椽径为金檩的 1/3，即 50 mm；飞椽高为椽径的 9/10，即 45 mm；厚为椽径的 8/10，即 40 mm。椽上钉望板，板厚约 10 mm。望板纸上依次抹护板灰、坐灰泥背、铺底瓦、盖瓦、调脊、安宝顶等。

方亭的柱间，上部装挂落，下部做栏杆。挂落属于装修工程。如果栏杆为木质，也属于装修工程；若为砖砌座栏，则为砌筑工程。

(2) 苏式单檐歇山方榭(图 8-8)

与清式方亭一样，苏式单檐歇山方榭也可分为台基、屋身和屋顶三部分。

台基的做法与清式方亭基本相似，也由地面以上与地面以下两部分组成，但构造相对简单，体量也较小。若以面阔 4.40 m 的三开间方形小榭为例。台基地上部分高度为 270 mm，其下出仅为 330 mm，故通面阔和通进深皆为 5.06 m。埋入地下部分的深度视地下土质而定，需要开挖至未经人工扰动的生土层，一般为 500 mm 左右。由于下出较小，柱下不做独立的磉墩，而是用条石直接将磉墩、拦土及四周石质包砌，阶沿石砌为一体，在地下部分可用不经凿平的条石(称“糙塘石”)，地上部分用凿平的条石(称“侧塘石”)。由于江南地下水位较高，不适宜做灰土垫层，所以采用石钉(苏州地区称“领夯石”)夯实的方法提高地基的承载力。侧塘石之内用黏土、石灰、碎砖石按比例混合逐层铺垫、

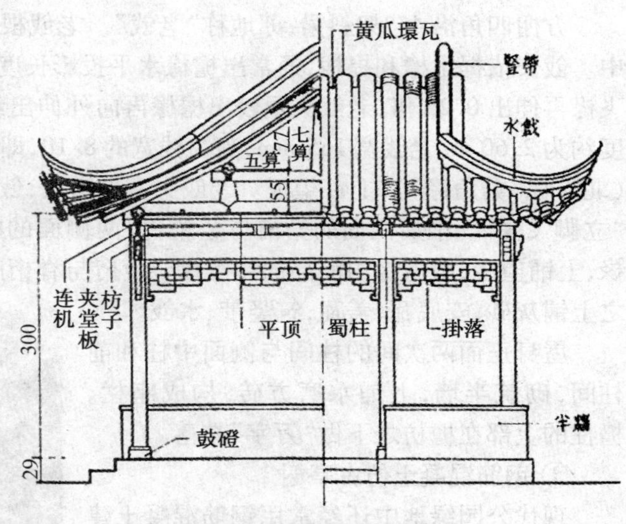

图 8-8　苏式单檐歇山方榭

夯实,以保证表面方砖地坪铺砌后不会产生洼陷、翘曲。

台基之上的方榭正面四柱,将立面分做三间;两侧面皆三柱,使后部与游廊相连;背面筑墙,故用两柱。这些柱子除四角柱起承托荷载有结构作用外,其余用于分隔空间,所以立于檐枋之下。

四角柱下置柱础,高 140 mm,从台基面到柱顶,高 3.00 m,柱用 160 mm × 160 mm 方形断面,四角倒两道圆弧线脚,呈"海棠"形。角柱的上部用檐枋联系拉结,檐枋长为面阔加两倍柱宽(做榫),即 4.72 m,枋高 220 mm,厚 110 mm。柱端安"檐桁"(北方称"檐檩")、"连机"(桁下枋木),檐桁直径为 140 mm,长为面阔加三个桁径(做榫,交圈搭接),即 4.82 m。连机长同檐桁,两端做箍头榫,高 165 mm,厚 110 mm。连机与檐枋间填以"夹堂板",板厚约 10 mm,高 150 mm 左右。由于面阔较大,夹堂板分成三块,其间用"蜀柱"分隔。檐枋之下正面立两柱,将立面分成三间,正间稍大,为 1.65 m;两次间略小,各 1.375 m;两侧面距后柱 1.10 m处各立一柱,以连接游廊。

前后檐桁之上,左右 1/4 面阔处架"枝梁"(北方称"趴梁"),梁长 4.50 m,梁径180 mm。梁上于前后 1/4 进深处立金童柱,柱高由"提栈"(北方称"举架")确定,一般亭榭的第一级提栈为五算(北方称"五举"),使檐桁到金桁的垂直投影距离控制在 550 mm,则金童柱高约为 170 mm,童柱上细下粗,与梁交接处做出"鹦鹉嘴"形,粗端直径约为 200 mm。金童柱上架"山界梁"(北方称"三架梁"),梁径为枝梁的 0.8 倍,即 150mm,长为 1/2 进深再加三份梁径,即 2.75 m。山界梁中心立上细下粗脊童柱,柱高亦由提栈确定,一般亭榭的第二级提栈为七算(北方称"七举"),使金桁到脊桁的垂直投影距离控制在 770 mm,则金童柱高约为 760 mm,与梁交接处亦做"鹦鹉嘴"形,粗端直径约为 180 mm。山界梁的两端架金桁,脊童柱的上端架脊桁,金桁与脊桁尺寸一致,直径 140 mm,长为 1/2 面阔加三个桁径,即 2.62 m。

方榭四角沿 45°架斜梁,苏地称"老戗"。老戗根与金桁搭接,前部搁在檐桁搭交的交口中。戗长依据出檐和提栈,通常出檐椽水平投影长度是檐桁到金桁水平投影距离的 1.5 倍,飞椽再伸出 0.25 倍,老戗头须较出檐椽再向外伸出约一份飞椽伸出长,故老戗水平投影长度约为 2.60 m,老戗宽 165 mm,高为钱宽的 8/10,即 130 mm。老戗两侧置放射状"摔网椽"(北方称"翼角椽"),上钉望板。老戗头上立嫩戗,戗斜长三份飞椽伸出长度。嫩戗两侧立"立脚飞椽"。前后两面的檐桁与金桁件,两侧面的檐桁与山界梁上的垫木间安正身出檐椽,上铺望砖,出檐椽的前部加装飞椽。金桁与脊桁间架正身头停椽,两侧砌山花墙。椽望之上铺灰砂,安底瓦、盖瓦,筑竖带、水戗。

屋身正面两次间的柱间与侧面中柱和前柱间,砌筑半墙,上铺水磨方砖,构成座栏。檐柱的上部在檐枋之下做"万字"挂落。

① 钢筋混凝土仿古亭榭

现代公园绿地中还经常用钢筋混凝土建造传统亭榭,被称为仿古亭榭(图 8-9)。其实仿古亭榭与传统亭榭的造型、比例应该完全相同,所不同的只是在隐蔽部分可以简化结构,以满足节省施工时间和材料的要求。

图 8-9 仿古亭榭

钢筋混凝土有极强的可塑性,完全能惟妙惟肖地做出希望塑造的作品,所以设计和制作钢筋混凝土仿古亭榭一定要首先了解和熟悉传统亭榭的结构和做法。

② 仿生蘑菇亭

仿生蘑菇亭立柱居中,亭盖为厚板状悬挑结构,可以用厚边板式亭的结构建造,但由于蘑菇特有的造型,要求菌盖圆润饱满、菌边肥厚下垂,有时还需要在亭盖底面作出褶皱,所以也可以采用轻钢构架外加水泥抹面仿生做成。

蘑菇亭可以下设台基,但为了增添野趣,也可以让草坪直接铺至菌柄下,所以仿生蘑菇亭主要采用柱下独立基础,其结构与其他现代建筑相似。需要注意的是,亭构所有荷载都集中在一个基础之上,应该考虑基础的承载力。同时因其是一柱支撑,还需要考虑稳定性,过小的基础有倾覆的可能。

如果采用柱板结构,可以采用现浇的方法。即在施工场地绑扎钢筋,绑扎成型后运至砌筑好的地面台座上,吊装就位,焊接联系钢筋及联接件,支木摸,浇筑混凝土。当土建工程全部完成后,进行必要的装饰处理。如果采用轻钢构架,可以现场装配,然后利用外表混凝土抹面处理时进行仿生装饰。

图 8-10　软体结构亭

③ 软体结构亭

软体结构主要以圆形钢管为支撑,用数道钢索将钢管与地面进行拉结,上面用气承薄膜或彩色油布、帆布予以覆盖(图 8-10)。简单、造型生动是其特点。

8.1.4　亭榭的施工工序

亭榭的施工工序依次为:施工准备、放线、地基与基础工程、屋架(亭身)施工、屋面(亭顶)施工、装修施工、成品保养。

(1) 施工准备工作

根据施工方案配备好施工技术人员、施工机械及施工工具,按计划购进施工材料。认真分析施工图,对施工现场进行详细踏勘,做好施工准备。

(2) 施工放线

在施工现场引进高程标准点后,用方格网控制出建筑基面界线,然后按照基面界线外边各加 1 ~ 2 mm,放出施工土方开挖线。放线时注意区别桩的标志,如角桩、台阶起点桩、柱桩等。

(3) 地基与基础施工

备料: 按要求准备砖石、水泥、细砂、粒料,以配置适当强度的混凝土;还有 U 型混凝土膨胀剂、加气剂、氯化钙促凝剂、缓凝剂、着色剂等添加剂。

基础用混凝土必须采用 42.5 级以上的水泥,水灰比≤0.55;骨料直径不大于 40 mm,吸水率不大于 1.5%。注意按施工图准备好钢筋。

放线:严格根据建筑设计施工图纸定点放线。为了使施工方便,外沿各边需加宽,用石灰或黄砂放出起挖线,打好边界桩,并标记清楚。方形地基角度处要校正;圆形地基应先定出中心点,再用线绳(足够长)以该点为圆心,建筑投影宽的一半为半径,画圆,用石灰标明,即可放出圆形轮廓。

根据现场施工条件确定挖方方法,可用人工挖方,也可采用人工结合机械挖方。开挖时一定要注意基础厚度及加宽要求。挖至设计标高后,基底应整平并夯实,再铺上一层碎石为底座。

基底开挖有时会遇到排水问题,一般可采用基坑排水,这种施工方法简单而经济。在土方开挖过程中,沿基坑边挖成临时性的排水沟,相隔一定距离,在底板范围外侧设置集水井,用人工或机械抽水,使地下水位经常处于土表面以下 60 cm 处。如地下水位较高,应采用深井抽水,以降低地下水位。

① 屋架(亭身)施工

传统亭榭主要是将预制木构件运到现场进行安装。在加工构件时,每一个构件都要标上相应的记号。到现场安装时,要依据记号位置进行架构。安装的次序是先里后外,先下后上。并且需要随时测量、校正,以保证建筑构架的端正、稳定、牢固。

钢筋混凝土亭榭的浇注则应仔细核对钢筋的配置、混凝土的标号与配比、梁柱板等构件的图纸尺寸;检查模板是否已经固定;混凝土浇筑时要注意是否允许有浇注缝等。

② 屋面(亭顶)施工

传统亭榭屋顶的构架部分属于大木,在屋面施工之前要仔细阅读技术文件,注意各层铺筑的技术要求及屋脊、宝顶的安装要求顺序铺设,保证质量。

现代亭榭的屋顶施工往往是指亭顶的整体制作,因此要详细了解屋顶和屋身的结构和联系方法,了解安装或浇筑的技术要求,了解施工的顺序和步骤,准备相应的建筑材料,按照设计要求顺序进行。施工中注意安全。

③ 装修施工

传统亭榭所说的装修主要指栏杆和挂落,其加工与其他建筑构件一样,并不在施工现场,所以现场的装修工程只是将成型的栏杆、挂落安装就位。

现代亭榭的装修施工除了装修的传统含义外,还包括装饰的内容,比如仿竹亭的装修是将亭顶屋面进行仿竹处理,屋面进行分垅、抹彩色水泥浆,压光出亮,再分竹节、抹竹芽,将亭顶脊梁做成仿竹杆或仿拼装竹片等。仿树皮亭则在亭顶屋面分段,压抹仿树皮色。

④ 成品保养

施工结束后,还需一段保养期。混凝土亭榭尚未达到一定强度时不得上人踩踏。在此期间主要应注意以下几个方面。

Ⅰ. 施工中不得污染已做完的成品,对已完工程应进行保护。若施工时污染,应及时清理干净。

Ⅱ. 拆除架子时,注意不要碰坏亭身和亭屋顶。

Ⅲ. 其他专业的吊挂件不得吊于已安装好的木骨架上。

Ⅳ. 在运输、保管和施工过程中必须采取措施防止装饰材料和饰件以及饰面的构件受损和变质。

Ⅴ. 认真贯彻合理的施工顺序，以避免工序原因污染、损坏已完成的部分成品。
Ⅵ. 油漆粉刷时不得将油漆喷滴在已完成的饰面砖上。
Ⅶ. 对刷油漆的亭子，刷前首先清理好周围环境，防止尘土飞扬，影响油漆质量。
Ⅷ. 油漆完成后应派专人负责看管，禁止摸碰。

8.2 游　　廊

游廊不能单独使用，只能算做附属建筑，但在园林、绿地中，游廊却被广泛运用，并承担着非常重要的作用。

8.2.1 游廊的功能与作用

廊是一种狭长的通道，用以联系园中建筑，故有人认为游廊实际上是一条加有顶盖的园路。作为道路，游廊引领游人通向要去的地方，而这一顶盖，避免了游人可能遭受的日晒、雨淋困扰，更便于雨雪之中欣赏景致。

与普通道路不同，园路通常曲折蜿蜒，表面上是为了延长道路以增加有人在院内的逗留时间，本质却是为了让游人更仔细地观赏园景。与游园道路一样，游廊随地势而起伏，循园景而曲折，它让人随廊的起伏曲折而上下转折，行走其中能够感受到园景的变幻，以达到“步移景异”的观赏效果。

而游廊较园路增添了顶盖，它的体量、造型又可以分隔园景、增加层次、调节疏密、区划空间，成为构成园景的重要要素。

园林之中，廊大多沿墙设置（图 8-11），或紧贴围墙，或将个别廊段向外曲折，与墙之间形成大小、形状各不相同的狭小天井，其间植木点石，布置小景。而在有些园林里，由于造景的需要，也有将廊从园中穿越的，两面不依墙垣，不靠建筑，廊身通透，使园景似隔非隔。

图 8-11　沿墙设置的游廊

8.2.2 游廊的类型与形式

今天公园绿地中所使用的游廊大多为传统形式，但也有多种变化。

最为常见的是一种靠墙的游廊，单坡屋面，也有人称其为“半廊”（图8-12）。它一面紧贴墙垣，另一面向园景敞开。

也有无墙的游廊，两坡屋面，人称“空廊”（图8-13）。它蜿蜒于园中，将园林空间中分为二，丰富了园景层次，人行其中可以两面观景。空廊也用于分隔水池，廊子低临水面，两面可观水景，人行其上，水流其下，有如“浮廊可渡”。

图8-12　半廊　　图8-13　空廊

上述两种游廊可以单独使用，也可组合布置，从而形成景观的变化。

如将两条半廊合一，或将空廊中间沿脊檩砌筑隔墙，墙上开设漏窗，则称“复廊”。复廊两侧往往分属不同的院落或景区，但园景彼此穿透，若隐若现，从而产生无尽的情趣。

图8-14　爬山廊

游廊随地势起伏，有时可直通二层楼阁，这种游廊常被称做“爬山廊”（图8-14）。爬山廊可以是半廊，也可以是空廊。如果地势不是太过陡峻，游廊屋顶大多顺坡转折，形成“折廊”；不然则顺势作跌落状，称为“跌落廊”；少数将屋顶做成竖曲线形，称“竖曲线廊”，但这种游廊无法用传统材料制作。

另外，还有一种上下双层的游廊，用于楼阁间的直接交通。这在我国古代的早期称之为复道，即古书所谓“复道行空”，故也称“复道廊”。

8.2.3　游廊的基本构造

古代的私家园林，占地有限，亭台楼阁的尺度相应也较小，游廊进深仅1.10 m左右，最窄的只有950 mm。现代公园、绿地游人较多，所以尺度要适当放大，但也须控制在适当的范围内。

现代公园中若使用传统游廊，其进深一般为1.20～1.50 m。开间的面阔为3.00 m或3.30 m，有时也可以放大到3.90 m。柱高是面阔的0.8倍，即2.70 m或3.00 m；柱径视面

阔及进深而定，可选择 140 mm、160 mm 或 180 mm，最大不得超过 200 mm。柱端用檐枋联结，枋高约 220 mm，厚约 110 mm。柱头承梁，梁径为 160 ~ 220 mm。梁上短柱径 140 ~ 180 mm。廊下台基一般高 300 mm。若用台阶，仅一级。

游廊的构造较为简单。空廊的做法是：仅为左右两柱，上架横梁，梁上立短柱，短柱之上及横梁两端架檩条联系两榀梁架，最后檩条上架椽，覆望板、屋面即可。如果进深较宽，檐口较高，则梁下可以支斜撑。这不仅有加固的作用，同时也有装饰游廊空间的作用。

半廊的做法：因排水的需要，外观靠墙做单坡顶，其内部实际也是两坡，故结构稍微复杂一点。内、外两柱一高一低，横梁一端插入内柱，另一端架于外柱上，梁上立短柱。外侧横梁端部、短柱之上及内柱顶端架檩条，上架椽，覆望板、屋面。内柱位于横梁之上连一檩条，上架椽子、覆望板，使之形成内部完整的两坡顶。

复廊较宽，中柱落地，前后中柱间砌墙，两侧廊道做法可以似半廊，也可以似空廊。

随山形转折的爬山廊构造与半廊、空廊完全相同，只是地面与屋面同时作倾斜、转折。跌落式爬山廊的地面与屋面均为水平，低的廊段上檩条一端插在高的一段廊段的柱上，另一端架于柱上，由此形成层层跌落之形。与前述游廊稍有不同的是，架于柱上的檩条要伸出柱头，使之形成类似悬山的屋顶，同样再伸出部分，还需用博风板与一封护，以免檩头遭雨淋而朽坏。

复道廊分上、下两层，立柱大多上下贯通，少数上下分开。上层柱高仅为下层的 0.8 倍。下层柱端架矩形楼板梁，以承楼板。上层结构与空廊或半廊相同。

上述各种游廊，柱间枋下均用挂落，立柱下部设栏杆。挂落的形式，北方常用方格形，江南多用“万字”形。栏杆则有木栏、砖石栏等，栏杆上常做座面，成为“座栏”，以方便游人随时休息小憩。

现代公园绿地中也有用钢筋混凝土建造游廊的，其尺寸、构造大多仿木，唯有挂落作简化处理，以体现出近代的风貌。

8.2.4　游廊的施工工序

游廊的施工方法和施工顺序与亭榭的大体相同。

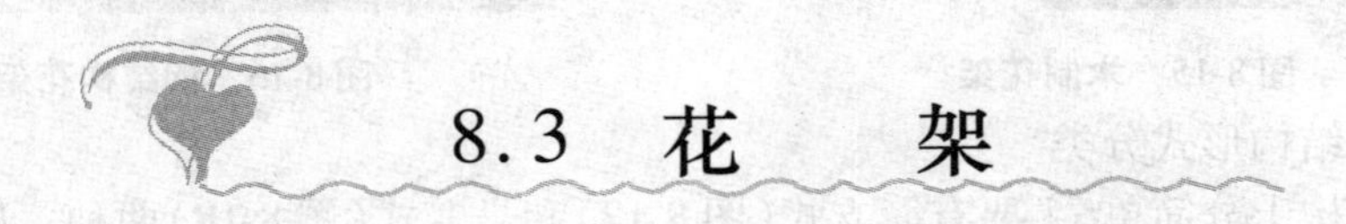

8.3　花　　架

花架又称为绿廊、花廊、凉棚、蔓棚等，是一种由立柱和顶部格、条等杆状构件搭建的构筑物，其上覆以藤蔓类的攀缘植物，使之既有亭、廊的用途，同时又显现出植物造景的野趣。花架造型活泼，色彩丰富，在各类园林绿地中被广泛应用。

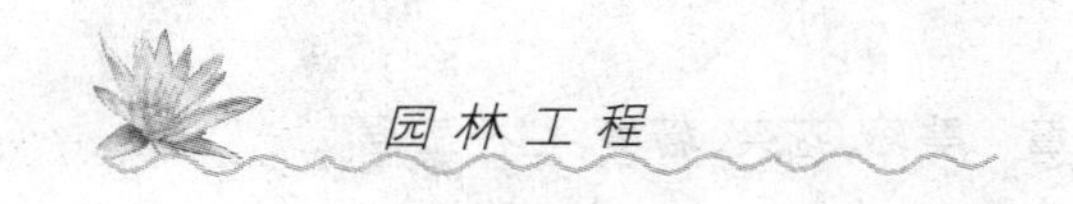

8.3.1 花架的功能与作用

我国古典园林中花架的运用并不太多。但在西方,中世纪广泛使用的凉亭就可以看做是花架的一种,因为它也是使用木条进行架构,上面覆盖藤蔓,让游园者在亭中小憩、观景。之后产生了绿廊,其作用除了休息、观景之外,还有意识地作为园林景观的背景。可以看到,花架与亭榭、游廊有着非常相近的功能。

近现代以来,随着材料与结构的发展变化,花架的形式已经不再只是木条搭建的西洋古典造型,各种风格的花架给园林景观带来了更为丰富多彩的变化。

8.3.2 花架的类型与形式

花架主要是由立柱和顶部格条组成的。根据其材料、结构和平面形式的不同可以作不同的分类。

(1) 根据所用材料分类

目前公园绿地中,花架所用立柱经常可见的有木柱、生铁柱、砖柱、石柱、水泥柱等。无论何种立柱,其下部基础一般都用砖石砌筑或钢筋混凝土浇筑。

顶部过去普遍使用钢筋混凝土预制格条,因为其价格低廉,但表面较为粗糙,目前已经很少使用。如今较常见的为木条,也有为追求特殊的景观效果而使用竹竿、铸铁条、不锈钢格条的(图 8-15、图 8-16)。

图 8-15 木制花架

图 8-16 钢结构花架

(2) 根据结构形式分类

花架的结构十分简单,主要有简支式(图 8-17)和悬臂式(图 8-18)两种。如今为了体现现代气息,也有使用拱门式钢架等结构的。有时为了特殊的要求,也可以将数种结构予以组合,以丰富景观。

图 8-17　简支式花架

图 8-18　悬臂式花架

简支式花架也称为双柱式，其剖面是在两个立柱上架横梁，梁上承格条。

悬臂式或称单柱式，其剖面是在立柱上端置悬臂梁，梁上承格条。由悬臂梁和格条组成的花架，可以是单挑式（图 8-19），也可以是双挑式（图 8-20）。

图 8-19　单挑式花架

图 8-20　双挑式花架

用花架做门廊、甬道时，多采用半圆拱顶或门式钢架等（图 8-21）。这样可以增加花架的跨度，同时也能与现代建筑较好地协调。

（3）根据平面形式分类

将花架组合，可以构成丰富的平面形式（图 8-22）。多数花架为直线形。如果进行组合，就能形成三边、四边乃至多边形。也有将平面设计成弧形，由此可以组合成圆形、扇形、曲线形等。如果用这样的结构构筑成独立的小型花架，就是西方古典园林中所谓的“凉亭”。

图 8-21　半圆拱顶式花架

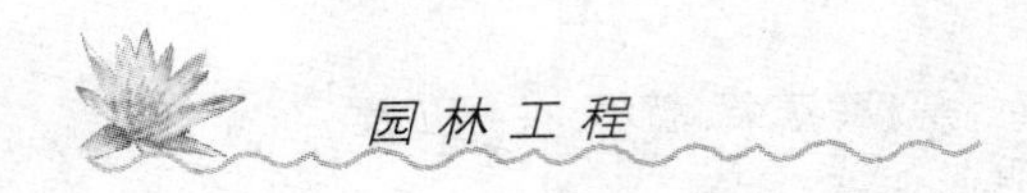

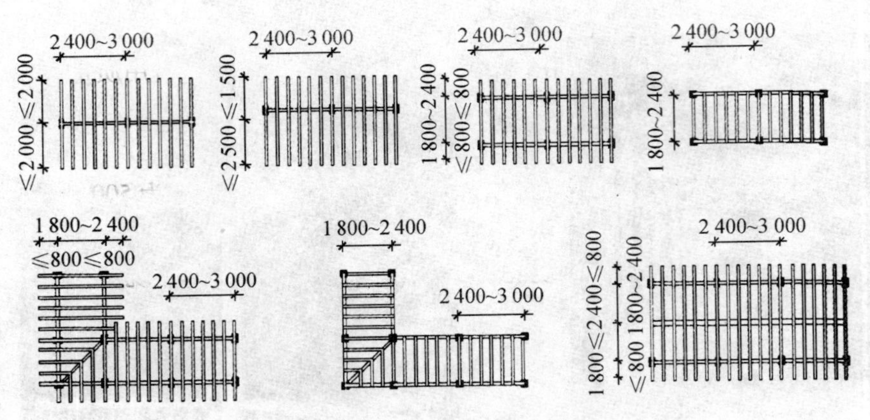

图 8-22　花架的平面形式

(4) 根据垂直支撑形式分类

花架的垂直支撑形式如图 8-23 所示。最常见的是立柱式，它可分为独立的方柱、长方、小八角、海棠截面柱等。为增添艺术效果，可由复柱替代独立柱，又有平行柱、V 形柱等。也有采用花墙式花架的，其墙体可用清水花墙、天然红石板墙、水刷石或白墙等。

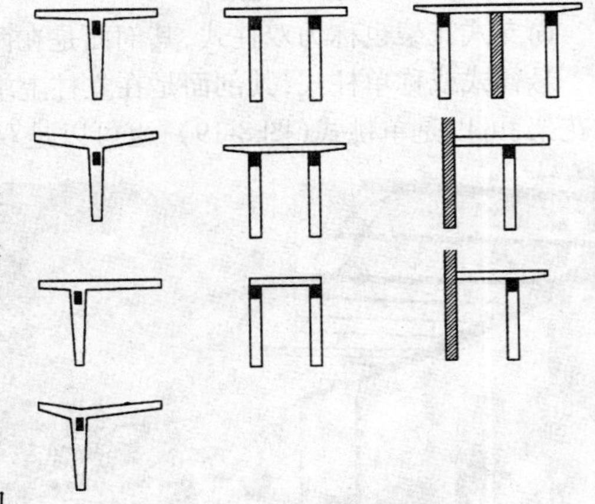

图 8-23　花架的垂直支撑形式

8.3.3　花架的基本构造

花架高度在 2.70 m 左右时，能给人以亲切感，一般选用 2.30 m、2.50 m、2.70 m 或 2.90 m。其高度可根据面阔及进深予以确定。花架的开间在 3.00 ~ 4.20 m。如果再加大，其构建虚加大尺寸，感觉上会显得臃肿。进深跨度可选用 2.70 m、3.00 m 或 3.30 m。

通常，花架不用台基，立柱直接由地下的基础上支起。

纯竹、木简支花架的截面参考尺寸如表 8-1 所示。

表 8-1　纯竹、木简支花架的截面参考尺寸

项目\类别	竹	木
截面估算	$d \doteq (1/30 \sim 1/35)L$	$d = (1/30 \sim 1/25)L$
常用梁尺寸	Φ150 ~ 170	(50 ~ 80) mm × 150 mm，100 mm × 200 mm
横梁	Φ100	50 mm × 150 mm
挂落	Φ30、Φ60、Φ70	20 mm × 30 mm，40 mm × 60 mm
细部	Φ25、Φ30	Φ50，40 mm × 50 mm
立柱	Φ100	(140 ~ 150) mm × (140 ~ 150) mm
柱高	2.40 m	2.70 m

注：L：跨度；H：高度；d：直径。

砖石立柱的简支花架，立柱的断面尺寸一般为 300 mm × 300 mm 或 450 mm × 450 mm，直接由基础上砌，砌石柱时勾缝可用平、凹、凸三种方法。砌砖石柱若用质量较好的砖，可以清水砌筑，也采用平、凹、凸三种勾缝形式；若砖的质量稍差，则外用水泥砂浆抹面，再用汰石子、斩假石等饰面。柱上纵梁用 120 mm × 180 mm 断面的预制水泥件，或 200 mm × 300 mm 断面的条石。上架 50 mm × 150 mm 左右的木条或水泥预制条，间距为 500 mm。

轻钢花架主要用于遮阴棚、单体与组合式花棚架，柱梁较纤细，造型轻盈、活泼。

钢筋混凝土花架有预制装配和现浇两种，其基础都用钢筋混凝土现浇，上支立柱。立柱的断面尺寸一般用 160 mm × 160 mm，高约 2.70 m。柱上架简支横梁获悬臂横梁，悬臂梁有起拱和上翘要求，以求视觉效果。起翘程度视悬臂长度而定，一般高度为 60 ~ 150 mm，搁置在纵梁上的支点可采用 1 ~ 2 个。

近年来，人们对花架形式立意创新，将原有形式打散、组合，并运用现代建筑技术和材料进行有机结合，设计了一系列新颖、别致的创新作品。

8.3.4　花架的施工工序

从宏观上，花架的施工与其他园林建筑、构筑物的工序基本相似。其过程为：施工准备→放线→立柱地基（基础）施工→柱子施工→格条安装→修整清理→装修。

对于竹木花架、钢花架可在放线且夯实柱基后，直接将竹、木、钢管等正确安放在定位点上，并用水泥砂浆浇筑。水泥砂浆凝固达到强度后，进行格子条施工，修整清理后，最后进行装修刷色。

对于现浇或装配的混凝土花架，其立柱、格条等的断面选择，间距、两端外挑、跨度等都须根据设计规格进行施工。

对于砖石花墙花架，则在夯实地基后以砖块、石板、块石等进行镂花砌筑，花架纵横梁用混凝土斩假石或条石制成，其他同上。

（1）施工要点

① 柱子地基坚固，定点准确，柱子间距及高度准确。

② 花架格调清新，注意与周围建筑及植物在风格上的统一。

③ 不论是现浇还是预制或钢筋混凝土构件，在浇筑混凝土前，都必须按照设计图纸规定的构件形状、尺寸等施工。

④ 模板安装前，先检查模板的质量，不符合质量标准的不得投入使用。

⑤ 涂刷带颜色的涂料时，配料合适，保证整个花架都用同一批涂料，并宜一次用完，确保颜色一致。

⑥ 混凝土花架装修格子条可用各种外墙涂料，刷白两遍；纵梁用水泥本色、斩假石、水刷石（汰石子）饰面均可；柱用斩假石或水刷石饰面即可。

⑦ 刷色时防止漏刷、流坠、刷纹明显等现象发生。

⑧ 安装花架时注意安全，严格按操作规程、标准进行施工。

⑨ 对于采用混凝土基础或现浇混凝土做的花架或花架式长廊，如施工环境多风、地基不良或这些花架要攀缘瓜果类植物，因其承重力加大，容易产生基础破坏，因此施工时多用

"地龙",以提高抗风抗压力强度。

"地龙"是基础施工时加固基础的方法。施工时,柱基坑不是单个挖方,而是所有柱基均挖方,成一坑沟,深度一般为600 mm,宽为600~1 000 mm。打夯后,在沟底铺一层素混凝土,厚150 mm。稍干后配钢筋(需连续配筋),然后按柱所在位置焊接柱配钢筋。在沟内填入大块石,用素混凝土填充空隙,最后在其上现浇一层混凝土。保养4~5天后可进行下一道工序。

(2)成品保护

① 混凝土未达到规范规定拆模强度时,不得提前拆模,否则会影响混凝土的质量。

② 在运输、保管和施工过程中,必须采取措施,防止预制构件受损。

③ 拆除架子时,注意不要碰坏柱子和格子条。

④ 花架刷色前清理好周围环境,防止尘土飞扬,以免影响刷色质量。

⑤ 刷色完成后应派专人负责看管,禁止碰摸。

⑥ 对已做完的工程要进行保护。若施工时污染,应立即清理干净。

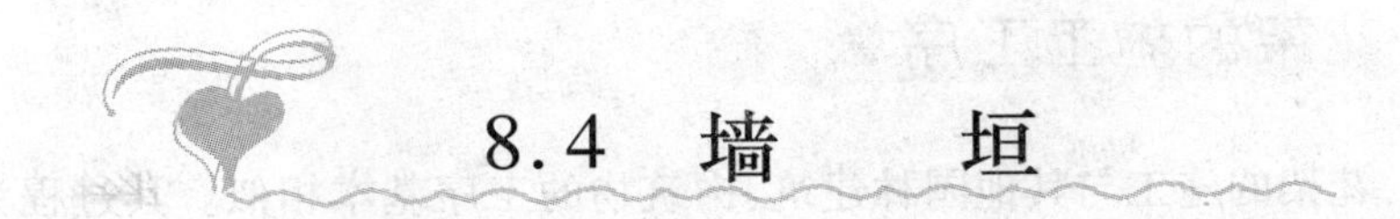

8.4 墙 垣

墙垣是用于界定和分隔空间的设施。无论是建筑、院落还是园林,都会用墙垣来界分内外。

8.4.1 墙垣的功能与作用

墙垣有隔断、划分组织空间的作用,也具有围合、标识、衬景的功能,自身还具有装饰、美化环境和制造气氛以使人获得亲切、安全感等功能和作用。故园墙也被视做具有景观作用的小品予以设计。

8.4.3 墙垣的基本构造

墙垣通常由基础、墙身和压顶三部分组成。

传统园墙的墙体厚度都在330 mm以上,且因墙垣较长,所以墙基需要稍加宽厚。一般墙基埋深约为500 mm,厚700~800 mm。可用条石、毛石或砖砌筑。现代园林大多用"一砖"墙,厚240 mm,其墙基厚度可以酌减。

基础之上可直接砌筑墙身,也可砌筑一段高800 mm的墙裙。墙裙可用条石、毛石、清水砖或清水砖贴面。因其在地面之上,且极具装饰意义,所以砌筑的平整度以及砖缝均较为讲究。直接砌筑的墙体或墙裙之上的墙体通常用砖砌,也有为追求自然野趣而通体用毛石砌筑的。砖墙身视设计要求或砖的质量可以采用不抹面的清水砖砌筑,也有的用外表抹面的清水砖。前者的砌筑质量要求较高,而后者可稍稍降低。

传统园墙(图8-24)的墙体之上通常都用墙檐压顶。墙檐是一条狭窄的两坡屋顶,中间还筑有屋脊。北方的压顶墙檐直接在墙顶用砖逐层挑出,上加小青瓦或琉璃瓦,做成墙帽。

江南则往往在压顶墙檐之下做“抛仿”，也就是一条宽 300～400 mm 的装饰带，抛仿可以用纸筋粉出，较讲究的则用清水砖贴面，边缘刨出线脚。

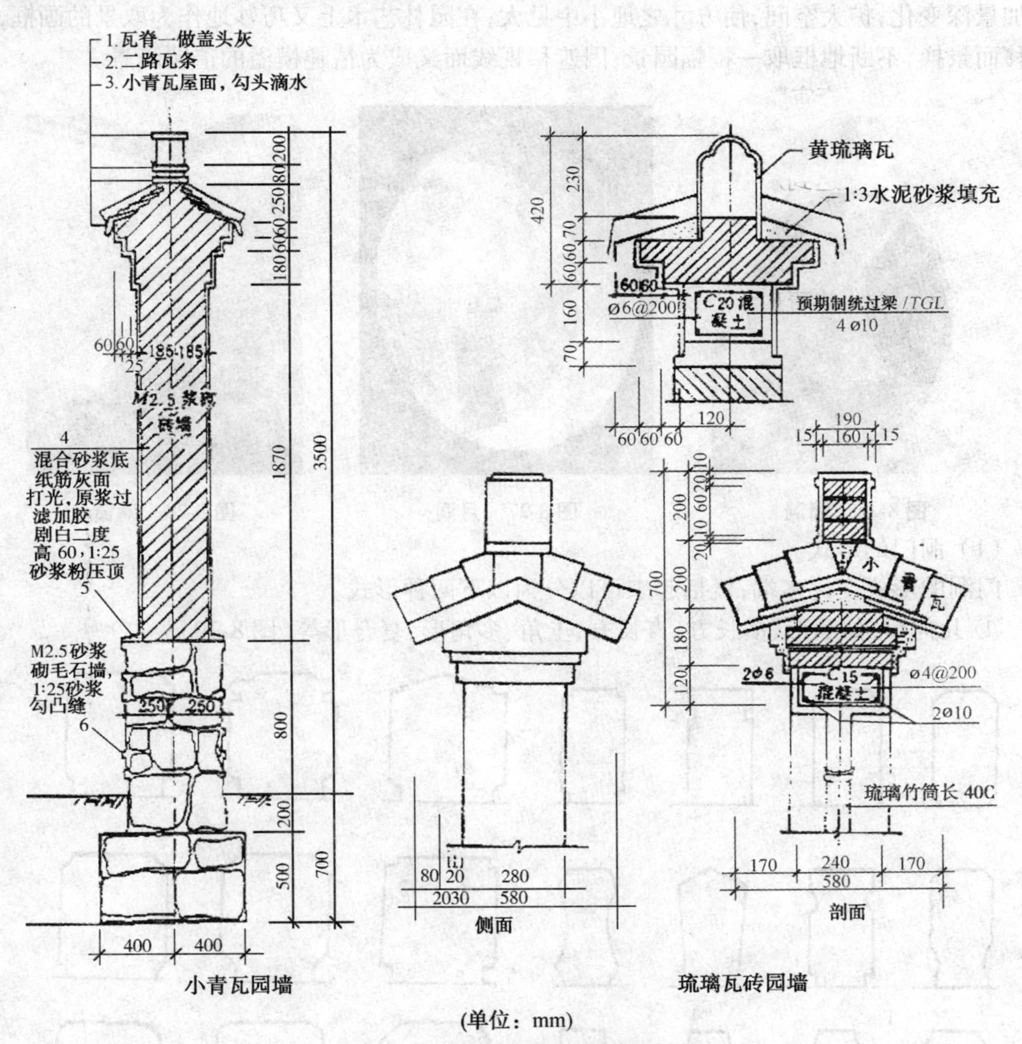

图 8-24　传统园墙的基本构造

毛石墙压顶使用一块宽厚的石板，而不用墙檐。

现代园墙（图 8-25）的基础和墙身的做法与传统的做法基本相似，但有时因砖墙较薄而在一定距离内加筑砖柱墩。压顶大多作简化处理，不再有墙檐。

园墙的整体高度一般在 3.60 m 左右。

图 8-25　现代园墙

8.4.4　洞门与景窗

园林墙垣尤其是园林内部的围墙通常都要开设

洞门（又称墙洞）（图 8-26）、空窗（又称月洞）（图 8-27）、漏窗（又称漏墙或花墙窗洞）（图 8-28）等。墙体上的这些门窗往往被作为空间的分隔、穿插、渗透、陪衬手段。通过它们可以增加景深变化，扩大空间，使方寸之地小中见大；在园林艺术上又巧妙地作为取景的画框，随步移而景换，不断地框取一幅幅园景；因遮移视线而又成为情趣横溢的造园障景。

图 8-26　墙洞

图 8-27　月洞

图 8-28　漏窗

（1）洞门的形式

门洞的形式变化多端，概括起来可以分为以下两种形式。

① 几何形：如圆形、横长方、直长方、圭角、多角形、复合形等（图 8-29）。

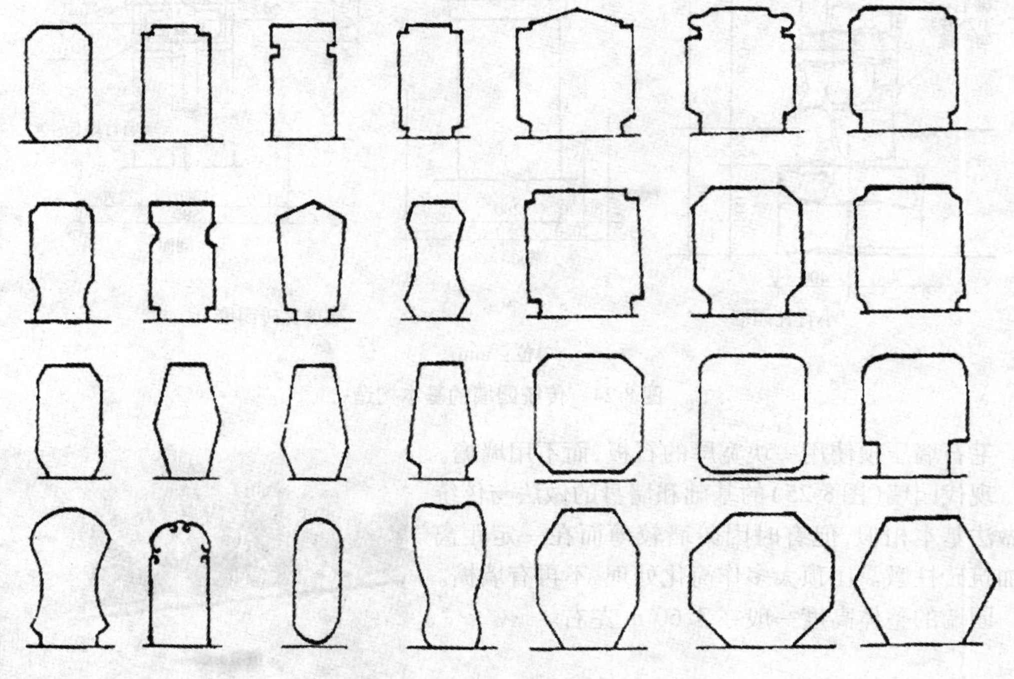

图 8-29　几何形洞门

② 仿生形:如海棠、桃、李、石榴果形,葫芦、汉瓶、如意形等(图 8-30)。

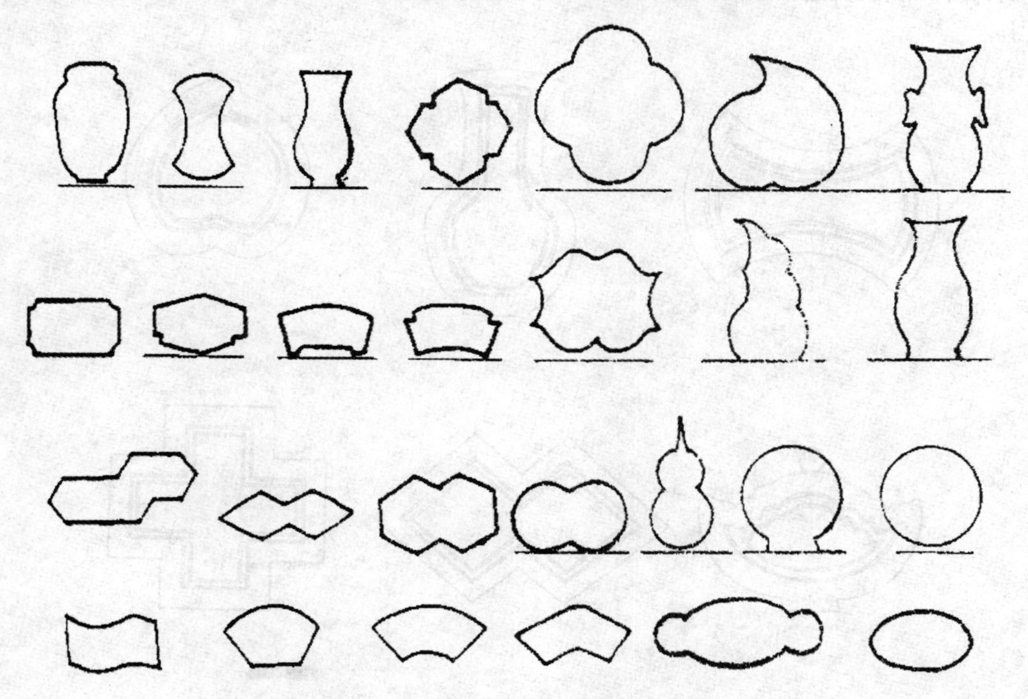

图 8-30 仿生形洞门

(2) 洞门的构造与做法

如果洞门跨度小于 1.20 m,可整体预制安装或用砖砌平拱作过梁;如果跨度大于 1.20 m,洞顶须放钢筋混凝土门过梁或按加筋砖过梁设计并验算。

用砖砌平拱作过梁时,一般用竖砖作平拱砌筑,高度≥240 mm,砂浆标号≥25。

加筋砖过梁的最小构造高度≥门窗洞跨度的 1/4。底层砂浆层厚度≥20 mm,内中放 3 根 Φ6 ~8 mm 的钢筋伸进砌体支座内,长度≥240 mm。当门洞较宽时,则在门洞顶加放一道厚度为 120 mm 的钢筋混凝土过梁,以确保安全和不产生裂缝。

北方洞门还常用清水砖砌筑拱券,有尖拱、弧拱和圆拱等形式。当跨径≤1.5 m 时,拱顶厚 100 mm;当跨径为 1.5 ~2.40 m 时,拱顶厚 200 mm。为便于通行,门洞净高宜大于或等于 2.20 m,以免产生心理上的碰头感觉。

洞门边框可用灰青色方砖镶砌,并于其上刨成挺秀的线脚,使其与白墙辉映衬托,形成素洁的色调;也可用水磨石、斩假石、大理石、水泥砂浆抹灰及预制钢筋混凝土做框。若是采取方砖做框,需在方砖背面做燕尾榫卯口,并用木块做成榫头插进卯口,以承托其自重,木块之后端则砌入墙内,面缝用油灰嵌缝,同时用猪血拌砖屑灰嵌补面上隙洞,待其干后再用砂纸打磨光滑即成。

(3) 景窗的形式

景窗包括什锦窗、漏窗和空窗。

北方传统园林的园墙上大多使用一种被称为"什锦窗"(图 8-31)的景窗。这种景窗面积较小,正面呈圆形、长方、圭角、桃、李、海棠、石榴、葫芦、汉瓶、如意等形状;窗洞用木板做

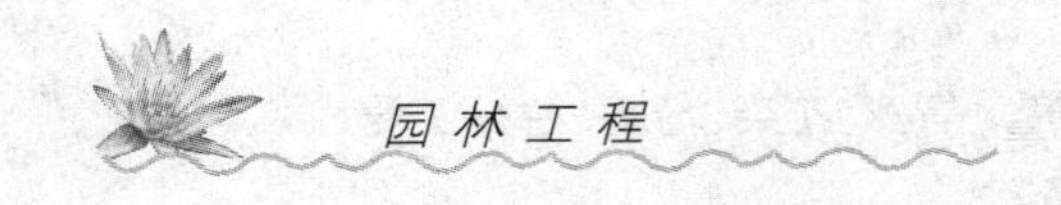

成框宕,外面加装宽边窗套;框宕两侧有时还镶嵌玻璃,以备晚间游园之时在里面燃灯照明之用。

a. 什锦窗的形式

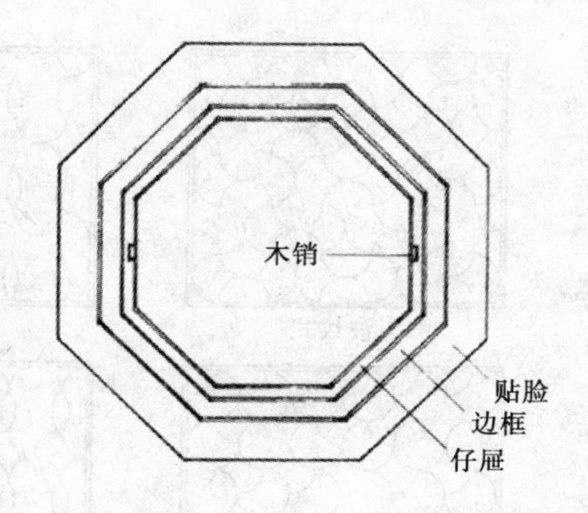

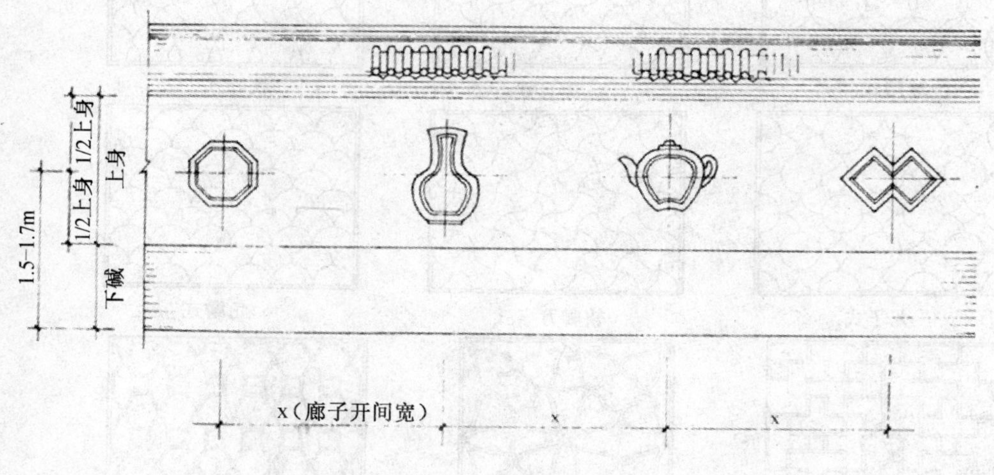

b. 什锦窗的安装

图 8-31 什锦窗

江南园林则在园墙上安设漏窗，漏窗的形式如图 8-32 所示。传统漏窗是在墙体上开设框宕，内用砖、瓦、木片、竹筋做成图案花格，可将墙外景致、光影透过花格的间隙引入园内。如今也有用混凝土预制花格来做漏窗的，这是对传统的发展。

现代公园绿地的园墙上更多使用的是空窗。它仅仅是一个精致的窗宕，可作取景框并能使空间互相穿插、渗透，扩大了空间效果和景深。空窗多设计成为横长或直长形、方形等。

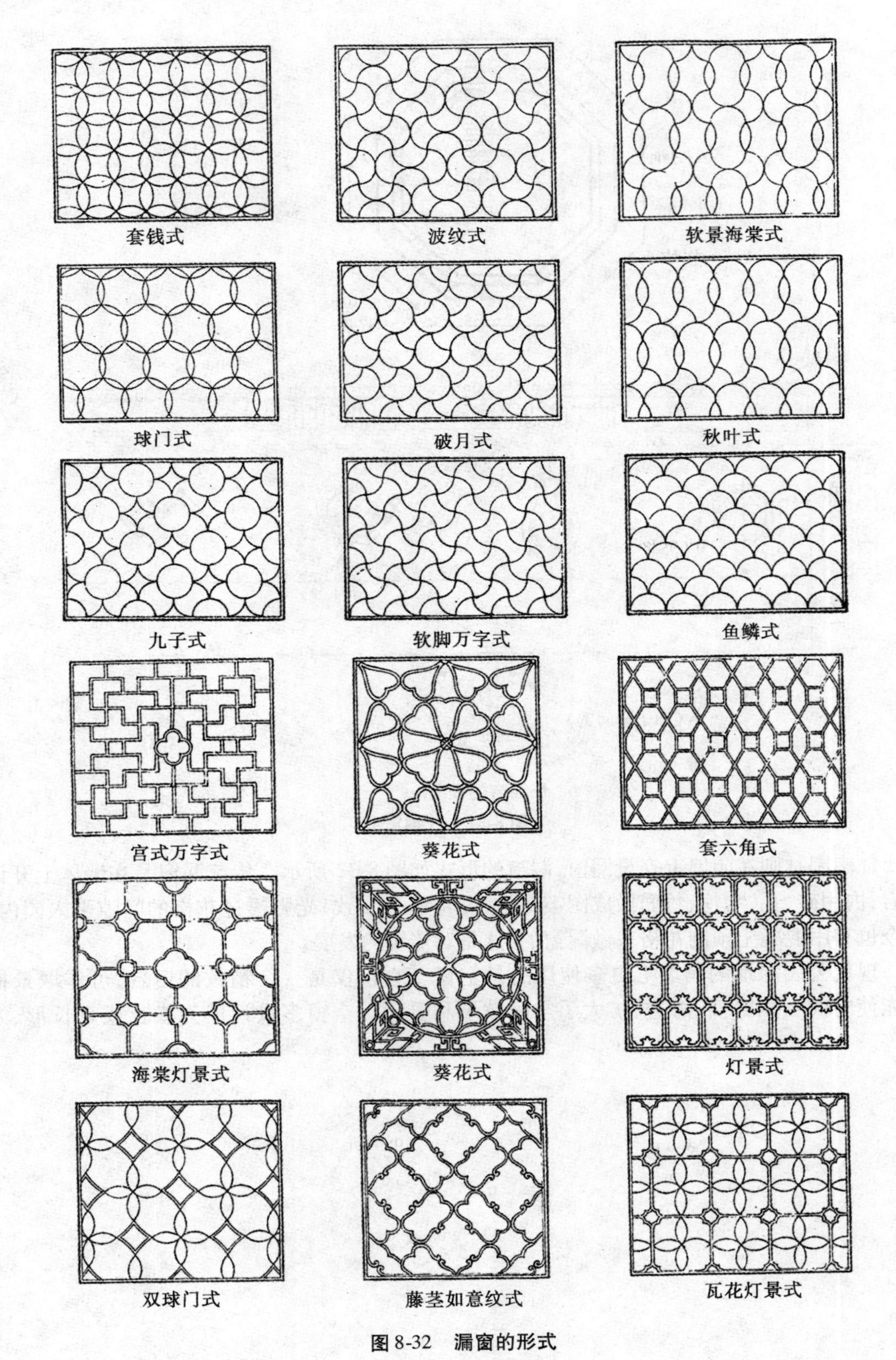
套钱式
波纹式
软景海棠式
球门式
破月式
秋叶式
九子式
软脚万字式
鱼鳞式
宫式万字式
葵花式
套六角式
海棠灯景式
葵花式
灯景式
双球门式
藤茎如意纹式
瓦花灯景式

图 8-32　漏窗的形式

(4) 景窗的构造与做法

景窗的高度应以人的视点高度为准,以便于游人观景眺望,同时也要兼顾与建筑、墙面及四周环境的协调。窗框下缘一般离地面 1.20 ~ 1.50 m 为宜,窗高约 1.00 m,窗宽约 1.20 m。其构造、做法与洞门较为相似,尤其是空窗。

什锦窗尺寸较小,由木板做框,因此只要在墙体砌筑时留出空宕或者将木框宕在砌墙时同步砌入即可。

一般传统漏窗的花格是利用望砖或筒瓦构成直线或弧线图案,较为复杂的图案则改用木片外粉纸筋做成;也有以琉璃为窗格的,但这种漏窗尺寸较小。现代园林中也有用钢丝网水泥砂浆予以仿古预制而成的,其优点是可以成批生产。

还有一种制作精美的漏窗,是以木片竹筋为骨架、用灰浆麻丝逐层裹塑而成的。用这种方法可以塑出鸟兽、花卉、戏曲人物等古典题材。

现代公园绿地中的景窗有用扁铁、金属、有机玻璃、水泥等材料予以组合、创作的,更丰富了景窗的内容与表现形式(图 8-33)。

图 8-33 多种材料组合式景窗

8.4.5 墙垣与洞门、景窗的施工工序

墙垣与洞门、景窗的施工次序是:施工准备→放线→墙基施工→墙体砌筑→门、窗框宕安装→墙顶砌筑→抹面、勾缝→墙面刷饰。

施工准备、放线、墙基等施工工序与亭榭、游廊、花架等的施工工序基本相似。

墙体砌筑时要注意砖的强度与砂浆标号;砖块左右搭接,上下错缝;砖缝必须横平竖直;灰缝砂浆必须爆满,厚薄均匀。

门洞、门框等部位易受碰挤磨损,需配置坚硬耐磨的材料,如混凝土或花岗石料等。特别是位于门槛部位的材料,更应如此。

传统墙垣的顶部按设计做出墙脊、墙檐、抛枋及一些装饰线脚。即当墙体砌筑到一定高度后要将墙面两侧挑出少许,向上砌 300 mm 左右,然后再逐层挑砖二三层,每层出挑 30 mm 左右。其上以 1∶0.35 或 1∶0.40 的坡度收顶,斜面上铺覆仰瓦盖瓦,犹如屋面铺瓦。至墙脊处用望砖密排筑脊结顶。

若为粉墙,墙垣砌筑完毕,须用纸筋粉抹面,同时塑出抛枋的线脚;若为清水墙,则用砂浆勾缝,上部抛枋在砌砖时做出。

江南园林的传统粉墙最后还要进行刷饰处理。在墙身抹灰面外再刷石灰水,抛枋、墙檐、墙脊上刷"黑水",并用石蜡压光,以达到"粉墙黛瓦"的效果。如今可以涂刷黑、白涂料。

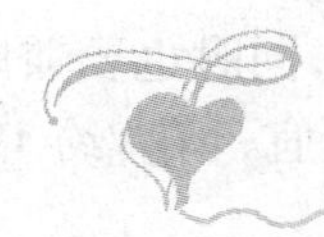

8.5 围篱与栏杆

用墙垣界定空间、分隔空间,有时会让人感到过于封闭或厚重,因而也有用围篱来替代园墙的;而在园林内部,有时仅仅需要空间的界定或者进入的限制,而在视线上允许穿越,此时就可选择栏杆。

8.5.1 围篱与栏杆的作用

围篱和栏杆在功能上的作用与墙垣几乎相同,但景观上却有着不同的旨趣。

某些场合,为突出管理安全和观瞻效果,可以在需要分隔空间的边界每隔一定距离设置砖柱墩或铁柱,中间用轻钢扁铁分格串联成栅,这样构筑的围篱可以形成隔而不断、围而不闷的分隔效果,透过隔栅的空隙"引绿出墙"。这在大城市中对于改善绿化用地紧张具有积极的作用(图8-34)。

图 8-34 设置砖柱墩的围篱

有些园林的园中之园,为造就自然野趣,常用竹木、苇草编织围篱。它能与树丛、竹林、流水、假山融成一体,让人感受到乡野的气息(图 8-35)。

在一些花坛、草坪的外围用低矮的铁篱、竹篱也能形成景色的装饰和对比,具有较好的艺术效果(图 8-36)。

图 8-35 用竹木、苇草编织而成的围篱

图 8-36 低矮的铁篱、竹篱

8.5.2　围篱、栏杆的类型与形式

围篱与栏杆形式繁多，根据其材料的不同有砖、瓦、竹条、轻钢、绿篱等，所用材料广泛自由，就地取材，美不胜收。在外观上又有高矮、曲直、虚实、光洁与粗糙之分，需要注意与周边环境特征、景物风格保持一致。

8.5.3　围篱、栏杆的基本构造

不同的围篱、栏杆，其构造也不相同，在这里仅列举几种较为常见的予以介绍。

(1) 砖围篱

砖围篱与墙垣一样，下部需做连续基础，出地面砌筑砖地梁，宽 250 mm，高 360 mm。或用钢筋混凝体浇筑地梁，其高、宽分别为 250 mm 和 300 mm。地梁之上依据设计，分别砌筑砖墙体和称角清水砖柱，墙宽 1.20 m，柱宽 240 mm，柱间距 120 mm。砌至 2.10 m 高浇筑厚 60 mm、宽 250 mm 的钢筋混凝土过梁作压顶。墙体可以用清水砖砌筑，也可以用斩假石或水刷石饰面。

(2) 砖石、钢木混合围篱

围篱下做连续基础，间隔 3.60 m 砌砖石柱墩，两柱墩间下筑高 330 ~ 360 mm 的地梁，上用钢条或钢木做格栅。柱墩高 2.50 m 左右，上砌压顶石。

(3) 轻钢围篱

将砖石柱用钢管或型钢替换，即为轻钢围篱。

(4) 铅丝网围篱

用黑铁管作为支撑骨架，用 10 号铅丝编成铅丝网，网孔尺寸(mm)有 80、100、120、150、180、200 等六种。这种围篱的特点是内外通透，景色一览无余。但需要每两年油漆一次。

(5) 竹围篱

竹围篱是用细竹编织而成的，可以变出多种纹样，极富野趣，具有恬淡的田园风情，与自然环境能很好地协调。竹围篱虽然造价低廉，别具一格，但使用年限较短，需作防腐处理。

(6) 花坛围篱

花坛围篱高度为 150 ~ 450 mm，材料因地制宜，有竹条、轻钢、木栅或砖砌矮墙、短柱铁链等。

(7) 绿篱

绿篱是指用木条钉成格栅，让藤蔓花卉攀缘其上而形成的具有强烈自然生机的围篱。将其用于出入口，与跌落式花坛相配，更显生动自然的情趣。

这种绿篱按高度又分为 300 mm(划分界面，空间基本连续)、600 mm(划分界面，开始有强烈的分割感)、1 200 mm(划分空间，半封闭感形成)、1 500 mm(分隔封闭感，私密性产生)、≥1 800 mm(分隔封闭感、私密性强烈)数种。

在日本庭园中，还有一种饶有趣味的绿篱，称之为“生垣”。它是将枝条细长的灌木成排种植，把上部枝条编织而成的一种围篱。这样既保持着植物的生长特点，又具有围篱分隔空间的功能。

案例分析

1. 亭榭工程实例
2. 游廊工程实例
3. 花架工程实例
4. 墙垣、洞门、景窗工程实例
5. 围篱、栏杆工程实例

本章小结

亭廊、花架、墙垣、栏杆是园林重要的构成要素之一，其设计合理和施工合适做法对于园林形象具有至关重要的影响，因此园林专业学生必须掌握相关的专业知识。本章较为详尽地介绍了亭廊、花架、墙垣、栏杆的一般知识、设计内容和施工技术，通过实例，可以让学生了解相关知识，并有效指导进行常见亭廊、花架、墙垣、栏杆的设计，同时能绘制一般的施工图。

复习思考

1. 亭、廊在园林中起着怎样的作用？亭廊设计需要考虑哪些影响因素？
2. 依据材料和结构的不同，花架分为哪些类型？
3. 墙垣自下而上可以分为哪几个部分？
4. 亭廊、花架、墙垣、栏杆在施工结束后应如何进行成品养护？

第9章 园林照明工程

本章导读

本章介绍了灯光设计、园林灯具以及照明设计、供电设计等专门知识。要求学生熟悉园林照明的类型和园林照明的运用，经过必要的实践可以从事园林照明的一般性设计和施工工作。

照明是人类驱除黑暗以延长活动时间的一种手段，而园林照明却并非单纯将园地照亮这一功能。利用夜色的朦胧与灯光的变幻，可以使园林呈现出一种与白昼迥然不同的旨趣。在各种灯光的装饰下，造型优美的园灯在白天也有特殊的装饰作用。

9.1　照明的类型

灯光可以照亮周围的事物，但夜晚的园林并不需要将所有一切全都照亮，使之形同白昼。有选择地使用灯光，可以让园林中意欲显现其各自特色的建筑、雕塑、花木、山石展示出与白天相异的情趣。在灯光所创造的斑驳光影中，园景可以产生出一种幽邃、静谧的气氛。为能实现意想的效果，大致可采用重点照明、工作照明、环境照明和安全照明等方式，并在彼此的组合中创造出无穷的变化。

9.1.1　重点照明

重点照明是指为强调某些特定目标而进行的定向照明。为了使园林充满艺术韵味，在夜晚可以用灯光强调某些要素或细部，即选择定向灯具将光线对准目标，使这些物体打上一定强度的光线，而让其他部位隐藏在弱光或暗色之中，从而突出意欲表达的物体，产生特殊的景观效果。重点照明须注意灯具的位置。使用带遮光罩的灯具以及小型的、便于隐藏的灯具可减少眩光的刺激，同时还能将许多难于照亮的地方显现在灯光之下，产生意想不到的效果,使人感到愉悦和惊异。

9.1.2 环境照明

环境照明体现着两方面的含义:一是相对于重点照明的背景光线;二是作为工作照明的补充光线。环境照明不是专为某一物体或某一活动而设,主要提供一些必要光亮的附加光线,让人们感受到或看清周围的事物。环境照明的光线应该是柔和地弥漫在整个空间,具有浪漫的情调,所以通常应消除特定的光源点。可以利用匀质墙面或其他物体的反射使光线变得均匀、柔和,也可以采用地灯、光纤、霓虹灯等,以形成一种充满某一特定区域的散射光线。

9.1.3 工作照明

充足的光线可方便人们夜间活动。工作照明就是为特定的活动所设。工作照明要求所提供的光线应该无眩光、无阴影,以便使活动不受夜色的影响。并且要注意对光源的控制,即在需要时光源能够很容易地被打开,而在不使用时又能随时关闭。这样不仅可以节约能源,更重要的是可以在无人活动时恢复场地的幽邃和静谧。

9.1.4 安全照明

为确保夜间游园、观景的安全,需要在广场、园路、水边、台阶等处设置灯光,让人能够清晰地看清周围的高差障碍;在墙角、屋隅、丛树之下布置适当的照明,可给人以安全感。安全照明的光线一般要求连续、均匀,并有一定的亮度。照明可以是独立的光源,也可以与其他照明结合使用,但须注意相互之间不产生干扰。

上述四种照明设计要求的比较见表9-1。

表9-1 不同照明设计要求的比较

重点照明	工作照明	环境照明	安全照明
① 明、暗要根据需要进行设计,有时需要暗光线营造气氛; ② 照度要有差别,不可均一,以造成不同的感受; ③ 需将阴影夸大,从而起到突出重点的作用; ④ 可根据需要考虑其经济性。	① 工作面有必要的亮度,光线均匀; ② 尽量减少乃至消除眩光; ③ 阴影适当; ④ 光源的显色性好; ⑤ 照明方案经济。	① 亮度适中,光线影柔和、均匀; ② 可用特殊灯具,以适宜的光色予以照明; ③ 隐藏灯具,避免眩光; ④ 可根据需要考虑其经济性。	① 有必要的亮度; ② 光线连续、均匀; ③ 可单独设置,也可与其他照明一并考虑; ④ 照明方案经济。

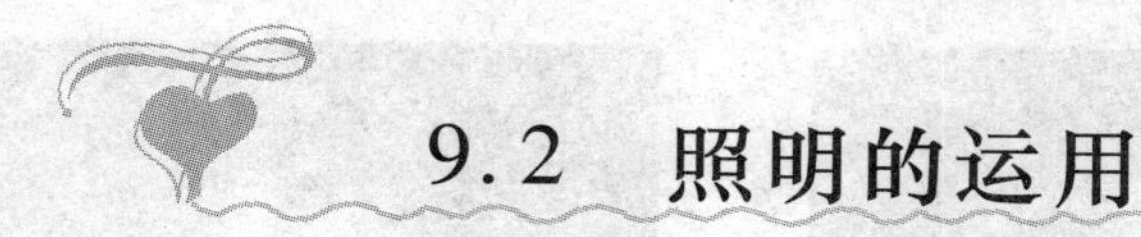

9.2 照明的运用

为了突出不同位置的园景特征,灯光的使用也要有所区别。园林绿地中的照明形式大致可分为场地照明、道路照明、轮廓照明、植物照明和水景照明。

9.2.1 场地照明

园林中的各类广场是人流聚集的场所,灯光的设置应考虑人的活动这一特征。在广场的周围选择发光效率高的高杆直射光源可以使场地内光线充足,便于人的活动。若广场范围较大,广场内又不希望有灯杆的阻碍,则可根据照明的要求和所设计的灯光艺术特色,布置适当数量的地灯作为补充。场地照明通常依据工作照明或安全照明的要求来设置,在有特殊活动要求的广场上还应布置一些聚光灯之类的光源,以便在举行活动时使用。

9.2.2 道路照明

园林道路有多种类型,不同的园路对于灯光的要求也不尽相似。对于园林中可能会有车辆通行的主干道和次要道路,需要采用具有一定亮度且均匀的连续照明,以使行人及部分车辆能够准确识别路上的情况,所以应根据安全照明要求设计;而对于游憩小路则除了需要照亮路面外,还希望营造出一种幽静、祥和的氛围,因而用环境照明的手法可使其融入柔和的光线之中(图 9-1)。采用低杆园灯的道路照明应避免直射灯光耀眼,通常可用带有遮光罩的灯具,将视平线以上的光线予以遮挡;或使用乳白灯罩,使之转化为散射光源。

图 9-1　道路照明

9.2.3 建筑照明

建筑一般在园林中占主导地位。为了使园林建筑优美的造型呈现在夜色之中,过去主要采用聚光灯和探照灯,如今已普遍使用泛光照明(图 9-2)。若为了突出和显示其特殊的外形轮廓,而弱化本身的细节,一般用霓虹灯或成串的白炽灯沿建筑的棱边安设,形成建筑轮廓灯,也可以用经过精确调整光线的轮廓投光灯,将需要表现的物体仅仅用光勾勒出轮廓,使其余部分保持在暗色状态,并与后面背景分开,这种手法尤其对为营造、烘托特殊的景色和气氛的各种小品、雕塑、峰石、假山甚至大树等景物的轮廓照明具有十分显著的效果。建筑内的照明除使用一般的灯具外,还可选用传统的宫灯、灯笼。如在古典园林中,现代灯饰的造型可能与景观不能很好地协调，就更应选择具有美观造型的传统灯具。

图 9-2　建筑照明

9.2.4　植物照明

灯光透过花木的枝叶会投射出斑驳的光影，使用隐于树丛中的低照明器可以将阴影和被照亮的花木组合在一起。特定的区域因强光的照射变得绚烂与华丽，而阴影之下又常常带有神秘的气氛。利用不同的灯光组合可以强调园中植物的质感或神秘感（图 9-3）。

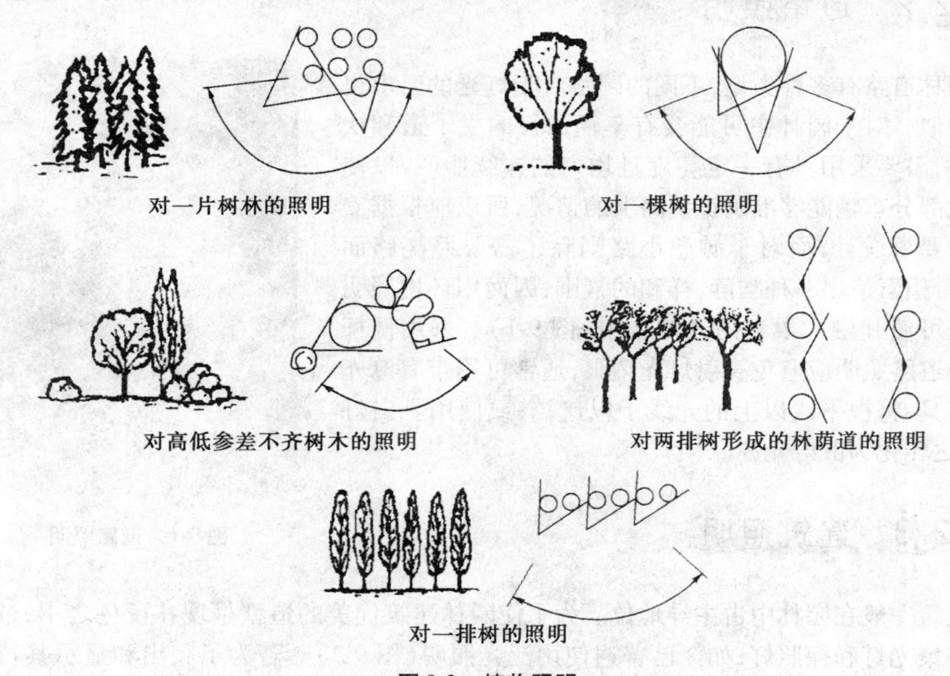

图 9-3　植物照明

植物照明设计中最能令人感到兴奋的是一种被称做“月光效果”的照明方式，这一概念源于人们对明月投洒的光亮所产生的种种幻想。灯具被安置在树枝之间，可以将光线投射到园路和花坛之上形成斑驳的光影，从而引发奇妙的想象。它与传统的室外照明手法截然不同。传统照明常用带罩灯具或高杆灯具等，所形成的光线呈现出团状，既难以照亮地面和

植物，又易将人的视线引向灯具，掩盖了景观的特色。

9.2.5　水景照明

各种水体都会给人带来愉悦，夜色之中用灯光照亮湖泊、水池、喷泉，会让人体验到另一种感受（图 9-4）。大型的喷泉使用红色、橘黄、蓝色和绿色的光线进行投射，可产生欢快的气氛；小型水池运用一些更为自然的光色可使人感到亲切。而琥珀色的光线会让水显得黄而肮脏，可以通过增加蓝光校正滤光器，将水映射成蔚蓝色，给人以清爽、明快的感觉。

图 9-4　水景照明

水景照明的灯具位置需要慎重考虑。位于水面以上的灯具应将光源甚至整个灯具隐于花丛之中或者池岸、建筑的一侧，即将光源背对着游人，以避免眩光刺眼。跌水、瀑布中的灯具可以安装在水流的下方，这不仅能将灯具隐藏起来，而且可以照亮潺潺流水，显得十分生动。静态的水池使用水下照明，可能会因为池中藻类的影响而变得灰暗，或者使水看起来很脏。较为理想的方法是：将灯具抬高，使之贴近水面，并增加灯具的数量，使之向上照亮周围的花木，以形成倒影；或者将静水作为反光水池处理。

9.2.6　其他灯光

除了上述几种照明之外，还有像水池、喷泉水下设置的彩色投光灯、射向水幕的激光束、园内的广告灯箱等，此类灯具与其说还保留一部分照明功能，还不如说更多的是对夜景的点缀。随着大量新颖灯具的不断涌现，今后的园灯将会有更多的选择，所装点的夜景也会更加绚丽。

9.3　灯光的设计

园林中的照明设计是一项十分细致的工作，需要从艺术的角度加以周密考虑，犹如绘画，需要将形状、纹理、色调甚至质感等所有的细节与差异都予以精确地表达，从而达到优美、祥和以及与白昼完全不同的艺术境界。与其他艺术设计一样,灯光的运用应丰富而有变化。

对于像雕塑、小品以及姿形优美的树木,可使用聚光灯予以重点照明。因为聚光灯的投射能够使被照之物的形象更为突出(图9-5)。就像艺术展览馆中对待每一件展品那样,光线既能使需要强调之处的微小变化得到充分的表现,又可使一些不希望为人注意的细节得以淡化,甚至被掩盖。园林中的聚光照明也一样,用亮度较高、方向性较强的光线突出景物的明暗光影,以更为生动的形象吸引人们的视线,使之成为夜色中的主体。正是由于聚光照明所产生的主体感特别强烈,所以在一定的区域范围内应尽量少用,以便于分辨主次。

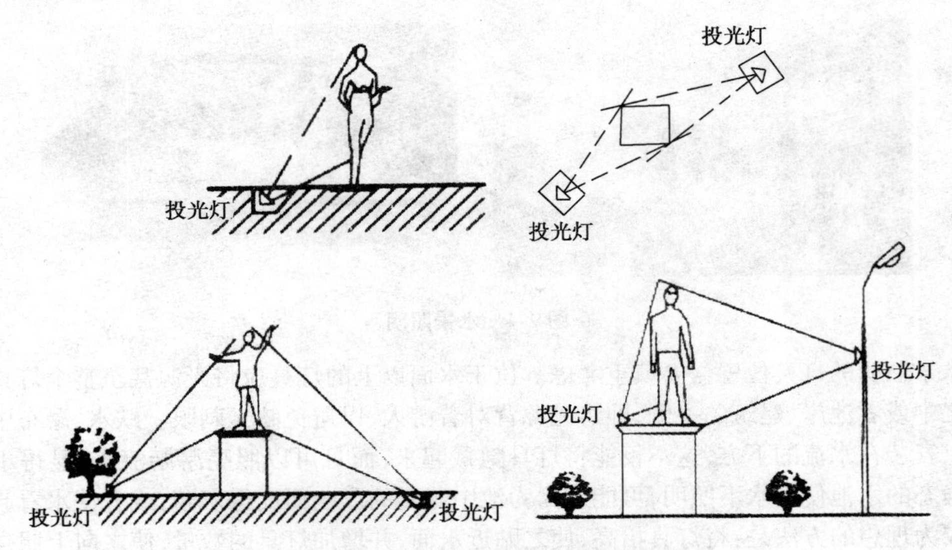

图9-5 利用聚光灯重点照明

轮廓照明适合于建筑与小品,更适合于落叶乔木。尤其是冬天,效果更好。轮廓照明可使树木处于黑暗之中,而树后的墙体被均匀、柔和的光线照亮,从而形成光影的对比。对墙体的照明应采用低压、长寿命的荧光灯具,冷色的背光衬托着树木枝干的剪影能给人以冷峻和静谧之感。若墙前为疏竹,则摇曳的翠竿竹叶犹如一幅传统的中国水墨画。

要表现树木雕塑般的质感,也可使用上射照明(图9-6)。即采用埋地灯或将灯具固定在地面,向上照射。与聚光照明不同的是,上射照明的光线不必太强,照射的部位也不必太集中。由于埋地灯的维修和调整都较麻烦,所以通常用于对一些长成的大树进行照明;而地面安装的定向投光等则可作为小树、灌木的照明灯具,以便随小树的成长,随时调整灯具的位置和灯光。

灯光下射可使光线呈显出伞状的照明区域,而洒向地面的光线也极为柔和,给人以内聚、舒适的感觉,所以适用于人们进行户外活动的场所,如露台、广场、庭院等处。用高杆灯具或将其他灯具安装在建筑的檐口、树木的枝干之上,使光线由上而下地倾泻,在特定的区域范围内可形成一个向心的空间。如果在其中举行一些小型的活动,或布置桌椅让游人品茗小座,其感觉特别温馨、怡人。

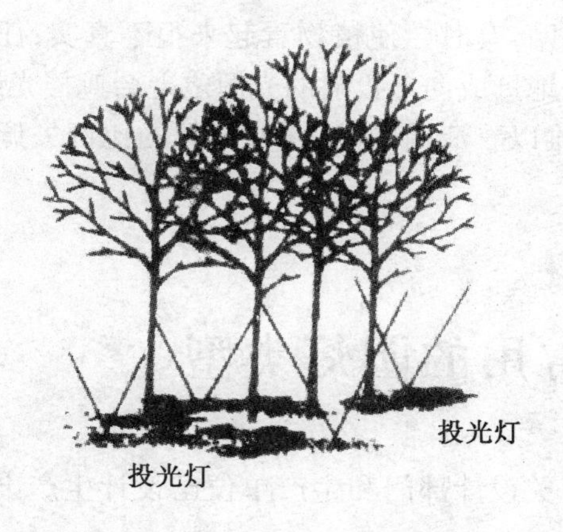

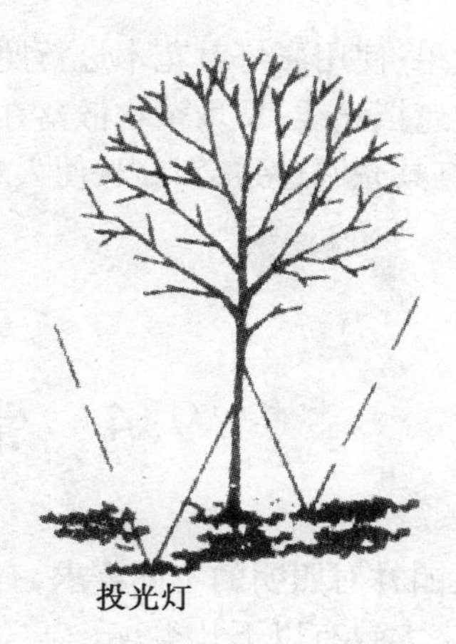

图 9-6　上射照明

月光照明是室外空间照明中最为自然的一种手法。利用灯具的巧妙布置,可以实现犹如月光般的照明效果。将灯具固定在树上适宜的位置,一部分向下照射,把枝叶的影子投向地面;另一部分向上照射,将树叶照亮。这就会形成光影斑驳、随风变幻、类似于满月时的效果。

园路的照明设计(图 9-7)也可予以艺术化的处理:将低照明器置于道路两侧,使人行道和车道包围在有节奏的灯光之下,犹如机场跑道一样。这种效应在使用塔形灯罩的灯具时更为显著,采用蘑菇灯也可以较好地解决这个问题。它们在向下投射灯光的同时,本身并不引起人的注意。如果配合附加的环境照明灯光源,其效果会更好。

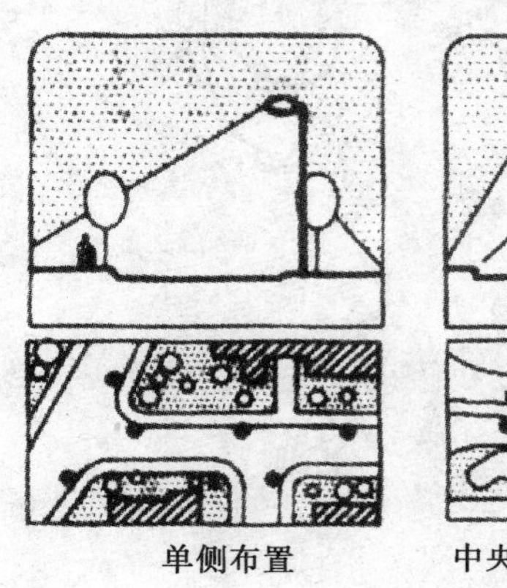

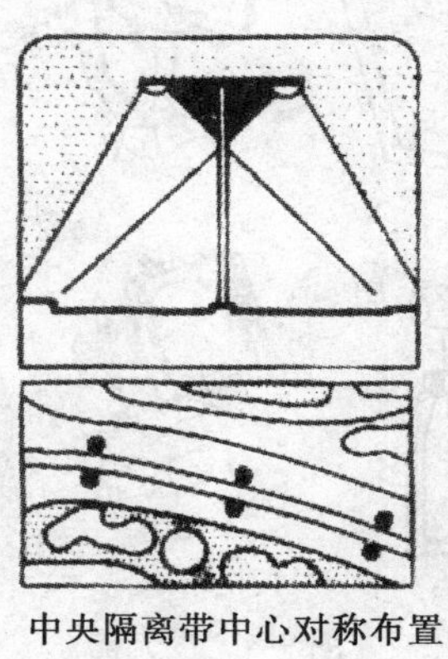

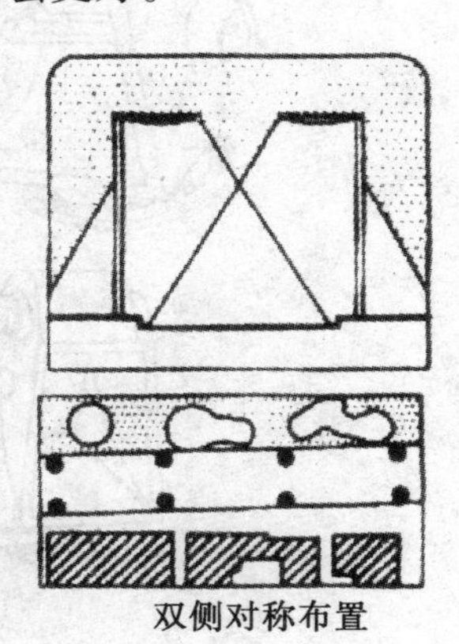

图 9-7　园路的照明设计

在公园绿地中,安全照明是其他照明所不可替代的,因为人只有在看清周围的情况后才有安全感。如果人们不能看清行进的前方有无障碍或缺陷,就有可能造成伤害;而在缺乏必要照明的墙隅屋角、大树之下,人们常常会由于不了解那里的情况而产生莫名的恐惧。当然,对于造景而言,安全照明只是一种功能性的光线,在有可能的情况下,应与其他照明相结合。如果单独使用,也须注意不能干扰其他照明。

园林照明的设计中需要避免如下问题:随意更换照明灯具的光源类型会在一定程度上

影响原设计效果；使用彩灯对花木进行照明，有时会使植物看起来很不真实；任由植物在灯具附近生长会遮挡光线；垃圾杂物散落在地灯或向上投射的光源之上会遮挡光线，使设计效果大打折扣；灯具光源过强会刺眼，使人难以看清周围的事物；灯具的比例失调也会让人感到不舒服。

9.4 常用的园灯类型

为了满足园林对照明的不同需求，有关设计部门和生产单位已设计生产出不少相关的产品，归纳起来大致有以下几类。

9.4.1 投光器

将光线由一个方向投射到需要照明的物体如建筑、雕塑、树木之上，可产生欢快、愉悦的气氛。投射光源可采用一般的白炽灯或高强放电灯。为免游人受直射光线的影响，应在光源上加装档板或百叶板，并将灯具隐蔽起来。使用一组小型投光器(图9-8)，并通过精确的调整，使之形成柔和、均匀的背景光线，可以勾勒出景物的外形轮廓，就成了轮廓投光灯。

图9-8 投光器

9.4.2 杆头式照明器

用高杆将光源抬升至一定高度(图9-9)，可使照射范围扩大，以照全广场、路面或草坪。光源距地较远，会使光线呈现出静谧、柔和的气氛。过去常用高压汞灯作为光源，现在为了高效、节能，广泛采用钠灯。

9.4.3　低照明器

低照明器(图 9-10)的光源高度设置在视平线以下,可用磨砂或乳白玻璃罩护光源,或者为避免产生眩光而将上部完全遮挡。它主要点缀于草坪、园路两旁、墙垣之侧或假山、岩洞等处,可渲染出特殊的灯光效果。

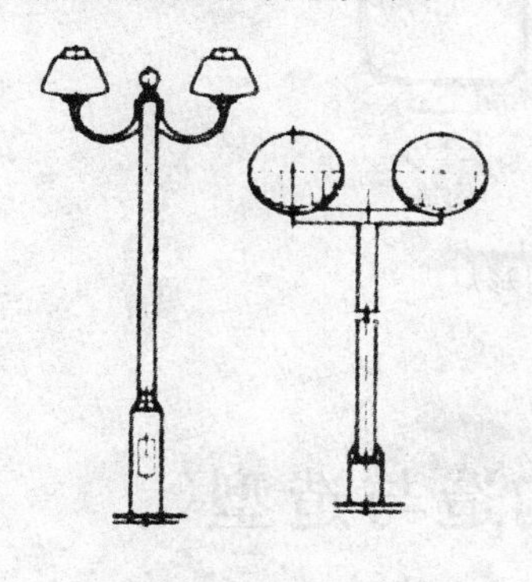

图 9-9　杆头式照明器

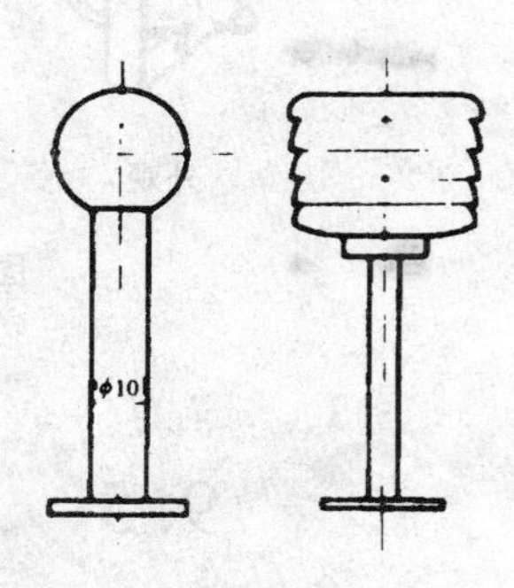

图 9-10　低照明器

9.4.4　埋地灯

埋地灯(图 9-11)常埋置于地面以下,外壳由金属构成,内用反射型灯泡,上面装隔热玻璃。埋地灯主要用于广场地面,有时为了创造一些特殊的效果,也用于建筑、小品、植物的照明。

图 9-11　埋地灯

9.4.5　水下照明彩灯

水下照明彩灯(图 9-12)主要由金属外壳、转臂、立柱以及橡胶密封圈、耐热彩色玻璃、封闭反射型灯泡、水下电缆等组成,有红、黄、绿、琥珀、蓝、紫等颜色,可安装于水下 30 ~ 1 000 mm处,是水景照明和彩色喷泉的重要组成部分。

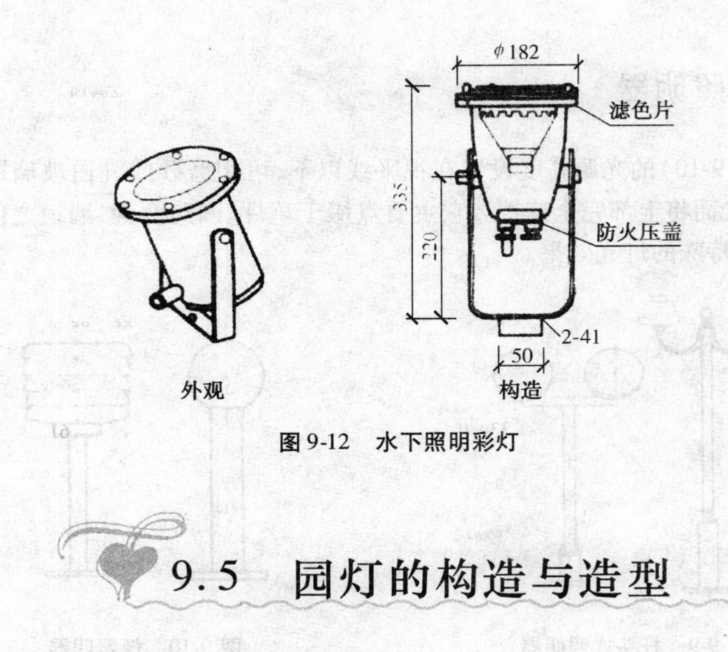

图 9-12　水下照明彩灯

9.5　园灯的构造与造型

园灯一般都由灯头、灯杆、灯座、接线控制箱等部分组成。可以使用不同的材料，设计出不同的造型。园灯如果选用合适，能在以山水、花木为主体的自然园景中起到很好的点缀作用。园灯的造型有几何形与自然形之分。选用几何造型可以突出灯具的特征而形成园景的变化；采用自然造型则能与周围景物相和谐而达到园景的统一。但须注意，园灯在夜晚是用来照明的，灯具形象过于突出会使人难以进一步注意其他景观要素。一般以坚固耐用、取换方便、安全性高、形美价廉、能充分发挥照明功效作为选择的基本要求。

无论何种园林灯具，目前一般使用的光源有汞灯、金属卤化物灯、高压钠灯、荧光灯和白炽灯等。

(1) 汞灯的使用寿命较长，容易维修，是目前国内园林使用最为普遍的光源之一。有40～2 000W多种规格。其特点是能使草坪、花木的绿色更加鲜艳。

(2) 金属卤化物灯比普通白炽灯具有更高的色温和亮度，所以发光效率高，显色性好，适用于游人较多的地方。但这种灯没有低功率的规格，其使用受到限制。

(3) 高压钠灯是一种高强放电灯，能耗较低，可用于照度要求较高的地方，如广场、园路、游乐园。但这种灯发出的光线为橘黄色，不能真实反映绿色。

(4) 荧光灯因其价格低、光效高、使用寿命长而被广泛运用于广告灯箱，在规模不大的小庭园内使用也较合适，但不适用于广场和低温条件下。

(5) 白炽灯发出的光线与自然光较为接近，能使红、黄等颜色更为绚丽夺目，可用于庭园照明和投光照明，但使用寿命较短，需经常更换和维修。

园林中常用照明电光源主要技术特性比较及适用场所如表 9-2 所示。

表 9-2　园林中常用照明电光源主要技术特性比较及适用场所

项　目	白炽灯(普通照明灯泡)	卤钨灯	荧光灯	荧光高压汞灯	高压钠灯	金属卤化物灯	管形氙灯
额定功率范围/W	10 ~ 1 000	500 ~ 2 000	6 ~ 125	50 ~ 1 000	250 ~ 400	400 ~ 1 000	1 500 ~ 100 000
光效 (lm/W)	6.5 ~ 19	19.5 ~ 21	25 ~ 67	30 ~ 50	90 ~ 100	60 ~ 80	20 ~ 37
平均使用寿命/h	1 000	1 500	2 000 ~ 3 000	2 500 ~ 5 000	3 000	2 000	500 ~ 1 000
一般显色指数/Ra	95 ~ 99	95 ~ 99	70 ~ 80	30 ~ 40	20 ~ 25	65 ~ 85	90 ~ 94
色温/K	2 700 ~ 2 900	2 900 ~ 3 200	2 700 ~ 6 500	5 500	2 000 ~ 2 400	5 000 ~ 6 500	5 500 ~ 6 000
功率因数/cosφ	1	1	0.33 ~ 0.7	0.44 ~ 0.67	0.44	0.44 ~ 0.61	0.4 ~ 0.9
表面亮度	大	大	小	较大	较大	大	大
频闪效应	不明显	不明显	明显	明显	明显	明显	明显
耐震性能	较差	差	较好	好	较好	好	好
所需附件	无	无	镇流器、起辉器	镇流器	镇流器	镇流器、触发器	镇流器、触发器
适用场所	彩色灯泡可用于建筑物、商店橱窗、展览馆、园林构筑物、孤立树、树丛、喷泉、瀑布等装饰物的照明。水下灯泡可用于喷泉、瀑布等处装饰用。聚光灯可用于舞台、公共场所等作强光照明	适用于广场、体育场建筑物等的照明	一般用于建筑物的室内照明	广泛用于广场、道路、园路、运动场所等大面积场所的室外照明	广泛用于道路、园林绿地、广场、车站等处的照明	主要用于广场、大型游乐场、体育场的照明及高速摄影等方面	有"小太阳"之称,特别适合于大面积场所的照明。工作稳定,点燃方便

关于园林照明标准:目前我国尚未制定公园、绿地照明的相关标准,但为了保证照度,一般控制在0.3 ~ 1.5 lx。杆头式照明器光源的悬挂高度一般为4.5 m,而路旁、花坛等处低照明器的高度大多低于1 m。

各类设施一般照明的推荐照度如表 9-3 所示。

表 9-3　各类设施一般照明的推荐照度

照明地点	推荐照度/lx	照明地点	推荐照度/lx
国际比赛足球场	1 000 ~ 1 500	更衣室、浴室	15 ~ 30
综合性体育正式比赛大厅	750 ~ 1 500	库房	10 ~ 20
足球、游泳池、冰球场、羽毛球、乒乓球、台球	200 ~ 500	厕所、盥洗室、热水间、楼梯间、走道	5 ~ 15
篮球场、排球场、网球场、计算机房	150 ~ 300	广场	5 ~ 15
绘图室、打字室、字画商店、百货商场、设计室	100 ~ 200	大型停车场	3 ~ 10

续表

照明地点	推荐照度/lx	照明地点	推荐照度/lx
办公室、图书馆、阅览室、报告厅、会计室、博览馆、展览厅	75 ~ 150	庭园道路	2 ~ 5
一般性商业建筑(钟表、银行等)、旅游饭店、酒吧、咖啡厅、舞厅、餐厅	50 ~ 100	住宅小区道路	0.2 ~ 1

不同位置园灯设计参考数据如表9-4所示。

表9-4　不同位置园灯设计参考数据

地　点	灯柱高度/m	水平距离/m	钨丝灯功率/(W/个)
园林绿地的广场及出入口	4 ~ 8	20 ~ 30	500
一般游步道	4 ~ 6	30 ~ 40	200
林荫路及建筑物的前部	4 ~ 6	25	100
排球场	8 ~ 14	6盏均布	1 000
篮球场	8 ~ 10	20 ~ 24个4排均布	500

9.6　照明设计要点

园林照明的设计及灯具的选择应在设计之前作一次全面细致的考察,可在白天对周围的环境空间进行仔细观察,以决定何处适宜于灯具的安装,并考虑采用何种照明方式最能突出表现夜景(图9-13)。与其他景观设计一样,园林照明也要兼顾局部和整体的关系。适当位置的灯具布置可以在园中创造出一系列的兴奋点,所以恰到好处地设计可以增加夜晚园林环境的活力(图9-14);但统筹全园的整体设计,则有利于分辨主次、突出重点,使园林的夜景在统一的规划中显现出秩序感和自己的特色。如果能将重点照明、安全照明和装饰照明等有机地结合,可最大限度地减少不必要的灯具,以节省能源和灯具上的花费。而如能与造园设计一并考虑,更可避免因考虑不周而带来的重复施工。

图9-13　广场照明

图9-14　小品灯箱

照明设计的原则是:突出园中造型优美的建筑、山石、水景与花木,掩藏园景的缺憾。园林的不同位置对照明的要求具有相当大的差异。为了展示出园内的建筑、雕塑、花木、山石等景物优美的造型,照明方法应因景而异。建筑、峰石、雕塑与花木等的投射灯光应依据需要而使强弱有所变化,以便在夜晚展现各自的风韵;园路两侧的路灯应照度均匀、连续,以满足安全的需要。为了使小空间显得更大,可以只照亮前庭而将后院置于阴影之中;而对大的室外空间,处理的手法正相反,这样会对大空间产生一种亲切感。室外照明应慎重使用光源上的调光器,在大多数采用白炽灯作为光源的园灯上,使用调光器后会使光线偏黄,给被照射的物体蒙上一层黄色。尤其对于植物,会呈现一种病态,失去了原有的生机。彩色滤光器也最好少用,因为经其投射出的光线会产生失真感。当然,天蓝滤光器例外,它能消除白炽灯光中的黄色调,使光线变成令人愉快的蓝白光。小小的滤光器或其他附件竟会使整个景观发生巨大的改变,这是在设计中需要时刻注意的。

灯光亮度要根据活动需要以及保证安全而定,过亮或过暗都会给游人带来不适。照明设计时尤其应注意眩光。所谓眩光,是指使人产生极强烈不适感的过亮、过强的光线。将灯具隐藏在花木之中既可以提供必需的照明,又不致引起眩光。要确定灯光的照明范围还须考虑灯具的位置,即灯具高度、角度以及光分布,而照明时所形成的阴影大小、明暗要与环境及气氛相协调,以利于用光影来衬托自然,创造一定的场面与气氛。这可在白天对周围空间进行仔细观察,并通过计算校合,以确定最佳的景观照明。

常见照明光源的色调见表 9-5。

表 9-5　常见照明光源的色调

照明光源	光源色调
白炽灯、卤钨灯	偏红色光
日光色荧光灯	与太阳光相似的白色光
高压钠灯	金黄色、红色成分偏多,蓝色成分不足
荧光高压汞灯	淡蓝-绿色光,缺乏红色成分
镝灯(金属卤化物灯)	接近于日光的白色光
氙灯	非常接近日光的白色光

虽然灯具的设置主要是用于照明,以便在黑夜也能活动自如,然而布置适宜、造型优美的园灯在白天也有特殊的装饰作用。灯具的选择,虽说应优先考虑灯光效果,但其造型也相当重要。尤其是对那些具有装饰作用的灯具,不能太随意,也不能太普通,否则难以收到良好的效果。外观造型应符合使用要求与设计意图,强调灯具的艺术性有助于丰富空间的层次和立体感。尽管普通的装饰灯具在有些场合也会吸引人的注意,但在夜晚,它们一般不是因产生过亮光点而令人不舒服,就是因亮度不足而达不到照明要求。所以园灯的形式和位置主要是依据照明的需要来确定,同时也要考虑园灯在白天的装饰作用。依据"佳则收之,俗则摈之"的原则,有些园灯可以置于显眼的位置,另一些则宜掩藏于花丛树木之中。

此外,还有安全问题需要考虑。园灯位置不应过于靠近游人活动及车辆通行的地方,以免因碰撞损坏而引起危险。在接近游人的地方若需必要的照明,可以设置地灯、装饰园灯,但不宜选择发热过高的灯具。若无更合适的灯具,则应加装隔热玻璃,或采取其他防护措施。园灯位置还应注意方便安装和维修。为保证安全,灯具线路开关以及灯杆设置都要采取安全措施,以防漏电和雷击,并可抗风、防水及抵御气温变化。寒冷地区的照明工程还应设置整流器,以免受到低温的影响。

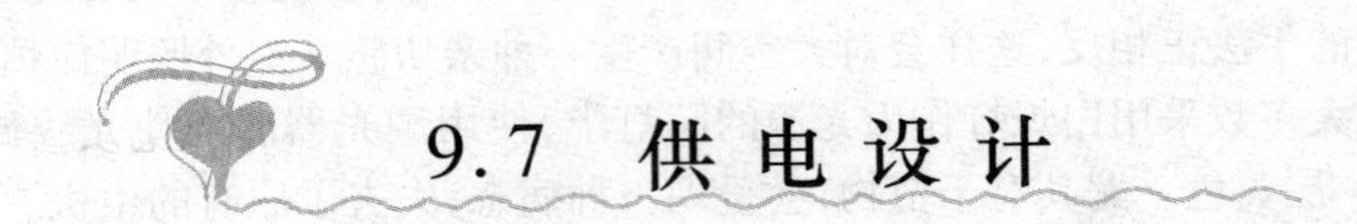

9.7 供电设计

园林中的照明需要用电,其他动力(如电动游艺设施、喷水池、喷灌以及电动机具等)也有用电的需求,因此园林供电设计也就成了园林照明设计乃至园林设计的重要组成部分之一。其设计是否合理,可能会影响到园林的利用与经营管理,同样也将限制园景创造。

9.7.1 供电的基本知识

园林中的用电涉及电源、输配电以及用电器三个方面。

(1) 电源

电源有交流和直流之分,园林中所用的主要是交流电。即使在某些场合需要用直流电源,通常也是通过整流设备将交流电变成直流电来使用。

以交流电的形式产生电能,称为交流电源。它来自发电厂的发电机组或自备的发电设备。生产上应用最为广泛的是三相交流电路。三相交流电是由三相发电机产生的,它的主要组成部分是电枢和磁极。

电枢是固定的,亦称定子。定子铁心的内圆周表面有槽,称为定子槽,用以放置三相电枢绕组 AX、BY 和 CZ,每相绕组是同样的。它们的始端 A、B、C 分别引出三根导线,称为相线(又称火线);而末端 X、Y、Z 联在一起,称为中性点,用 N 表示。由中性点引出一根导线称为中线(又称地线)。绕组的始端之间或末端之间彼此相隔 120°。

磁极是转动的,亦称转子。转子铁心上绕有励磁绕组,用直流励磁。当转子以匀速按顺时针方向转动时,每相绕组依次被磁力线切割,产生频率相同、幅值相等而相位互差 120°的三个正弦电动势,按照一定的方式联接而成三相交流电源。

这种由发电机引出四条输电线的供电方式,称为三相四线制供电方式。其特点是可以得到两种不同的电压,一种是相电压 U_φ,另一种是线电压 U_1。在数值上,U_1 是 U_φ 的 $\sqrt{3}$ 倍,即

$$U_1=\sqrt{3}U_\varphi$$

对于电网而言,用户是电网的终端,但在用户内部,电网的入户端则可看做是电源,它与用电器之间通常也有一个输配电网络,形成一个低压输配电系统。在这一系统中,各种用电器则是用电的终端。配电变压器、配电盘的电源刀闸、室内的电源插座等,都可以看做是用电器的电源。

在低压配电系统中,相电压为 220 V(多用于单相照明及单相用电器),线电压为 380 V

（$380=\sqrt{3}\times220$，多用于三相动力负载）。

（2）输、配电

发电厂的电力并不直接与用户相连，其间还有一个输配电网络，即区域电网或城市电网。由发电厂、变电所、配电所以及各种电压等级的电力线路和电能用户组成的统一整体，称做电力系统。

① 变配电所

变配电所是指为了实现电能的经济输送以及满足电能用户对供电质量的要求，对发电机的端电压进行多次变换而进行变换电压、电能接受和分配电能的场所。

根据任务不同，将低电压变为高电压者称为升压变电所，一般建在发电厂厂区内；而将高电压变换到合适的电压等级者，则称为降压变电所，一般建在靠近电能用户的中心地点。

单纯用来接受和分配电能而不改变电压的场所，称为配电所。一般建在接近用户的建筑物内部。

② 配电变压器

变压器是电力系统中输电、变电、配电时用以改变电压、传输交流电能的设备。

根据我国规定，电力标准频率为 50 Hz，交流电力网的额定电压有 220 V、380 V、3 kV、6 kV、10 kV、35 kV、110 kV、220 kV 等等级。通常把 1 kV 及以上的电压称为高压，1 kV 以下的电压称为低压。

一般园林多由 380/220 V 三相四线制供电。从高压电网的电力转化为可以带动各种用电设备电压电能的工作主要由电力系统的末级变压器、配电变压器来承担。选用配电变压器时，最主要的是注意它的电压和容量等参数。

③ 配电变压器的型号与技术参数

在变压器的铭牌中，制造厂对每台变压器的特点、额定技术参数及使用条件等都作了具体的规定。按照铭牌规定值运行，就叫额定运行。铭牌是选择和使用变压器的主要依据。根据国家标准的规定，变压器铭牌应标明以下内容。

变压器的型号是由汉语拼音字母和数字所组成的，表示方法和含义如下。

Ⅰ. 产品代号的字母排列顺序及其含义

相别：D——单相；S——三相。

冷却方式：J——油浸自冷；F——油浸风冷；FP——强迫油循环风冷；SP——强迫油循环水冷。

调压方式：Z——有载调压；无激磁调压不表示。

绕组数：S——三绕组；O——自耦；双绕组不表示。

绕组材料：L——铝绕组；铜绕组不表示。

Ⅱ. 设计序号以设计顺序数字表示。

Ⅲ. 额定容量用数字表示，单位为 kV · A。

Ⅳ. 额定电压用数字表示，指高压绕组的电压，单位为 kV。

例如："$SL_7-50/10$"表示 10 kV、50 kV · A 的三相铝线圈变压器，"$SJ_1-50/10$"表示 10 kV、50 kV · A 的油浸自冷变压器。

变压器铭牌上有额定容量、额定电压、额定电流、阻抗电压、空载电流、空载损耗、短路损耗、额定频率、连接组别等技术参数。

额定容量是指在额定工作条件下变压器输出的视在功率。三相变压器的额定容量为三相容量之和，按标准规定为若干等级。

额定电压是指变压器运行时的工作电压。一般常用变压器高压侧电压为 6 300 V、10 000 V等，而低压侧电压为 230 V、400 V 等。

9.7.2 园林供电设计内容及程序

园林供电设计与园林规划、园林建筑、给排水等设计紧密相连，因而供电设计应与这些设计密切配合，以构成合理的布局。供配电系统在设计时必须保证工作可靠、操作简单、运动灵活、检修方便、符合供电质量要求，并能适应发展的需要。

(1) 园林供电设计的内容

① 确定各种园林设施中的用电量，选择变压器的数量及容量。

② 确定电源供给点(或变压器的安装地点)进行供电线路的配置。

③ 进行配电导线截面的计算和选择。

④ 绘制电力供电系统图、平面图。

(2) 园林供电设计程序

① 收集有关资料。在进行具体设计以前，应收集以下资料。

Ⅰ. 园内各建筑、用电设备、给排水、暖通等平面布置图及主要剖面图，并附各用电设备的名称、额定容量、额定电压、周围环境(潮湿、灰尘)等。这些是设计的重要基础资料，也是进行负荷计算，选择导线、开关设备以及变压器的依据。

Ⅱ. 了解各用电设备及用电点对供电可靠性的要求。

Ⅲ. 供电部门同意供给的电源容量。

Ⅳ. 供电电源的电压、供电方式(架空线或电缆线、专用线或非专用线)、进入园内的方向及具体位置。

Ⅴ. 当地电价及电费收取方法。

Ⅵ. 向气象、地质部门了解如表 9-6 所示的资料。

表 9-6　气象、地质资料内容及用途

资料内容	用　途	资料内容	用　途
最高年平均温度	选变压器	年雷电小时数和雷电日数	防雷装置
最热月份平均最高温度	选室外裸导线	土壤冻结深度	接地装置
最热月份平均温度	选室内导线	土壤电阻率	接地装置
一年中连续三次的最热日昼夜平均温度	选空气中电缆	50 年一遇的最高洪水水位	变压器安装地点的选择
一年中最热月土壤 0.7～1.0 m 深处平均温度	选地下电缆	地震裂度	防震措施

② 分析研究资料，进行负荷测算。根据所收集到的资料，认真分析研究，对用电负荷水

平进行测算。

③ 确定电源。根据负荷及电源条件确定供电电源方式与配电变压器(或小型发电机)的容量和位置。

④ 选择优化方案。根据负荷分布情况,拟订几个电网接线方案,经过技术经济比较后,确定最佳方案。

⑤ 征求意见,调整方案。查考园林供电的有关规定,听取有关部门和专家的意见,兼顾各方利益,调整设计方案。

⑥ 预算投资。根据最后确定的方案,预算建设资金及材料设备需要量。

⑦ 编制文件,绘制设计图表。

9.7.2 用电量的估算

园林供电中公园、绿地用电量分为动力用电和照明用电,即

$$S_{总} = S_{动} + S_{照}$$

式中:$S_{总}$——公园用电计算总容量;$S_{动}$——动力设备所需总容量;$S_{照}$——照明用电总计算容量。

(1) 动力用电估算

公园或绿地的动力用电具有较强的季节性和间歇性,因而在做动力用电估算时应考虑这些因素。常可用下式进行动力用电估算:

$$S_{动} = Kc \sum P_{动} / \eta \cos\varphi$$

式中:$\sum P_{动}$——各动力设备铭牌上额定功率的总和(kW);η——动力设备的平均效率,一般可取 0.86;$\cos\varphi$——各类动力设备的功率因数,一般为 0.6 ~ 0.95,计算时可取 0.75;Kc——各类动力设备的需要系数。由于各台设备不一定都同时满负荷运行,因此计算容量时需打一折扣,此系数大小具体可查有关设计手册,估算时可取 0.5 ~ 0.75(一般可取 0.70)。

(2) 照明用电估算

照明设备的容量,在初步设计中可按下式来估算。

$$P = SW/1\,000$$

式中:P——照明设备容量(kW);S——建筑物平面面积(m^2);W——单位容量(W/m^2)。

估算方法:依据工程设计的建筑物名称,根据表 9-7 或有关手册查单位建筑面积照明容量,得单位建筑面积耗电量,将此值乘以该建筑物面积,其结果即为该建筑物照明供电估算负荷。

表 9-7 单位建筑面积照明容量

建筑名称	功率指标/(W/m^2)	建筑名称	功率指标/(W/m^2)
一般住宅	10 ~ 15	锅炉房	7 ~ 9
高级住宅	12 ~ 18	变配电所	8 ~ 12

续表

建筑名称	功率指标/(W/m²)	建筑名称	功率指标/(W/m²)
办公室、会议室	10~15	水泵房、空压站房	6~9
设计室、打字室	12~18	材料库	4~7
商店	12~15	机修车间	7.5~9
餐厅、食堂	12~15	游泳池	50
图书馆、阅览室	8~15	警卫照明	3~4
俱乐部(不包括舞台灯光)	10~13	广场、车站	0.5~1
托儿所、幼儿园	9~12	公园路灯照明	3~4
厕所、浴室、更衣室	6~8	汽车道	4~5
汽车库	7~110	人行道	2~3

9.7.3 变压器的选择

选择变压器时,应根据公园、绿地总用电量的估算值和当地高压供电的线电压值来确定变压器的容量和变压器高压侧韵电压等级。

变压器容量选择时,既要考虑它在正常负载下的效率,还要考虑近期负载增大趋势、过载与寿命、一次投资、安装折旧费用和损耗大小等,进行供电的可靠性和技术经济比较。具体原则如下:

① 变压器的总容量必须大于或等于该变电所的用电设备总计算负荷,即$S_{额}$(变压器额定容量)$\geqslant S_{选用}$(实际的估算选用容量)。

② 一般变电所只选用1~2台变压器,且单台容量不应超过1 000 kV·A,以750 kV·A为宜,这样可使变压器接近负荷中心。

③ 在一般情况下,照明供电和动力负荷可共用一台变压器供电。当动力和照明共用一台变压器时,若动力严重影响照明质量,可考虑单独设一照明变压器。

④ 在变压器结构型式方面,如供一般场合使用,可选用节能型铝芯变压器。当电网电压波动较大并希望输出电压较平衡时,可选用有载调压变压器;对于防火要求较高的,可采用难燃、防尘及耐潮的干式或环氧树脂浇注绝缘变压器。

⑤ 在设计公园、绿地变压器的进出线时,为不破坏景观和保证游人安全,应选用电缆,以直埋地的方式敷设。

9.7.4 配电导线的选择

导线的选择主要包括导线型式的选择和导线截面的选择两个方面。

(1) 导线型式的选择

导线型式的选择主要考虑环境条件、运行电压、敷设方法和经济、安全可靠性等方面的

要求。在一般情况下，优先采用铝芯导线，尽量采用塑料绝缘电线。在要求较高的场合，则采用铜芯线。

公园、绿地的供电线路应尽量选用电缆线。高压输电线一般采用架空敷设方式，但在园林、绿地应要求直埋地的电缆敷设方式。

常见几种绝缘导线的型号、名称及主要用途见表 9-8。

表 9-8　常用绝缘导线的型号、名称及主要用途

型号		名　称	主要用途
铜　芯	铝　芯		
BX	BLX	棉纱纺织橡皮绝缘导线	固定敷设用，可明敷、暗敷
BXF	BLXF	氯丁橡皮绝缘导线	固定敷设用，可明敷、暗敷，尤其适用于户外
BV	BLV	聚氯乙烯绝缘导线	室内外电器、动力及照明固定敷设
	NLV	农用地下直埋铝芯聚氯乙烯绝缘导线	直埋地下最低敷设温度不低于 -15℃
	NLVV	农用地下直埋铝芯聚氯乙烯绝缘和护套导线	
	NLYY	农用地下直埋铝芯聚乙烯绝缘和聚氯乙烯护套导线	
BXR		棉纱纺织橡皮绝缘软线	室内安装，要求较柔软时用
BVR		聚氯乙烯软导线	同 BV 型，安装要求较柔软时用
RXS		棉纱编织橡皮绝缘双绞软导线	室内干燥场所日用电器用
RX		棉纱总编织橡皮绝缘软导线	
RV		聚氯乙烯绝缘软导线	日用电器，无线电设备和照明灯头接线
RVB		聚氯乙烯绝缘平型软导线	
RVS		聚氯乙烯绝缘绞型软导线	

注：聚氯乙烯绝缘导线安装温度均不应低于 -15℃。

(2) 导线截面的选择

应根据导线的允许载流量、线路的允许电压损失值、导线的机械强度等条件来选择导线截面。通常可先按允许载流量选定导线截面，再以其他条件进行校验。若不能满足要求，则应加大截面。

① 按允许载流量选择

导线的允许载流量也叫导线的安全载流量或导线的安全电流值，即按导线的允许温度选择。在最大允许连续负荷电流通过的情况下，导线发热不超过线芯所允许的温度（一般为 65℃），导线不会因过热而引起绝缘损坏或加速老化。选用时导线的允许载流量必须大于或等于线路中的工作电流，即

$$I_{载} \geqslant KI_{工作}$$

式中：$I_{载}$——导线、电缆按发热允许的长期工作电流（A），具体可查有关手册；$I_{工作}$——线路计算电流（A）；K——考虑到空气温度、土壤温度、安装敷设等情况的校正系数。不同环境温度条件下绝缘导线允许载流量校正系数见表 9-9。

表 9-9 不同环境温度条件下绝缘导线允许载流量校正系数

实际环境温度/℃	5	10	15	20	25	30	35	40	45
校正系数 K	1.22	1.17	1.12	1.06	1.00	0.935	0.865	0.791	0.707

② 按机械强度选择

在正常工作状态下,导线应有足够的机械强度,以防断线,保证安全可靠运行。导线按机械强度要求的最小截面见表 9-10。

表 9-10 绝缘导线芯的最小截面

用 途	线芯的最小截面/mm²		
	铜芯软线	铜 线	铝 线
照明用灯头引下线			
民用建筑,屋内	0.4	0.5	1.5
工业建筑,屋内	0.5	0.8	2.5
屋外	1.0	1.0	2.5
移动式用电设备			
生活用	0.2		
生产用	1.0		
架设在绝缘支持件上的绝缘导线			
支持点间距为 1 m 以下的屋内		1.0	1.5
支持点间距为 1 m 以下屋外		1.5	2.5
支持点间距为 2 m 以下的屋内		1.0	2.5
支持点间距为 2 m 以下的屋外		1.5	2.5
支持点间距 6 m 及以下		2.5	4.0
支持点间距 12 m 及以下	1.0	2.5	6.0
穿管敷设的绝缘导线		1.0	2.5

注:用吊链或管吊的屋内照明灯具,其灯头引下线为铜芯软线时,可适当减小截面。

③ 按线路允许电压损耗选择

电压损失允许值要根据电源引入处的电压值、用电设备的额定电压而定,要求线路末端负载的电压不低于其额定电压。导线上的电压损失应低于最大允许值,以保证供电质量。一般工作场所的照明允许电压损耗相对值是 5%,而道路、广场照明允许电压损耗相对值为 10%,一般动力设备为 5%。

9.7.5 配电线路的布置

(1) 确定电源供给点

公园、绿地的电力来源,常见的有以下几种:

① 借用就近现有变压器,但必须注意该变压器的多余容量是否能满足新增园林、绿地中各用电设施的需要,且变压器的安装地点与公园、绿地用电中心之间的距离不宜太远。中小型公园、绿地的电源供给常采用此法。

② 利用附近的高压电力网，向供电局申请安装供电变压器。一般用电量较大（70～80 kW以上）的公园、绿地最好采用此种方式供电。

③ 如果公园、绿地（特别是风景点、区）离现有电源太远或当地电源供电能力不足时，可自行设立小发电站或发电机组以满足需要。

一般情况下，当公园、绿地需要独立设置变压器时，应向供电局申请安装。在选择地点时，应尽量靠近高压电源，以减少高压进线的长度。同时，应尽量设在负荷中心或发展负荷中心。

（2）配电线路的布置

布置公园、绿地配电线路时，要全面统筹安排考虑，注意以下主要原则：经济合理，使用维修方便；不影响园林景观，从供电点到用电点取近，走直路，并尽量敷设在道路一侧，但不要影响周围建筑、景色和交通；地势越平坦越好，尽量避开积水和水淹地区，避开山洪或潮水起落地带；在各具体用电点，要考虑到将来发展的需要，留足接头和插口，尽量经过能开展活动的地段。因而，对于用电问题，应在公园、绿地平面设计时就作出全面安排。

① 线路敷设形式

线路敷设方式可分为架空线和地埋线两大类。架空线工程简单，投资费用少，易于检修，但影响景观，妨碍种植，安全性差。而地埋线的优缺点与架空线相反。在公园、绿地中应尽量采用地埋线，尽管它一次性投资大，但从长远的观点和发挥园林功能的角度出发，还是经济、合理的。架空线仅常用于电源进线侧或在绿地周边不影响园林景观处，而在公园、绿地内部一般均采用地埋线。当然，最终采用什么样的线路敷设形式，应根据具体条件，进行技术经济分析之后才能确定。

② 线路组成

Ⅰ．对于一些大型公园、游乐场、风景区等，由于用电负荷大，常需独立设置变电所，主接线可根据其变压器的容量进行选择，具体设计应由电力部门的专业电气人员设计。

Ⅱ．变压器－干线供电系统。当变压器已选定或附近有现成变压器可用时，常有以下四种供电方式。

ⅰ．在大型园林及风景区，常在负荷中心附近设置独立的变压器、变电所，但对于中小型园林而言，常常不需设置单独的变压器，而由附近的变电所、变压器通过低压配电盘直接由一路或几路电缆供给。当低压供电采用放射式系统时，照明供电线可由低压配电屏引出。大型游乐场的一些动力设施应有专门的动力供电线路，并有相应的措施保证安全、可靠供电，以保证游人的生命安全。

ⅱ．对于中小型园林，常在进园电源的首端设置干线配电盘，并配备进线开关、电度表以及各出线支路，以控制全园用电。动力、照明电源一般单独设回路。对于远离电源的单独小型建筑物才考虑照明和动力合用供电线路。

ⅲ．在低压配电屏的每条回路供电干线上所连接的照明配电箱一般不超过 3 个。每个用电点（如建筑物）进线处应装开关和熔断器。

ⅳ．一般园内道路照明可设在警卫室等处进行控制，道路照明除各回路有保护外，灯具也可单独加熔断器进行保护。

③ 照明网络

一般采用 380/220V 中性点接地的三相回线系统，灯用电压为 220V。

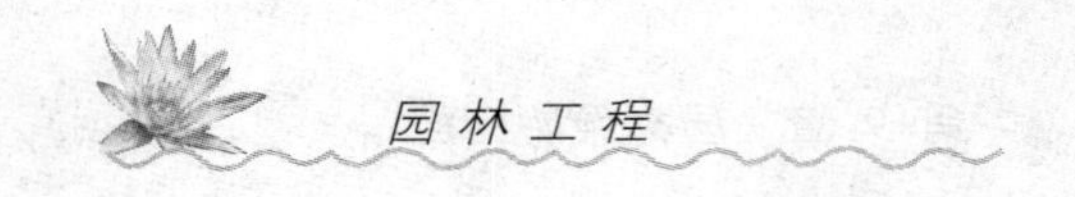

为了便于检修，每回路供电干线连续的照明配电箱一般不超过3个，室外干线向各建筑物等供电时不受此限制。

室内照明支线每一单相回路一般采用不大于15 A的熔断器或自动空气开关保护，对于安装大功率灯泡的回路允许增大到20～30 A。

每一个单相回路（包括插座）一般不超过25个，当采用多管荧光灯具时，允许增大到50根灯管。

照明网络零线（中性线）上不允许装设熔断器。但在办公室、生活福利设施及其他环境正常场所，当电气设备无接零要求时，其单相回路零线上宜装设熔断器。

一般配电箱的安装高度为中心距地1.5 m。若不在配电箱内控制照明，则配电箱的安装高度可以提高到2 m以上。

拉线开关安装高度一般为距地2～3 m（或者距顶棚0.3 m）。其他各种照明开关安装高度宜为1.3～1.5 m。

一般室内暗装的插座，安装高度为0.3～0.5 m（安全型）或1.3～1.8 m（普通型）；明装插座安装高度为1.3～1.8 m，低于1.3 m时应采用安全插座。潮湿场地的插座，安装高度距地面不低于1.5 m，儿童活动场所（如住宅、托儿所、幼儿园及小学）的插座，安装高度距地面不低于1.8 m（安全型插座除外）。同一场所安装的插座高度应尽量一致。

本章小结

园林照明的基本内容是园林专业学生需要了解的专业知识。本章较为详尽地介绍了园林照明的类型、园林照明的运用、灯光设计、园林灯具以及照明设计、供电设计等专门知识，通过学习，让学生掌握有关园林照明的一般知识，经过必要的实践可以从事园林照明的一般性设计和施工工作。

复习思考

1. 园林照明有哪些类型？各有什么特点？
2. 如今园林中常见的照明有哪些？
3. 如何针对不同的对象进行灯光设计？并产生怎样的效果？
4. 简述供电的一般知识。

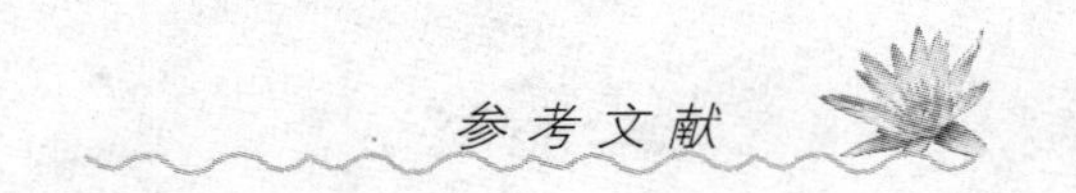

参考文献

[1] 张浪. 图解中国园林建筑艺术. 合肥：安徽科学技术出版社,1996.
[2] 孟兆帧. 园林工程. 北京：中国林业出版社,1996.
[3] 吴为廉. 景园建筑工程规划与设计. 上海：同济大学出版社,1996.
[4] 吴为廉. 景园建筑工程规划与设计. 上海：同济大学出版社,2000.
[5] 梁伊任. 园林工程. 修订版. 北京：气象出版社,2001.
[6] 迈克尔利特尔伍德. 景观细部图集第二册. 大连:大连理工大学出版社,2001.
[7] 赵兵. 园林工程学. 南京:东南大学出版社,2003.
[8] 李欣. 最新园林工程施工技术标准与质量验收规范适用手册. 合肥:安徽音像出版社,2004.
[9] 毛培琳. 中国园林假山. 北京:中国建筑出版社,2004.
[10] 毛培琳. 水景设计. 北京:中国林业出版社,2004.
[11] 吴为廉. 景观与景园建筑工程规划设计. 北京:中国建筑工业出版社,2005.
[12] 闫宝兴. 水景工程. 北京:中国建筑工业出版社,2005.
[13] 陈棋. 园林工程建设现场施工技术. 北京:化学工业出版社,2005.
[14] 董三孝. 园林工程建设概论. 北京:化学工业出版社,2005.
[15] 刘大可. 古建园林工程施工技术. 北京:中国建筑工业出版社,2005.
[16] 刘卫斌. 园林工程技术. 北京:高等教育出版社,2005.
[17] 土木学会,编. 章俊华等,译. 道路景观设计. 北京:中国建筑工业出版社,2006.
[18] 陈科东. 园林工程. 北京:高等教育出版社,2006.
[19] 韩玉林. 园林工程. 重庆:重庆大学出版社,2006.
[20] 金儒林. 人造水景设计营造与观赏. 北京:中国建筑工业出版社,2006.
[21] 杨至德. 园林工程. 武汉:华中科技大学出版社,2007.